QUESTÃO VITAL

Título original
THE VITAL QUESTION
WHY IS LIFE THE WAY IT IS?

Primeira publicação na Grã-Bretanha em 2015 pela
Profile Books Ltd – 3 Holford Yard – Bevin Way
Londres, WCIX 9HD

Copyright © Nick Lane, 2015, 2016

O direito do autor foi assegurado.

Nenhuma parte desta obra pode ser reproduzida ou transmitida por qualquer forma
ou meio eletrônico ou mecânico, inclusive fotocópia, gravação ou sistema
de armazenagem e recuperação de informação, sem a permissão escrita do editor.

Direitos para a língua portuguesa reservados
com exclusividade para o Brasil à
EDITORA ROCCO LTDA.
Av. Presidente Wilson, 231 – 8º andar
20030-021 – Rio de Janeiro – RJ
Tel.: (21) 3525-2000 – Fax: (21) 3525-2001
rocco@rocco.com.br
www.rocco.com.br

Printed in Brazil/Impresso no Brasil

coordenador da coleção
BRUNO FIUZA

revisão técnica
ANDRÉ CARVALHO

preparação de originais
THADEU C. SANTOS

CIP-Brasil. Catalogação na fonte.
Sindicato Nacional dos Editores de Livros, RJ.

L257q	Lane, Nick
	Questão vital: por que a vida é como é?/Nick Lane; tradução de Talita Rodrigues. - 1ª ed. - Rio de Janeiro: Rocco, 2017.
	il. (Origem)
	Tradução de: The vital question: why is life the way it is? ISBN 978-85-3253-054-7 (brochura) ISBN 978-85-8122-680-4 (e-book)
	1. Genética. 2. Hereditariedade. I. Rodrigues, Talita. II. Título III. Série.
16-38360	CDD–576.5 CDU–575

NICK LANE

QUESTÃO VITAL

Por que a vida é como é?

Tradução de Talita Rodrigues

Para Ana
Minha inspiração e minha companheira
nesta jornada mágica.

SUMÁRIO

Introdução: *Por que a vida é como é?* 9

Parte I: O problema
1. O que é a vida? 33
2. O que é viver? 77

Parte II: A origem da vida
3. A energia na origem da vida 123
4. O surgimento das células 165

Parte III: Complexidade
5. A origem das células complexas 211
6. Sexo e as origens da morte 257

Parte IV: Prognósticos
7. O poder e a glória 315

Epílogo: Das profundezas 371

Glossário 385

Agradecimentos 397

Bibliografia 405

Lista de ilustrações 443

Introdução
Por que a vida é como é?

Há um buraco negro no coração da biologia. Falando com franqueza, não sabemos por que a vida é como é. Toda a vida complexa na Terra compartilha um ancestral comum, uma célula que surgiu de simples progenitores bacterianos em determinada ocasião há 4 bilhões de anos. Foi um acidente incomum, ou outros "experimentos" na evolução da complexidade falharam? Não sabemos. O que sabemos é que este ancestral em comum já era uma célula muito complexa. Tinha mais ou menos a mesma sofisticação de uma de nossas células e transmitiu essa grande complexidade não apenas para você e para mim, mas a todos os descendentes, de árvores a abelhas. Desafio você a olhar uma de suas próprias células num microscópio e distingui-la das células de um cogumelo. São praticamente idênticas. Eu não vivo como um cogumelo; então, por que nossas células são tão semelhantes? Não é apenas aparência. Toda a vida complexa compartilha um surpreendente catálogo de traços elaborados, desde sexo a suicídio celular e senescência, nenhum deles visto numa forma comparável em bactérias. Não existe concordância quanto ao porquê de tantos traços únicos se acumularem nesse único ancestral nem por que nenhum deles mostra qualquer sinal de evoluir independentemente em bactérias. Por que, se todos esses traços surgiram por seleção natural, na qual cada etapa oferece alguma pequena vantagem, traços equivalentes não surgiram em outras ocasiões em vários grupos de bactérias?

Estas perguntas ressaltam peculiaridade da trajetória evolucionária da vida na Terra. A vida surgiu cerca de meio bilhão de anos depois da formação do planeta, talvez 4 bilhões de anos atrás, mas depois ficou estagnada no nível bacteriano de complexidade por mais de 2 bilhões de anos. Na verdade, as bactérias permaneceram simples em sua morfologia (mas não em sua bioquímica) por 4 bilhões de anos. Em nítido contraste, todos os organismos morfologicamente complexos – todas as plantas, animais, fungos, algas marinhas e "protistas" unicelulares, como as amebas – descendem desse ancestral singular surgido entre 1,5 e 2 bilhões de anos atrás. Esse ancestral era uma célula reconhecidamente "moderna", com uma estrutura interna refinada e um dinamismo molecular sem precedentes, tudo movido por sofisticadas nanomáquinas codificadas por milhares de novos genes que são amplamente desconhecidos nas bactérias. Não existem intermediários evolucionários sobreviventes, nem "elos perdidos" para dar qualquer indício de como ou por que estes traços complexos surgiram. Há apenas um vazio sem explicação entre a simplicidade morfológica das bactérias e a espantosa complexidade de tudo o mais. Um buraco negro evolucionário.

Gastamos bilhões de dólares por ano em pesquisas biomédicas tentando achar as respostas para perguntas inimaginavelmente complexas sobre por que ficamos doentes. Conhecemos em mínimos detalhes como genes e proteínas se relacionam uns com os outros, como redes de regulação se retroalimentam mutuamente. Construímos modelos matemáticos elaborados e projetamos simulações por computador para representar nossas projeções. Mas não sabemos como as partes evoluíram! Como podemos esperar compreender doenças se não temos ideia de *por que* as células funcionam desse jeito? Não podemos compreender a sociedade se não conhecemos nada da sua história, nem podemos compreender o funcionamento da célula se não sabemos como ela evoluiu. Isso não é apenas uma questão de importância prática. Existem questões humanas sobre por que estamos aqui. Que leis deram origem ao universo, às estrelas, ao Sol, à Terra e à própria vida? As mesmas leis darão origem à vida em outros lugares do universo? A vida alienígena seria parecida com a nossa? Tais perguntas metafísicas residem no âmago do que nos faz humanos. Cerca de 350 anos depois da descoberta das células, ainda não sabemos por que a vida na Terra é como é.

Você provavelmente não foi informado sobre o que não conhecemos. A culpa não é sua. Livros de referências e revistas estão cheios de informações, mas, geralmente, não tratam dessas questões "infantis". A internet nos inunda com todo tipo de fato indiscriminado, misturado com absurdos de diversas proporções. Porém, não se trata apenas de sobrecarga de informações. Poucos biólogos têm mais do que uma leve consciência de que existe um buraco negro no cerne de seus objetos de estudo. A maior parte trabalha com outras questões. A grande maioria estuda grandes organismos, em particular grupos de plantas ou de animais. São, relativamente, poucos os que trabalham com micróbios, e um número ainda menor estuda o início da evolução das células. Existe também uma preocupação com os defensores do criacionismo e do design inteligente – ao reconhecer que não temos todas as respostas, corremos o risco de abrir a porta para tradicionalistas, que negam que tenhamos qualquer conhecimento importante sobre a evolução. É claro que temos. Sabemos muita coisa. Hipóteses sobre as origens da vida e a evolução inicial de células devem explicar uma enciclopédia de fatos, adaptar-se a uma camisa de força do conhecimento, assim como prever relações inesperadas que podem ser testadas empiricamente. Compreendemos muita coisa sobre a seleção natural e alguns dos processos mais aleatórios que esculpem genomas. Todos estes fatos são consistentes com a evolução das células. Mas é a mesma camisa de força de fatos que levanta o problema. Não sabemos por que a vida tomou esse curso peculiar. Cientistas são pessoas curiosas, e se o problema fosse tão simples como eu apresento, seria bem conhecido. O fato é que ele está longe de ser óbvio. As várias respostas concorrentes são esotéricas, e todas obscurecem a questão. Somado a isso existe o problema de as pistas virem de muitas disciplinas diferentes, como bioquímica, geologia, filogenética, ecologia, química e cosmologia. Poucas podem dizer que há em seus quadros verdadeira *expertise* em todos esses campos. E agora estamos no meio de uma revolução genômica. Temos milhares de sequências genômicas completas, códigos que se estendem por milhões ou bilhões de dígitos, todos com muita frequência contendo sinais conflitantes do passado remoto. Interpretar esses dados exige rigorosa competência lógica, computacional e estatística; qualquer compreensão biológica é um bônus. E, assim, as nuvens vêm rodopiando com argumentos. Sempre que se abre uma brecha, revela-se uma paisagem cada vez mais surreal. As antigas familiaridades evaporaram. Estamos agora diante de um novo quadro árido, ao mesmo tempo real e perturbador. Do ponto de vista de um pesquisador, esperando encontrar algum problema importante para resolver, é emocionante! As maiores questões na biologia ainda estão para ser solucionadas. Este livro é minha tentativa de dar a partida.

Como as bactérias se relacionam com a vida complexa? As raízes da questão datam da descoberta de micróbios pelo microscopista holandês Antoni van Leeuwenhoek, na década de 1670. A sua coleção de "pequenos animais" desenvolvendo-se sob o microscópio exigia certa crença, logo confirmada pelo igualmente engenhoso Robert Hooke. Leeuwenhoek também descobriu as bactérias e escreveu sobre elas num famoso ensaio de 1677: eram "incrivelmente pequenas; digo, tão pequenas, aos meus olhos, que julguei que, mesmo que cem destes animais mínimos se enfileirassem um na frente do outro, não poderiam chegar ao comprimento de um grão de areia grossa; e, se for verdade, então dez milhões destas criaturas vivas dificilmente se igualariam a um monte de areia grossa". Muitos duvidaram de que Leeuwenhoek tivesse visto bactérias usando seus simples microscópios de uma só lente, embora hoje isso seja incontestável.

Duas coisas ficaram evidentes. Ele encontrou bactérias por toda a parte – na água da chuva e no mar, não apenas nos próprios dentes. E, intuitivamente, fez uma distinção entre "animais minúsculos" e os "monstros gigantescos" – protistas microscópicos! –, com seu comportamento fascinante e "pés pequenos" (cílios). Ele até notou que algumas células maiores eram compostas de um número de pequenos "glóbulos", que comparou com bactérias (embora não nesses termos). Entre estes pequenos glóbulos, Leeuwenhoek quase certamente viu o núcleo, repositório dos genes em todas as células complexas. E o assunto parou nesse ponto por vários séculos. O famoso classificador Carl Linnaeus, cinquenta anos depois das descobertas de Leeuwenhoek, acabara de agrupar todos os micróbios no gênero *Chaos* (amorfo) do filo Vermes. No século XIX, Ernst Haeckel, o grande evolucionista alemão e contemporâneo de Darwin, formalizou a profunda distinção mais uma vez, separando bactérias de outros micróbios. Mas, em termos conceituais, não houve muitos avanços até meados do século XX.

A unificação da bioquímica levou a um ponto crucial. O simples virtuosismo metabólico das bactérias as fez parecer impossíveis de categorizar. Elas podem crescer em qualquer coisa, do concreto a bateria chumbo-ácido ou gases. Se estes modos totalmente diferentes de vida não tinham nada em comum, como as bactérias podiam ser classificadas? E se não fossem classificadas, como poderíamos compreendê-las? Assim como a tabela periódica deu coerência à química, a bioquímica trouxe uma ordem à evolução das células. Outro holandês, Albert Kluyver, mostrou que processos bioquímicos similares sustentavam a extraordinária diversidade da vida. Processos tão distintos quanto respiração, fermentação e fotossíntese compartilhavam a mesma base, uma integridade conceitual que atestava que toda a vida descendia de um ancestral comum. O que era verdadeiro a respeito das bactérias, ele disse, também era no caso dos elefantes. No nível da bioquímica, a barreira entre bactérias e células complexas quase não existe. Bactérias são muitíssimo mais versáteis, mas os processos básicos que as mantêm vivas são semelhantes. O próprio aluno de Kluyver, Cornelis van Niel, junto com Roger Stanier, talvez tenha chegado mais perto de descrever a diferença: bactérias, como átomos, não podiam ser quebradas em partes ainda menores, eles disseram: bactérias são a menor unidade de função. Muitas bactérias podem respirar oxigênio da mesma forma que nós respiramos, por exemplo, mas é preciso a bactéria inteira para tal. Ao contrário das nossas células, elas não possuem partes internas dedicadas à respiração. As bactérias dividem-se ao meio conforme crescem, mas em termos de funcionamento são indivisíveis.

E então veio a primeira das três grandes revoluções que arruinaram a nossa visão sobre a vida no último meio século. A primeira foi instigada por Lynn Margulis no Verão do Amor, em 1967. Células complexas não evoluíam por seleção natural "padrão", Margulis argumentou, mas numa orgia de cooperação, na qual as células se relacionavam tão intimamente que até entravam umas dentro das outras. Simbiose é uma interação de longo prazo entre duas ou mais espécies, e em geral envolve alguma troca de utilidades ou serviços. No caso dos micróbios, essas utilidades são as substâncias da vida, os substratos de metabolismo, que abastecem de energia a vida das células. Margulis falou de *endo*ssimbiose – os mesmos tipos de troca, mas agora tão íntimas que algumas células colaboradoras vivem fisicamente dentro de sua célula hospedeira, como os vendilhões dentro do Templo. Essas ideias têm raízes no início do século XX e são reminiscentes da teoria das placas tectônicas. É "parecido" com o que aconteceu quando se afirmou que África e América do Sul estavam um dia unidas e mais tarde foram afastadas. Esta noção infantil foi durante muito tempo ridicularizada e compreendida como absurda. Da mesma forma, algumas das estruturas dentro de células complexas parecem bactérias e até dão a impressão de crescerem e se dividirem independentemente. Talvez a explicação seja mesmo simples assim – elas são bactérias!

Como a teoria das placas tectônicas, essas ideias eram avançadas para a época e só na era da biologia molecular, na década de 1960, foi possível apresentar uma forte defesa. Margulis apresentou defesas para duas estruturas especializadas dentro de células – as mitocôndrias, bases da respiração, na qual o alimento é queimado em oxigênio para proporcionar a energia necessária à vida, e os cloroplastos, as máquinas da fotossíntese nas plantas, que convertem a energia solar em energia química. Essas duas "organelas" (literalmente, órgãos em miniatura) retêm pequenos genomas especializados próprios, cada um com um punhado de genes codificando no máximo umas poucas dúzias de proteínas envolvidas na mecânica da respiração ou fotossíntese. As sequências exatas destes genes, por fim, entregaram o jogo – simplesmente, mitocôndrias e cloroplastos derivam, sim, de bactérias. Mas observem que eu disse "derivam". Não são mais bactérias e não possuem qualquer independência real, visto que a grande maioria dos genes necessários para sua existência (pelo menos 1.500 deles) é encontrada no núcleo, o "centro de controle" genético da célula. Margulis estava certa quanto às mitocôndrias e cloroplastos; na década de 1980, poucas pessoas ainda duvidavam disso. Mas seu empreendimento era muito maior: para Margulis, a célula complexa inteira, agora conhecida como célula *eucariótica* (do grego "núcleo verdadeiro"), era uma colcha de retalhos de simbioses. Aos seus olhos, muitas outras partes da célula complexa, notavelmente os cílios (os "pezinhos" de Leeuwenhoek), também derivavam de bactérias (espiroquetas, no caso dos cílios). Houve uma longa sucessão de fusões, que agora Margulis formalizava como a "teoria da endossimbiose sequencial". Não apenas as células individuais, mas o mundo inteiro era uma vasta rede colaborativa de bactérias – "Gaia", uma ideia de que ela foi pioneira junto com James Lovelock. Embora o conceito de Gaia goze de um renascimento recente no disfarce formal de "ciência dos sistemas da Terra" (despojando a teleologia original de Lovelock), a ideia de que células "eucarióticas" complexas são um conjunto de bactérias recebe bem menos apoio. A maioria das estruturas da célula não parece derivar de bactérias, e não há nada nos genes sugerindo isso. Margulis estava certa a respeito de algumas coisas e muito provavelmente errada sobre outras. Mas o seu espírito de cruzada, a sua feminilidade vigorosa, o menosprezo pela competição darwiniana e tendência a acreditar em teorias conspiratórias fizeram com que, ao morrer prematuramente de um derrame em 2011, deixasse um legado contraditório. Heroína feminista para alguns e cânone indefinido para outros, boa parte de sua herança estava tristemente longe da ciência.

A segunda revolução foi a da filogenética – a ancestralidade dos genes. Essa possibilidade foi prevista por Francis Crick já em

1958. Com característica pose, ele escreveu: "Os biólogos deveriam entender que em breve teremos uma matéria a que se poderá chamar de 'taxonomia das proteínas' – o estudo das sequências de aminoácidos de proteínas de um organismo e a comparação delas entre espécies. Pode-se afirmar que estas sequências são a expressão mais delicada possível do fenótipo de um organismo, e que vastas quantidades de informações evolucionárias podem estar escondidas dentro delas." E, vejam só, isso aconteceu. A biologia hoje diz respeito muito mais à informação contida nas sequências de proteínas e genes. Não comparamos mais as sequências de aminoácidos diretamente, mas as sequências de letras no DNA (que codifica proteínas), com sensibilidade ainda maior. Mas, apesar de toda a sua perspicácia, nem Crick nem ninguém mais fez força para imaginar os segredos que realmente se revelariam a partir dos genes.

O revolucionário marcado foi Carl Woese. No trabalho iniciado silenciosamente na década de 1960 e que só deu frutos dez anos depois, Woese selecionou um único gene para comparar entre espécies. Obviamente, o gene tinha de estar presente em todas as espécies. E mais, tinha de servir ao mesmo propósito. Esse propósito tinha de ser fundamental, tão importante para a célula que até leves mudanças na sua função seriam penalizadas pela seleção natural. Se a maioria das mudanças é eliminada, o que resta deve ser relativamente imutável – evoluindo com extrema lentidão e mudando pouco ao longo de vastos períodos. Isso é necessário se quisermos comparar as diferenças que se acumulam entre espécies ao longo de, literalmente, bilhões de anos, para construírem uma grande árvore da vida, desde o início. Essa foi a escala da ambição de Woese. Tendo em vista todas essas exigências, ele se voltou para uma propriedade básica de todas as células, a habilidade para fabricar proteínas.

As proteínas agrupam-se em notáveis nanomáquinas encontradas em todas as células, chamadas ribossomos. Com exceção da icônica dupla hélice de DNA, nada é mais simbólico da era informacional da biologia do que os ribossomos. Sua estrutura também retrata uma contradição que é difícil para a mente humana imaginar – a escala. O ribossomo é inimaginavelmente pequeno. As células já são microscópicas. Não tivemos a mais vaga ideia da sua existência durante a maior parte da história humana. Os ribossomos são de ordens de magnitude menores ainda. Você tem 13 *milhões* deles numa única célula do seu fígado. Mas os ribossomos não são apenas incompreensivelmente pequenos; na escala dos átomos, eles são superestruturas enormes, sofisticadas. São compostos de numerosas subunidades substanciais, acionando engrenagens que agem com muito mais precisão do que uma linha de fábrica automatizada. Não é exagero. Eles desenham na fita de script que codifica uma proteína e traduzem a sua sequência com exatidão, letra por letra, na própria proteína. Para isso, recrutam todos os blocos de construção (aminoácidos) necessários e os ligam numa longa cadeia, sua ordem especificada pelo script de código. Os ribossomos têm um índice de erro de cerca de uma letra em 10 mil, muito mais baixo do que a taxa de defeitos nos nossos próprios processos de manufatura de alta qualidade. E operam numa taxa de cerca de dez aminoácidos por segundo, construindo proteínas inteiras com cadeias compreendendo centenas de aminoácidos em menos de um minuto. Woese escolheu uma das subunidades do ribossomo, uma única engrenagem, por assim dizer, e comparou esta sequência em diferentes espécies de bactérias, tais como *E. coli*, levedos e humanos.

Suas constatações foram reveladoras, e viraram nossa visão de mundo de cabeça para baixo. Ele pôde distinguir entre as bactérias e eucariontes complexos sem nenhuma dificuldade, traçando a árvore do relacionamento genético dentro e entre cada um destes grupos magistrais. A única surpresa foi a pouca diferença que existe entre plantas, animais e fungos, os grupos que a maioria dos biólogos passou a maior parte de suas vidas estudando. O que ninguém previu foi a existência de um terceiro domínio da vida. Algumas destas células eram conhecidas há séculos, mas confundidas com bactérias. Elas parecem bactérias. Exatamente como bactérias: igualmente pequeníssimas, igualmente sem uma estrutura discernível. Mas a diferença em seus ribossomos era como o sorriso do gato da Alice no País das Maravilhas, traindo a presença de um tipo diferente de ausência. Este novo grupo poderia não ter a complexidade dos eucariontes, mas os genes e proteínas que possuíam eram inesperadamente diferentes daqueles das bactérias. Este segundo grupo de células simples ficou conhecido como arquea, na suposição de serem ainda mais antigas do que as bactérias, o que provavelmente não é verdade; visões modernas acham que elas são igualmente antigas. Mas, no nível arcano de seus genes e bioquímica, o abismo entre bactérias e arqueas é tão grande quanto o que existe entre as bactérias e os eucariontes (nós). Quase literalmente. Na famosa árvore da vida com "três domínios" de Woese, arqueas e eucariontes são "grupos irmãos", compartilhando um ancestral relativamente recente.

Em alguns aspectos, as arqueas e os eucariontes precisam mesmo ter muito em comum, especialmente em termos de fluxo de informações (o modo como leem seus genes e os convertem em proteínas). Em essência, as arqueas têm algumas máquinas moleculares sofisticadas parecidas com as dos eucariontes, embora com menos peças – as sementes da complexidade eucariótica. Woese se recusou a admitir qualquer abismo profundo entre bactérias e eucariontes, mas propôs três domínios equivalentes, cada um dos quais havia explorado vastos reinos de espaço evolucionário. A nenhum deles se poderia dar precedência. Com muito vigor, rejeitou o antigo termo "procarionte" (significando, literalmente, "antes do núcleo", que poderia ser aplicado tanto às arqueas quanto às bactérias), visto não haver nada na sua árvore sugerindo uma base genética para tal distinção. Pelo contrário, ele imaginou todos os três domínios partindo bem lá de trás, do passado profundo, compartilhando um ancestral comum misterioso, a partir do qual eles haviam de alguma forma se "cristalizado". Lá pelo final da sua vida, Woese tornou-se quase místico com relação a esses primeiros estágios de evolução, necessitando de uma visão da vida mais holística. É irônico, visto que a revolução que ele elaborou se baseava numa análise totalmente reducionista de um único gene. Não há dúvida de que bactérias, arqueas e eucariontes são grupos genuinamente distintos e que a revolução de Woese foi real; mas sua prescrição a favor do holismo, levando em conta organismos inteiros e genomas completos, está agora introduzindo a terceira revolução celular – e ela promove uma reviravolta na própria revolução de Woese.

Essa terceira revolução ainda não acabou. É um pouco mais sutil no raciocínio, mas tem o maior impacto de todas. Está enraizada nas primeiras duas revoluções e, especificamente, na seguinte questão: como as duas se relacionam? A árvore de Woese retrata a divergência de um gene fundamental nos três domínios da vida. Margulis, em contraste, vê genes de diferentes espécies convergindo nas fusões e aquisições de endossimbiose. Retratada como uma árvore, isto é a fusão, não a bifurcação, de ramos – o oposto de Woese. Eles não podem estar ambos certos! Tampouco qualquer dos dois precisa estar totalmente errado. A verdade, como costuma acontecer na ciência, está em algum lugar entre os dois. Mas não pense que isso significa uma conciliação. A resposta que está surgindo é mais fascinante do que qualquer das duas alternativas.

Sabemos que mitocôndrias e cloroplastos de fato derivam de bactérias por endossimbiose, mas que as outras partes das células complexas provavelmente evoluíram por meios convencionais. A questão é: quando, exatamente? Os cloroplastos estão presentes apenas em algas e plantas, portanto provavelmente foram adquiridos num ancestral desses grupos, somente. Isso os coloca como uma aquisição relativamente tardia. As mitocôndrias, no entanto, são encontradas em todos os eucariontes (existe aí uma história de fundo que vamos examinar no capítulo I) e, portanto, devem ter sido uma aquisição mais antiga. Mas quanto mais? Em outras palavras, que tipo de célula adquiriu mitocôndrias? A visão clássica é de que foi uma célula bastante sofisticada, algo parecido com uma ameba, um predador que podia rastejar em volta, mudar de forma e engolir outras células por um processo conhecido como fagocitose. Em outras palavras, mitocôndrias foram adquiridas por uma célula que não estava muito longe de ser um eucarionte maduro, de carteirinha. Sabemos agora que isso está errado. Nos últimos anos, comparações de grandes números de genes em amostras mais representativas de espécies chegaram à inequívoca conclusão de que a célula hospedeira foi de fato um *archaeon* – uma célula do domínio Arquea. Todas as arqueas são procariontes. Por definição, elas não têm um núcleo ou sexo ou qualquer dos outros traços de vida complexa, incluindo fagocitose. Em termos de complexidade morfológica, a célula hospedeira deve ter tido quase nada. Portanto, de algum modo, ela adquiriu as bactérias que adiante viraram mitocôndrias. Só *depois* evoluíram todos os traços complexos. Sendo assim, a origem singular de vida complexa pode ter *dependido* da aquisição da mitocôndria. Elas de alguma forma a deflagraram.

Esta proposta radical – de que a vida complexa surgiu de uma endossimbiose singular entre uma célula hospedeira *archaeon* e as bactérias que se tornaram mitocôndrias – foi prevista pelo biólogo evolutivo brilhantemente intuitivo e livre-pensador Bill Martin em 1998, com base no extraordinário mosaico de genes em células eucarióticas, em grande parte descoberto pelo próprio Martin. Pegue um único caminho bioquímico – digamos, a fermentação. As arqueas a fazem de um jeito e as bactérias de outro, bem diferente; os genes envolvidos são distintos. Os eucariontes pegaram alguns genes das bactérias e outros das arqueas, então os teceram juntos num caminho composto bem firme. Essa intrincada fusão de genes não se aplica meramente à fermentação, mas a quase todos os processos bioquímicos em células complexas. É impressionante!

Martin pensou em tudo isso detalhadamente. Por que a célula hospedeira pegou tantos genes dos seus próprios endossimbiontes e por que os integrou tão firmemente ao seu próprio tecido, substituindo no processo muitos de seus genes existentes? A resposta, dada junto com Miklós Müller, é chamada hipótese do hidrogênio. Martin e Müller argumentaram que a célula hospedeira era um *archaeon*, capaz de crescer a partir de dois gases simples: hidrogênio e dióxido de carbono. O endossimbionte (a futura mitocôndria) era uma bactéria versátil (perfeitamente normal para bactérias), que proporcionava à célula hospedeira o hidrogênio necessário para crescer. Os detalhes desse relacionamento, elaborados passo a passo numa base lógica, explicam por que uma célula que começou a viver a partir de gases simples terminaria coletando elementos orgânicos (alimento) para suprir seus próprios endossimbiontes. Mas não é isso o que importa para nós aqui. O evidente é: Martin previu que a vida complexa surgiu por meio de uma endossimbiose *singular* entre duas células apenas. Ele previu que a célula hospedeira era um *archaeon*, sem a complexidade barroca de células eucarióticas. Ele previu que nunca houve uma célula eucariótica simples, intermediária, à qual faltavam mitocôndrias; a aquisição de mitocôndrias e a origem da vida complexa foram um único evento. E ele previu que todos os traços elaborados das células complexas, desde o núcleo até o sexo e a fagocitose, evoluíram *depois* da aquisição de mitocôndrias, no contexto dessa única endossimbiose. Este foi um dos insights mais primorosos na biologia evolucionária e merece ser mais bem conhecido. Seria, não fosse tão facilmente confundido com a teoria da endossimbiose sequencial (que, conforme veremos, não faz nenhuma dessas previsões). Todas essas previsões explícitas foram confirmadas por completo pela pesquisa genômica ao longo das últimas duas décadas. É um monumento ao poder da lógica bioquímica. Se houvesse um prêmio Nobel em biologia, ninguém faria mais jus a ele do que Bill Martin.

E assim fechamos o círculo. Sabemos um bocado, mas ainda não sabemos por que a vida é como é. Sabemos que células complexas surgiram em apenas uma ocasião em 4 bilhões de anos de evolução, por meio de uma endossimbiose entre um *archaeon* e uma bactéria (**Figura 1**). Sabemos que os traços de vida complexa surgiram do desfecho desta união; mas ainda não sabemos por que esses traços em particular surgiram em eucariontes, sem mostrar sinais de evolução em outras bactérias ou arqueas. Não sabemos que forças restringem bactérias e arqueas – por que elas permanecem morfologicamente simples, apesar de serem tão diferentes em sua bioquímica, tão variadas em seus genes, tão versáteis na habilidade para extrair um meio de sobrevivência a partir de gases e rochas. O que temos é um novo modelo radical para abordar o problema.

Acredito que a pista esteja no bizarro mecanismo de geração de energia biológica nas células. Este estranho mecanismo exerce

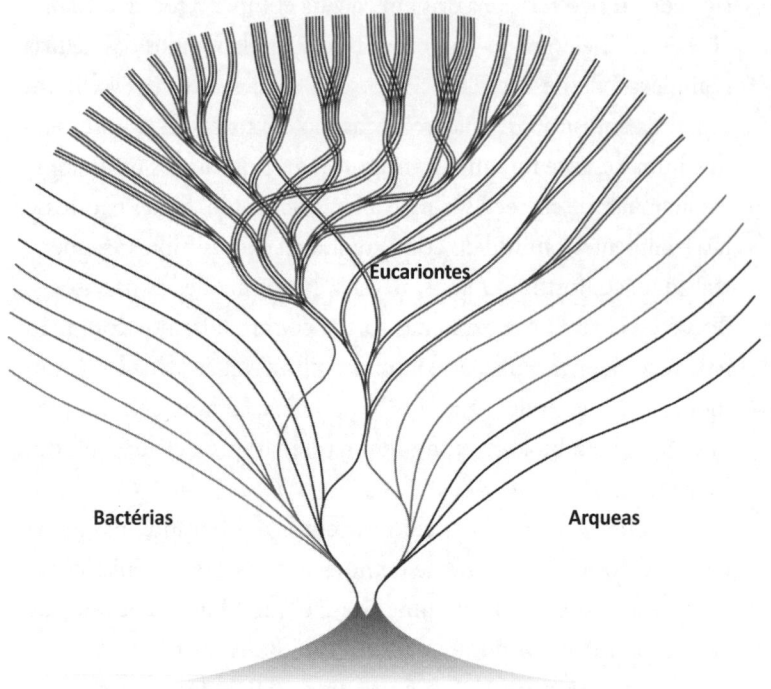

Figura 1 **Árvore da vida mostrando a origem quimérica das células complexas**
Uma árvore composta refletindo genomas inteiros, conforme retratada por Bill Martin em 1998, mostrando os três domínios de bactérias, arqueas e eucariontes. Os eucariontes têm uma origem quimérica, na qual genes de uma célula hospedeira arqueana e um endossimbionte bacteriano se aglutinam, com a célula hospedeira arqueana evoluindo para uma célula eucariótica morfologicamente complexa e os endossimbiontes em mitocôndrias. Um grupo de eucariontes mais tarde adquiriu um segundo endossimbionte bacteriano, que se tornou os cloroplastos de algas e plantas.

restrições físicas generalizadas, mas pouco reconhecidas, sobre as células. Essencialmente, todas as células vivas provêm a si mesmas de energia por meio do fluxo de prótons (átomos de hidrogênio de carga positiva), no que equivale a um tipo de eletricidade – proticidade – com prótons no lugar de elétrons. A energia que obtemos queimando alimento na respiração é usada para bombear prótons através de uma membrana, formando um reservatório num dos lados dela. O fluxo de prótons em volta deste reservatório pode ser usado para prover energia da mesma forma que uma turbina numa represa hidroelétrica. O uso de gradientes de prótons atravessando membranas para prover células de energia foi totalmente imprevisto. Proposta pela primeira vez em 1961 e desenvolvida ao longo das três décadas seguintes por um dos cientistas mais originais do século XX, Peter Mitchell, essa concepção é conhecida como a ideia mais contraintuitiva na biologia desde Darwin, e a única que se compara com as ideias de Einstein, Heisenberg e Schrödinger na física. No nível das proteínas, agora sabemos em detalhes como funciona a energia do próton. Sabemos também que o uso de gradientes de próton é universal na vida na Terra – a energia do próton é uma parte integrante de toda a vida, tanto quanto o código genético universal. Mas não sabemos quase nada sobre como ou por que este mecanismo contraintuitivo de utilização de energia evoluiu. Portanto, parece que existem duas grandes incógnitas no coração da biologia hoje: por que a vida evoluiu desta forma que nos causa perplexidade e por que células obtêm energia de um modo tão peculiar.

    Este livro é uma tentativa de responder a essas questões, que acredito estarem firmemente interligadas. Espero convencê-lo de que a energia é fundamental para a evolução, que só podemos compreender as propriedades da vida se trouxermos a energia para a equação. Quero lhe mostrar que o relacionamento entre energia e vida data desde o princípio – que as propriedades fundamentais da vida surgiram necessariamente do desequilíbrio de um planeta inquieto. Quero lhe mostrar que a origem da vida foi movida pelo fluxo de energia, que gradientes de próton foram fundamentais para o surgimento das células e que o seu uso restringiu a estrutura de bactérias e arqueas. Quero demonstrar que estas restrições dominaram a evolução posterior de células, mantendo bactérias e arqueas eternamente simples em termos de morfologia, apesar da virtuosidade bioquímica. Quero provar que um raro evento, uma endossimbiose na qual uma bactéria entrou num *archaeon*, rompeu estas restrições, possibilitando a evolução de células infinitamente mais complexas. Quero lhe mostrar que isto não foi fácil – que o relacionamento íntimo entre células vivendo umas dentro das outras explica por que organismos morfologicamente complexos surgiram apenas uma vez. Espero fazer mais, e o convencer de que este relacionamento íntimo na verdade prevê algumas das propriedades de células complexas. Estes traços incluem o núcleo, o sexo, dois sexos e até a distinção entre a linha germinal imortal e o corpo mortal – as origens de um tempo de vida finito e morte geneticamente predeterminada. Finalmente, quero convencê-lo de que pensar nestes termos energéticos nos permite prever aspectos de nossa própria biologia, notavelmente uma profunda negociação evolutiva entre fertilidade e boa forma física na juventude, por um lado, e envelhecimento e doença, por outro. Gosto de pensar que estes achados podem nos ajudar a melhorar a nossa própria saúde ou, pelo menos, compreendê-la melhor.

    Pode ser condenável agir como um advogado quando se trata de ciência, mas existe uma tradição de se fazer justamente isso na biologia, desde o próprio Darwin; ele chamou *A origem das espé-*

cies de um "longo argumento". Um livro ainda é a melhor maneira de expor como fatos podem se relacionar uns com os outros através do tecido da ciência – uma hipótese que explica a forma das coisas. Peter Medawar descreveu uma hipótese como um salto imaginativo para o desconhecido. Uma vez dado o salto, a hipótese se torna uma tentativa de contar uma história que seja compreensível em termos humanos. Para ser ciência, a hipótese deve fazer previsões que possam ser testadas. Não há maior insulto em ciência do que dizer que um argumento "não é nem mesmo errado", ou seja, que é invulnerável à refutação. Neste livro, então, eu vou expor uma hipótese – contar uma história coerente – que conecta energia e evolução. Farei isso em detalhes suficientes para que possa ser testada, ao mesmo tempo escrevendo da forma mais acessível e excitante possível. Esta história se baseia em parte na minha própria pesquisa (você vai encontrar os ensaios originais em Outras Leituras) e em parte na de outras pessoas. Colaborei de forma muito proveitosa com Bill Martin, em Düsseldorf (descobri que ele tem um espantoso talento para estar certo), com Andrew Pomiankowski, um geneticista evolutivo com inclinação para a matemática e o melhor dos colegas na University College London, e com vários alunos de pós-graduação extremamente capazes. Foi um privilégio e um enorme prazer; estamos apenas no início de uma extensa jornada.

Tentei manter este livro breve e objetivo, reduzir digressões e histórias interessantes, mas não relacionadas. O livro é um argumento, tão parcimonioso ou detalhado quanto for necessário. Não faltam metáforas e (espero) detalhes divertidos; isso é crucial para dar vida a um livro fundamentado na bioquímica destinado ao leitor comum. Poucos de nós podemos facilmente visualizar a paisagem submicroscópica alienígena de moléculas gigantes em interação, a própria essência da vida. Mas a questão é a ciência em si, e isso deu o tom da minha escrita. Dar o devido nome às coisas é uma boa virtude antiquada. É sucinta, e nos leva direto à questão. Você ficaria logo irritado se eu insistisse em lembrar-lhe a toda hora que uma pá é uma ferramenta para cavar usada para enterrar pessoas. Pode não ajudar muito chamar uma mitocôndria de mitocôndria, mas também é incômodo escrever sempre: "Todas as células grandes, complexas, como as nossas contêm centrais elétricas em miniatura, que se originaram há muito tempo de bactérias não simbióticas e que hoje atendem essencialmente a todas as nossas necessidades de energia." Eu poderia escrever, em vez disso: "Todos os eucariontes possuem mitocôndrias." É mais claro e tem mais efeito. Quando você se sente confortável com alguns termos, eles transmitem mais informações e de forma tão sutil que, neste caso, imediatamente surge a questão: como isso aconteceu? Isso leva direto à beira do desconhecido, à ciência mais interessante. Portanto, tentei evitar jargões desnecessários e incluí lembretes ocasionais sobre o significado dos termos; mas, além disso, espero que você se familiarize com termos recorrentes. Por segurança, incluí também um breve glossário dos principais termos ao final. Com a ocasional verificação, espero que este livro seja bastante acessível a quem estiver interessado.

E espero sinceramente que você se interesse! Apesar da sua estranheza, esse admirável mundo novo é genuinamente excitante: as ideias, as possibilidades, o alvorecer da compreensão do nosso lugar no vasto universo. Vou traçar os contornos de uma paisagem nova e, em grande parte, desconhecida, uma perspectiva que se estende desde a origem da vida até a nossa própria saúde e mortalidade. Esse espaço de tempo colossal é reconhecidamente unido por umas poucas ideias simples que relacionam gradientes de próton através de membranas. Para mim, os melhores livros sobre biologia, desde Darwin, têm sido argumentativos. Este livro aspira a seguir essa tradição. Vou argumentar que a energia forçou a evolução da vida na Terra; que as mesmas forças devem se aplicar em outras partes do universo; e que uma síntese de energia e evolução pode ser a base para uma biologia mais apta a fazer predições, nos ajudando a compreender por que a vida é como é, não só na Terra, mas em qualquer outro lugar onde ela possa existir no universo.

PARTE I

O PROBLEMA

I
O QUE É A VIDA?

Sem piscar dia e noite, os radiotelescópios escrutinam os céus. Quarenta e dois deles se espalham num aglomerado aberto pela serra de vegetação rasteira do norte da Califórnia. Suas colinas brancas parecem rostos inexpressivos, todos esperançosamente focados em uníssono em algum ponto além do horizonte, como se este fosse um local de reunião para invasores alienígenas tentando voltar para casa. A sua incongruência é apropriada. Os telescópios pertencem ao projeto SETI, sigla em inglês para Busca por Inteligência Extraterrestre, uma organização que há meio século vem explorando os céus em busca de sinais de vida, sem êxito. Até os protagonistas não são muito otimistas quanto às chances de sucesso; mas, quando o financiamento se esgotou poucos anos atrás, um apelo direto ao público logo colocou em operação o Allen Telescope Array. Para mim, o empreendimento é um símbolo pungente da incerteza da humanidade quanto ao nosso lugar no universo e da fragilidade da ciência em si: uma tecnologia de ficção científica tão inescrutável que sugere onisciência, gestada num sonho tão ingênuo que mal se fundamenta em ciência de qualquer espécie: o de que não estamos sozinhos.

Mesmo que o aparato jamais detecte vida, ainda assim tem o seu valor. Pode não ser possível errar a mira ao observar o céu pelos telescópios, mas esse é o seu verdadeiro poder. O que exatamente estamos procurando lá fora? A vida em algum lugar no universo deve ser tão semelhante a nós a ponto de usar também ondas de rádio? Acreditamos que a vida em outras partes deve ter como base o carbono? Precisaria de água? Oxigênio? Estas não são questões específicas sobre a composição da vida em algum outro lugar no universo: são sobre a vida na Terra, sobre a vida como a conhecemos. Os telescópios são espelhos, refletem suas perguntas de volta para biólogos terrestres. O problema é que tudo em ciência diz respeito a previsões. As perguntas mais insistentes na física querem saber *por que* as leis da física são como elas são: que princípios fundamentais preveem as propriedades conhecidas do universo? A biologia é menos preditiva, e não tem leis que se comparem com as da física, mas, ainda assim, o poder de previsão da biologia evolutiva é constrangedoramente ruim. Sabemos muita coisa sobre os mecanismos moleculares da evolução e sobre a história da vida em nosso planeta, mas muito menos sobre que partes desta história são acasos – trajetórias que poderiam ter acontecido de maneira diferente em outros planetas – e que partes são ditadas por leis ou restrições da física.

Isso não acontece por falta de esforço. Esse terreno é o playground de ganhadores de prêmios Nobel aposentados e outras figuras importantes na biologia; mas, apesar de todo o seu conhecimento e intelecto, eles não conseguem chegar a um consenso. Quarenta anos atrás, no alvorecer da biologia molecular, o biólogo francês Jacques Monod escreveu o seu famoso livro *O acaso e a necessidade*, que argumenta sombriamente que a origem da vida na Terra foi um estranho acidente e que estamos sozinhos num universo vazio. As últimas linhas do seu livro chegam perto da poesia, um amálgama de ciência e metafísica:

> A antiga aliança está em pedaços; o homem sabe que está sozinho na insensível imensidão do universo, da qual ele surgiu

apenas por acaso. Seu destino não está escrito em lugar algum, nem o seu dever. O reino superior ou a escuridão inferior: é ele quem escolhe.

Desde então, outros argumentam o contrário: que a vida é um resultado inevitável de química cósmica. Surgirá rapidamente, em quase todos os lugares. Uma vez que a vida está prosperando num planeta, o que acontece em seguida? De novo, não há consenso. Restrições de engenharia podem forçar a vida a seguir por caminhos convergentes até lugares semelhantes, independentemente do ponto de partida. Levando em conta a gravidade, animais que voam tendem a ser leves e possuir algo parecido com asas. Num sentido mais geral, pode ser necessário que a vida seja celular, composta de pequenas unidades que mantêm suas entranhas diferentes do mundo exterior. Se essas restrições forem dominantes, a vida em outros lugares pode parecer muito com a vida na Terra. Inversamente, talvez a contingência impere – e a constituição da vida dependa de sobreviventes aleatórios de acidentes globais, tais como o impacto do asteroide que acabou com os dinossauros. Vamos atrasar o relógio até o período cambriano, meio bilhão de anos atrás, quando se registra a primeira explosão de vida animal no registro fóssil, e colocá-lo para funcionar de novo. Esse mundo paralelo seria semelhante ao nosso? Talvez os altiplanos estivessem fervilhando de polvos terrestres gigantes.

Uma das razões para apontar telescópios para o espaço é que aqui na Terra estamos lidando com uma amostra única. De um ponto de vista estatístico, não podemos dizer o que, se assim foi, restringiu a evolução da vida aqui. Mas se isso fosse mesmo verdade, não haveria nenhuma base para este livro ou qualquer outro. As leis da física aplicam-se a todo o universo, assim como as propriedades e a abundância de elementos, daí a química plausível.

A vida na Terra tem muitas propriedades estranhas, que há séculos desafiam a mente dos melhores biólogos – traços como sexo e envelhecimento. Se pudéssemos prever a partir dos primeiros elementos – a partir da composição química do universo – por que surgiram esses traços, por que a vida é como ela é, então teríamos acesso de novo ao mundo da probabilidade estatística. A vida na Terra não é realmente uma amostra única, mas por praticidade é uma variedade infinita de organismos evoluindo por um tempo infinito. Contudo, a teoria evolutiva não prevê, a partir dos primeiros elementos, por que a vida na Terra tomou este rumo. Não quero dizer com isso que penso que a teoria evolutiva esteja errada – não está –, mas, simplesmente, que ela não é preditiva. Meu argumento neste livro é que existem, de fato, fortes restrições à evolução – restrições energéticas – que tornam possível prever alguns dos traços mais fundamentais da vida a partir dos primeiros elementos. Antes que possamos tratar destas restrições, devemos considerar por que a biologia evolutiva não é preditiva e por que estas restrições energéticas passaram em grande parte despercebidas; na verdade, por que quase nem percebemos que existe um problema. Só se tornou totalmente visível nos últimos anos e apenas para aqueles que seguem a biologia evolutiva, que existe uma profunda e perturbadora descontinuidade no próprio âmago da biologia.

Até certo ponto, podemos culpar o DNA por essa triste situação. Ironicamente, pode-se dizer que a era moderna da biologia molecular e toda a tecnologia extraordinária do DNA que ela acarreta começaram com um físico, Erwin Schrödinger, mais especificamente com a publicação de seu livro *O que é vida?*, em 1944. Schrödinger disse duas coisas importantes: primeiro, que a vida de alguma maneira resiste à tendência universal de entrar em decadência, a elevação de entropia (desordem) que é estipulada pela segunda lei da termodinâmica; e, segundo, que o truque para a evasão local de entropia da vida está nos genes. Ele propôs que o material genético é um cristal "aperiódico", que não tem uma estrutura estritamente repetitiva, daí pode atuar como um "código de script" – supostamente o primeiro uso do termo na literatura biológica. O próprio Schrödinger presumiu, junto com a maioria dos biólogos da época, que o quase cristal em questão deveria ser uma proteína; mas, em uma década frenética, Crick e Watson deduziram a estrutura de cristal do próprio DNA. Em seu segundo artigo na revista *Nature*, de 1953, eles escreveram: "Portanto, parece provável que a sequência precisa das bases é o código que carrega a informação genética." Essa frase é a base da biologia moderna. Hoje, biologia é informação, sequências de genomas são dispostas *in silico* e a vida é definida em termos de transferência de informações.

Os genomas são a porta de entrada para uma terra encantada. As resmas de código, 3 bilhões de letras no nosso caso, são decifradas como um romance experimental, uma história ocasionalmente coerente em breves capítulos quebrados em blocos de repetitivos textos, versos, páginas em branco, fluxos de consciência – e uma pontuação peculiar. Uma proporção minúscula do nosso próprio genoma, menos de 2%, codifica proteínas; uma porção maior é reguladora; e a função do resto é causar destemperadas rixas entre cientistas bem-educados em outras situações.* Mas isso não importa aqui. O que está claro é que genomas podem codificar até

---

* Existe uma ruidosa disputa sobre haver ou não propósito neste DNA não codificador. Alguns dizem que há, e que o termo "DNA refugo" (*junk DNA*) deveria ser esquecido. Outros propõem o "teste da cebola": se a maioria do DNA não codificante tem um propósito útil, por que uma cebola precisa de cinco vezes mais do que um ser humano? Na minha opinião, é prematuro abandonar o termo. Refugo não é o mesmo que lixo. O lixo joga-se fora imediatamente; o refugo é guardado na garagem, na esperança de que possa ser útil um dia.

dezenas de milhares de genes e uma grande quantidade de complexidade reguladora, capaz de especificar tudo o que é necessário para transformar uma lagarta em borboleta ou uma criança num adulto. Comparar os genomas de animais, plantas, fungos e amebas unicelulares mostra que processos idênticos estão atuantes. Podemos encontrar variantes dos mesmos genes, os mesmos elementos reguladores, os mesmos replicadores egoístas (como os vírus) e os mesmos trechos de falta de nexo repetitivos em genomas de tamanhos e tipos muitíssimo diferentes. Cebolas, trigo e amebas possuem mais genes e mais DNA do que nós. Anfíbios como sapos e salamandras têm tamanhos de genomas que chegam a mais de duas ordens de magnitude, com alguns genomas de salamandra sendo quarenta vezes maiores do que os nossos e alguns sapos sendo menos de um terço do nosso tamanho. Se fôssemos resumir as restrições arquitetônicas aos genomas numa única frase, ela seria: "vale tudo".

Isso é importante. Se os genomas são informações e não existem restrições fundamentais quanto ao seu tamanho ou estrutura, então não há restrições às informações também. Isso não significa que não exista nenhuma restrição aos genomas. Obviamente existe. As forças que atuam nos genomas incluem a seleção natural, assim como fatores mais aleatórios – duplicação acidental de genes, de cromossomos ou genomas inteiros, inversões, deleções e invasões de DNA parasita. Como tudo isso acontece depende de fatores tais como nicho, competição entre espécies e tamanho da população. Do nosso ponto de vista, todos esses fatores são imprevisíveis. Eles fazem parte do ambiente. Se o ambiente é especificado com precisão, podemos ser capazes de prever o tamanho do genoma de uma espécie em particular. Mas um número infinito de espécies vive numa variedade sem fim de microambientes, desde as entranhas de outras células a cidades humanas e profundidades oceânicas pressurizadas. Não só "vale tudo" como "há de tudo". Deveríamos esperar encontrar tantas variedades nos genomas como existem fatores atuando sobre eles nestes diversos ambientes. Genomas não preveem o futuro, mas lembram o passado: eles refletem as exigências da história.

Consideremos de novo outros mundos. Se a vida gira em torno de informações e informações não são sujeitas a restrições, então não podemos prever como seria a vida em outro planeta; só podemos afirmar que ela não contestará as leis da física. Assim que surge alguma forma de material hereditário – seja DNA ou qualquer outra coisa –, então a trajetória da evolução se torna livre de informações e imprevisível a partir dos primeiros elementos. O que realmente evolui vai depender do ambiente exato, das contingências da história e da engenhosidade da seleção. Mas vejamos de novo a Terra. Esta afirmativa é aceitável para a enorme variedade de vida como ela existe hoje; mas simplesmente não é verdade para a grande parte da longa história da Terra. Durante bilhões de anos, parece que a vida foi restringida de modos impossíveis de serem facilmente interpretados em termos de genomas, história ou ambiente. Até recentemente, a história peculiar da vida no nosso planeta esteve longe de ser clara, e mesmo agora há muito o que se fazer quanto aos detalhes. Deixe-me esboçar a visão emergente e contrastá-la com versões mais antigas, que agora parecem erradas.

Uma breve história dos primeiros 2 bilhões de vida

Nosso planeta tem cerca de 4,5 bilhões de anos (ou seja, 4.500 milhões de anos). Foi destruído durante os seus primórdios, uns 700 milhões de anos, por um pesado bombardeio de asteroides, quando o sistema solar nascente se estabeleceu. Um colossal impacto no início, com um objeto do tamanho de Marte, provavelmente formou a Lua. Ao contrário da Terra, cuja ativa geologia continuamente revolve a crosta, a superfície bem conservada da Lua preserva nas suas crateras as evidências deste bombardeio inicial, datado por rochas trazidas pelos astronautas da Apollo.

Apesar da ausência de rochas terrestres de uma idade comparável, ainda existem algumas pistas das condições da Terra primordial. Em particular, a composição de zircões (pequenos cristais de silicato de zircônio, menores do que grãos de areia, encontrados em muitas rochas) sugere que existiram oceanos muito antes do que pensávamos. Podemos dizer, a partir da datação por urânio, que alguns destes cristais surpreendentemente robustos se formaram entre 4 e 4,4 bilhões atrás e, mais tarde, se acumularam como grãos detríticos em rochas sedimentares. Cristais de zircões comportam-se como pequenas gaiolas que capturam contaminantes químicos, refletindo o ambiente em que se formaram. A química dos primeiros zircões sugere que se formaram a temperaturas relativamente baixas e na presença de água. Longe da imagem de um inferno vulcânico, com oceanos de lava fervendo, capturada vividamente em impressões artísticas do que é tecnicamente chamado de período "plutônico", os cristais de zircão apontam para um mundo aquático mais tranquilo, com uma superfície limitada de terra.

Igualmente, a antiga ideia de uma atmosfera primordial repleta de gases, como metano, hidrogênio e amônia, que reagem juntos para formar moléculas orgânicas, não resiste ao escrutínio dos zircões. Elementos-traço como o cério são incorporados em cristais de zircão principalmente na sua forma oxidada. O alto conteúdo de cério nos zircões primordiais sugere que a atmosfera estava dominada por gases oxidados emanando de vulcões, notavelmente dióxido de carbono, vapor d'água, gás de nitrogênio e dióxido de enxofre. Essa mistura não é diferente em composição do ar de hoje em dia, exceto pela falta de oxigênio, que só muito mais tarde se tornou abundante, depois do advento da fotossíntese. Compreender a composição de um mundo há muito desaparecido, a partir de uns poucos cristais de zircão espalhados, coloca um bocado de peso sobre meros grãos de areia, mas é melhor do que não recorrer a nenhuma evidência. Essa evidência invoca de forma consistente um planeta que era surpreendentemente semelhante ao que conhecemos hoje. O impacto ocasional de asteroides talvez tenha evaporado parte dos oceanos, mas é pouco provável que tenha perturbado qualquer bactéria vivendo nas profundezas dos oceanos – se já tivessem evoluído.

A evidência mais antiga de vida é igualmente frágil, mas pode datar de algumas das rochas mais antigas conhecidas, em Isua e Akilia, no sudoeste da Groenlândia, que têm cerca de 3,8 bilhões de anos (ver **Figura 2** para uma linha do tempo). Essa evidência não está na forma de fósseis ou moléculas complexas derivadas de células vivas ("biomarcadores"), mas é simplesmente uma classificação não aleatória de átomos de carbono em grafite. O carbono aparece em duas formas estáveis, ou isótopos, que possuem massas marginalmente diferentes.* As enzimas (proteínas que catalisam reações em células vivas) têm uma ligeira preferência pela forma mais leve, o carbono-12, que, portanto, tende a se acumular em matéria orgânica. Você poderia pensar em átomos de carbono como minúsculas bolas de pingue-pongue – as bolas ligeiramente menores quicam de um lado para o outro um pouquinho mais rápido, portanto têm mais probabilidade de topar com enzimas e,

---

* Existe também um terceiro isótopo instável, o carbono-14, que é radioativo, decompondo-se com uma meia-vida de 5.570 anos. Este costuma ser usado para datar artefatos humanos, mas não serve para períodos geológicos e, portanto, não é relevante para a nossa história aqui.

Timeline (bilhões de anos atrás):

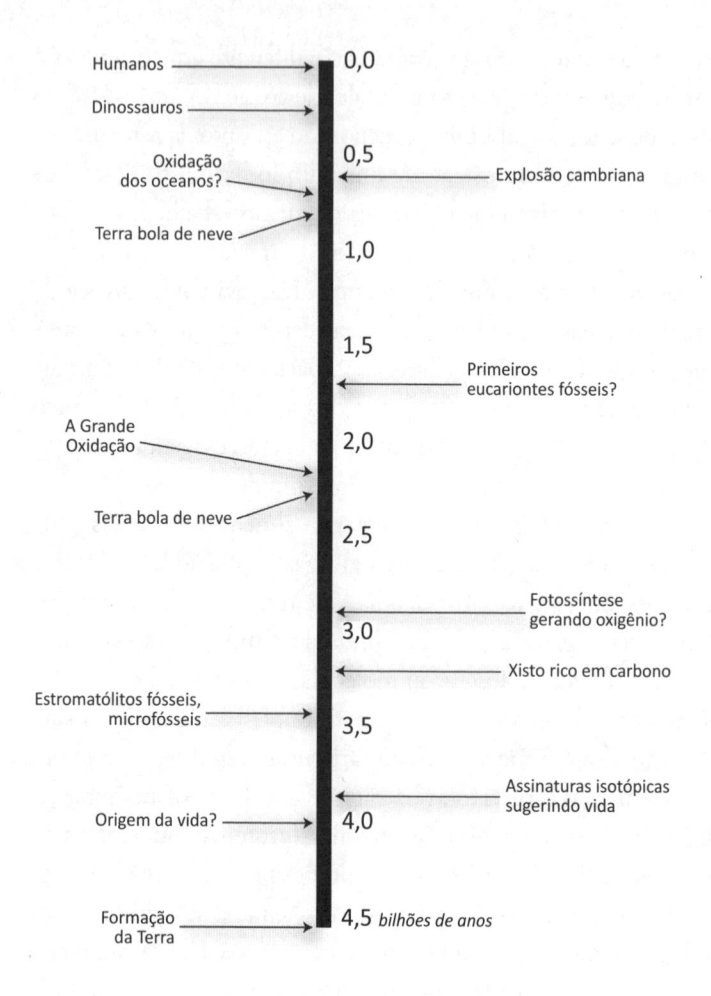

- 0,0 — Humanos
- Dinossauros
- 0,5 — Explosão cambriana; Oxidação dos oceanos?
- Terra bola de neve
- 1,0
- 1,5 — Primeiros eucariontes fósseis?
- 2,0 — A Grande Oxidação
- Terra bola de neve
- 2,5
- 3,0 — Fotossíntese gerando oxigênio?
- Xisto rico em carbono
- 3,5 — Estromatólitos fósseis, microfósseis
- Assinaturas isotópicas sugerindo vida
- 4,0 — Origem da vida?
- 4,5 bilhões de anos — Formação da Terra

Figura 2 **Linha do tempo da vida**
A linha do tempo mostra datas aproximadas para alguns eventos-chave na evolução primordial. Muitas destas datas são incertas e objeto de disputa, mas a maior parte das evidências sugere que as bactérias e arqueas surgiram por volta de 1,5 a 2 bilhões de anos antes dos eucariontes.

assim, é mais provável serem convertidas em carbono orgânico. Inversamente, a forma mais pesada, o carbono-13, que constitui apenas 1,1% do carbono total, tem mais probabilidade de "ser deixado para trás", nos oceanos, e pode em vez disso se acumular quando o carbonato é precipitado em rochas sedimentares, como o calcário. Essas pequeninas diferenças são consistentes a ponto de serem com frequência vistas como diagnóstico de vida. Não só o carbono, mas outros elementos, como ferro, enxofre e nitrogênio, também são fracionados por células vivas de forma similar. Esse fracionamento isotópico é relatado nas inclusões de grafite em Isua e Akilia.

Cada aspecto desse trabalho, desde a idade das rochas até a própria existência dos pequenos grãos de carbono significando vida, tem sido contestado. E não apenas ficou claro que o fracionamento isotópico não é exclusivo da vida, mas pode ser imitado, embora de uma forma mais fraca, por processos geológicos em fontes hidrotermais. Se as rochas da Groenlândia são realmente tão antigas quanto parecem e possuem mesmo carbono fracionado, isso ainda não é prova de vida. Pode parecer desencorajador, mas em outro sentido não é menos do que deveríamos esperar. Argumentarei que a distinção entre um "planeta vivo" – que está geologicamente ativo – e uma célula viva é apenas questão de definição. Não existe uma linha divisória rigorosa. A geoquímica dá origem, imperceptivelmente, à bioquímica. Deste ponto de vista, faz sentido não podermos distinguir entre geologia e biologia nessas rochas antigas. Aqui está um planeta vivo dando origem à vida, e os dois não podem ser separados sem quebrar um *continuum*.

Avance algumas centenas de milhões de anos e a evidência de vida é mais tangível – tão sólida e observável quanto as antigas rochas da Austrália e da África do Sul. Aqui, há microfósseis que se parecem muito com células, embora tentar colocá-los em grupos modernos seja uma tarefa inglória. Muitos desses pequeninos fósseis são revestidos de carbono, mais uma vez apresentando assinaturas isotópicas reveladoras, mas agora um pouco mais consistentes e pronunciadas, que sugerem um metabolismo organizado, em vez de processos hidrotérmicos acidentais. E existem estruturas que parecem estromatólitos, aquelas catedrais abobadadas de vida bacteriana, nas quais células crescem camada por camada, as camadas enterradas mineralizando, virando pedra, acabando em estruturas rochosas supreendentemente laminadas, com um metro de altura. Além destes fósseis inequívocos, há cerca de 3,2 bilhões de anos havia traços geológicos em grande escala, com centenas de quilômetros quadrados de área e dezenas de metros de profundidade, formações de ferro notavelmente bandadas e xisto rico em carbono. Tendemos a pensar em bactérias e minerais como ocupantes de reinos diferentes, vivos *versus* inanimados, mas na verdade muitas rochas sedimentares são depositadas, em escala colossal, por processos bacterianos. No caso das formações de ferro bandado – espantosamente belas em suas listras vermelhas e pretas –, bactérias extraem elétrons do ferro dissolvido nos oceanos (esse ferro "ferruginoso" é abundante na ausência de oxigênio), deixando para trás a carcaça insolúvel, ferrugem, que desce ao fundo do mar. O porquê de essas rochas ricas em ferro terem riscas continua sendo um enigma, mas as assinaturas de isótopos, mais uma vez, traem a mão da biologia.

Estes vastos depósitos indicam não apenas vida, mas fotossíntese. Não a forma familiar de fotossíntese que vemos a nossa volta nas folhas verdes de plantas e algas, mas um precursor mais simples. Em todas as formas de fotossíntese, a energia da luz é usada para despojar elétrons de um doador involuntário. Os elétrons são então impostos ao dióxido de carbono para formar moléculas orgânicas. As várias formas de fotossíntese diferem nas suas fontes de elétrons, que podem vir dos mais diversos tipos de lugares, mais comumente ferro (ferruginoso) dissolvido, sulfeto de hidrogênio ou água. Em cada caso, elétrons são transferidos para o dióxido de carbono, deixando para trás o refugo: depósitos de ferro enferrujado, enxofre elementar (enxofre) e oxigênio, respectivamente. O mais difícil de decifrar, de longe, é a água. Há cerca de 3,2 bilhões de anos, a vida estava extraindo elétrons de quase tudo. A vida, como o bioquímico Albert Szent-Györgyi observou, nada mais é do que um elétron procurando um lugar para descansar. Exatamente quando a etapa final de extração de elétrons de água aconteceu é uma questão controvertida. Alguns dizem que foi um evento ocorrido no início da evolução, mas agora sugere-se que a fotossíntese "oxigênica" surgiu entre 2,9 e 2,4 bilhões de anos atrás, não muito tempo antes de um período cataclísmico de inquietação global, a crise de meia-idade da Terra. Glaciações no mundo todo, conhecidas como "Terra bola de neve", foram seguidas pela oxidação geral de rochas terrestres, há cerca de 2,2 bilhões de anos, deixando "leitos vermelhos" enferrujados como um sinal definitivo de oxigênio no ar – a "grande oxidação". Até as glaciações globais indicam um aumento de oxigênio atmosférico. Ao oxidar metano, o oxigênio removeu do ar um potente gás do efeito estufa, deflagrando o congelamento global.*

Com a evolução da fotossíntese oxigênica, o jogo de ferramentas metabólico da vida estava essencialmente completo. Nossa turnê rápida por quase 2 bilhões de anos de história da Terra – três vezes mais longa do que todo o tempo de existência dos animais

---

* Esse metano foi produzido por bactérias – ou, mais especificamente, arqueas – metanogênicas, que, se pudermos confiar nas assinaturas de isótopo de carbono (metanógenos produzem um sinal particularmente forte), proliferavam antes de 3,4 bilhões de anos atrás. Conforme observado anteriormente, o metano não era um elemento constituinte significativo da atmosfera primordial da Terra.

– tem pouca probabilidade de precisão em todos os seus detalhes, mas vale a pena parar um momento para considerar o que o quadro geral nos diz sobre o nosso mundo. Primeiro, a vida surgiu muito cedo, provavelmente entre 3,5 e 4 bilhões de anos atrás, se não antes, num mundo aquático não diferente do nosso. Segundo, há cerca de 3,5 a 3,2 bilhões de anos, as bactérias já tinham inventado quase todas as formas de metabolismo, inclusive múltiplas formas de respiração e fotossíntese. Durante um bilhão de anos, o mundo foi um caldeirão de bactérias, exibindo uma inventividade de bioquímica que nos deixa maravilhados.* O fracionamento isotópico sugere que todos os principais ciclos de nutrientes – carbono, nitrogênio, enxofre, ferro e daí por diante – existiam antes de 2,5 bilhões de anos atrás. Mas só com o surgimento do oxigênio, a partir de 2,4 bilhões de anos atrás, a vida transfigurou o nosso planeta a ponto de fazer com que esse mundo bacteriano florescente pudesse ser detectado do espaço como um planeta vivo. Só então a atmosfera começou a acumular uma mistura reativa de gases como o oxigênio e o metano, que são reabastecidos continuamente por células vivas, traindo a biologia em escala planetária.

O problema dos genes e do ambiente

O Grande Evento de Oxidação há muito é reconhecido como o momento crucial na história do nosso planeta vivo, mas sua importância mudou radicalmente em anos recentes. A nova interpretação é importantíssima para meu argumento neste livro. A antiga versão vê o oxigênio como o determinante *ambiental* crítico da vida. O oxigênio não especifica o que vai evoluir, de acordo com

---

* Na maior parte deste capítulo, vou me referir apenas a bactérias por simplicidade, embora eu queira dizer procariontes, incluindo bactérias e arqueas, conforme discutido na Introdução. Vamos voltar à importância de arqueas lá pelo final do capítulo.

esse argumento, mas permite a evolução de uma complexidade muito maior – ele solta os freios. Os animais, por exemplo, subsistem movendo-se fisicamente de um lado para o outro, caçando presas ou sendo eles mesmos caçados. Obviamente, isso requer um bocado de energia, portanto é fácil imaginar a impossibilidade da existência de animais na ausência de oxigênio, que proporciona quase dez vezes mais energia do que outras formas de respiração.* Essa afirmativa é tão banal que não vale a pena contestá-la. E isso é parte do problema: ela não convida a maiores considerações. Podemos tomar como ponto pacífico que os animais precisam de oxigênio (muito embora isso nem sempre seja verdade) e que o conseguem, logo o oxigênio é um denominador comum. Os verdadeiros problemas na biologia evolutiva são, portanto, relativos às propriedades e ao comportamento de animais ou plantas. Ou assim parece.

Essa visão corrobora implicitamente a história da Terra nos livros de referência. Tendemos a pensar em oxigênio como bom e saudável, mas de fato, do ponto de vista da bioquímica primordial, não é nada disso: ele é tóxico e reativo. Conforme subiam os níveis de oxigênio, diz o livro de referência, esse gás perigoso criou uma forte pressão seletiva em todo o mundo microbiano. Existem relatos violentos da extinção em massa para acabar com todos eles – o que Lynn Margulis chamou de "holocausto" do oxigênio.

---

* Isso não é estritamente verdadeiro. A respiração aeróbica produz quase dez vezes mais energia utilizável do que a fermentação, mas a fermentação não é tecnicamente uma forma de respiração. A verdadeira respiração anaeróbica usa substâncias além do oxigênio, tais como nitrato, como um aceitador de elétrons, e estas proporcionam quase tanta energia quanto o próprio oxigênio. Mas estes oxidantes só podem se acumular em níveis adequados à respiração num mundo aeróbico, visto que sua formação depende de oxigênio. Portanto, mesmo que animais aquáticos pudessem respirar usando nitrato em vez de oxigênio, eles continuariam só podendo fazer isso num mundo oxigenado.

O fato de não existirem traços deste cataclismo no registro fóssil é sinal de que não precisamos nos preocupar tanto (estamos convencidos): esses bichinhos eram muito pequenos e isso aconteceu há muitíssimo tempo. O oxigênio forçou novos relacionamentos entre células – simbioses e endossimbioses, nas quais células negociavam entre elas mesmas as ferramentas de sobrevivência. Durante centenas de milhões de anos, a complexidade gradualmente aumentou, conforme as células aprenderam não apenas a lidar com o oxigênio, mas também a lucrar com a sua reatividade: desenvolveram a respiração aeróbica, que lhes proporcionou muito mais energia. Essas células aeróbicas, grandes e complexas, embalam o seu DNA num compartimento especializado chamado núcleo, conferindo-lhe o seu nome "eucariontes" – literalmente, "núcleo verdadeiro". Reitero, essa é uma história de livros de referência: argumentarei que está errada.

Hoje, toda a vida complexa que vemos a nossa volta – todas as plantas, animais, algas, fungos e protistas (grandes células, como as amebas) – é composta de células eucariontes. Os eucariontes passaram regularmente a predominar ao longo de 1 bilhão de anos, segundo a história, num período conhecido, ironicamente, como o "bilhão entediante", visto que pouco aconteceu no registro fóssil. Mas, entre 1,6 e 1,2 bilhão de anos atrás, começamos a encontrar fósseis de seres unicelulares que se parecem muito com eucariontes, alguns dos quais até se encaixam confortavelmente em grupos modernos, como algas vermelhas e fungos.

E aí veio outro período de inquietação global e uma sequência de Terra bola de neve, há 750-600 milhões de anos. Logo em seguida, os níveis de oxigênio subiram rapidamente, a patamares quase modernos – e os primeiros animais aparecem abruptamente no registro fóssil. Os grandes fósseis mais primitivos – chegando a um metro de diâmetro – são um grupo misterioso de formas semelhantes a copas simétricas, que a maioria dos paleontólogos interpreta como animais que se alimentam por filtragem, embora alguns insistam que são meros líquens: os ediacaranos ou, mais afetivamente, vendobiontes. E aí, tão abruptamente quanto apareceram, a maioria destas formas desaparece em sua própria extinção em massa, sendo substituídas no alvorecer da era cambriana, há 541 milhões de anos – uma data tão icônica entre os biólogos como 1066 ou 1492 –, por uma explosão de animais mais reconhecíveis. Grandes e com mobilidade, com olhos complexos e alarmantes apêndices, estes predadores ferozes e suas temíveis couraças explodiram no cenário evolucionário, com fúria nos dentes e garras, Darwin em disfarce moderno.

Quanto desse cenário está, de fato, errado? Com alguma reserva, ele parece plausível. Mas, na minha opinião, o subtexto está errado; como aprendemos antes, também são muitos os detalhes. O subtexto relaciona a interação de genes e ambiente. Todo o cenário gira em torno do oxigênio, supostamente a variável ambiental-chave, que permitiu a mudança genética, removendo os obstáculos à inovação. Os níveis de oxigênio subiram em dois momentos: no Grande Evento de Oxidação, há 2,4 bilhões de anos, e novamente próximo ao fim do eterno período pré-cambriano, há 600 milhões de ano (**Figura 2**). A cada vez, diz a história, o aumento do oxigênio deflagrou restrições de estrutura e função. Depois do Grande Evento de Oxidação, com suas novas ameaças e oportunidades, as células negociaram entre si numa série de endossimbioses e, gradualmente, acumularam a complexidade de verdadeiras células eucariontes. Quando os níveis de oxigênio subiram uma segunda vez, antes da explosão cambriana, as restrições físicas foram varridas totalmente, como se um floreio da capa de um mágico possibilitasse a existência de animais pela primeira vez. Ninguém afirma que o oxigênio levou fisicamente a mudanças, mas, sim, que transformou a paisagem seletiva. Através das magníficas vistas dessa nova paisagem sem restrições, genomas se expandiram livremente, seu conteúdo finalmente fora libertado. A vida florescia, preenchendo todos os nichos concebíveis, de todos os modos.

Essa perspectiva da evolução pode ser vista em termos de materialismo dialético, fiel aos princípios de alguns importantes biólogos evolutivos durante a síntese neodarwinista do início até meados do século XX. Os opostos interpenetrantes são os genes e o ambiente, de outro modo conhecidos como natureza e nutrição. A biologia diz respeito basicamente aos genes, e o comportamento deles diz respeito basicamente ao ambiente. O que mais existe, afinal de contas? Bem, a biologia não trata apenas de genes e ambiente, mas também de células e das restrições de sua estrutura física, que veremos que têm muito pouco a ver, seja com genes ou ambiente diretamente. As previsões que surgem destas visões de mundo disparatadas são surpreendentemente diversas.

Vejamos a primeira possibilidade, interpretando a evolução em termos de genes e do ambiente. A falta de oxigênio nos primórdios da Terra é uma importante restrição ambiental. Acrescente oxigênio e a evolução floresce. Toda a vida que é exposta ao oxigênio é afetada de um modo ou de outro e precisa se adaptar. Algumas células são mais adequadas a condições aeróbicas e se proliferam; outras morrem. Mas existem muitos microambientes diferentes. O oxigênio em ascensão não inunda simplesmente o mundo inteiro numa espécie de ecossistema global monomaníaco, mas oxida minerais na terra e se dissolve nos oceanos, o que enriquece nichos anaeróbicos também. A disponibilidade de nitrato, nitrito, sulfato, sulfito e afins aumenta, e todos podem ser usados na respiração celular em vez do oxigênio, portanto a respiração anaeróbica aumenta num mundo aeróbico. Tudo isso agrega muitas formas diferentes de viver no novo mundo.

Imagine uma mistura aleatória de células num ambiente. Algumas células, como as amebas, sobrevivem engolfando fisicamente outras células, num processo chamado fagocitose. Algumas são fotossintéticas. Outras, como os fungos, digerem o seu alimento externamente – osmotrofia. Supondo que a estrutura celular não imponha restrições insuperáveis, diríamos que estes tipos diferentes de células descenderiam de vários ancestrais bacterianos diferentes. Calhou de uma célula ancestral ser um pouco melhor em alguma forma primitiva de fagocitose, outra numa forma simples de osmotrofia, outra ainda em fotossíntese. Com o tempo, suas descendentes se tornaram mais especializadas e mais bem adaptadas a esse modo de vida em particular.

Falando formalmente, se níveis de oxigênio em ascensão permitissem novos estilos de vida florescentes, esperaríamos ver uma *radiação polifilética*, na qual células e organismos não relacionados (de diferentes filos) se adaptam rapidamente, irradiando novas espécies que preenchem nichos desocupados. Esse tipo de padrão é exatamente o que vemos – às vezes. Dezenas de filos animais diferentes irradiaram na explosão cambriana, como, por exemplo, desde as esponjas e equinodermos até os artrópodes e vermes. Essas grandes radiações animais foram acompanhadas por radiações análogas entre algas e fungos, assim como em protistas, como os ciliados. A ecologia se tornou muito mais complexa, e isto levou a mais mudanças. Se foi especificamente a maré de oxigênio em alta, ou não, o que deflagrou a explosão cambriana, é consenso que mudanças ambientais realmente transformaram a seleção. Alguma coisa aconteceu, e o mundo mudou para sempre.

Compare esse padrão com o que esperaríamos ver se restrições de estrutura tivessem dominado. Até a restrição ser superada, deveríamos ver mudanças limitadas em resposta a quaisquer alterações ambientais. Esperaríamos longos períodos de estase, impermeáveis a mudanças ambientais, com radiações *monofiléticas* muito ocasionais. Isso significa que se, numa rara ocasião, um grupo particular superasse suas restrições estruturais intrínsecas, unicamente ele se irradiaria, preenchendo nichos vazios (embora isso possivelmente fosse retardado até que mudanças no ambiente permitissem). Claro, vemos isso também. Na explosão cambriana, observamos a radiação de diferentes grupos de animais – mas não múltiplas origens de animais. Todos os grupos de animais compartilham um ancestral comum, como, na verdade, acontece com todas as plantas. O desenvolvimento multicelular complexo, envolvendo uma linha embrionária e soma (corpo) distintos é difícil. As restrições aqui se relacionam em parte às exigências de um programa preciso de desenvolvimento, que exercita rígido controle sobre o destino de células individuais. Num nível menos estruturado, entretanto, algum grau de desenvolvimento multicelular é comum, com até trinta origens separadas de multicelularidade entre grupos incluindo as algas, os fungos e o limo. Mas existe um lugar no qual parece que as restrições de estrutura física – estrutura celular – são dominantes a tal ponto que controlam tudo o mais: a origem da célula eucariótica (grandes células complexas) a partir de bactérias, após o Grande Evento de Oxidação.

O buraco negro no coração da biologia

Se células eucarióticas complexas realmente evoluíram em resposta ao aumento do oxigênio atmosférico, prognosticaríamos uma radiação *polifilética*, com grupos diferentes de bactérias gerando tipos de células mais complexas independentemente. Esperaríamos ver bactérias fotossintéticas dando origem a algas maiores e mais complexas, bactérias osmotróficas a fungos, células predatórias móveis a fagócitos e assim por diante. Tal evolução de maior complexidade poderia ocorrer por meio de mutações genéticas padrão, transferência horizontal de genes e seleção natural, ou por meio de fusões e aquisições de endossimbiose, conforme concebido por Lynn Margulis na bem conhecida teoria de endossimbiose sequencial. De um jeito ou de outro, se não há restrições fundamentais à estrutura celular, então níveis de oxigênio em ascensão deveriam ter tornado possível uma maior complexidade, independentemente de como exatamente a evolução decorreu. Prognosticaríamos que o oxigênio liberaria as restrições de todas as células, possibilitando a radiação polifilética com todos os tipos de bactérias diferentes tornando-se mais complexas independentemente. Mas não é o que vemos.

Deixe-me explicar com mais detalhes, visto que o raciocínio é fundamental. Se as células complexas surgiram via seleção natural "padrão", em que mutações genéticas dão origem a variações influenciadas pela seleção natural, então esperaríamos ver uma misturada de estruturas internas, tão variadas quanto a aparência externa das células. As células eucarióticas são maravilhosamente variadas no seu tamanho e formato, desde células algáceas gigantes semelhantes a folhas até longos neurônios e amebas estiradas. Se os eucariontes tivessem evoluído a maior parte de sua complexidade, no decorrer da adaptação, a formas distintas de vida em populações divergentes, então essa longa história deveria estar refletida nas suas estruturas internas distintas também. Mas olhe lá dentro (como em breve faremos) e você verá que todos os eucariontes são feitos basicamente dos mesmos componentes. A maioria de nós não saberia distinguir entre a célula de uma planta, a célula de um rim e um protista do lago mais próximo no microscópio eletrônico: todas parecem extraordinariamente semelhantes

(**Figura 3**). Tente. Se os níveis de oxigênio em ascensão removeram as restrições à complexidade, a previsão a partir da seleção natural "padrão" é de que a adaptação a diferentes formas de vida em diferentes populações deveria levar a uma radiação polifilética. Mas não é isso que vemos.

Já no final da década de 1960, Lynn Margulis argumentava que essa visão está, em qualquer caso, errada: que as células eucarióticas não surgiram via seleção natural padrão, mas através de uma série de endossimbioses, em que uma quantidade de bactérias cooperou tão intimamente que algumas células entraram fisicamente em outras. Essas ideias têm suas raízes no início do século XX, com Richard Altmann, Konstantin Mereschkowski, George Portier, Ivan Wallin e outros, que argumentaram que todas as células complexas surgiram por meio de simbioses entre células mais simples. Suas ideias não foram esquecidas, mas foram ridicularizadas como "fantásticas demais para serem mencionadas na sociedade biológica polida". Na época da revolução da biologia molecular na década de 1960, Margulis estava em terreno mais firme, embora ainda polêmico, e agora sabemos que pelo menos dois componentes de células eucarióticas derivaram de bactérias endossimbióticas – as mitocôndrias (responsáveis pela transdução de energia em células complexas), que derivam de α-proteobactérias; e os cloroplastos (o maquinário fotossintético das plantas), derivando das cianobactérias. Quase todas as outras "organelas" especializadas de células eucarióticas têm sido, uma vez ou outra, declaradas como endossimbiontes, incluindo o próprio núcleo, os cílios e flagelos (processos sinuosos cuja pulsação rítmica força o movimento de células) e peroxissomas (fábricas de metabolismo tóxico). Assim, a teoria da endossimbiose sequencial afirma que os eucariontes são compostos por um conjunto de bactérias, forjadas num empreen-

QUESTÃO VITAL

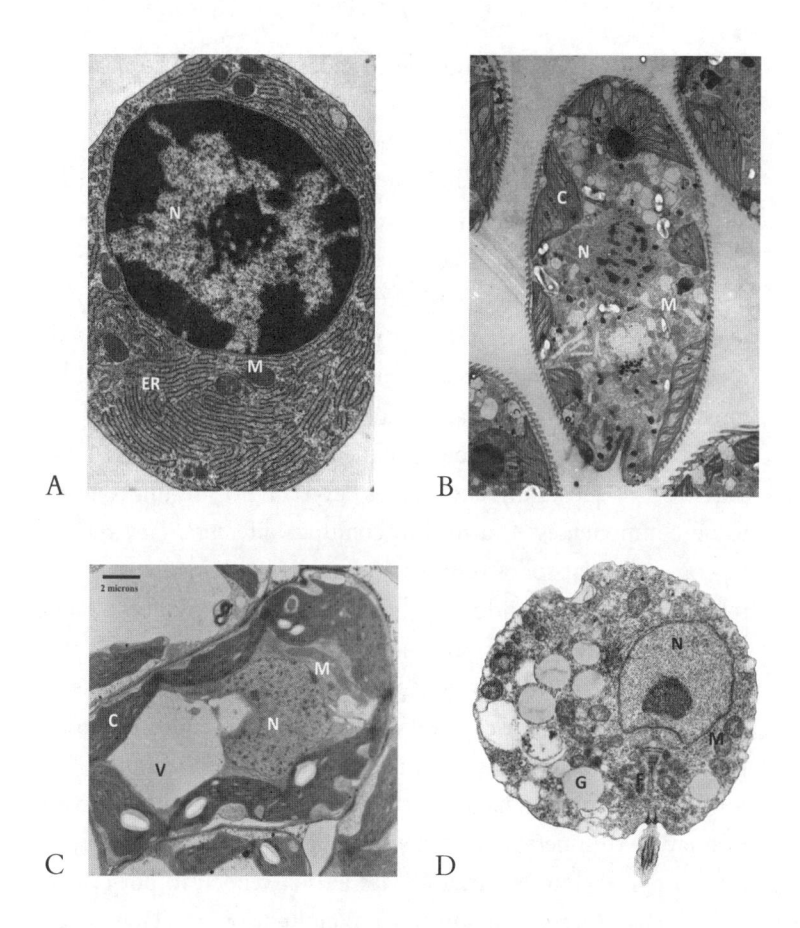

Figura 3 **A complexidade dos eucariontes**
Quatro células eucarióticas diferentes mostrando complexidade morfológica equivalente. **A** mostra uma célula animal (uma célula de plasma), com um grande núcleo central (N), extensas membranas internas (retículo endoplasmático, RE) crivado de ribossomos e mitocôndrias (M). **B** é a alga unicelular *Euglena*, encontrada em muitos lagos, mostrando um núcleo central (N), cloroplastos (C) e mitocôndrias (M). **C** é uma célula vegetal, que é circundada por uma parede celular, com um vacúolo (V), cloroplastos (C), um núcleo (N) e mitocôndrias (M). **D** é um zoósporo de fungo quitrídio, implicado na extinção de 150 espécies de sapos; (N) é o núcleo, (M) mitocôndrias, (F) o flagelo e (G) partículas gama de função desconhecida.

dimento em comum ao longo de centenas de milhões de anos depois da grande oxidação.

É uma noção poética, mas a teoria da endossimbiose sequencial faz uma previsão implícita equivalente à da seleção padrão. Se fosse verdade, esperaríamos ver origens polifiléticas – uma mescla de estruturas internas, tão variadas quanto a aparência externa de células. Em qualquer série de endossimbiose, onde a simbiose depende de algum tipo de troca metabólica num ambiente em particular, esperaríamos encontrar tipos disparatados de células interagindo em diferentes ambientes. Se essas células mais tarde se amoldaram em organelas de células eucarióticas complexas, a hipótese prevê que alguns eucariontes deveriam possuir um conjunto de componentes e outros um conjunto diferente. Deveríamos esperar encontrar todos os tipos de variantes intermediárias e não relacionadas espreitando em obscuros esconderijos, como lama estagnante. Até a sua morte prematura em decorrência de um derrame em 2011, Margulis manteve-se firme na crença de que os eucariontes são uma rica e variada tapeçaria de endossimbioses. Para ela, a endossimbiose era um estilo de vida, um caminho "feminino" de evolução, na qual a cooperação – *networking*, como ela chamava – trompeteava a competição desagradavelmente masculina entre caçadores e caçados. Mas na sua veneração por células vivas "reais", Margulis desprezou a disciplina computacional mais árida da filogenética, o estudo de sequências de genes e genomas inteiros, que pode nos dizer exatamente como diferentes eucariontes se relacionam uns com os outros. E isso conta uma história muito diferente – e muito mais atraente.

A história depende de um grande grupo de espécies (umas mil ou mais) de eucariontes unicelulares simples que não possuem mitocôndrias. Esse grupo foi uma vez considerado um "elo perdido" evolucionário primitivo entre bactérias e eucariontes mais complexos – exatamente o tipo de intermediário previsto pela teoria da endossimbiose sequencial. O grupo inclui o asqueroso parasita intestinal *giardia*, que nas palavras de Ed Yong se parece com uma lágrima maligna (**Figura 4**). Ele vive de acordo com a sua aparência, causando desagradáveis diarreias. Não tem apenas um núcleo, mas dois, e é inquestionavelmente eucariótico, mas não possui outros traços arquetípicos, como mitocôndrias. Em meados da década de 1980, o iconoclasta biólogo Tom Cavalier--Smith argumentou que a *giardia* e outros eucariontes relativamente simples deviam ser sobreviventes do período mais remoto da evolução eucariótica, antes da aquisição de mitocôndrias. Embora aceitasse que as mitocôndrias derivassem mesmo de endossimbiontes bacterianos, Cavalier-Smith não tinha muito tempo para se preocupar com a teoria da endossimbiose sequencial; em vez disso, ele retratou (e ainda retrata) os eucariontes mais antigos como fagócitos primitivos, similares à ameba moderna, que se mantinham vivos engolindo outras células. As células que adquiriram mitocôndrias, ele argumentou, já tinham um núcleo e um esqueleto interno dinâmico que as ajudava a mudar de forma e se mover de um lado para o outro, um maquinário proteico para deslocar cargas por suas partes internas e compartimentos especializados para digerir alimento internamente, e daí por diante. Adquirir mitocôndrias ajudava, certamente – turbinava essas células primitivas. Mas envenenar um carro não altera a sua estrutura; você ainda está com um automóvel, que já tem um motor, caixa de mudança, freios, tudo que o faz ser um carro. Turbinar não muda nada além da potência. Como no caso dos fagócitos primitivos de Cavalier-Smith – tudo já estava no lugar, exceto as mitocôndrias que, simplesmente, deram mais potência às células. Se existe uma visão de livro referência sobre as origens eucarióticas – ainda hoje –, é essa.

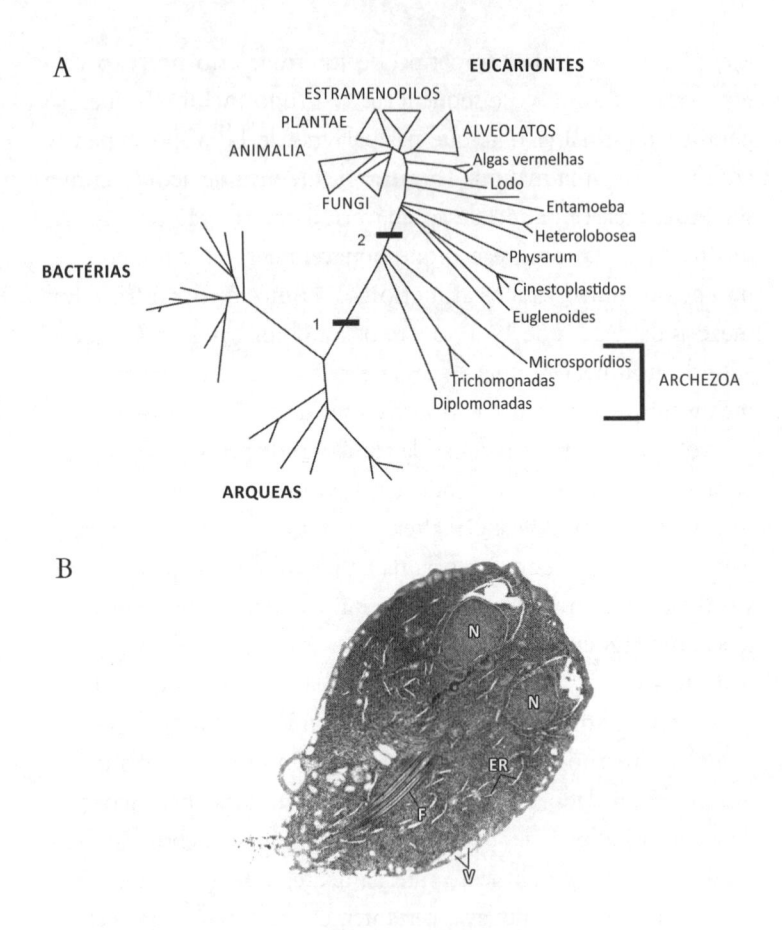

Figura 4 **Archezoa – o lendário (mas falso) elo perdido**
A Uma velha e enganosa árvore da vida baseada no RNA ribossômico mostrando os três domínios de bactérias, arqueas e eucariontes. As barras marcam (1) a suposta evolução remota do núcleo; e (2) a presumida aquisição posterior de mitocôndrias. Os três grupos que se ramificam entre as barras constituem os archezoa, supostamente eucariontes primitivos que ainda não adquiriram mitocôndrias, tais como a *giardia* (**B**). Sabemos agora que os archezoa não são de modo algum eucariontes primitivos, mas derivam de ancestrais mais complexos que já tinham mitocôndrias – eles na verdade se ramificam dentro da principal parte da árvore eucariótica (N = núcleo; ER = retículo endoplasmático; V = vacúolos; F = flagelos).

Cavalier-Smith chamou esses eucariontes iniciais de *archezoa* ("animais antigos"), para refletir sua suposta antiguidade (**Figura 4**). Vários são parasitas que causam doenças, portanto a bioquímica e os genomas deles têm atraído o interesse da pesquisa médica e o financiamento que o acompanha. Isso significa que hoje sabemos um bocado a respeito deles. Ao longo das últimas duas décadas, aprendemos com suas sequências de genomas e detalhada bioquímica que *nenhum* dos archezoas é o verdadeiro elo perdido, o que quer dizer que eles não são os intermediários evolucionários. Pelo contrário, todos derivam de eucariontes mais complexos, que um dia tiveram uma cota completa de tudo, inclusive, e em particular, de mitocôndrias. Eles perderam a anterior complexidade enquanto se especializavam para viver em nichos mais simples. Todos retêm estruturas que agora se sabe derivarem de mitocôndrias por evolução redutiva – seja por hidrogenossomas ou mitossomas. Estes não se parecem muito com mitocôndrias, ainda que tenham uma estrutura de dupla membrana equivalente, daí a errônea suposição de que os archezoas nunca possuíram mitocôndrias. Mas a combinação de dados moleculares e filogenéticos mostra que os hidrogenossomas e mitossomas realmente derivaram das mitocôndrias, não de algum outro endossimbionte bacteriano (conforme previsto por Margulis). Assim, todos os eucariontes têm mitocôndrias de uma forma ou de outra. Podemos deduzir que o último ancestral eucariótico comum já tinha mitocôndrias, como previsto por Bill Martin em 1998 (ver Introdução). O fato de todos os eucariontes terem mitocôndrias pode parecer uma questão trivial, mas, quando combinado com a proliferação de sequências de genomas do outro lado do mundo microbiano mais amplo, este conhecimento virou de cabeça para baixo a nossa compreensão da evolução eucariótica.

Sabemos agora que todos os eucariontes têm um ancestral comum, que por definição surgiu apenas uma vez nos 4 bilhões de anos de vida da Terra. Deixem-me reiterar esse ponto, pois é crucial. Todas as plantas, animais, fungos e protistas têm um ancestral comum – os eucariontes são *monofiléticos*. Isso significa que as plantas não evoluíram de um tipo de bactéria e animais ou fungos de outros tipos. Pelo contrário, uma população de células eucarióticas morfologicamente complexas surgiu numa única ocasião – e todas as plantas, animais, algas e fungos evoluíram dessa população fundadora. Qualquer ancestral comum é por definição uma entidade singular – não uma célula única, mas uma população única de células essencialmente idênticas. Isso por si só não quer dizer que a origem das células complexas foi um evento raro. A princípio, células complexas poderiam ter surgido em numerosas ocasiões, mas somente um grupo persistiu – todo o resto se extinguiu por alguma razão. Eu argumentarei que não foi esse o caso, mas primeiro devemos considerar as propriedades dos eucariontes mais detalhadamente.

O ancestral comum a todos os eucariontes rapidamente deu origem a cinco "supergrupos" com diversas morfologias celulares, muitas das quais obscuras até para biólogos com treinamento clássico. Estes supergrupos têm nomes como unicontes (compreendendo animais e fungos), excavados, cromalveolados e *plantae* (incluindo plantas terrestes e algas). Seus nomes não importam, mas dois pontos sim. Primeiro, existe uma variação muito mais genética dentro de cada um destes supergrupos do que entre os ancestrais de cada grupo (**Figura 5**). Isso implica uma radiação inicial explosiva – especificamente uma radição *monofilética*, que sugere uma libertação das restrições estruturais. Segundo, o ancestral comum já era uma célula extraordinariamente complexa. Comparando traços comuns a cada um dos supergrupos, pode-

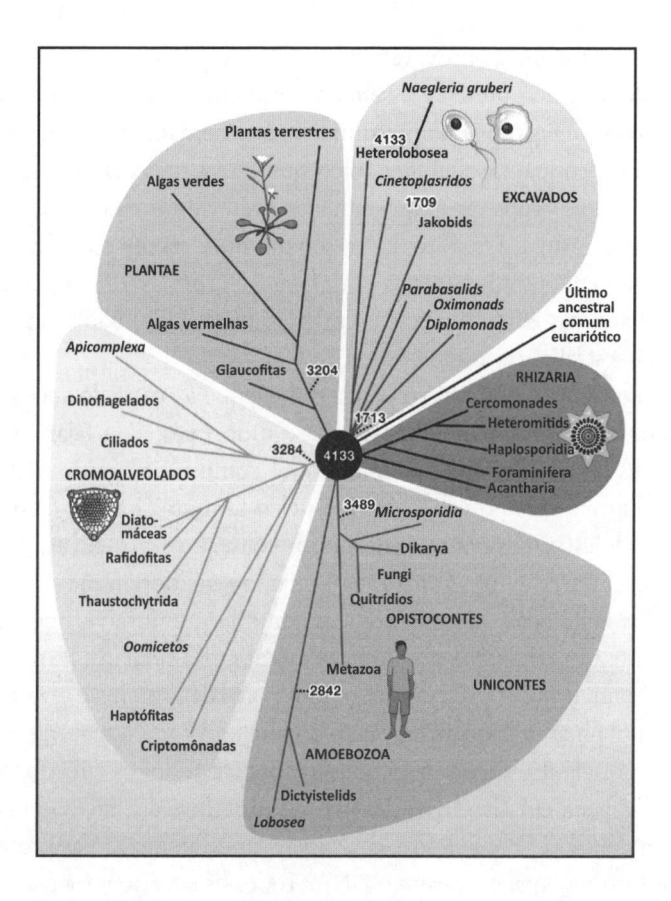

Figura 5 **Os "supergrupos" de eucariontes**
Uma árvore de eucariontes, baseada em milhares de genes compartilhados, mostrando "supergrupos" conforme retratado por Eugene Koonin em 2010. Os números se referem à quantidade de genes compartilhados por cada um destes supergrupos com seu último ancestral comum eucariótico (abreviado como LECA, *last eukaryotic common ancestor*). Cada grupo perdeu ou ganhou muitos outros genes independentemente. A maior variação aqui é entre os protistas unicelulares; os animais caem nos metazoários (perto da base). Note que existe muito mais variações dentro de cada supergrupo do que entre os ancestrais desses grupos, sugerindo uma radiação inicial explosiva. Eu gosto do buraco negro simbólico no centro: o LECA já havia evoluído todos os traços eucarióticos comuns, mas a filogenética pouco informa sobre como qualquer destes emergiu a partir de bactérias ou arqueas – um buraco negro evolucionário.

mos reconstruir as prováveis propriedades do ancestral comum. Qualquer traço presente essencialmente em todas as espécies de todos os supergrupos foi presumivelmente herdado desse ancestral comum, enquanto qualquer traço que esteja presente apenas em um ou dois grupos foi supostamente adquirido mais tarde e apenas nesse grupo. Os cloroplastos são um bom exemplo do último: eles são encontrados apenas em *plantae* e cromalveolados, como resultado das bem conhecidas endossimbioses. Eles não são parte do ancestral eucariótico comum.

Portanto, o que a filogenética nos diz que *foi* parte do ancestral comum? Surpreendentemente, quase tudo mais. Vou falar sobre alguns itens. Sabemos que o ancestral comum tinha um núcleo, onde armazenava o seu DNA. O núcleo tem uma grande quantidade de estrutura complexa, que foi conservada nos eucariontes. Ele está retido numa dupla membrana, ou melhor, numa série de bolsas achatadas que parecem uma dupla membrana, mas são, de fato, um *continuum* com outras membranas celulares. A membrana nuclear é crivada de elaborados poros de proteína e revestida por uma matriz elástica; e, dentro do núcleo, outras estruturas, como o nucléolo, são também conservadas em todos os eucariontes. Vale a pena enfatizar que dezenas de proteínas do núcleo nesses complexos são conservadas em supergrupos, como são as proteínas histonas, que envolvem o DNA. Todos os eucariontes possuem cromossomos retos, revestidos de "telômeros", que impedem as extremidades de desfiar, como pontas de cadarço. Os eucariontes têm "genes em pedaços", nos quais seções curtas de DNA codificando proteínas são entremeadas por longas regiões não codificantes, chamadas íntrons. Estes íntrons passam pelo processo de *splicing* antes de serem incorporados em proteínas, usando o mecanismo comum a todos os eucariontes. Até a posição dos íntrons é frequentemente conservada, com inserções encontradas na mesma posição do mesmo gene nos eucariontes.

QUESTÃO VITAL

Fora do núcleo, a história continua da mesma maneira. Com exceção dos archezoas mais simples (que acabam espalhados amplamente pelos cinco supergrupos, mais uma demonstração de sua independente perda de complexidade prévia), todos os eucariontes compartilham essencialmente a mesma maquinaria celular. Todos possuem estruturas de membranas internas complexas, como o retículo endoplásmico e o aparelho de Golgi, que são especializados para embalar e exportar proteínas. Todos têm um citoesqueleto interno dinâmico, capaz de se remodelar em todos os formatos e conforme todas as exigências. Todos têm proteínas motoras que carregam objetos para trás e para a frente em pistas citoesqueléticas pela célula. Todos têm mitocôndrias, lisossomas, peroxissomas, a maquinaria de importação e exportação, e sistemas sinalizadores comuns. A lista continua. Todos os eucariontes se dividem por mitose, na qual cromossomos são separados numa haste microtubular, usando um conjunto comum de enzimas. Todos são sexuados, com um ciclo de vida envolvendo meiose (divisão redutiva) para formar gametas, como espermatozoide e óvulo, seguido pela fusão destes gametas. Os poucos eucariontes que perdem a sua sexualidade tendem a se extinguir rapidamente (rapidamente, neste caso, significando ao longo de alguns milhões de anos).

Compreendemos uma boa parte disso já há muito tempo, a partir da estrutura microscópica de células, mas a nova era da filogenômica esclarece dois aspectos vividamente. Primeiro, as similaridades estruturais não são superficiais, que lisonjeiam para enganar, mas estão descritas em detalhadas sequências de genes, em milhões e milhões de letras de DNA – e isso nos permite computar com uma precisão sem precedentes sua ancestralidade, como uma árvore ramificada. Segundo, o advento do sequenciamento de genes de alta produtividade significa que a amostragem do mundo natural não depende mais de trabalhosas tentativas de cultivar culturas de células ou preparar seções microscópicas; hoje essa amostragem é tão fácil e confiável como um sequenciador *shotgun*. Descobrimos vários novos grupos inesperados, inclusive extremófilos eucarióticos capazes de lidar com altas concentrações de metais pesados ou altas temperaturas, e células minúsculas, mas perfeitamente formadas, conhecidas como picoeucariontes, pequenas como bactérias, mas que ainda mostram um núcleo de escala reduzida e diminutas mitocôndrias. Tudo isso significa que temos uma ideia muito mais clara da diversidade de eucariontes. Todos esses novos eucariontes se encaixam confortavelmente dentro dos cinco supergrupos estabelecidos – eles não abrem novas paisagens filogenéticas. O fato decisivo que surge desta enorme diversidade é o quão semelhantes entre si são as células eucarióticas. Não encontramos todos os tipos de variantes intermediárias e não aparentadas. Portanto, a previsão da teoria da endossimbiose em série (que diz que deveríamos encontrar) está errada.

Isso sugere um problema diferente. O surpreendente sucesso da filogenética e a abordagem informacional à biologia podem facilmente nos deixar cegos às suas limitações. O problema aqui é o que significa um "horizonte de eventos" filogenético na origem dos eucariontes. Todos esses genomas levam de volta ao último ancestral comum dos eucariontes, que tinha mais ou menos tudo. Mas de onde vieram todas estas partes? O ancestral eucariótico comum pode muito bem ter surgido, totalmente formado, como Atena da cabeça de Zeus. Obtivemos poucas informações úteis dos traços que apareceram antes do ancestral comum – essencialmente, todos eles. Como e por que o núcleo evoluiu? E o sexo? Por que praticamente todos os eucariontes possuem dois sexos? De onde vieram as extravagantes membranas internas? Como o citoesqueleto se tornou tão dinâmico e flexível? Por que a divisão celular sexuada ("meiose") divide ao meio os números de cromossomos, duplicando-os previamente? Por que envelhecemos, temos câncer e morremos? Apesar de toda a sua engenhosidade, a filogenética pouco nos diz sobre essas questões centrais da biologia. Quase todos os genes envolvidos (codificando as assim chamadas "proteínas de assinatura" eucarióticas) não são encontrados em procariontes. E, inversamente, as bactérias não mostram praticamente nenhuma tendência a evoluir qualquer destes traços eucarióticos complexos. Não existe nenhum intermediário conhecido entre o estado morfologicamente simples de todos os procariontes e o ancestral comum perturbadoramente complexo dos eucariontes (**Figura 6**). Todos esses atributos de vida complexa surgiram num vazio filogenético, um buraco negro no coração da biologia.

As etapas perdidas até a complexidade

A teoria evolutiva faz uma previsão simples. Traços complexos surgem por meio de uma série de pequenas etapas, cada nova etapa oferecendo uma pequena vantagem sobre a anterior. A seleção dos traços mais bem adaptados significa perda dos menos adaptados, portanto a seleção elimina continuamente os intermediários. Com o tempo, os traços tenderão a escalar os picos de uma paisagem adaptativa, portanto vemos a aparente perfeição de olhos, mas não as etapas intermediárias, menos perfeitas, *en route* para sua evolução. Em *A origem das espécies*, Darwin argumentou que a seleção natural realmente prevê que intermediários devem se perder. Nesse contexto, não é uma terrível surpresa não sobreviverem intermediários entre bactérias e eucariontes. O que é surpreendente, entretanto, é que os mesmos traços não continuem surgindo, repetidas vezes – como os olhos.

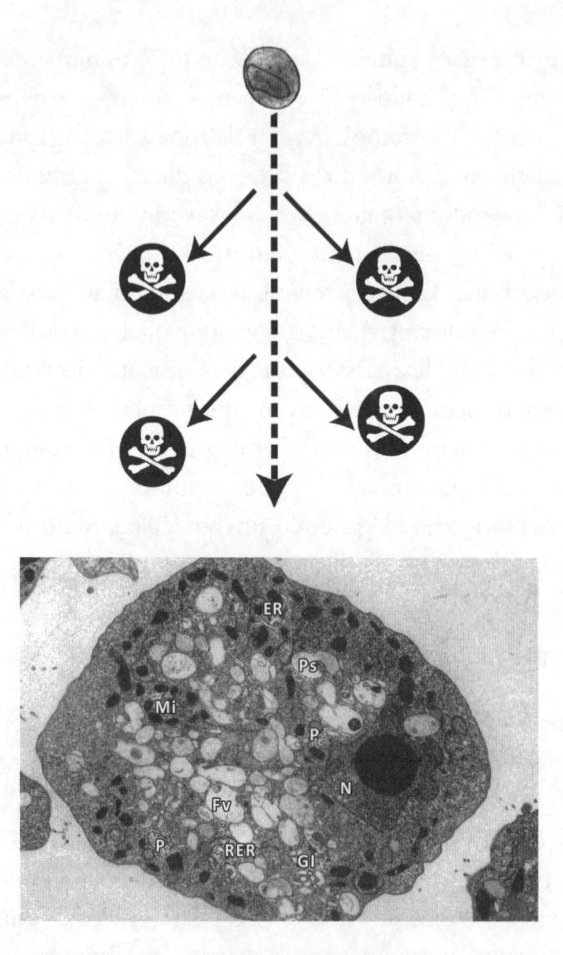

Figura 6 **O buraco negro no coração da biologia**
A célula na base da figura é uma *Naegleria*, considerada similar em tamanho e complexidade ao ancestral comum de todos os eucariontes. Ela tem núcleo (N), retículo endoplasmático (ER), complexo de Golgi (GI), mitocôndrias (Mi), vacúolo alimentar (Fv), fagossomas (Ps) e perixomas (P). No topo está uma bactéria relativamente complexa, *Planctomycetes*, mostrada aproximadamente em escala. Não estou sugerindo que os eucariontes derivaram de *Planctomycetes* (certamente não foi isso); estou apenas mostrando a escala do abismo entre uma bactéria relativamente complexa e um eucarionte unicelular representativo. Não há intermediários evolucionários sobreviventes para contar a história.

QUESTÃO VITAL

Não vemos as etapas históricas na evolução dos olhos, mas vemos um espectro ecológico. De um ponto rudimentar sensível à luz em alguma criatura vermiforme primitiva, os olhos surgiram independentemente em numerosas ocasiões. É exatamente isso que a seleção natural prevê. Cada pequeno passo oferece uma pequena vantagem em um ambiente particular, com a vantagem precisa dependendo do ambiente preciso. Tipos morfologicamente distintos de olho evoluíram em diferentes ambientes, tão divergentes quanto os olhos compostos de moscas e olhos espelhados de vieiras, ou tão convergentes como os olhos de câmera similares em humanos e polvos. Cada intermediário concebível, desde *pinholes* a lentes acomodativas, é encontrado em uma espécie ou outra. Até vemos olhos em miniatura, completos, com uma "lente" e uma "retina", em alguns protistas unicelulares. Em resumo, a teoria evolutiva prevê que haja múltiplas – polifiléticas – origens de traços em que cada pequeno passo oferece uma pequena vantagem sobre o anterior. Teoricamente, isso se aplica a todos os traços e é isso, na verdade, o que vemos geralmente. Desta forma, o voo potente surgiu em pelo menos seis diferentes ocasiões, nos morcegos, aves, pterossauros e vários insetos; a multicelularidade cerca de trinta vezes, conforme observado antes; diferentes formas de endotermia (sangue quente) em vários grupos, incluindo mamíferos e aves, mas também alguns peixes, insetos e plantas;* e até a percepção consciente parece ter surgido de uma forma mais ou

---

* A ideia de endotermia em plantas pode parecer surpreendente, mas é conhecida em muitas flores, provavelmente ajudando a atrair polinizadores ao propiciar a liberação de substâncias químicas atraentes; pode também proporcionar uma "recompensa de calor" para insetos polinizadores, promover o desenvolvimento das flores e proteger contra baixas temperaturas. Algumas plantas, como o lótus sagrado (*Nelumbo nucifera*), são até capazes de termorregulação, percebendo mudanças na temperatura e regulando a produção de calor celular para manter a temperatura dos tecidos dentro de um âmbito estreito.

menos independente em aves e mamíferos. Como no caso dos olhos, vemos uma miríade de formas refletindo os diferentes ambientes nos quais surgiram. Certamente há restrições físicas, mas não fortes o suficiente para impossibilitar múltiplas origens.

Então, o que dizer sobre sexo, sobre o núcleo ou a fagocitose? O mesmo raciocínio deveria se aplicar. Se cada um desses traços surgiu por seleção natural – o que sem dúvida aconteceu –, e todos os passos adaptativos ofereceram alguma pequena vantagem – o que sem dúvida aconteceu –, então deveríamos ver múltiplas origens de traços eucarióticos em bactérias. Mas não vemos. Isso está perto de ser um "escândalo" evolutivo. Vemos nada mais do que o início de traços eucarióticos em bactérias. Veja o sexo, por exemplo. Alguns dizem que as bactérias praticam uma forma de conjugação equivalente ao sexo, transferindo DNA de uma para outra por transferência "lateral" de genes. As bactérias possuem todo o maquinário necessário para recombinar DNA, possibilitando-as forjar novos e variados cromossomos, o que costuma ser considerado como a característica vantajosa do sexo. Mas as diferenças são enormes. O sexo envolve a fusão de dois gametas, cada um com metade da cota normal de genes, seguida por recombinação recíproca por todo o genoma. A transferência lateral de genes não é recíproca ou sistemática assim, mas fragmentária. Na prática, os eucariontes praticam "sexo total"; as bactérias praticam uma forma pálida e desanimada. Deve haver alguma vantagem para os eucariontes cultivarem o sexo total, mas, se é assim, esperaríamos que pelo menos alguns tipos de bactérias fizessem algo semelhante, mesmo que os mecanismos detalhados fossem diferentes. Pelo que sabemos, nenhuma jamais o fez. O mesmo vale para o núcleo e a fagocitose – e mais ou menos todos os traços eucarióticos. Os primeiros passos não são o problema. Vemos algumas bactérias com membranas internas dobradas, outras sem parede celular e um citoesqueleto modestamente dinâmico, outras ainda com cromossomos retos, ou múltiplas cópias do seu genoma, ou tamanho celular gigante: todos os inícios de complexidade eucariótica. Mas as bactérias sempre param bem antes da complexidade barroca dos eucariontes, e raramente combinam traços complexos múltiplos na mesma célula.

A explicação mais fácil para as profundas diferenças entre bactérias e eucariontes é a competição. Uma vez tendo evoluído os primeiros eucariontes verdadeiros, eles foram tão competitivos que dominaram o nicho de complexidade morfológica. Nada mais podia competir com eles. Qualquer bactéria que "tentasse" invadir esse nicho eucariótico era rapidamente despachada pelas células sofisticadas que já viviam ali. Para usar o jargão, elas eram levadas à extinção pela concorrência. Estamos todos familiarizados com as extinções em massa de dinossauros e outros animais e plantas grandes, portanto essa explicação parece perfeitamente razoável. Os pequenos e peludos ancestrais dos mamíferos modernos foram mantidos sob controle por milhões de anos, irradiando-se em grupos modernos somente depois do fim dos dinossauros. No entanto, existem algumas boas razões para questionar essa ideia confortável, mas ilusória. Os micróbios não são equivalentes aos grandes animais: o tamanho de suas populações é muitíssimo maior e eles transmitem genes úteis (tais como aqueles para resistência a antibióticos) por transferência lateral de genes, tornando-os muito menos vulneráveis à extinção. Não há nenhuma referência a qualquer extinção microbiana, mesmo logo após a grande oxidação. O "holocausto de oxigênio", que supostamente acabou com a maioria das células anaeróbicas, não pode ser localizado: não há evidências, seja da filogenética ou da geoquímica, de que tal extinção ocorreu. Pelo contrário, as anaeróbicas prosperaram.

O mais importante é que há evidências muito fortes de que os intermediários não foram, de fato, superados competitivamente por eucariontes mais sofisticados. Eles ainda existem. Nós já os encontramos – o "archezoa", esse grande grupo de eucariontes primitivos que foram uma vez confundidos com um elo perdido. Não são verdadeiros intermediários *evolutivos*, mas são intermediários *ecológicos* reais. Eles ocupam o mesmo nicho. Um intermediário evolutivo é um elo perdido – um peixe com pernas, como o *Tiktaalik*, ou um dinossauro com penas e asas, tal como o *Archaeopteryx*. Um intermediário ecológico não é um verdadeiro elo perdido, mas prova que um certo nicho, um estilo de vida, é viável. Um esquilo voador não tem parentesco próximo com outros vertebrados voadores, tais como morcegos ou pássaros, mas demonstra que o voo planador entre árvores é possível sem asas emplumadas. Isso significa que não é pura fantasia sugerir que o voo provido de energia poderia ter começado assim. E esse é o verdadeiro significado dos archezoas – são intermediários ecológicos, o que prova que certo estilo de vida é viável.

Mencionei antes que existem mil ou mais espécies diferentes de archezoas. Essas células são eucariontes *bona fide*, que se adaptaram a esse nicho "intermediário" tornando-se mais simples, não bactérias que ficaram ligeiramente mais complexas. Deixe-me enfatizar esse ponto. O nicho é viável. Ele foi invadido em inúmeras ocasiões por células morfologicamente simples, que ali prosperaram. Estas células simples não foram suplantadas competitivamente por eucariontes mais sofisticados que já existiam e preencheram o mesmo nicho. Ao contrário: elas floresceram exatamente porque se tornaram mais simples. Em termos estatísticos, tudo o mais sendo igual, a probabilidade de apenas eucariontes simples (em vez de bactérias complexas) invadirem este nicho em mil ocasiões diversas é cerca de uma em 10^{300} – um número que poderia ter sido evocado pelo Gerador de Improbabilidade Infinita, de Zaphod Beeblebrox. Mesmo que archezoas surgissem independentemente em vinte ocasiões distintas muito mais conservadoras (cada vez irradiando para produzir um número maior de espécies filhas), a probabilidade ainda é de uma em 1 milhão. Ou isso foi um feliz acaso de grotescas proporções, ou tudo era muito diferente. A explicação mais plausível é de que havia alguma coisa na estrutura dos eucariontes que facilitou a sua invasão deste nicho intermediário e, inversamente, algo na estrutura das bactérias que impediu a sua evolução para uma complexidade morfológica maior.

Isso não parece particularmente radical. De fato, condiz com tudo o mais que conhecemos. Falei neste capítulo sobre bactérias, mas como notamos na Introdução existem na verdade dois grandes grupos, ou *domínios*, de células que não possuem núcleo, que são portanto designadas como "procariontes" (literalmente, "antes do núcleo"). São as bactérias e as arqueas, que não devem ser confundidas com os archezoas, células eucarióticas simples que discutimos. Embora eu só possa me desculpar pela confusão de terminologia científica, que às vezes parece ser criada por alquimistas que desejam muito não serem compreendidos, por favor, lembrem-se de que as arqueas e as bactérias são procariontes, sem um núcleo, enquanto os archezoas são eucariontes primitivos, que possuem um núcleo. De fato, as arqueas ainda são às vezes chamadas de *archaebacteria*, ou "bactérias antigas", em oposição às eubactérias, ou "bactérias verdadeiras", portanto ambos os grupos podem legitimamente ser chamados de bactérias. Em prol da simplicidade, continuarei a usar a palavra bactérias livremente para me referir aos dois grupos, exceto quando preciso especificar diferenças críticas entre os dois domínios.*

O ponto crucial é que esses dois domínios, as bactérias e as arqueas, são extremamente diferentes em sua genética e bioquímica, mas quase indistinguíveis quanto à morfologia. Ambas são pequenas células simples que não possuem núcleo nem os demais traços eucarióticos que definem a vida complexa. O fato de não terem evoluído uma morfologia complexa, apesar de sua extraordinária diversidade genética e engenhosidade bioquímica, sugere a existência de uma restrição física intrínseca que impede a evolução da complexidade nos procariontes – uma restrição que de alguma forma foi liberada na evolução dos eucariontes. No capítulo 5, argumentarei que esta restrição foi liberada por um raro evento – a singular endossimbiose entre dois procariontes que discutimos na Introdução. Mas, por enquanto, vamos apenas imaginar que algum tipo de restrição estrutural deve ter atuado igualmente nos dois grandes domínios de procariontes, as bactérias e as arqueas, forçando ambos os grupos a permanecerem simples na sua morfologia durante incompreensíveis 4 bilhões de anos. Somente os eucariontes exploraram o reino da complexidade, e fizeram isso por meio de uma explosiva radiação monofilética que implicou a liberação dessas restrições estruturais, seja lá quais tenham sido. Isso parece ter acontecido só uma vez – todos os eucariontes são aparentados.

---

* Todas essas palavras estão fortemente carregadas de bagagem intelectual e emocional, acumulada ao longo de décadas. De qualquer forma, os termos *archaebacteria* e arquea são tecnicamente incorretos, visto que o domínio não é mais antigo do que as bactérias. Prefiro usar os termos arqueas e bactérias, em parte porque enfatizam as diferenças surpreendentemente fundamentais entre os dois domínios, em parte porque são mais simples.

A pergunta errada

Essa, portanto, é nossa breve história da vida através de um novo olhar. Eis um rápido sumário. A Terra, no início, não era drasticamente diferente de como é hoje: um mundo aquático, com clima moderado, dominado por gases vulcânicos, como dióxido de carbono e nitrogênio. Embora o nosso planeta jovem não possuísse oxigênio, também não era rico em gases que contribuem para a química orgânica – hidrogênio, metano e amônia. Isso descarta velhas e desgastadas ideias de uma sopa primordial; mas a vida começou assim que foi possível, talvez há 4 bilhões de anos. Com alguma reserva, algo mais estava conduzindo ao surgimento de vida; vamos chegar a isso. As bactérias logo assumiram, colonizando cada centímetro, cada nicho metabólico, remodelando o globo ao longo de 2 bilhões de anos, depositando rochas e minerais numa escala colossal, transformando oceanos, atmosfera e continentes. Provocaram catástrofes climáticas em terras bolas de neve globais; oxidaram o mundo, enchendo os oceanos e o ar de oxigênio reativo. No entanto, em todo esse longo tempo, nem as bactérias nem as arqueas se tornaram outra coisa: permaneceram teimosamente simples em suas estruturas e estilos de vida. Durante eternos 4 bilhões de anos, através de mudanças extremas ambientais e ecológicas, as bactérias mudaram seu gene e bioquímica, mas jamais sua forma. Jamais deram origem a formas de vida mais complexas, do tipo que poderíamos esperar detectar em outro planeta, alienígenas inteligentes – exceto uma vez.

Numa única ocasião, aqui na Terra, as bactérias deram origem aos eucariontes. Não há nada no registro fóssil, ou na filogenética, sugerindo que a vida complexa surgiu repetidas vezes, mas que apenas um grupo, os familiares eucariontes modernos, tenha sobrevivido. Pelo contrário: a radiação monofilética dos eucariontes sugere que sua origem única foi ditada por restrições físicas intrínsecas, que tiveram pouco ou nada a ver com convulsões ambientais, como a grande oxidação. Veremos quais podem ter sido estas restrições na Parte III. Por enquanto, vamos notar apenas que qualquer relato respeitável deve explicar por que a evolução da vida complexa aconteceu apenas uma vez: nossa explicação deve ser convincente o bastante para que se possa acreditar nela, mas não tanto que fiquemos imaginando por que não aconteceu em muitas outras ocasiões. Qualquer tentativa de explicar um acontecimento singular terá sempre a aparência de um feliz acaso. Como podemos provar isso, afinal? Pode não haver muito sobre o que se debruçar no próprio acontecimento, mas podem existir pistas ocultas no resultado, uma prova irrefutável que dê algum indício do que aconteceu. Uma vez livres de seus grilhões bacterianos, os eucariontes tornaram-se extremamente complexos e diversos em sua morfologia. Mas não acumularam essa complexidade de forma óbvia, previsível: surgiram com uma série inteira de traços, desde sexo e envelhecimento até a especiação, nenhum deles jamais vistos em bactérias e arqueas. Os primeiros eucariontes acumularam todos esses traços singulares num ancestral comum ímpar. Não há intermediários evolutivos conhecidos entre a simplicidade morfológica das bactérias e esse ancestral comum eucariótico enormemente complexo para contar a história. Tudo isso constitui uma perspectiva emocionante – as maiores questões na biologia continuam sem solução! Existe algum padrão nestes traços que poderia dar algum indício de como eles evoluíram? Acredito que sim.

O enigma nos faz voltar à pergunta que fizemos no início do capítulo. Quanto da história e das propriedades da vida podem ser previstas a partir dos primeiros elementos? Eu sugeri que a vida é constrita de formas que não podem ser facilmente interpretadas em termos de genomas, história e ambiente. Se considerarmos a vida em termos de informações, apenas, minha alegação era de que não poderíamos prever nada desta história inescrutável. Por que a vida começou tão cedo? Por que ela estagnou numa estrutura morfológica durante bilhões de anos? Por que bactérias e arqueas não foram afetadas por convulsões ambientais ecológicas numa escala global? Por que toda a vida complexa é monofilética, surgindo apenas uma vez em 4 bilhões de anos? Por que os procariontes não dão origem continuamente, nem ao mesmo ocasionalmente, a células e organismos com maior complexidade? Por que traços eucarióticos individuais, como sexo, núcleo e fagocitose, não surgem em bactérias ou arqueas? Por que os eucariontes acumularam todos esses traços?

Se a vida nada mais for além de informação, há mistérios profundos. Não acredito que essa história pudesse ser profetizada, prevista como ciência, com base apenas em informações. As sutis propriedades da vida teriam de ser atribuídas às contingências da história, ao acaso do destino. Não teríamos nenhuma possibilidade de prever as propriedades da vida em outros planetas. Mas o DNA, o enganador código que parece prometer todas as respostas, nos fez esquecer o outro princípio central de Schrödinger – de que a vida resiste à entropia, a tendência a decair. Numa nota de pé de página em *O que é vida?*, Schrödinger notou que, se estivesse escrevendo para uma plateia de físicos, teria estruturado o seu argumento não em termos de entropia, mas de energia livre. Essa palavra "livre" tem um significado específico, que vamos analisar no próximo capítulo; por enquanto, basta dizer que energia é exatamente o que estava faltando neste capítulo e, na verdade, no livro de Schrödinger. Seu título icônico fazia a pergunta errada. Acrescente energia, e a pergunta é muito mais reveladora: *O que é viver?* Mas Schrödinger deve ser perdoado. Ele não podia saber. Quando estava escrevendo, ninguém sabia muita coisa sobre a moeda corrente biológica da energia. Agora sabemos como tudo isso funciona em mínimos detalhes, até o nível atômico. Os acurados mecanismos da coleta de energia são conservados tão universalmente durante a vida quanto o próprio código genético, e esses mecanismos exercem restrições estruturais fundamentais sobre as células. Mas não temos a mínima ideia sobre como eles evoluíram, nem sobre como a energia biológica restringiu a história da vida. Essa é a pergunta deste livro.

2
O QUE É VIVER?

Ele é um assassino frio, com uma esperteza aprimorada ao longo de milhões de gerações. Pode interferir com o sofisticado maquinário de vigilância imune de um organismo, fundindo-se discretamente nos bastidores, como um agente duplo. Pode reconhecer proteínas na superfície celular e prender-se a elas como se fosse um detentor de informações privilegiadas, com direito de entrar no santuário secreto. Pode se abrigar sem erro no núcleo e se incorporar ao DNA de uma célula hospedeira. Às vezes, permanece ali escondido durante anos, invisível a tudo a sua volta. Em outras ocasiões, assume o comando sem demora, sabotando o maquinário bioquímico da célula hospedeira, fazendo milhares e milhares de cópias de si mesmo. Veste essas cópias numa túnica camuflada de lipídios e proteínas, despacha-os para a superfície e explode para iniciar mais um ciclo de maldade e destruição. Pode matar um ser humano célula por célula, pessoa por pessoa, numa epidemia devastadora, ou dissolver florescências oceânicas inteiras, estendendo-se por centenas de quilômetros da noite para o dia. No entanto, a maioria dos biólogos nem mesmo o classificaria como vivo. O vírus em si, contudo, não dá a mínima.

Por que um vírus não estaria vivo? Porque não tem metabolismo ativo próprio; depende totalmente da energia de um hospedeiro. Isso levanta uma questão – a atividade metabólica é um atributo necessário da vida? A resposta fácil é sim, claro; mas por que, exatamente? Os vírus usam seu ambiente imediato para fazer cópias de si mesmo. Mas nós também: comemos outros animais ou plantas e respiramos oxigênio. Isole-nos de nosso ambiente, digamos, com um saco plástico cobrindo a cabeça, e morremos em poucos minutos. Pode-se dizer que parasitamos o nosso ambiente – como os vírus. O mesmo fazem as plantas. As plantas precisam de nós quase tanto quanto precisamos delas. Para realizar a fotossíntese de sua própria matéria orgânica, para crescer, as plantas precisam de luz solar, água e dióxido de carbono (CO_2). Desertos áridos ou cavernas escuras impedem o crescimento delas, mas o mesmo aconteceria na falta de CO_2. As plantas só não sofrem de escassez do gás justamente porque os animais (e fungos, e várias bactérias) continuamente decompõem matéria orgânica, digerindo-a, queimando-a e, finalmente, liberando-a de volta na atmosfera como CO_2. Nosso esforço adicional para queimar todos os combustíveis fósseis pode ter consequências terríveis para o planeta, mas as plantas têm bons motivos para agradecer. Para elas, mais CO_2 significa mais crescimento. Portanto, como nós, as plantas são parasitas de seus ambientes.

Desse ponto de vista, a diferença entre plantas, animais e vírus é pouco mais do que a generosidade do ambiente. Dentro de nossas células, os vírus são acarinhados no mais rico útero imaginável, um mundo que provê todas as suas necessidades. Eles podem se dar o luxo de serem assim reduzidos – o que Peter Medawar certa vez chamou de "más notícias envoltas numa capa de proteína" – apenas porque o seu ambiente imediato é muito rico. No outro extremo, as plantas exigem muito pouco de seus ambientes imediatos. Crescem quase que por toda a parte com luz, água e ar. Existir com tão poucas exigências externas impõe às plantas a necessidade de serem internamente sofisticadas. Em termos de bioquímica, as plantas podem produzir tudo de que precisam para crescer, literalmente, sintetizando o ar.* Nós mesmos estamos em algum ponto intermediário. Além de uma exigência geral por comer, precisamos de vitaminas específicas em nossa dieta, sem as quais sucumbiremos a doenças desagradáveis, como o escorbuto. Vitaminas são compostos que não podemos fabricar nós mesmos a partir de simples precursores, porque perdemos o maquinário bioquímico de nossos ancestrais para sintetizá-las a partir do nada. Sem o suporte externo proporcionado pelas vitaminas, estamos tão condenados como um vírus sem hospedeiro.

Portanto, todos nós precisamos de amparo do ambiente; a única questão é quanto. Vírus são na verdade extremamente sofisticados se comparados a alguns parasitas de DNA, tais como retrotransposões (genes saltadores) e outros mais. Estes jamais deixam a segurança de seu hospedeiro, mas se copiam através de genomas inteiros. Os plasmídeos – anéis de DNA independentes, tipicamente pequenos, transportando um punhado de genes – podem passar diretamente de uma bactéria para outra (por meio de um tubo conector delgado) sem qualquer necessidade de se fortificarem para o mundo exterior. Os retrotransposões, plasmídeos e vírus estão vivos? Todos compartilham de um tipo de esperteza "intencional", uma habilidade para tirar vantagem de seu ambiente biológico imediato para fazer cópias de si mesmos. Simplesmente, existe um *continuum* entre o não vivo e o vivo, e não faz sentido tentar traçar uma linha que os separe. A maioria das defi-

---

* As plantas também precisam de minerais como nitrato e fosfato, é claro. Muitas cianobactérias (as precursoras bacterianas das organelas fotossintéticas das plantas, os cloroplastos) são capazes de fixar o nitrogênio, ou seja, podem converter o gás nitrogênio relativamente inerte no ar (N_2) numa forma mais ativa e utilizável, a amônia. As plantas perderam esta habilidade e dependem da generosidade do seu ambiente, às vezes na forma de bactérias simbióticas nos nódulos das raízes das leguminosas, que proporcionam o seu nitrogênio ativo. Sem esse maquinário bioquímico extrínseco, as plantas, assim como os vírus, não poderiam crescer nem se reproduzir. Parasitas!

nições de vida concentra-se no próprio organismo vivo e tende a ignorar que a vida é parasita do ambiente. Veja a "definição funcional" de vida da NASA, por exemplo: vida é "um sistema químico autossustentável capaz de evolução darwiniana". Isso inclui os vírus? Provavelmente não, mas depende do que entendemos na escorregadia expressão "autossustentável". De um modo ou de outro, a dependência da vida em relação ao seu ambiente não é propriamente enfatizada. O ambiente, por sua natureza, parece estranho à vida; veremos que não é. Os dois sempre andam de mãos dadas.

O que acontece quando a vida é separada de seu ambiente preferido? Morremos, é claro: ou estamos vivos ou estamos mortos. Mas isso nem sempre é verdade. Quando separados dos recursos de uma célula hospedeira, os vírus não decaem instantaneamente e "morrem": eles são razoavelmente impermeáveis às depredações do mundo. Em cada mililitro de água do mar existem até 10 vezes mais vírus, esperando pelo momento ideal, do que bactérias. A decadência da resistência de um vírus lembra a de um esporo bacteriano, que é mantido num estado de animação suspensa e pode permanecer assim por muitos anos. Esporos sobrevivem milhares de anos em pergelissolo, ou mesmo no espaço sideral, sem metabolizar. Eles não estão sozinhos: sementes e até animais, como os tardígrados, podem suportar condições extremas, como total desidratação, radiação mil vezes a dose que mataria um humano, pressões intensas no fundo do oceano ou o vácuo do espaço – tudo sem alimento ou água.

Por que vírus, esporos e tardígrados não se desintegram, conforme a lei de decaimento universal ditada pela segunda lei da termodinâmica? Eles podem decair, por fim – se desintegrados pelo golpe direto de um raio cósmico ou de um ônibus –, mas, fora isso, são quase totalmente estáveis em seu estado não vivo. Isso nos diz algo importante sobre a diferença entre vida e viver. Os esporos não estão tecnicamente vivendo, mesmo que a maioria dos biólogos os classifiquem como vivos, porque eles mantêm o potencial para reviver. Eles podem voltar a viver, portanto não estão mortos. Não vejo por que deveríamos ver os vírus sob uma luz diferente: eles também voltam a se copiar assim que estão no ambiente apropriado. O mesmo acontece com os tardígrados. A vida depende da sua estrutura (ditada em parte por genes e evolução), mas viver – crescer, se proliferar – depende do ambiente, de como estrutura e ambiente se relacionam. Sabemos uma enorme quantidade de coisas sobre como os genes codificam os componentes físicos de células, porém muito menos sobre como as restrições físicas ditam a estrutura e a evolução das células.

Energia, entropia e estrutura

A segunda lei da termodinâmica afirma que a entropia – desordem – deve aumentar, portanto, parece estranho à primeira vista que um esporo ou um vírus seja tão estável. A entropia, diferentemente da vida, tem uma definição específica e pode ser medida (em unidades de joules por kelvin por molécula-grama, já que você perguntou). Pegue um esporo e o esmigalhe em pedacinhos: moa-o em todos os seus componentes moleculares e meça a mudança de entropia. Certamente a entropia aumentou! O que antes era um sistema belamente ordenado, capaz de retomar o crescimento assim que encontrasse as condições adequadas, agora é um agrupamento de pedacinhos não funcionais aleatórios – alta entropia por definição. Mas não! Segundo as cuidadosas medições do bioenergeticista Ted Battley, a entropia mal mudou. Isso porque existe mais na entropia do que apenas o esporo; devemos considerar também o seu entorno, e neles também existe algum nível de desordem.

Um esporo é composto de partes que interagem e se ajustam confortavelmente umas às outras. Membranas oleosas (lipídicas) se separam da água naturalmente por causa das forças físicas atuando entre as moléculas. Uma mistura de lipídios oleosos sacudida na água irá espontaneamente se organizar numa fina camada dupla, uma membrana biológica encerrando uma vesícula aquosa, porque esse é o estado mais estável (**Figura 7**). Por motivos correlacionados, uma mancha de óleo se espalhará numa camada fina pela superfície dos oceanos, causando devastação à vida por centenas de quilômetros quadrados. Dizem que óleo e água não se misturam – as forças físicas de atração e repulsão nos mostram que preferem interagir em si mesmos do que um com o outro. As proteínas se comportam de uma forma muito parecida: aquelas com muita carga elétrica se dissolvem na água; as sem carga interagem muito melhor com óleos – são hidrofóbicas, literalmente "odeiam água". Quando moléculas oleosas se aninham e proteínas eletricamente carregadas se dissolvem na água, energia é liberada: esse é um estado de matéria "confortável", fisicamente estável, de baixa energia. Energia é liberada como calor. O calor é o movimento de moléculas, agitação e desordem molecular. Entropia. Portanto, a liberação de calor quando óleo e água se separam na verdade aumenta a entropia. Em termos de entropia *total*, além de levar em consideração todas essas interações físicas, uma membrana oleosa ordenada em torno de uma célula é um estado de entropia *mais alto* do que uma mistura aleatória de moléculas que não se misturam, mesmo *parecendo* mais ordenada.*

---

* Algo semelhante acontece quando se forma uma estrela: aqui, a força física de gravitação agindo entre a matéria compensa a perda local de desordem, mas a imensa liberação de calor provocada pela fusão nuclear aumenta a desordem em algum outro lugar no sistema solar e no universo.

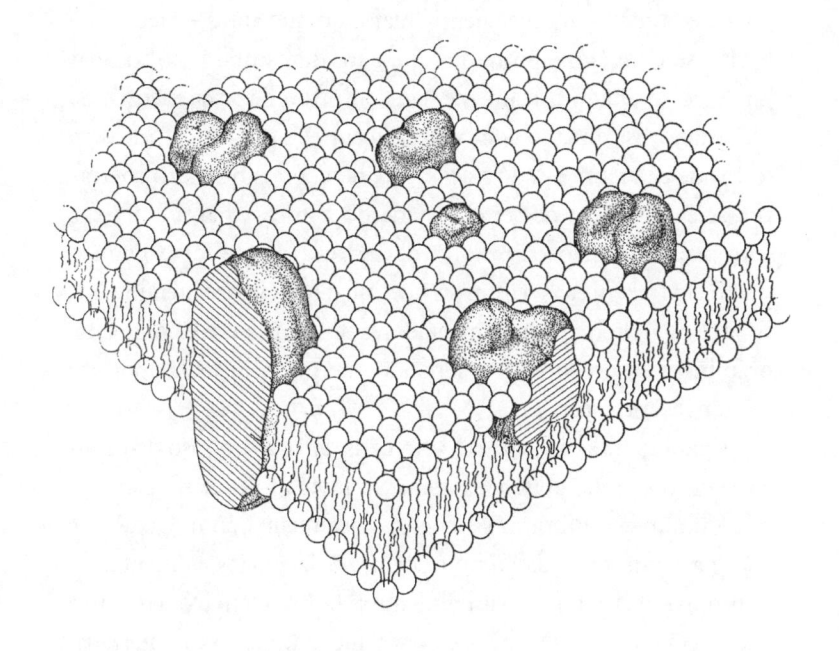

Figura 7 **Estrutura de uma membrana lipídica**
O modelo original mosaico-fluido da camada dupla lipídica, conforme retratado por Singer e Nicholson, em 1972. Proteínas flutuam, submersas num mar de lipídios, algumas estão parcialmente embutidas, enquanto outras se expandem por toda a membrana. Os próprios lipídios são compostos de grupos-cabeça hidrofílicos (que gostam de água), tipicamente glicerol-fosfato, e extremidades hidrofóbicas (que odeiam água), geralmente ácidos graxos em bactérias e eucariontes. A membrana é organizada como uma camada dupla, com cabeças hidrofílicas que interagem com o conteúdo aquoso do citoplasma e adjacências, e as extremidades hidrofóbicas apontando para dentro que interagem umas com as outras. Esse é um estado fisicamente "confortável" de baixa energia: apesar de sua aparência ordenada, a formação de camadas duplas lipídicas na verdade aumenta a entropia total ao liberar energia no entorno em forma de calor.

Moa um esporo e a entropia total quase não muda, porque, embora o esporo moído seja mais desordenado, as partes componentes agora têm uma energia maior do que antes – óleos misturam-se com água, proteínas que não se misturam são socadas juntas. Esse estado fisicamente "desconfortável" custa energia. Se um estado fisicamente confortável libera energia no entorno em forma de calor, um estado fisicamente desconfortável faz o contrário. A energia tem de ser absorvida do entorno, baixando a sua entropia, resfriando-o. Autores de histórias de terror captam o ponto central em suas narrativas horripilantes – quase literalmente. Espectros, poltergeists e dementadores resfriam, ou até congelam, o ambiente ao redor deles, sugando energia para pagar por sua existência antinatural.

Quando tudo isso é levado em consideração no caso do esporo, a entropia total pouco se altera. No nível molecular, a estrutura de polímeros minimiza a energia localmente, com excesso de energia sendo liberada como calor nas adjacências, aumentando a entropia. As proteínas naturalmente se dobram em formas com a energia menor possível. Suas partes hidrofóbicas são enterradas longe da água na superfície. As cargas elétricas atraem ou repelem umas às outras: cargas positivas são fixadas em seu lugar por cargas negativas que fazem o contrabalanço, estabilizando a estrutura tridimensional da proteína. Portanto, as proteínas se dobram espontaneamente em formas particulares, embora nem sempre de um modo proveitoso. Os príons são proteínas perfeitamente normais que espontaneamente se dobram de novo em estruturas semicristalinas, que agem como um modelo para mais príons redobrados. A entropia total quase não muda. Pode haver vários estados estáveis para uma proteína, apenas um deles útil para uma célula; mas, em termos de entropia, existe pouca diferença entre eles. Talvez, de forma mais surpreendente, haja pouca diferença na entropia total entre uma sopa desordenada de aminoácidos individuais (os blocos de construção das proteínas) e uma proteína belamente dobrada. Desdobrar a proteína faz com que ela retorne a um estado mais parecido com o de uma sopa de aminoácidos, aumentando sua entropia. Ao fazer isso, no entanto, também se expõem os aminoácidos hidrofóbicos. Esse estado fisicamente desconfortável suga energia do exterior, diminuindo a entropia das adjacências, resfriando-as – o que poderíamos chamar de "efeito poltergeist". A ideia de que vida é um estado de baixa entropia – que é mais organizada do que uma sopa – não é estritamente verdadeira. A ordem e a organização da vida estão mais do que equiparadas à desordem aumentada de seu entorno.

Então, de que Erwin Schrödinger estava falando ao dizer que a vida "suga" entropia negativa das suas adjacências, no sentido de que a vida, de alguma maneira, extrai ordem do seu entorno? Bem, mesmo que um caldo de aminoácidos pudesse ter a mesma entropia de uma proteína perfeitamente dobrada, existem dois sentidos nos quais a proteína é menos provável e, portanto, custa energia.

Primeiro, o caldo de aminoácidos não se juntará espontaneamente para formar uma cadeia. Proteínas são cadeias de aminoácidos ligados, mas os aminoácidos não são intrinsicamente reativos. Para que se juntem, células vivas precisam, primeiro, ativá-los. Só então reagirão e formarão uma cadeia. Isso libera mais ou menos a mesma quantidade de energia que foi usada para ativá-los em primeiro lugar; portanto, a entropia total permanece mais ou menos a mesma. A energia liberada conforme a proteína se dobra é perdida como calor, aumentando a entropia do entorno. E, portanto, existe uma *barreira de energia* entre os dois estados equivalentemente estáveis. Assim como a barreira de energia significa dificuldade de conseguir com que as proteínas se formem, também existe uma barreira para a sua degradação. É preciso algum esforço (e enzimas digestivas) para quebrar proteínas de volta para suas partes componentes. Devemos reconhecer que a tendência de moléculas orgânicas interagirem umas com as outras para formar estruturas maiores, sejam proteínas, DNA ou membranas, não é mais misteriosa do que a tendência de grandes cristais se formarem na lava, resfriando-se. Supondo que haja blocos de construção *reativos* suficientes, essas estruturas maiores são o estado mais estável. A verdadeira questão é: de onde vêm todos os blocos de construção reativos?

Isso nos leva ao segundo problema. Um caldo de aminoácidos, sem falar dos ativados, também não é provável no ambiente de hoje. Se deixados ociosos, vão acabar reagindo com oxigênio e revertendo-se em uma mistura mais simples de gases – dióxido de carbono, nitrogênio e óxidos sulfúricos, e vapor d'água. Em outras palavras, antes de mais nada é preciso energia para formar esses aminoácidos, e essa energia é liberada quando eles são quebrados de novo. É por isso que podemos sobreviver à fome por algum tempo, quebrando a proteína contida em nossos músculos e usando-a como combustível. Essa energia não vem da proteína em si, mas da queima de seus aminoácidos constituintes. Portanto, sementes, esporos e vírus não são perfeitamente estáveis no ambiente atual rico em oxigênio. Seus componentes irão reagir com oxigênio – oxidar – lentamente, e isso, em suma, corrói estrutura e função, impedindo-os de voltar à vida nas condições certas. Sementes morrem. Mas mudam a atmosfera, mantêm ao largo o oxigênio e ficam estáveis indefinidamente.* Como os organismos

---

* Um exemplo mais humano é o *Vasa*, um formidável navio de guerra sueco do século XVII que afundou na baía fora de Estocolmo na sua viagem inaugural, em 1628, e foi resgatado, em 1961. Tinha sido maravilhosamente preservado conforme a cidade de Estocolmo, em crescimento, jogava o seu esgoto na bacia marinha. Foi, literalmen-

estão "desequilibrados" com o ambiente global oxigenado, tenderão a oxidar, a não ser que o processo seja ativamente impedido. (Veremos no próximo capítulo que nem sempre foi este o caso.)

Portanto, em circunstâncias normais (na presença de oxigênio) custa energia fazer aminoácidos e outros blocos de construção biológicos, tais como os nucleotídeos, a partir de moléculas simples, como dióxido de carbono e hidrogênio. E custa energia uni-las em longas cadeias, polímeros como as proteínas e o DNA, mesmo que haja pouca mudança na entropia. Isso é que é viver – fazer novos componentes, reuni-los todos, crescer, reproduzir. Crescer também significa transportar ativamente materiais para dentro e para fora da célula. Tudo isso requer um fluxo contínuo de energia – a que Schrödinger se referiu como "energia livre". A equação que ele tinha em mente é icônica, a qual relaciona entropia e calor com energia livre. É bastante simples:

$$\triangle G = \triangle H - T\triangle S.$$

O que isso significa? O símbolo grego $\triangle$ (delta) significa uma mudança. $\triangle G$ é a mudança em energia livre Gibbs, com o nome do grande físico americano do século XIX, que teve uma vida reclusa, J. Willard Gibbs. É a energia que está "livre" para impulsionar o trabalho mecânico, tal como a contração muscular ou tudo que estiver acontecendo na célula. $\triangle H$ é a mudança no calor, que é liberado no entorno, aquecendo-o e, assim, aumentando a entropia. Uma reação que libera calor no entorno deve resfriar o próprio sistema, porque agora há menos energia nele do que antes da reação. Portanto, se o calor é liberado do sistema para

---

te, preservado em merda, com o gás sulfeto de hidrogênio, do esgoto, impedindo o oxigênio de atacar os primorosos entalhes do navio. Desde que o navio foi suspenso, tem sido uma luta mantê-lo intacto.

as adjacências, o $\triangle H$, que se refere ao sistema, assume um sinal negativo. T é a temperatura, importante apenas para o contexto. Liberar uma quantidade fixa de calor num ambiente frio tem um efeito maior sobre esse ambiente do que a mesma quantidade de calor liberada num ambiente quente – o input relativo é maior. Finalmente, $\triangle S$ é a mudança na entropia do sistema. Esta assume um sinal negativo se a entropia do sistema diminui, tornando-o mais ordenado, e é positivo se a entropia aumenta, com o sistema se tornando mais caótico.

No conjunto, para qualquer reação acontecer espontaneamente, a energia livre, $\triangle G$, deve ser negativa. Isso vale também para a soma total das reações que constituem o viver. Isso quer dizer que uma reação ocorrerá espontaneamente *apenas* se $\triangle G$ for negativo. Para isso, a entropia do sistema deve aumentar (o sistema se torna mais desordenado) ou o sistema deve perder energia em forma de calor, ou ambos. Isso significa que a entropia local pode diminuir – o sistema pode se tornar mais ordenado – desde que $\triangle H$ seja ainda mais negativo, significando que uma boa quantidade de calor é liberada no entorno. A conclusão é que, para induzir crescimento e reprodução – viver! –, alguma reação deve liberar calor continuamente no entorno, tornando-o mais desordenado. Pense nas estrelas. Elas pagam por sua existência ordenada liberando vastas quantidades de energia no universo. No nosso caso, pagamos por nossa continuada existência liberando calor a partir da incessante reação que é a respiração. Estamos continuamente queimando alimento em oxigênio, liberando calor no ambiente. Essa perda de calor não é desperdício – é estritamente necessária para que a vida exista. Quanto maior a perda de calor, maior a complexidade possível.*

---

* Esse é um ponto interessante em termos da evolução da endotermia (ou sangue quente). Embora não haja uma conexão necessária entre a maior perda de calor dos endo-

Tudo que acontece numa célula viva é espontâneo e tomará posição segundo a própria definição, dado o ponto inicial correto. $\triangle G$ é sempre negativo. Energeticamente, é ladeira abaixo. No entanto, isso significa que o ponto inicial deve estar muito no alto. Para fazer uma proteína, o ponto inicial é o conjunto improvável de suficientes aminoácidos *ativados* num pequeno espaço. Então, eles liberarão energia quando se juntam e dobram para formar proteínas, aumentando a entropia do entorno. Até os aminoácidos ativados se formarão espontaneamente, desde que haja precursores reativos adequados e suficientes. Esses precursores adequadamente reativos também se formarão espontaneamente, *admitindo-se um ambiente extremamente reativo*. Portanto, basicamente, a força para o crescimento vem da reatividade do ambiente, que flui continuamente através das células vivas (na forma de alimento e oxigênio no nosso caso, fótons de luz no caso de plantas). As células vivas unem esse fluxo contínuo de energia ao crescimento, superando a sua tendência a se quebrarem de novo. Fazem isso por meio de engenhosas estruturas, em parte especificadas por genes. Mas sejam quais forem essas estruturas (vamos chegar a isso), elas mesmas são o resultado de crescimento e replicação, seleção natural e evolução, nada disso possível na ausência de um fluxo contínuo de energia a partir de algum lugar no ambiente.

O alcance curiosamente estreito da energia biológica

Organismos requerem uma quantidade extraordinária de energia para viver. A "moeda corrente" de energia usada por todas as célu-

---

térmicos e maior complexidade, não obstante é verdade que a maior complexidade deve basicamente ser paga por uma perda de calor maior. Portanto, os endotérmicos poderiam a princípio (mesmo que não possam de fato) alcançar maior complexidade do que os ectotérmicos. Talvez os cérebros sofisticados de algumas aves e mamíferos sejam um desses casos.

las vivas é uma molécula chamada ATP, que significa adenosina trifosfato (mas não se preocupe com isso). A ATP funciona como uma moeda numa máquina caça-níqueis. Ela aciona o giro numa máquina que prontamente se fecha de novo. No caso da ATP, a "máquina" é tipicamente uma proteína. A ATP aciona a mudança de um estado estável para outro, como ligar e desligar um interruptor. No caso da proteína, a troca é de uma conformação estável para outra. Para dar um piparote de volta é preciso outra ATP, assim como é preciso inserir outras moedas no caça-níqueis para ter uma nova rodada. Pense na célula como um imenso fliperama, cheio de máquinas de proteínas, todas funcionando à base de moedas de ATP. Uma única célula consome cerca de *10 milhões* de moléculas de ATP a cada segundo! O número é de tirar o fôlego. Existem uns 40 trilhões de células no corpo humano, dando uma rotatividade total de ATP de cerca de 60-100 quilogramas por dia – mais ou menos o peso do nosso próprio corpo. De fato, contemos apenas aproximadamente 60 gramas de ATP, portanto sabemos que cada molécula de ATP é recarregada uma ou duas vezes por minuto.

Recarregada? Quando a ATP se "parte", libera energia livre que aciona a mudança conformacional, assim como libera calor suficiente para manter o $\triangle G$ negativo. A ATP em geral se parte em dois pedaços desiguais – ADP (adenosina difosfato) e fosfato inorgânico (PO_4^{3-}). É a mesma coisa que usamos em fertilizantes, e costuma ser retratado como P_i. Portanto, custa energia reformar a ATP a partir de ADP e P_i. A energia da respiração – a energia liberada da reação de alimento com oxigênio – é usada para fazer ATP a partir de ADP e P_i. É isso aí. O eterno ciclo é simples assim:

$$ADP + P_i + energia \rightleftharpoons ATP$$

QUESTÃO VITAL

Não somos nada especiais. Bactérias como a *E. coli* podem se dividir a cada 20 minutos. Para incentivar o seu crescimento, a *E. coli* consome cerca de *50 bilhões* de ATPs por divisão celular, umas 50 a 100 vezes a massa de cada célula. Isso é mais ou menos quatro vezes o nosso próprio ritmo de síntese de ATP. Converta esses números em energia medida em watts e eles são inacreditáveis. Usamos cerca de 2 miliwatts de energia por grama – ou uns 130 watts para um ser humano médio de 65 quilos, um pouquinho mais do que uma lâmpada comum de 100 watts. Pode não parecer muito, mas por grama é um fator de 10 mil vezes mais do que o Sol (apenas uma pequena fração da qual, a qualquer momento, está sofrendo fusão nuclear). A vida não é muito parecida com uma vela; se parece mais com um lançador de foguete.

De um ponto de vista teórico, então, a vida não é um mistério. Não infringe nenhuma lei da natureza. A quantidade de energia que células vivas consomem, segundo após segundo, é astronômica, mas, afinal de contas, a quantidade de energia despejada na Terra como luz solar é muitas ordens de magnitude maior (porque o Sol é muitíssimo maior, embora tenha menos energia por grama). Desde que alguma porção desta energia esteja disponível para colocar em movimento a bioquímica, poderíamos pensar que a vida seria capaz de operar de quase todos os modos. Como vimos com a informação genética no capítulo anterior, não parece haver nenhuma restrição fundamental para o modo como a energia é usada, visto haver o suficiente. Isso torna ainda mais surpreendente o fato de a vida na Terra se revelar extremamente constrita na sua capacidade energética.

Há dois aspectos na energia da vida que são inesperados. Primeiro, todas as células derivam sua energia de apenas um tipo particular de reação química, conhecida como uma reação *redox*, na qual elétrons são transferidos de uma molécula para outra. Redox representa "redução e oxidação". É simplesmente a transferência de um ou mais elétrons de um doador para um receptor. Quando um doador passa adiante elétrons, dizem estar oxidado. Isso é o que acontece quando substâncias como ferro reagem com oxigênio – elas passam elétrons para o oxigênio, elas mesmas tornando-se oxidadas e enferrujando. A substância que recebe os elétrons, neste caso o oxigênio, dizem estar reduzida. Na respiração ou num incêndio, o oxigênio (O_2) é reduzido a água (H_2O) porque cada átomo de oxigênio recolhe dois elétrons (para dar O^{2-}) mais dois prótons, que equilibram as cargas. A reação prossegue porque libera energia como calor, aumentando a entropia. Toda a química basicamente aumenta o calor do entorno e baixa a energia do próprio sistema; a reação de ferro ou alimento com oxigênio faz isso muito bem, liberando uma grande quantidade de energia (como num incêndio). A respiração *conserva* parte da energia liberada dessa reação na forma de ATP, pelo menos pelo curto período até a ATP se dividir de novo. Isso libera a energia restante contida na ligação ADP-P_i de ATP como calor. No final, respiração e combustão são equivalentes; a ligeira demora entre uma e outra é o que conhecemos como vida.

Como os elétrons e os prótons estão frequentemente (mas nem sempre) acoplados dessa forma, reduções são às vezes definidas como a transferência de um átomo de hidrogênio. Mas as reduções são mais fáceis de entender se você pensar basicamente em termos de elétrons. Uma sequência de reações de oxidação e redução (redox) significa a transferência de um elétron por uma cadeia ligada de transportadores, que não é diferente do fluxo de corrente elétrica por um arame. É o que acontece na respiração. Elétrons separados do alimento não passam diretamente para o oxigênio (que liberaria toda a energia de uma só vez), mas para uma "escala" – tipicamente um dos vários átomos de ferro carregados (Fe^{3+}) mergulhados numa proteína respiratória, em geral como parte de um pequeno cristal inorgânico conhecido como um "grupamento ferro-enxofre" (ver **Figura 8**). Dali, o elétron salta para um grupamento muito semelhante, mas com uma "necessidade" levemente maior do elétron. Conforme o elétron é atraído de um grupamento para o seguinte, cada um é, primeiramente, reduzido (aceitando um elétron de modo que um Fe^{3+} se torne um Fe^{2+}) e então oxidado (perdendo o elétron e revertendo para Fe^{3+}). Por fim, depois de 15 ou mais desses saltos, o elétron alcança o oxigênio. Formas de crescimento que à primeira vista parecem ter pouco em comum, como a fotossíntese nas plantas e a respiração nos animais, revelam-se basicamente as mesmas: ambas envolvem a transferência de elétrons por essas "cadeias respiratórias". Por que deveria ser assim? A vida poderia ter sido movida por energia térmica ou mecânica, ou radioatividade, ou descargas elétricas, ou radiação UV – a imaginação é o limite; mas não, toda a vida é movida por química redox, via cadeias respiratórias notavelmente semelhantes.

O segundo aspecto inesperado da energia da vida é o detalhado mecanismo pelo qual a energia é conservada nas ligações de ATP. A vida não usa a simples química, mas leva à formação de ATP por intermédio de gradientes de prótons através de finas membranas. Vamos chegar ao que isso significa, e como é feito, daqui a pouco. Por enquanto, vamos apenas lembrar que esse mecanismo peculiar foi totalmente não previsto – "a ideia mais contraintuitiva na biologia desde Darwin", segundo o biólogo molecular Leslie Orgel. Hoje, conhecemos os mecanismos moleculares de como gradientes de prótons são gerados e utilizados em surpreendentes detalhes. Sabemos também que o uso de gradientes de prótons é universal em toda a vida na Terra – a energia do próton faz parte da vida tanto quanto o próprio DNA, o código genético universal. Mas

A

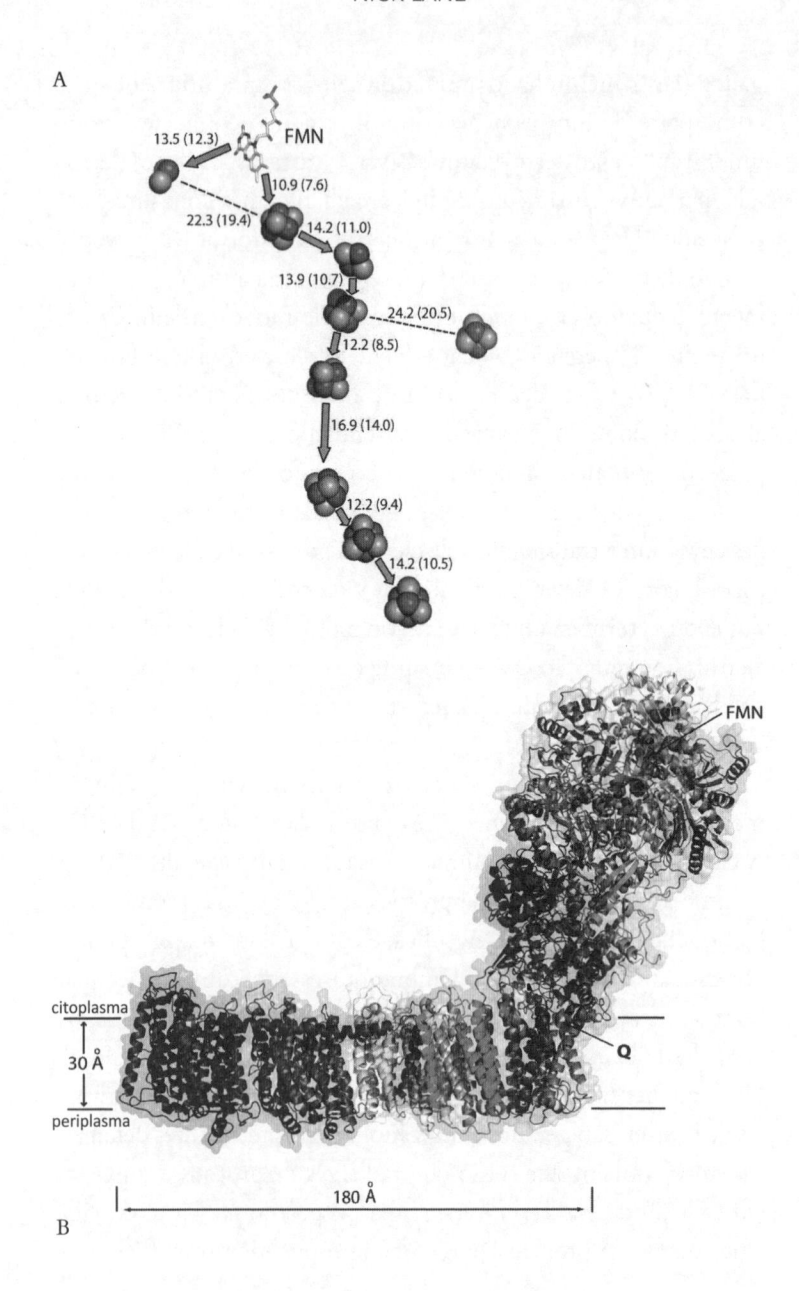

13.5 (12.3)
FMN
10.9 (7.6)
22.3 (19.4)
14.2 (11.0)
13.9 (10.7)
24.2 (20.5)
12.2 (8.5)
16.9 (14.0)
12.2 (9.4)
14.2 (10.5)

FMN

citoplasma
30 Å
periplasma

Q

180 Å

B

C

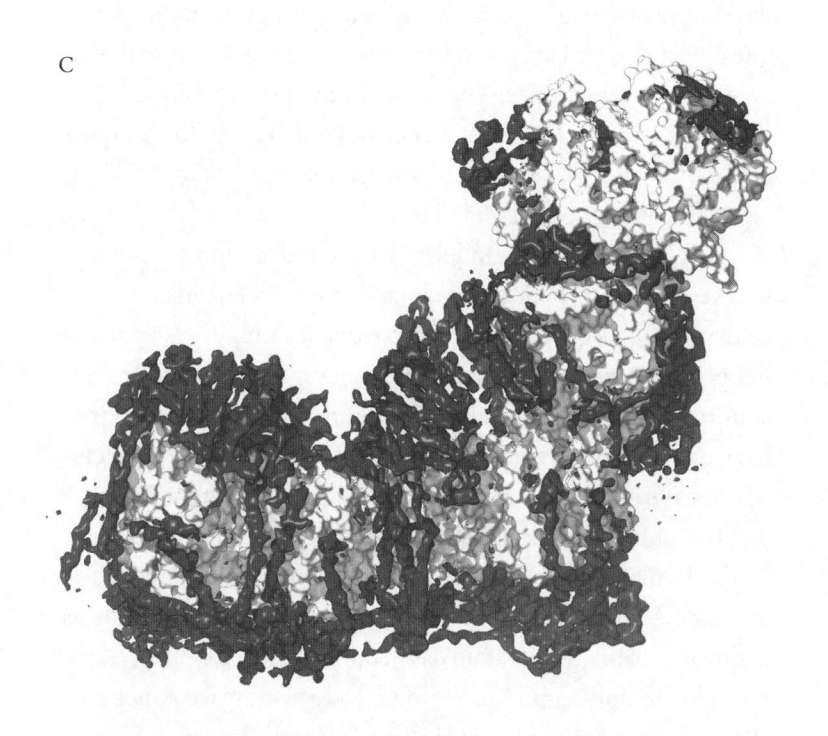

Figura 8 **Complexo I da cadeia respiratória**
A Grupamentos ferro-enxofre são espaçados em distâncias regulares de 14 ångströms ou menos; elétrons saltam de um aglomerado para o seguinte por "tunelamento quântico", com a maioria seguindo o caminho das setas. Os números dão a distância em ångströms do centro para o centro de cada grupamento; os números entre parênteses dão a distância de borda a borda. **B** O total do complexo I em bactérias na bela estrutura de cristalografia de Leo Sazanov. O braço matriz vertical transfere elétrons de FMN, onde eles entram na cadeia respiratória, para a coenzima Q (também chamada ubiquinona), que os passam para o próximo complexo de proteínas gigante. Você pode entender o caminho dos grupamentos ferro-enxofre mostrados em **A** enterrados na proteína. **C** Complexo mamífero I, mostrando as mesmas subunidades centrais encontradas em bactérias, mas parcialmente ocultas sob outras 30 subunidades menores, retratadas em sombras escuras revelando a estrutura criomicroscópica do elétron.

quase nada sabemos sobre como este mecanismo contraintuitivo da geração de energia biológica evoluiu. Por alguma razão, parece que a vida na Terra usa um subconjunto assustadoramente limitado e estranho de possíveis mecanismos energéticos. Isso reflete as sutilezas da história ou esses métodos tão melhores do que qualquer outra coisa que acabaram por dominar? Ou, mais intrigante – poderia este ser o único modo?

Eis o que está acontecendo em você agora mesmo. Dê um passeio vertiginoso para dentro de uma de suas células, digamos uma célula muscular do coração. Suas contrações rítmicas são acionadas por ATP, que está jorrando de muitas grandes mitocôndrias, as usinas de força da célula. Encolha-se até o tamanho de uma molécula de ATP e entre por um poro de proteína grande na membrana externa de uma mitocôndria. Vamos nos encontrar num espaço confinado, como a casa de máquinas de um barco, entulhada de maquinário de proteína superaquecido, estendendo-se até onde é possível ver. O chão fervilha com o que parecem ser pequenas bolas, que disparam das máquinas, aparecendo e desaparecendo em milissegundos. Prótons! Todo esse espaço dança com as fugazes aparições de prótons, os núcleos positivamente carregados de átomos de hidrogênio. Não é de surpreender que você mal possa vê-los! Entre sorrateiramente por uma dessas máquinas monstruosas de proteínas até o bastião secreto, a matriz, e uma extraordinária visão o saudará. Você está num espaço cavernoso, um vórtice estonteante onde paredes fluidas passam por você em todas as direções, todas apinhadas de gigantescas máquinas tinindo e rodopiando. Cuidado com a cabeça! Esses vastos complexos de proteínas estão mergulhados profundamente nas paredes e se movem de um lado para o outro preguiçosamente, como se submersos no mar. Mas suas partes se movem numa velocidade incrível. Algumas deslizam para a frente e para trás, rápidas demais para os olhos verem, como pistões de uma máquina a vapor. Outras giram em torno de seus eixos, ameaçando se destacar e sair voando a qualquer momento, movidas por virabrequins em piruetas. Dezenas de milhares dessas máquinas loucas em movimento perpétuo estendem-se em todas as direções, girando, som e fúria, significando... o quê?

Você está no epicentro termodinâmico da célula, o local da respiração celular, no íntimo da mitocôndria. O hidrogênio está sendo retirado dos restos moleculares do seu alimento e transferido para dentro do primeiro e maior dos gigantescos complexos respiratórios, o complexo I. Esse grande complexo é composto de 45 proteínas separadas, em cada uma delas consta uma cadeia de várias centenas de aminoácidos. Se você, um ATP, fosse tão grande quanto uma pessoa, o complexo I seria um arranha-céu. Mas não um arranha-céu comum – uma máquina dinâmica operando como um motor a vapor, um aterrorizante aparelho com vida própria. Elétrons são separados de prótons e alimentados nesse vasto complexo, sugados numa extremidade e cuspidos na outra, sempre ali, mergulhados na membrana. Dali, os elétrons passam por dois complexos gigantes de proteínas, que juntos compreendem a cadeia respiratória. Cada complexo individual contém múltiplos "centros redox" – uns nove deles no complexo I – que transitoriamente contêm um elétron (**Figura 8**). Elétrons saltam de centro para centro. De fato, o regular espaçamento desses centros sugere que eles "cavam túneis" por meio de alguma magia quântica, aparecendo e desaparecendo fugazmente, segundo as regras de probabilidade quântica. Tudo que os elétrons podem ver é o próximo centro redox, desde que não esteja muito longe. A distância é medida em ångströms (Å), mais ou menos do tamanho de um átomo.* Desde que cada centro redox esteja distante cerca de 14 Å do seguinte, e cada um tenha uma afinidade ligeiramente mais forte por um elétron do que o último, elétrons saltarão por esse caminho de centros redox, como atravessando um rio sobre pedras regularmente distanciadas. Passam direto por três complexos respiratórios gigantes, mas não os notam assim como você precisa notar o rio. Eles são atraídos para a frente pelo poderoso esforço do oxigênio, o seu voraz apetite químico por elétrons. Isso não é ação a distância – é a probabilidade de um elétron estar no oxigênio e não em algum outro lugar. Isto equivale a um fio, isolado por proteínas e lipídios, canalizando a corrente de elétrons de "alimento" para oxigênio. Bem-vindo à cadeia respiratória!

A corrente elétrica anima tudo por aqui. Os elétrons saltam pelo seu caminho, interessados apenas na sua rota até o oxigênio, sem prestar atenção às máquinas barulhentas aderidas à paisagem como bombas de sucção de petróleo. Mas os complexos de proteínas gigantes estão cheios de interruptores de circuitos. Se um elétron se assenta num centro redox, a proteína adjacente tem uma estrutura particular. Quando esse elétron segue em frente, a estrutura muda uma fração, uma carga negativa se reajusta, uma carga positiva avança em seguida, todas as redes de ligações fracas voltam a se calibrar e o grande edifício oscila em uma nova conformação numa minúscula fração de segundo. Pequenas mudanças

---

* 1 ångström (Å) é 10^{-10}m ou um décimo de bilionésimo de metro. É tecnicamente um termo fora de moda agora, em geral substituído pelo nanômetro (nm), que é 10^{-9}m, mas ainda é muito útil para considerar distâncias entre proteínas. 14 Å é 1,4nm. A maioria dos centros redox na cadeia respiratória está afastado 7 a 14 Å, com alguns chegando a 18 Å. Dizer que estão distantes entre 0,7 e 1,4 nm é a mesma coisa, mas de algum modo comprime a nossa noção dessa amplitude. A membrana mitocondrial interna é de 60 Å de um lado a outro – um oceano profundo de lipídios comparados com insignificantes 6 nm! As unidades condicionam nossa noção de distância.

num lugar abrem cavernosos canais em outro lugar na proteína. Então, chega outro elétron e toda a máquina oscila de volta para o seu estado anterior. O processo se repete dezenas de vezes por segundo. Muita coisa se sabe agora sobre a estrutura desses complexos respiratórios, até a resolução de apenas uns poucos ångströms, quase o nível de átomos. Sabemos como os prótons se unem a moléculas de água imobilizadas, elas mesmas presas no seu lugar por cargas da proteína. Sabemos como essas moléculas de água mudam quando os canais se reconfiguram. Sabemos como prótons passam de uma molécula de água para outra através de fendas dinâmicas, se abrindo e fechando em rápida sucessão, uma perigosa rota através da proteína que se fecha instantaneamente depois da passagem do próton, impedindo o seu recuo como numa aventura de Indiana Jones, as Proteínas da Perdição. Este maquinário vasto, elaborado e móvel consegue apenas uma coisa: transferir prótons de um lado da membrana para o outro.

Para cada par de elétrons que passa pelo primeiro complexo da cadeia respiratória, quatro prótons atravessam a membrana. O par de elétrons então passa diretamente para o segundo complexo (tecnicamente, complexo III; o complexo II é um ponto de entrada alternativo), que transporta quatro outros prótons através da barreira. Finalmente, no último grande complexo respiratório, os elétrons encontram o seu Nirvana (oxigênio), mas não antes de outros dois prótons terem atravessado a membrana. Para cada par de elétrons retirados do alimento, dez prótons são transportados através da membrana. E ponto final (**Figura 9**). Um pouco menos do que a metade da energia liberada pelo fluxo de elétrons para o oxigênio é salvo no gradiente de prótons. Toda essa energia, toda essa engenhosidade, todas as vastas estruturas de proteínas, tudo isso é dedicado a bombear prótons através da membrana mitocondrial interna. Uma mitocôndria contém dezenas de milhares de

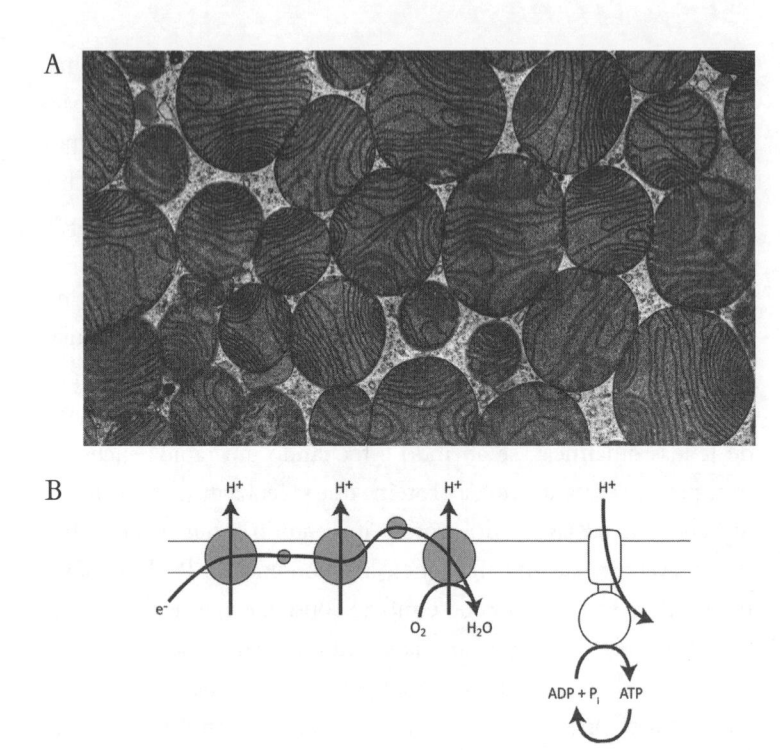

Figura 9 **Como funcionam as mitocôndrias**
A Micrografia de elétrons de mitocôndrias, mostrando as membranas interiores retorcidas (cristas) onde ocorre a respiração. **B** Um desenho da cadeia respiratória, retratando os três principais complexos de proteínas inseridos na membrana interna. Elétrons (e$^-$) entram pela esquerda e passam por três grandes complexos de proteínas até o oxigênio. O primeiro é o complexo I (ver Figura 8 para uma representação mais realista); os elétrons então atravessam os complexos III e IV. O complexo II (que não aparece aqui) é um ponto de entrada separado para a cadeia respiratória e passa elétrons direto para o complexo III. O pequeno círculo dentro da membrana é a ubiquinona, que transporta elétrons de complexos I e II para o III; a proteína ligada frouxamente à superfície da membrana é o citocroma *c*, que transporta elétrons do complexo III para o IV. A corrente de elétrons até o oxigênio é retratada pela seta. Essa corrente dá energia para a extrusão de prótons (H$^+$) através dos três complexos respiratórios (o complexo II passa elétrons adiante, mas não bombeia prótons). Para cada par de elétrons que passa pela cadeia, quatro prótons são bombeados no complexo I, quatro no complexo III e dois no complexo IV. O fluxo de prótons de volta através da ATP sintase (mostrado à direita) aciona a síntese de ATP a partir de ADP e P$_i$.

cópias de cada complexo respiratório. Uma única célula contém centenas ou milhares de mitocôndrias. Os seus 40 trilhões de células contêm pelo menos um quatrilhão de mitocôndrias, com uma área de superfície retorcida combinada de cerca de 14 mil *metros* quadrados; uns quatro campos de futebol. Sua função é bombear prótons e, juntas, bombeiam mais de 10^{21} deles – quase o mesmo número de estrelas no universo conhecido – *por segundo*.

Bem, isso é metade da tarefa. A outra metade é drenar essa energia para produzir ATP.* A membrana mitocondrial é quase impermeável aos prótons – esse é o objetivo de todos esses canais dinâmicos que se fecham assim que os prótons acabaram de passar. Os prótons são minúsculos – apenas o núcleo do menor átomo, o átomo de hidrogênio –, portanto não é pouca coisa mantê-los do lado de fora. Os prótons passam através da água mais ou menos instantaneamente, assim a membrana deve estar totalmente selada para a água em todos os lugares também. Prótons também são carregados; transportam uma única carga positiva. Bombear prótons através de uma membrana selada realiza duas coisas: primeiro, gera uma diferença na concentração de prótons entre os dois lados; segundo, produz uma diferença na carga elétrica, a exterior sendo positiva com relação à interior. Isso significa que existe uma potencial diferença eletroquímica através da membrana, na ordem de 150 a 200 milivolts. Como a membrana é muito fina (cerca de 6 nm de espessura), essa carga é extremamente intensa numa curta distância. Encolha-se até o tamanho de uma molécula de ATP novamente e a intensidade do campo elétrico

---

* Não apenas ATP. O gradiente de prótons é um campo de força de múltiplas finalidades, que é usado para ativar a rotação do flagelo bacteriano (mas não o arqueano) e o transporte ativo de moléculas para dentro e para fora da célula, além de se dissipar para gerar calor. É também importantíssimo para a vida e morte de células por morte celular programada (apoptose). Vamos chegar a tudo isso.

que você experimentaria na vizinhança da membrana – o campo de força – é de 30 milhões de volts por metro, igual a um relâmpago, ou mil vezes a capacidade da fiação elétrica normal de uma residência.

Esse imenso potencial elétrico, conhecido como a força próton-motora, aciona a nanomáquina de proteínas mais impressionante de todas, a ATP sintase (**Figura 10**). Motora sugere movimento e a ATP sintase é na verdade um motor rotativo, no qual o fluxo de prótons faz girar um eixo de manivela, que por sua vez gira uma cabeça catalisadora. Essas forças mecânicas movem a síntese de ATP. A proteína funciona como uma turbina elétrica, na qual os prótons, enclausurados num reservatório atrás da barreira da membrana, jorram através da turbina como água cascateando morro abaixo, fazendo girar o motor rotatório. Esta mal chega a ser uma licença poética, mas é uma descrição precisa, embora seja difícil transmitir a estonteante complexidade deste motor de proteínas. Ainda não sabemos exatamente como funciona – como cada próton se liga ao anel C dentro da membrana, como interações eletrostáticas giram esse anel em uma direção apenas, como o anel girando torce a manivela, forçando mudanças de conformação na cabeça catalítica, como as fendas que se abrem e fecham nessa cabeça prendem ADP e P_i e os forçam juntos numa união mecânica a pressionar um novo ATP. Isso é nanoengenharia de precisão da mais alta ordem, um artefato mágico e, quanto mais sabemos a seu respeito, mais maravilhoso se torna. Alguns veem nisso a prova da existência de Deus. Eu não. Eu vejo a maravilha da seleção natural. Mas é sem dúvida uma máquina fantástica.

Para cada dez prótons que passam pela ATP sintase, a cabeça rotativa dá uma volta completa, e três moléculas de ATP recentemente cunhadas são liberadas na matriz. A cabeça pode girar

QUESTÃO VITAL

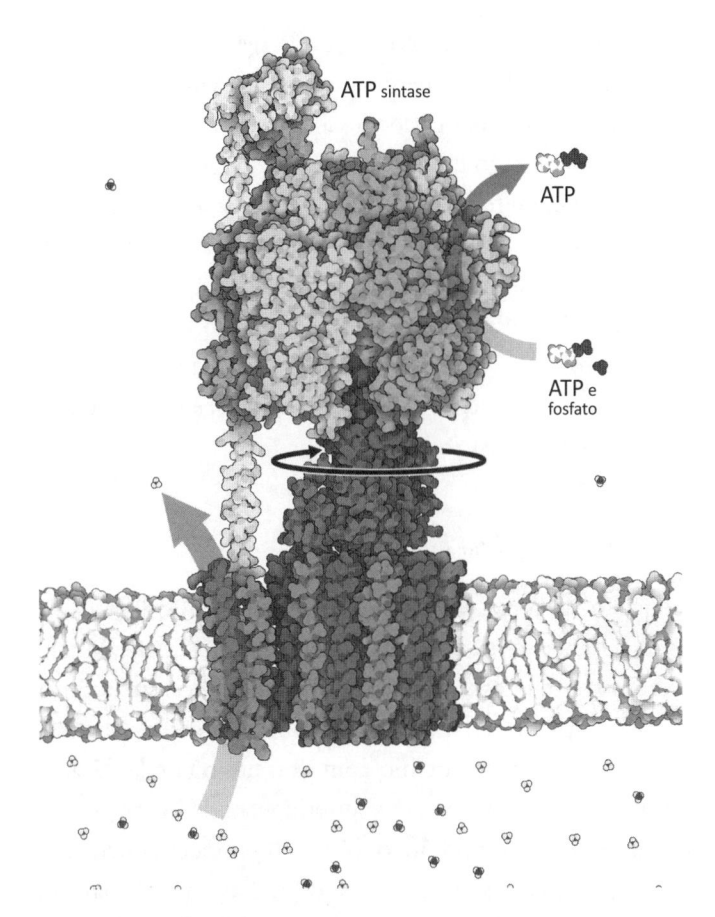

Figura 10 **Estrutura da ATP sintase**
A ATP sintase é um motor rotativo notável inserido na membrana (embaixo). Essa bela interpretação artística de David Goodsell está em escala e mostra o tamanho de um ATP e até prótons em relação à membrana e à própria proteína. O fluxo de prótons através de uma subunidade de membrana (seta aberta) aciona a rotação do motor F_0 extraído na membrana, assim como o eixo motor (caule) aderido acima (seta preta girando). A rotação do eixo motor força mudanças de conformação na cabeça catalítica (F, subunidade), impulsionando a síntese de ATP a partir de ADP e fosfato. A própria cabeça é impedida de girar pelo "estator" – o bastão rígido à esquerda –, que fixa a cabeça catalítica na posição. Os prótons aparecem debaixo da membrana destinada à água como íons de hidrônio (H_3O^+).

a mais de cem revoluções por segundo. Mencionei que ATP é chamado de "moeda" de energia universal da vida. A ATP sintase e a força próton-motora também são conservadas universalmente através da vida. E digo universalmente. A ATP sintase é encontrada basicamente em todas as bactérias, todas as arqueas e todos os eucariontes (os três domínios da vida que discutimos no capítulo anterior), barrando um punhado de micróbios que dependem de fermentação. É tão universal quanto o próprio código genético. No meu livro, a ATP sintase deve ser considerada tão simbólica da vida quanto a dupla hélice de DNA. Já que você mencionou isso, este é meu livro, e é isso aí.

Um enigma central na biologia

O conceito de força próton-motora veio de um dos cientistas mais discretamente revolucionários do século XX, Peter Mitchell. Discreto só porque a sua disciplina, a bioenergética, era (e ainda é) uma espécie de água estagnada num mundo de pesquisas mesmerizado pelo DNA. Esse fascínio começou no início da década de 1950 com Crick e Watson em Cambridge, onde Mitchell era um consciencioso contemporâneo. Mitchell também concorreu ao prêmio Nobel, em 1978, mas suas ideias eram muito mais traumáticas. Ao contrário da dupla hélice, que Watson imediatamente declarou ser "tão bela que tem de ser verdade" – e ele estava certo –, as ideias de Mitchell eram extremamente contraintuitivas. O próprio Mitchell era irascível, argumentativo e por sua vez brilhante. Ele foi obrigado a se aposentar da Universidade de Edimburgo, no início da década de 1960, com úlceras estomacais, logo depois de apresentar a sua "hipótese quimiosmótica", em 1961 (publicada na revista *Nature*, como o mais famoso tratado anterior de Crick e Watson.) "Quimiosmótica" é o termo que Mitchell usou para se referir à transferência de prótons através de uma membrana. Caracteristicamente, ele usou a palavra "osmótica" no seu sentido original grego, significando "empurrar" (não no uso mais familiar de osmose, a passagem de água por uma membrana semipermeável). A respiração empurra prótons através de uma fina membrana, contra um gradiente de concentração e, portanto, é quimiosmótica.

Com seus próprios meios e uma tendência à prática, Mitchell passou dois anos reformando um solar perto de Bodmin, na Cornualha, como laboratório e residência, e abriu o Glynn Institute ali, em 1965. Durante as duas décadas seguintes, ele e um pequeno número de outras figuras importantes na bioenergética se dispuseram a testar a hipótese quimiosmótica até a destruição. O relacionamento entre eles assumiu um bombardeio semelhante. Este período passou para os anais da bioquímica como as "guerras OXFOS" – "OXFOS" sendo abreviação, em inglês, de "fosforilação oxidativa", o mecanismo pelo qual o fluxo de elétrons até o oxigênio é acoplado à síntese de ATP. É difícil estimar se nenhum dos detalhes que dei nas últimas páginas fossem conhecidos até a década de 1970. Muitos deles ainda são o foco de pesquisas em atividade.*

Por que as ideias de Mitchell eram tão difíceis de aceitar? Em parte por serem bastante repentinas. A estrutura de DNA faz sentido – as duas fitas agem cada uma como molde para a outra – e a sequência de letras codifica a sequência de aminoácidos numa

---

* Tenho o privilégio de meu escritório ficar no mesmo corredor do de Peter Rich, que chefiou o Glynn Institute depois da aposentadoria de Peter Mitchell e, finalmente, o levou para UCL como o Laboratório Glynn de Bioenergética. Ele e seu grupo estão trabalhando ativamente nos canais de água dinâmicos que conduzem prótons através do complexo IV (citocromo-oxidase), o complexo respiratório final no qual o oxigênio é reduzido à água.

proteína. A hipótese quimiosmótica, em comparação, parecia sutil ao extremo, e o próprio Mitchell podia muito bem estar falando marciano. Vida é química, todos sabemos disso. O ATP é formado a partir da reação de ADP e fosfato, portanto bastava a transferência de um fosfato de algum intermediário reativo para ADP. As células estão cheias de intermediários reativos, portanto bastava encontrar o certo. Ou assim pareceu por várias décadas. E aí surgiu Mitchell com um brilho louco no olhar, nitidamente um sujeito obsessivo, escrevendo equações que ninguém compreendia e declarando que a respiração não tinha nada a ver com química, que o intermediário reativo que todos vinham buscando nem mesmo existia e que o mecanismo que acopla o fluxo de elétrons à síntese de ATP era na verdade um gradiente de prótons através de uma membrana impermeável, a força próton-motora. Não é de surpreender que ele tenha deixado as pessoas irritadas!

É assim que se criam as lendas: um bom exemplo de como a ciência funciona de forma inesperada, aliciada como uma "mudança de paradigma" na biologia que corrobora a visão das revoluções científicas de Thomas Kuhn, mas que agora está confinada com segurança nos livros de história. Os detalhes foram formulados na resolução atômica, culminando no prêmio Nobel de John Walker, em 1997, para a estrutura da ATP sintase. Resolver a estrutura do complexo I é uma ordem ainda mais elevada, mas pessoas estranhas ao meio podem ser perdoadas por pensarem que são apenas detalhes e que a bioenergética não está mais escondendo quaisquer descobertas revolucionárias que se comparem com as de Mitchell. Isso é irônico porque Mitchell chegou à sua visão radical da bioenergética não por pensar no mecanismo detalhado da própria respiração, mas numa questão muito mais simples e mais profunda – como as células (ele tinha em mente as bactérias) mantêm as suas partes internas diferentes das externas? Desde o início, ele viu os organismos e seu ambiente como íntima e inextricavelmente ligados através de membranas, uma visão que é central em todo este livro. Ele avaliou a importância desses processos para a origem e existência da vida de um modo que muito pouco têm feito desde então. Considere essa passagem de uma palestra que ele deu sobre a origem da vida em 1957, num encontro em Moscou, quatro anos antes de publicar a sua hipótese quimiosmótica:

> Não posso considerar o organismo sem o seu ambiente (...) De um ponto de vista formal, os dois podem ser considerados como fases equivalentes entre as quais o contato dinâmico é mantido pelas membranas que as separam e ligam.

Essa linha de pensamento de Mitchell é mais filosófica do que os detalhes práticos da hipótese quimiosmótica, que se originou disso, mas penso que seja igualmente presciente. Nosso foco moderno na biologia molecular significa que não esquecemos a preocupação de Mitchell com as membranas como um elo necessário entre o interior e o exterior, com o que ele chamou de "química vetorial" – química com uma direção no espaço, onde posição e estrutura têm importância. Não se trata de química de tubos de ensaio, em que tudo é misturado numa solução. Essencialmente, toda a vida usa química redox para gerar um gradiente de prótons através de uma membrana. Por que fazemos isso? Se estas ideias parecem menos ultrajantes agora do que na década de 1960, é apenas porque temos vivido com elas durante cinquenta anos e familiaridade gera, senão desprezo, no mínimo desinteresse. Eles coletaram poeira e as acomodaram em livros de referência, para nunca mais serem questionadas. Sabemos agora que essas ideias são verdade; mas estamos mais perto de saber por que elas são verdade?

A questão se resume a duas partes: por que todas as células vivas usam química redox como uma fonte de energia livre? E por que todas as células conservam essa energia na forma de gradientes de prótons sobre membranas? Num nível mais fundamental, estas questões são: por que elétrons e por que prótons?

A vida gira em torno de elétrons

Então por que a vida na Terra usa química redox? Talvez esta seja a parte mais fácil de responder. A vida como a conhecemos tem como base o carbono e, especificamente, formas de carbono reduzidas em parte. Para uma absurda primeira aproximação (deixando de lado as exigências de quantidades relativamente pequenas de nitrogênio, fósforo e outros elementos), uma "fórmula" para vida é CH_2O. Considerando-se o ponto de partida de dióxido de carbono (mais sobre isso no próximo capítulo), então a vida deve envolver a transferência de elétrons e prótons a partir de algo como hidrogênio (H_2) para CO_2. Não importa a princípio de onde vêm esses elétrons – eles podem ser extraídos de água (H_2O), de sulfeto de hidrogênio (H_2S) ou até de ferro ferroso (Fe^{2+}). A questão é que eles são transferidos para CO_2, e todas essas transferências são química redox. "Reduzido em parte", incidentalmente, significa que o CO_2 não é reduzido totalmente a metano (CH_4).

A vida poderia ter usado algo que não fosse o carbono? Sem dúvida é concebível. Estamos familiarizados com robôs feitos de metal ou silício, portanto o que o carbono tem de especial? Muita coisa, na verdade. Cada átomo de carbono pode formar quatro fortes ligações, muito mais fortes do que as formadas por seu vizinho químico, o silício. Essas ligações permitem uma variedade extraordinária de moléculas de cadeia longa, notadamente proteínas, lipídios, açúcares e DNA. O silício não consegue administrar nada como esta riqueza de química. Além disso, não existem óxidos de silício gasosos que se comparem com dióxido de carbono. Eu imagino o CO_2 como um tipo de tijolo Lego, que pode ser tirado do ar e acrescentado um carbono de cada vez a outras moléculas. Óxidos de silício em contraste... bem, tente construir com areia. O silício e outros elementos podem ser passíveis de ser usados por uma inteligência superior como nós, mas é difícil ver como a vida poderia ter se feito por si mesma desde o início usando silício. Isso não quer dizer que a vida baseada no silício não poderia evoluir num universo infinito, quem sabe; mas como uma questão de probabilidade e previsibilidade, que é do que trata este livro, isso parece bem menos provável. À parte ser muito melhor, o carbono também é muito mais abundante em todo o universo. Para uma primeira abordagem, portanto, a vida deveria ter o carbono como base.

Mas a exigência de carbono parcialmente reduzido é apenas uma pequena parte da resposta. Na maioria dos organismos modernos, o metabolismo do carbono é bastante separado do metabolismo da energia. Os dois estão ligados por ATP e um punhado de outros intermediários reativos, tais como tioésteres (notadamente acetil CoA), mas não existe nenhum requisito fundamental para que esses intermediários reativos sejam produzidos por química redox. Uns poucos organismos sobrevivem por fermentação, embora isso não seja antigo ou impressionante em rendimento. Mas não faltam sugestões engenhosas sobre possíveis pontos de partida químicos para a vida, um dos mais populares (e perversos) é o cianeto, que poderia se formar pela ação de radiação UV em gases, tais como o nitrogênio e o metano. Isso é viável? Mencionei no último capítulo que não há sinais a partir de zircões de que a atmosfera inicial contivesse muito metano. Mas isso não quer dizer que não poderia acontecer a princípio em outro planeta. E se é possível, por que não deveria energizar a vida hoje? Retornaremos a isso no próximo capítulo. Penso ser improvável por outras razões.

Considere o problema de outra maneira: o que é bom na química redox da respiração? Muita coisa, pelo visto. Quando digo respiração, precisamos olhar além de nós mesmos. Retiramos elétrons do alimento e os transferimos pela nossa cadeia respiratória até o oxigênio, mas o ponto crítico aqui é que a fonte e o sumidouro de elétrons podem ambos ser modificados. Acontece que queimar alimento em oxigênio é quase tão bom em termos de produção de energia, mas o princípio subjacente é muitíssimo mais amplo e mais versátil. Não há necessidade de comer matéria orgânica, por exemplo. O gás hidrogênio, o sulfeto de hidrogênio e o ferro ferroso são todos doadores de elétrons, como já observamos. Eles podem passar seus elétrons para uma cadeia respiratória, desde que o aceptor na outra ponta seja um oxidante forte o suficiente para puxá-los para dentro. Isso significa que bactérias podem "comer" rochas, minerais ou gases, usando basicamente o mesmo equipamento proteico que nós usamos na respiração. Na próxima vez que você ver uma descoloração numa parede de concreto, traindo uma próspera colônia bacteriana, considere por um momento que, por mais alienígenas que possam parecer, estão usando o mesmo aparelho básico que você.

Também não há exigência de oxigênio. Muitos outros oxidantes podem fazer o trabalho quase tão bem, tais como nitrato ou nitrito, sulfato ou sulfito. A lista continua. Todos esses oxidantes (assim chamados porque se comportam um pouco como o oxigênio) podem sugar elétrons do alimento ou de outras fontes. Em cada caso, a transferência de elétrons de um doador de elétrons para um aceptor libera energia que está armazenada nas ligações de ATP. Um inventário de todos os doadores de elétrons conhecidos usados por bactérias e arqueas – assim chamados "pares redox" – se estenderia por várias páginas. Não apenas as bactérias "comem" rochas, mas elas podem "respirá-las" também. Células eucarióticas são patéticas em comparação. Há em todo o domínio eucariótico – todas as plantas, animais, algas, fungos e protistas – mais ou menos a mesma versatilidade metabólica que existe numa única célula bacteriana.

Essa versatilidade no uso de doadores e aceptores de elétrons é auxiliada pela preguiçosa reatividade de muitos deles. Já observamos que toda a bioquímica ocorre espontaneamente e deve ser sempre movida por um ambiente altamente reativo; mas se o ambiente é reativo em demasia, então sai na frente e reage, e não restará energia livre para energizar a biologia. Uma atmosfera jamais poderia estar cheia de gás flúor, por exemplo, visto que reagiria imediatamente com tudo e desapareceria. Mas muitas substâncias se acumulam em níveis que excedem de longe o seu natural equilíbrio termodinâmico, porque reagem muito lentamente. Tendo oportunidade, o oxigênio reagirá vigorosamente com matéria orgânica, queimando tudo no planeta, mas essa propensão à violência é temperada por uma feliz sutileza química que o faz estável por toda a eternidade. Gases como metano e hidrogênio reagirão ainda mais vigorosamente com o oxigênio – pense no dirigível Hindenburg –, mas, de novo, a barreira cinética à sua reação significa que todos esses gases podem coexistir no ar por anos de cada vez, em desequilíbrio dinâmico. O mesmo se aplica a muitas outras substâncias, desde o sulfeto de hidrogênio até o nitrato. Eles podem ser coagidos a reagir e, quando reagem, liberam uma grande quantidade de energia que pode ser utilizada por células vivas; mas, sem os catalisadores certos, não acontece muita coisa. A vida explora essas barreiras cinéticas e, com isso, aumenta a entropia mais rápido do que aconteceria de outra forma. Tem até quem defina vida nesse termo, como geradora de entropia. De qualquer maneira: a vida existe exatamente porque existem barreiras cinéticas – se especializa em rompê-las. Sem a fenda de grande reatividade enclausurada por trás de barreiras cinéticas, duvida-se que a vida pudesse existir.

O fato de muitos doadores e aceptores de elétrons serem ao mesmo tempo solúveis e estáveis, entrando e saindo de células sem muito o que fazer, significa que o ambiente reativo exigido pela termodinâmica pode ser levado com segurança para dentro, bem naquelas membranas críticas. Isso torna a química redox muito mais fácil de lidar do que calor ou energia mecânica, ou radiação UV ou relâmpagos, como uma forma de fluxo de energia biologicamente útil. Os órgãos de segurança do trabalho aprovariam.

Talvez, inesperadamente, a respiração também seja a base da fotossíntese. Lembre-se de que existem vários tipos de fotossíntese. Em cada caso, a energia da luz solar (como fótons) é absorvida por um pigmento (em geral clorofila) que excita um elétron, enviando-o por uma cadeia de centros redox até um aceptor, nesse caso o próprio dióxido de carbono. O pigmento, privado de um elétron, aceita de bom grado um do doador mais próximo, que poderia ser a água, o sulfeto de hidrogênio ou o ferro ferroso. Como na respiração, a identidade do doador de elétron não importa a princípio. Formas "anoxigênicas" de fotossíntese usam o sulfeto de hidrogênio ou ferro como doadores de elétrons, deixando para trás depósitos de enxofre ou ferro enferrujado como resíduos.* A fotossíntese oxigênica utiliza um doador muito mais

---

* Essa é uma das desvantagens da fotossíntese anoxigênica – as células por fim se fecham no seu próprio refúgio. Algumas formações de ferro bandado são marcadas com minúsculos buracos do tamanho de bactérias, supostamente refletindo apenas isso. Em contraste, o oxigênio, embora potencialmente tóxico, é um resíduo muito melhor, visto ser um gás que simplesmente se difunde.

durão, a água, liberando como resíduo o oxigênio. Mas a questão é que todos esses tipos diferentes de fotossíntese obviamente derivam da respiração. Eles usam exatamente as mesmas proteínas respiratórias, os mesmos tipos de centro redox, os mesmos gradientes de prótons sobre membranas, a mesma ATP sintase – o mesmo kit.* A única diferença real é a inovação de um pigmento, a clorofila, que em qualquer caso está intimamente relacionado ao pigmento heme, usado em muitas antigas proteínas respiratórias. Explorar a energia solar mudou o mundo, mas em termos moleculares tudo que se fez foi colocar elétrons fluindo mais rápido por cadeias respiratórias.

A grande vantagem da respiração, portanto, é a sua imensa versatilidade. Essencialmente, qualquer par redox (qualquer par de doador de elétron e aceptor de elétron) pode ser usado para colocar elétrons fluindo por cadeias respiratórias. As proteínas específicas que pegam elétrons do amônio são ligeiramente diferentes daquelas que retiram elétrons de sulfeto de hidrogênio, mas são variações intimamente relacionadas sobre um mesmo tema. Igualmente, na outra ponta da cadeia respiratória, as proteínas que passam elétrons para nitrato ou nitrito diferem daquelas que passam elétrons para oxigênio, mas todas estão relacionadas. São suficientemente semelhantes umas com as outras de modo que uma pode substituir a outra. Como essas proteínas estão ligadas num sistema operacional comum, podem ser misturadas e combinadas para se encaixarem em qualquer ambiente. Não são apenas intercambiáveis a princípio, mas na prática são transmitidas com naturali-

---

* Como podemos ter tanta certeza de que foi assim, e não a respiração derivando da fotossíntese? Porque a respiração é universal para toda a vida, mas a fotossíntese se restringe a apenas uns poucos grupos de bactérias. Se o último ancestral comum universal fosse fotossintético, então a maioria dos grupos de bactérias e *todas* as arqueas devem ter perdido esta valiosa característica. Isso não está de acordo com o princípio de parcimônia, para dizer o mínimo.

dade. Durante as últimas décadas, percebemos que a transferência lateral de genes (transferir pequenos cassetes de genes de uma célula para outra, como se fossem dinheiro trocado) é frequente em bactérias e arqueas. Genes codificando proteínas respiratórias estão entre aqueles mais comumente permutados pela transferência lateral. Juntos, eles compreendem o que o bioquímico Wolfgang Nitschke chama de "kit de construção de proteína redox". Você acabou de mudar para um ambiente onde o sulfeto de hidrogênio e o oxigênio são ambos comuns, tal como uma fonte no fundo do mar? Não tem problema, sirva-se dos genes necessários, eles funcionarão muito bem para você, meu senhor. Acabou o seu oxigênio? Tente nitrito, madame! Não se preocupe. Pegue uma cópia de nitrito redutase e faça a ligação, os senhores ficarão bem!

Todos esses fatores significam que a química redox deveria ser importante para a vida em outros lugares do universo também. Embora possamos imaginar outras formas de energia, a exigência da química redox para reduzir carbono, combinada com as muitas vantagens da respiração, significa que não é de surpreender que a vida na Terra seja movida a redox. Mas o verdadeiro mecanismo da respiração, os gradientes de próton sobre membranas, é outra questão. O fato de ser possível transmitir proteínas respiratórias por transferência lateral de genes, misturadas e combinadas para funcionarem em qualquer ambiente, em grande parte é porque existe um sistema operacional comum – um acoplamento quimiosmótico. No entanto, não há nenhuma razão óbvia para a química redox envolver gradientes de prótons. Essa falta de uma conexão inteligível explica em parte a resistência às ideias de Mitchell e as guerras OXFOS, anos atrás. Nos últimos 50 anos, aprendemos um bocado sobre *como* a vida usa prótons; mas enquanto não soubermos *por que* a vida usa prótons, não seremos capazes de prever muito mais sobre as propriedades da vida aqui e em qualquer outro lugar do universo.

QUESTÃO VITAL

Vida são prótons

A evolução do acoplamento quimiosmótico é um mistério. O fato de toda a vida ser quimiosmótica sugere que o acoplamento quimiosmótico surgiu muito cedo na evolução. Tivesse aparecido mais tarde, seria difícil explicar como e por que se tornou universal – por que os gradientes de prótons deslocaram tudo o mais completamente. Essa universalidade é surpreendentemente rara. Toda a vida compartilha o código genético (mais uma vez, com umas poucas exceções insignificantes, que comprovam a regra). Alguns processos informacionais fundamentais são também universalmente conservados. Por exemplo, o DNA é transcrito em RNA, que é fisicamente traduzido em proteínas em nanomáquinas chamadas ribossomos em todas as células vivas. Mas as diferenças entre arqueas e bactérias são realmente chocantes. Lembre-se de que as bactérias e as arqueas são os dois grandes domínios de procariontes, células que não possuem um núcleo e, na verdade, quase toda a parafernália de células complexas (eucarióticas). Na sua aparência física, bactérias e arqueas são virtualmente impossíveis de distinguir, mas, em boa parte da sua bioquímica e genética, os dois domínios são radicalmente diferentes.

Veja a replicação de DNA, que poderíamos supor ser tão fundamental para a vida quanto o código genético. Mas os mecanismos detalhados da replicação de DNA, inclusive quase todas as enzimas necessárias, revelam-se totalmente diferentes em bactérias e arqueas. Da mesma forma, a parede celular, a camada externa rígida que protege a frágil célula no interior, é totalmente diferente do ponto de vista químico em bactérias e arqueas. Também o são as vias bioquímicas da fermentação. Mesmo as membranas celulares – estritamente necessárias para o acoplamento quimiosmótico, também conhecido como bioenergética das *membranas* – são bioquimicamente diferentes em bactérias e arqueas. Em outras palavras, as barreiras entre o interior e o exterior de células e a replicação de material hereditário não são profundamente conservadas. O que poderia ser mais importante para a vida de células do que essas! Diante de toda essa divergência, o acoplamento quimiosmótico é universal.

Essas são as diferenças profundas e levam a sério questões sobre o ancestral comum de ambos os grupos. Supondo que os traços em comum foram herdados de um mesmo ancestral, mas os traços que diferem surgiram independentemente nas duas linhas, que tipo de célula poderia ter sido esse ancestral? Isso desafia a lógica. Pelo que parece, era o espectro de uma célula, em certos aspectos como as células modernas, em outros... bem, o que exatamente? Tinha transcrição de DNA, tradução ribossomal, uma ATP sintase, fragmentos de biossíntese de aminoácidos, mas, além disso, pouco mais se manteve conservado em ambos os grupos.

Considere o problema das membranas. A bioenergética das membranas é universal – mas as membranas não. Pode-se imaginar que o último ancestral comum tinha uma membrana do tipo bacteriano e que as arqueas a substituíram por alguma razão adaptativa, talvez porque as membranas das arqueas sejam melhores em temperaturas mais altas. Isso é superficialmente plausível, mas existem dois grandes problemas. Primeiro, na sua maioria, as arqueas não são hipertermófilas; um número muito maior delas vive em condições temperadas, onde os lipídios arqueanos não oferecem nenhuma vantagem óbvia; e, inversamente, uma quantidade suficiente de bactérias vive muito feliz em fontes quentes. Suas membranas se dão perfeitamente bem em altas temperaturas. Bactérias e arqueas vivem umas ao lado das outras em quase todos os ambientes, com frequência em simbioses muito íntimas. Por que um destes grupos teria se dado o trabalho de substituir todos os lipídios de suas membranas, em apenas uma ocasião? Se é possível trocar membranas, então, por que não vemos as substituições em massa de lipídios de membranas em outras ocasiões, conforme as células se adaptam a novos ambientes? Isso deveria ser muito mais fácil do que inventar novas células desde o início. Por que algumas bactérias que vivem em fontes quentes não adquirem lipídios arqueanos?

Segundo, e mais revelador, uma importante distinção entre membranas bacterianas e arqueanas parece ser puramente aleatória – bactérias usam um estereoisômero (forma especular) do glicerol, enquanto as arqueas usam o outro.* Mesmo que as arqueas tenham realmente substituído todos os seus lipídios porque se adaptavam melhor a altas temperaturas, não existe nenhuma razão seletiva concebível para substituir glicerol por glicerol. Não é isso que se espera. Mas a enzima que faz a forma sinistra do glicerol não é nem mesmo remotamente relacionada com a enzima que faz o tipo destro. Mudar de um isômero para o outro exigiria a "invenção" de uma nova enzima (para fabricar um novo isômero) seguida da sistemática eliminação da antiga (mas plenamente funcional) em todas as células, mesmo que a nova versão não oferecesse nenhuma vantagem evolucionária. Eu simplesmente não compro essa ideia. Mas se um tipo de lipídio não foi fisicamente

---

* Lipídios são compostos de duas partes: um grupo-cabeça principal hidrofílico e duas ou três "caudas" hidrofóbicas (ácidos graxos em bactérias e eucariontes, e isoprenos em arqueas). Essas duas partes permitem que lipídios formem camadas duplas, em vez de gotículas de gordura. O grupo-cabeça em arqueas e bactérias é a mesma molécula, o glicerol, mas cada uma usa a forma espelhada oposta. Essa é uma tangente interessante ao fato comumente citado de que toda a vida usa aminoácidos sinistros e açúcares destros no DNA. Esta quiralidade é com frequência explicada em termos de algum tipo de preconceito abiótico de um isômero pelo outro, em vez de seleção no nível de enzimas biológicas. O fato de arqueas e bactérias usarem os estereoisômeros opostos de glicerol mostra que acaso e seleção provavelmente tiveram um grande papel.

substituído por outro, então que tipo de membrana o último ancestral comum realmente possuía? Deve ter sido muito diferente de todas as membranas modernas. Por quê?

Existem também dois problemas controversos na ideia de que o acoplamento quimiosmótico surgiu bem cedo na evolução. Um é a sofisticação do mecanismo. Já pagamos nossos tributos aos gigantescos complexos respiratórios e à ATP sintase – incríveis máquinas moleculares com pistões e motores rotativos. Poderiam estes ser realmente um produto dos primeiros dias da evolução, antes do advento da replicação de DNA? Certamente que não! Mas essa é uma resposta puramente emocional. A ATP sintase não é mais complexa do que um ribossomo e todos concordam que ribossomos evoluíram cedo. O segundo problema é a própria membrana. Mesmo colocando de lado a questão de que tipo de membrana era, existe de novo a questão de perturbadora sofisticação inicial. Em células modernas, o acoplamento quimiosmótico só funciona se a membrana for quase impermeável a prótons. Mas todos os experimentos com membranas plausivelmente primitivas sugerem que elas teriam sido altamente permeáveis a prótons. É extremamente difícil mantê-las de fora. O problema é que o acoplamento quimiosmótico parece ser inútil até uma quantidade de proteínas sofisticadas ter sido inserida numa membrana impermeável a prótons; e, então, mas só então, serve a um propósito. Portanto, como todas as partes podem ter evoluído antes? É o clássico problema do ovo e da galinha. De que serve aprender a bombear prótons se não se tem como explorar o gradiente? E de que adianta aprender a explorar um gradiente se não se tem um modo de gerar um? Vou apresentar uma resolução possível no capítulo 4.

Encerrei o primeiro capítulo com algumas questões importantes sobre a evolução da vida na Terra. Por que a vida surgiu tão prematuramente? Por que ela estagnou em complexidade morfológica por vários bilhões de anos? Por que células complexas, eucarióticas, surgiram apenas uma vez em 4 bilhões de anos? Por que todos os eucariontes compartilham uma quantidade de características desconcertantes que nunca são encontradas em bactérias e arqueas, desde sexo a dois sexos e envelhecimento? Aqui estou eu acrescentando duas perguntas de magnitude igualmente desconcertante: por que todas as vidas conservam energia na forma de gradientes de prótons nas membranas? E como (e quando) este peculiar, mas fundamental, processo evoluiu?

Acho que os dois conjuntos de perguntas estão associados e argumentarei que gradientes naturais de prótons conduziram à origem da vida na Terra num ambiente muito particular, mas um ambiente que é quase certamente ubíquo no cosmo: a lista de compras só tem rocha, água e CO_2. Vou argumentar que o acoplamento quimiosmótico restringiu a evolução da vida na Terra à complexidade de bactérias e arqueas durante bilhões de anos. Um evento singular, no qual uma única bactéria de alguma forma entrou em outra, superou estas intermináveis restrições energéticas às bactérias. Essa endossimbiose deu origem a eucariontes com genomas que se elevaram em ordens de grandeza, a matéria bruta para a complexidade morfológica. O íntimo relacionamento entre a célula hospedeira e seus endossimbiontes (que seguiram tornando-se mitocôndrias) estava, eu direi, por trás de muitas estranhas propriedades compartilhadas pelos eucariontes. A evolução deveria tender a seguir ao longo de linhas semelhantes, guiada por restrições similares, em outro lugar no universo. Se estou certo (e nem por um momento pensarei que estou em todos os detalhes, mas espero que o quadro geral esteja correto), então esse é o início de uma biologia mais preditiva. Um dia poderá ser possível prever as propriedades da vida em qualquer lugar no universo a partir da composição química do cosmo.

PARTE II
A ORIGEM DA VIDA

3
A ENERGIA NA ORIGEM DA VIDA

Moinhos de água medievais e usinas hidroelétricas modernas são acionados pela canalização de água. Faça passar o fluxo por um canal confinado e a força aumenta. Agora, é possível gerar trabalho, tal como girar uma roda d'água. Inversamente, deixe que o fluxo se espalhe por uma bacia mais ampla e a força diminui. Num rio, se torna um pequeno lago ou um baixio. Você pode tentar atravessar, seguro no conhecimento de que não há probabilidade de ser levado embora pela força da corrente.

Células vivas funcionam de um modo semelhante. Uma via metabólica é como um canal de água, exceto que o fluxo seja de carbono orgânico. Numa via metabólica, uma sequência linear de reações é catalisada por uma série de enzimas, cada uma atuando no produto da enzima anterior. Isso restringe o fluxo de carbono orgânico. Uma molécula entra por um caminho, sofre uma sucessão de modificações químicas e sai como uma molécula diferente. A sucessão de reações pode ser repetida com segurança, com o mesmo precursor entrando e o mesmo produto saindo a cada vez. Com suas várias vias metabólicas, as células são como redes de moinhos d'água, nos quais o fluxo é sempre confinado dentro de canais interconectados, sempre maximizados. Essa engenhosa canalização significa que as células precisam de muito menos carbono e energia para crescerem do que se o fluxo corresse livre. Em vez de dissiparem a força de cada etapa – moléculas "escapando" para reagirem com outra coisa –, as enzimas mantêm a bioquímica conduzindo-se corretamente. As células não precisam de um rio grande crescendo em direção ao mar, mas acionam seus moinhos usando canais menores. De um ponto de vista energético, a energia de enzimas não é tanta a ponto de acelerarem reações, mas canalizam a sua força, maximizando a saída.

Então, o que aconteceu na origem da vida, antes de haver enzimas? O fluxo era necessariamente menos contido. Crescer – fabricar mais moléculas orgânicas, duplicar, basicamente replicar – deve ter custado mais energia, mais carbono, não menos. As células modernas minimizam suas exigências de energia, mas já vimos que elas ainda passam através de colossais quantidades de ATP, a "moeda" de energia padrão. Até as células mais simples, que crescem a partir da reação de hidrogênio com dióxido de carbono, produzem cerca de quarenta vezes o resíduo da respiração como nova biomassa. Em outras palavras, para cada grama de nova biomassa produzida, as reações liberadoras de energia que sustentam a produção devem gerar pelo menos 40 gramas de resíduos. A vida é uma reação secundária de uma reação liberadora de energia principal. Essa continua sendo a questão hoje, depois de 4 bilhões de anos de refinamento evolucionário. Se as células modernas produzem quarenta vezes mais resíduos do que a matéria orgânica, pense quanto as primeiras células primitivas, sem quaisquer enzimas, tinham de fazer! As enzimas aceleram reações químicas a milhões de vezes o ritmo espontâneo. Retire essas enzimas e a taxa de transferência teria de aumentar por um fator semelhante, digamos 1 milhão de vezes, para conseguir a mesma coisa. É provável que as primeiras células precisaram produzir 40 toneladas de resíduos – literalmente um caminhão – para fazer 1 grama de célula! Em termos de fluxo de energia, isso faz parecer pequeno até um rio na cheia; é mais como um tsunami.

A simples escala dessa demanda energética tem conotações para todos os aspectos da origem da vida, mas raramente é considerada de forma explícita. Como uma disciplina experimental, o campo da origem da vida data de 1953, o famoso experimento Miller-Urey, publicado no mesmo ano do artigo sobre a dupla hélice de Watson e Crick. Ambos os ensaios pairam sobre a área desde então, lançando uma sombra como as asas de dois morcegos gigantes, em alguns aspectos corretamente, em outros, lamentavelmente. O experimento Miller-Urey, brilhante como era, sustentou a concepção de uma sopa primordial, que, na minha opinião, escureceu a área por duas gerações. Crick e Watson introduziram a hegemonia do DNA e informações, que é nitidamente de vital importância para a origem da vida; mas considerar a replicação e as origens da seleção natural em quase isolamento distraiu as atenções da importância de outros fatores, notadamente a energia.

Em 1953, Stanley Miller era um jovem e dedicado aluno de PhD no laboratório do prêmio Nobel, Harold Urey. No seu icônico experimento, Miller passava descargas elétricas, simulando raios, por frascos contendo água e uma mistura de gases reduzidos (ricos em elétrons) reminiscentes da atmosfera de Júpiter. Na época, pensava-se que a atmosfera jupiteriana refletisse a da Terra primitiva – supunha-se que ambas eram ricas em hidrogênio, metano e amônia.* Surpreendentemente, Miller conseguiu sintetizar uma quantidade de aminoácidos, que são os blocos de construção das proteínas, os burros de carga das células. De repente, a origem da vida parecia fácil! No início da década de 1950, o interesse pelo experimento era muito maior do que pela estrutura de Wat-

---

* Com base na química de cristais de zircão e das rochas primordiais, acredita-se hoje que a Terra primitiva tinha uma atmosfera relativamente neutra, refletindo desgasificação vulcânica, e era composta principalmente de dióxido de carbono, nitrogênio e vapor de água.

son e Crick, que inicialmente causou pouco alvoroço. Miller, em contraste, apareceu na capa da revista *Time*, em 1953. Seu trabalho era seminal, ainda merecendo uma recapitulação, porque foi o primeiro a testar uma hipótese explícita sobre a origem da vida: que raios, atravessando uma atmosfera de gases reduzidos, poderiam produzir os blocos de construção das células. Na ausência de vida existente, considerou-se que esses precursores acumularam-se nos oceanos e, com o tempo, viraram um rico caldo de moléculas orgânicas, a sopa primordial.

Se Watson e Crick não chegaram a causar um alvoroço em 1953, o fascínio pelo DNA distraiu os biólogos desde então. Para muita gente, a vida se resume a informação copiadas em DNA. A origem da vida, para elas, é a origem da informação, sem a qual – todos estão de acordo – a evolução pela seleção natural não é possível. E a origem da informação resume-se à origem da replicação: como as primeiras moléculas que fizeram cópias de si mesmas – os replicadores – surgiram. O próprio DNA é complexo demais para se acreditar que seja o primeiro replicador, mas o RNA, o precursor mais simples, mais reativo, dá conta do recado. O RNA (ácido ribonucleico) é até hoje o intermediário-chave entre DNA e proteínas, servindo ao mesmo tempo como um modelo e um catalisador na síntese de proteínas. Como o RNA serve tanto de modelo (como o DNA) quanto de catalisador (como as proteínas), o ácido ribonucleico pode, a princípio, servir como um precursor mais simples de proteínas e de DNA num "mundo de RNA" primordial. Mas de onde vieram todos os blocos de construção nucleotídeos, que se unem em cadeias para formar RNA? Da sopa primordial, é claro! Não existe nenhum relacionamento necessário entre a formação de RNA e uma sopa, mas a sopa é, não obstante, a suposição mais simples, que evita a preocupação com detalhes complicados, como termodinâmica ou geoquímica. Deixemos tudo isso de lado e os biólogos moleculares podem continuar com o que é importante. Assim, se houve um *leitmotiv* dominando a pesquisa sobre a origem da vida nos últimos 60 anos, é que uma sopa primordial fez surgir um mundo de RNA, no qual esses simples replicadores gradualmente evoluíram e se tornaram mais complexos, começaram a codificação do metabolismo e, por fim, geraram o mundo de DNA, proteínas e células que conhecemos hoje. Segundo essa perspectiva, a vida é informação desde o início.

O que está faltando aqui é energia. Claro, a energia figura na sopa primordial – todos aqueles relâmpagos. Certa vez, calculei que, para sustentar uma minúscula biosfera primitiva equivalente em tamanho àquela antes da evolução da fotossíntese, com raios apenas, seriam necessários quatro relâmpagos por segundo para cada quilômetro quadrado de oceano. E isso supondo uma eficiência de crescimento moderna. Simplesmente não há tantos elétrons em cada relâmpago. Uma fonte alternativa de energia melhor é a radiação UV, capaz de formar precursores reativos, como o cianureto (e derivativos, como o cianeto), a partir de uma mistura de gases atmosféricos, entre eles metano e nitrogênio. A radiação UV jorra sem parar sobre a Terra e outros planetas. O fluxo UV teria sido mais forte na ausência de uma camada de ozônio e com o espectro eletromagnético mais agressivo do jovem Sol. O engenhoso químico orgânico John Sutherland até teve sucesso sintetizando nucleotídeos sob assim chamadas "condições primordiais plausíveis" usando radiação UV e cianeto.* Mas aqui também exis-

---

* Essa inócua expressão "condições primordiais plausíveis" na verdade oculta uma multidão de pecados. À primeira vista, significa simplesmente que os compostos e condições usados poderiam razoavelmente ter sido encontrados nos primórdios da Terra. É mesmo plausível que houvesse algum cianeto nos oceanos hadeanos, também que temperaturas pudessem variar entre várias centenas de graus (em fontes hidrotérmicas) e congelamento na Terra primitiva. O problema é que concentrações realistas de orgânicos

tem sérios problemas. Nenhuma vida na Terra usa cianeto como uma fonte de carbono; e nenhuma vida conhecida usa radiação UV como uma fonte de energia. Bem pelo contrário, ambos são considerados perigosos assassinos. A UV é destrutiva demais, mesmo para as formas de vida sofisticadas de hoje, visto que quebra moléculas orgânicas com muito mais eficiência do que promove a sua formação. É bem mais provável secar os oceanos do que enchê-los de vida. A UV é uma guerra-relâmpago. Duvido que funcionasse como uma fonte direta de energia, aqui ou em qualquer outro lugar.

Os advogados da radiação UV não afirmam que funcionaria como uma fonte direta de energia, mas sim que favoreceria a formação de pequenas moléculas orgânicas estáveis, como o cianeto, que se acumulam com o tempo. Em termos de química, o cianeto é mesmo um bom precursor orgânico. É tóxico para nós porque bloqueia a respiração celular; mas isso poderia ser uma sutileza da vida na Terra e não um princípio mais profundo. O verdadeiro problema do cianeto é a sua concentração, que afeta toda a ideia de sopa primordial. Os oceanos são extremamente amplos com relação à taxa de formação de cianeto, ou de qualquer outro precursor orgânico simples, mesmo supondo que uma atmosfera adequadamente redutora existisse aqui ou em qualquer outro planeta. A qualquer taxa razoável de formação, a concentração estável de cianeto nos oceanos a 25°C teria sido por volta de dois milionésimos de grama por litro – nem de perto o suficiente para acionar as origens da bioquímica. A única saída para esse impasse é con-

---

numa sopa são bem mais baixas do que tendem a ser usadas no laboratório; e dificilmente é viável ter aquecimento e congelamento ao mesmo tempo no mesmo ambiente. Portanto, sim: todas essas condições podem ter existido em algum lugar no planeta, mas só poderiam conduzir à química prebiótica se todo o planeta fosse considerado como uma única unidade, envolvido num conjunto coerente de experimentos como se fosse um laboratório químico sintético. Isso é extremamente implausível.

centrar a água do mar de alguma maneira e isso tem sido o esteio da química prebiótica durante uma geração. Nem congelar nem secar por evaporação poderiam potencialmente aumentar a concentração de orgânicos, mas esses são métodos drásticos, dificilmente coerentes com o estado fisicamente estável que é uma característica definidora de todas as células vivas. Um expoente das origens do cianeto arregala os olhos para o grande bombardeio de asteroides há 4 bilhões de anos: esse acontencimento poderia ter concentrado cianeto (como ferrocianeto) quando se evaporaram todos os oceanos! Para mim, isso cheira a desespero para defender uma ideia inexequível.* O problema aqui é que esses ambientes são por demais variáveis e instáveis. É necessária uma série de mudanças drásticas nas condições para alcançar os degraus da vida. Em contraste, células vivas são entidades estáveis – seu tecido é continuamente substituído, mas a estrutura total não muda.

Heráclito ensinou que "ninguém jamais entra no mesmo rio duas vezes"; mas ele não quis dizer que o rio tivesse evaporado ou congelado (ou explodido no espaço) nesse meio-tempo. Como a água flui entre margens que não mudam, pelo menos na nossa escala de tempo, a vida está continuamente se renovando sem mu-

---

* Discuti sobre a sopa como se fosse "feita na Terra" por relâmpagos ou radiação UV. Uma fonte alternativa de elementos orgânicos é uma entrega vinda a partir do espaço sideral por panspermia química. Não há dúvida de que moléculas orgânicas são abundantes no espaço e em asteroides; e, certamente, houve uma entrega constante de elementos orgânicos para a Terra em meteoritos. Mas uma vez aqui, esses orgânicos devem ter se dissolvido nos oceanos, na melhor das hipóteses estocando-se numa sopa primordial. Isso significa que a panspermia química não é resposta para a origem da vida: sofre do mesmo problema incurável da sopa. A entrega de células inteiras, conforme defendida por Fred Hoyle, Francis Crick e outros, também não é solução: simplesmente empurra o problema para outro lugar. Talvez jamais sejamos capazes de dizer exatamente como a vida se originou na Terra, mas podemos explorar os princípios que devem governar o surgimento de células vivas aqui ou em qualquer outro lugar. A panspermia falha totalmente ao tratar desses princípios e, portanto, é irrelevante.

dar as suas formas. Células vivas permanecem células, mesmo quando todas as suas partes constituintes são substituídas num incessante rodízio. Poderia ser de outro jeito? Duvido. Na ausência de informação especificando a estrutura – como deve logicamente ter sido o caso na origem da vida, antes do advento dos replicadores –, a estrutura não está ausente, mas requer um contínuo fluxo de energia. O fluxo de energia promove a auto-organização de matéria. Estamos todos familiarizados com aquilo que o grande físico belga nascido na Rússia, Ilya Prigogine, chamou de "estruturas dissipativas": pense nas correntes de convecção numa chaleira fervendo ou na água rodopiando por um ralo abaixo. Nenhuma informação é necessária – apenas calor no caso da chaleira e *momentum* angular no caso do ralo. Estruturas dissipativas são produzidas pelo fluxo de energia e matéria. Ciclones, furacões e redemoinhos são todos exemplos naturais surpreendentes de estruturas dissipativas. Nós as encontramos numa vasta escala nos oceanos e na atmosfera também, movidas pelas diferenças no fluxo de energia que vem do Sol e do equador com relação aos polos. correntes oceânicas confiáveis, tais como a corrente do Golfo, e ventos, tais como os Roaring Forties ou os ventos fortes a grande altura no Atlântico Norte, não são especificados por informações, mas são tão estáveis e contínuos quanto o fluxo de energia que os sustenta. A Grande Mancha Vermelha de Júpiter é uma imensa tempestade, um anticiclone várias vezes o tamanho da Terra, que persiste pelo menos há algumas centenas de anos. Assim como as células de convecção numa chaleira persistem enquanto a corrente elétrica mantém a água fervendo e evaporando, todas essas estruturas dissipativas requerem um fluxo contínuo de energia. Em termos mais gerais, são os produtos visíveis de condições distantes de desequilíbrio, nas quais o fluxo de energia mantém uma estrutura indefinidamente, até que, por fim (depois de bilhões de anos no caso de estrelas), o equilíbrio é alcançado e a estrutura finalmente colapsa. A questão principal é que estruturas físicas sustentadas e previsíveis podem ser produzidas por fluxo de energia. Isso não tem nada a ver com informação, mas veremos que pode criar ambientes em que a origem de informações biológicas – replicação e seleção – é favorecida.

Todos os organismos vivos são sustentados por condições distantes do equilíbrio em seus ambientes: nós também somos estruturas dissipativas. A reação contínua da respiração proporciona a energia livre que as células precisam para fixar o carbono, para crescer, para formar intermediários reativos, para unir esses blocos de construção em polímeros de cadeia longa, tais como carboidratos, RNA, DNA e proteínas, além de manter o seu estado de baixa entropia ao aumentar a entropia do entorno. Na ausência de genes ou informação, certas estruturas celulares, tais como membranas e polipeptídios, devem se formar espontaneamente, desde que exista um suprimento contínuo de precursores reativos – aminoácidos ativados, nucleotídeos, ácidos graxos; desde que exista um fluxo contínuo de energia proporcionando os blocos de construção exigidos. Estruturas celulares são forçadas a existir pelo fluxo de energia e matéria. As partes podem ser substituídas, mas a estrutura é estável e persistirá enquanto persistir o fluxo. Esse fluxo contínuo de energia e matéria é exatamente o que está faltando na sopa primordial. Não há nada na sopa que possa originar a formação das estruturas dissipativas a que chamamos de células, nada para fazer essas células crescerem e se dividirem, e se tornarem vivas, tudo na ausência de enzimas que canalizem e ativem o metabolismo. Isso soa muito difícil. Existe realmente um ambiente que possa originar a formação das primeiras células primitivas? Quase certamente deve ter havido. Mas antes de explorarmos esse ambiente vamos considerar exatamente o que é necessário.

Como fazer uma célula

O que é preciso para fazer uma célula? Seis propriedades básicas são compartilhadas por todas as células vivas na Terra. Sem desejar parecer um manual de escola, vamos enumerá-las. Todas precisam de:

(i) um suprimento contínuo de carbono reativo para sintetizar novos orgânicos;
(ii) um suprimento de energia livre para conduzir à bioquímica metabólica – a formação de novas proteínas, DNA e outros;
(iii) catalisadores para acelerar e canalizar essas reações metabólicas;
(iv) excreção dos resíduos, para pagar a dívida com a segunda lei da termodinâmica e orientar as reações químicas na direção correta;
(v) compartimentalização – uma estrutura semelhante à da célula que separe o interior do exterior;
(vi) material hereditário – RNA, DNA ou um equivalente –, para especificar a forma e a função detalhadas.

Tudo o mais (o tipo de coisa que você vai encontrar na mnemônica padrão para propriedades da vida, tais como movimento ou sensibilidade) são apenas extras agradáveis de se ter do ponto de vista das bactérias.

Não é preciso muita reflexão para avaliar que todos os seis fatores são profundamente interdependentes e quase não há dúvida se precisam ser desde o início também. Um suprimento contínuo de carbono orgânico é obviamente importantíssimo para crescimento, replicação... tudo. Num nível simples, até um "mundo RNA" envolve a replicação de moléculas de RNA. O RNA é uma cadeia de blocos de construção de nucleotídeos, cada um deles é uma molécula orgânica que deve ter vindo de algum lugar. Existe uma antiga rixa entre pesquisadores da origem da vida sobre o que veio primeiro: o metabolismo ou a replicação. É um debate estéril. Replicação é duplicação, o que consome blocos de construção de um modo exponencial. A não ser que esses blocos de construção sejam reabastecidos num ritmo semelhante, a replicação rapidamente cessa.

Uma escapatória concebível é supor que os primeiros replicadores não foram orgânicos, mas minerais argilosos ou coisa parecida, como argumenta, longa e engenhosamente, Graham Cairns-Smith. Mas isso soluciona muito pouco, porque os minerais são fisicamente desajeitados demais para *codificarem* qualquer coisa que sequer se aproxime de um nível de complexidade, como o do mundo RNA, embora sejam valiosos catalisadores. Mas se minerais não servem como replicadores, então precisamos encontrar o caminho mais curto e rápido para sair de moléculas inorgânicas para orgânicas que funcionem como replicadores, como o RNA. Visto que os nucleotídeos foram sintetizados a partir do cianeto, não faz sentido pressupor intermediários desconhecidos e desnecessários; é muito melhor ir direto ao ponto, presumindo que alguns ambientes primordiais na Terra podem ter proporcionado os blocos de construção orgânicos – nucleotídeos ativados – necessários para o início da replicação.* Mesmo que

---

* Isso é um apelo em favor da Navalha de Occam, a base filosófica de toda a ciência: presumir a causa natural mais simples. Essa resposta pode se revelar incorreta, mas não devemos recorrer a raciocínios mais complexos, a não ser que se mostrem necessários.

o cianeto seja um ponto inicial fraco, a tendência a produzir um espectro surpreendentemente semelhante de orgânicos em condições desiguais, desde descargas elétricas numa atmosfera redutora, a química cósmica em asteroides, reatores de alta pressão, sugere que certas moléculas, provavelmente incluindo alguns nucleotídeos, são favorecidas pela termodinâmica. Para uma primeira abordagem, portanto, a formação de replicadores orgânicos requer um suprimento contínuo de carbono orgânico no mesmo ambiente. Isso descarta ambientes congelados, incidentalmente – embora o congelamento possa concentrar elementos orgânicos entre cristais de gelo, não existe um mecanismo para reabastecer os blocos de construção necessários para continuar o processo.

E a energia? Isso também é necessário no mesmo ambiente. Para unir blocos de construção individuais (aminoácidos ou nucleotídeos), a fim de formar polímeros de cadeia longa (proteínas ou RNA), é preciso primeiro ativar os blocos de construção. Isso, por sua vez, exige uma fonte de energia – ATP ou algo semelhante. Talvez muito semelhante. Num mundo aquático, como foi a Terra há 4 bilhões de anos, a fonte de energia precisa ser de um tipo bastante específico: precisa acionar a polimerização de moléculas de cadeia longa. Isso envolve remover uma molécula de água de cada novo elo formado, uma reação de desidratação. O problema de desidratar moléculas em solução é um pouco como tentar torcer um pano molhado dentro d'água. Alguns pesquisadores importantes se distraíram tanto com este problema que chegaram a afirmar que a vida deve ter começado em Marte, onde havia

---

É possível que, no final, precisemos invocar maquinações celestiais para explicar a origem da replicação, quando todas as outras possibilidades tiverem sido invalidadas (embora eu duvide disso); mas até então não devemos multiplicar causas. Essa é simplesmente uma maneira de abordar um problema; mas o notável sucesso da ciência mostra que é uma abordagem muito eficiente.

muito menos água. A vida, então, pegou carona até a Terra num meteorito, fazendo-nos todos marcianos na verdade. Mas é claro que a vida aqui no planeta Terra se dá perfeitamente bem na água. Todas as células vivas realizam o truque da desidratação, milhares de vezes por segundo. Nós fazemos isso unindo a reação de desidratação à quebra de ATP, que absorve uma molécula de água cada vez que se divide. Unir uma desidratação a uma reação de "reidratação" (tecnicamente denominada "hidrólise") na verdade apenas transfere a água, liberando ao mesmo tempo parte da energia enclausurada nos elos de ATP. Isso simplifica muito o problema; só é preciso um suprimento contínuo de ATP ou um equivalente mais simples, como acetil-fosfato. Vamos falar sobre de onde isso pode ter vindo no próximo capítulo. Por enquanto, a questão é que a replicação na água precisa de um suprimento contínuo e liberal tanto de carbono orgânico como de algo muito parecido com ATP, no mesmo ambiente.

Esses são três de seis fatores: reprodução, carbono e energia. E a compartimentalização em células? Isso é, de novo, uma questão de concentração. Membranas biológicas são feitas de lipídios, que são, eles mesmos, compostos de ácidos graxos ou isoprenos (unidos a um grupo-cabeça glicerol, conforme observado no capítulo anterior). Quando concentrados acima de um nível limiar, ácidos graxos formam-se espontaneamente em vesículas semelhantes a células que podem crescer e se dividir caso forem continuamente "alimentadas" com novos ácidos graxos. Aqui, de novo, precisamos de um suprimento contínuo de carbono orgânico e energia para impulsionar a formação de novos ácidos graxos. Para que ácidos graxos, ou quanto a isso nucleotídeos, se acumulem mais rápido do que se dissipam, deve haver algum tipo de focalização: um afunilamento físico ou compartimentalização natural que aumente a sua concentração no local, permitindo que formem estruturas em larga escala. Quando tais condições são satisfeitas, a formação de vesículas não acontece como num passe de mágica: fisicamente, esse é o estado mais estável – a entropia total consequentemente aumenta, como vimos no capítulo anterior.

Se blocos de construção reativos são supridos continuamente, então, vesículas simples crescerão e se dividirão espontaneamente, resultante de restrições de área de superfície para volume. Imagine uma vesícula esférica – uma "célula" simples – encerrando várias moléculas orgânicas. A vesícula cresce ao incorporar novos materiais: lipídios na membrana e outros elementos orgânicos dentro da célula. Agora, dobremos o tamanho: dobre a área de superfície da membrana e dobre os conteúdos orgânicos. O que acontece? Dobrar a área de superfície mais do que duplica o volume, porque a área de superfície aumenta ao quadrado do raio, enquanto o volume aumenta ao cubo. Mas os conteúdos apenas dobraram. A não ser que os conteúdos aumentem mais rápido do que a área de superfície da membrana, a vesícula vai se duplicar na forma de um haltere, o que já é meio caminho para formar duas novas vesículas. Em outras palavras, o crescimento aritmético introduz uma instabilidade que leva à divisão e duplicação, em vez de simplesmente ficar maior. É só uma questão de tempo para que a esfera em crescimento se divida em bolhas menores. Portanto, um fluxo contínuo de precursores do carbono reativo acarreta necessariamente não apenas uma formação celular primitiva, mas também uma forma rudimentar de divisão celular. Essa geração, incidentalmente, também é como as bactérias na forma L, que não possuem uma parede celular, se dividem.

O problema da relação área de superfície para volume deve estabelecer um limite para o tamanho das células. Essa é apenas uma questão de suprimento de reagentes e remoção de resíduo. Nietzsche certa vez observou que os humanos não se confundirão com deuses enquanto precisarem defecar. Mas, de fato, a excreção é uma necessidade termodinâmica, obrigatória até para os mais divinos. Para que qualquer reação siga adiante, o produto final deve ser removido. Isso não é mais misterioso do que a multidão que cresce numa estação de trem. Se os passageiros não conseguem entrar num trem tão rápido quanto chegam mais pessoas, em breve ocorrerá um congestionamento. No caso de células, o ritmo em que se formam novas proteínas depende do ritmo de dispensa de novos precursores (aminoácidos ativados) e de remoção de resíduo (metano, água, CO_2, etanol – qualquer que seja a reação liberadora de energia). Se não forem fisicamente removidos da célula, esses resíduos impedem a reação de seguir em frente.

O problema da remoção de resíduo é outra dificuldade básica na ideia de uma sopa primordial, em que os reagentes e o resíduo marinam juntos. Não existe nenhum impulso para avançar, nenhuma força motriz para uma nova química.* Igualmente, quanto mais a célula cresce, mais ela se assemelha à sopa. Como o volume de uma célula aumenta mais rápido do que a sua área de superfície, a taxa relativa na qual carbono fresco pode ser dispensado e o resíduo removido por toda a sua membrana circundante deve cair conforme a célula fica maior. Uma célula na escala do oceano Atlântico, ou mesmo de uma bola de futebol, jamais funcionaria; é apenas sopa. (Você pode pensar, então, que um ovo de avestruz é grande como uma bola de futebol, mas o saco vitelino é na sua maior parte apenas um depósito de alimento – o embrião em de-

---

* Um exemplo familiar é o teor alcoólico do vinho, que não pode ser acima de uns 15% por fermentação alcoólica apenas. Conforme o álcool se acumula, a reação anterior (fermentação) é bloqueada e impede que se forme mais álcool. Se o álcool não for removido, a fermentação para: o vinho chegou ao seu equilíbrio termodinâmico (tornou-se caldo). Aguardentes como o conhaque são produzidas destilando vinho, concentrando assim ainda mais o álcool; acredito que sejamos a única forma de vida que tenha aperfeiçoado a destilação.

senvolvimento propriamente dito é muito menor.) Na origem da vida, índices naturais de entrega de carbono e remoção de resíduo devem ter ditado o volume de uma célula pequena. Algum tipo de canalização física também pareceria necessário: um fluxo natural contínuo que entrega precursores e leva embora o resíduo.

Isso nos deixa com os catalisadores. Hoje, a vida usa proteínas – enzimas –, mas o RNA também tem algumas capacidades catalíticas. O problema aqui é que o RNA já é um polímero sofisticado, como vimos. É composto de múltiplos blocos de construção de nucleotídeos, cada um dos quais deve ser sintetizado e ativado para se unir numa longa cadeia. Antes de acontecer isso, o RNA dificilmente poderia ter sido o catalisador. Seja qual for o processo que deu origem ao RNA, deve também ter acionado a formação de outras moléculas orgânicas, que são mais fáceis de fabricar, notadamente os aminoácidos e ácidos graxos. Portanto, qualquer "mundo de RNA" deve ter sido "sujo" – contaminado com muitos outros tipos de pequenas moléculas orgânicas. A ideia de que o RNA de alguma forma inventou sozinho o metabolismo é absurda, mesmo que o RNA tenha exercido papel-chave nas origens da replicação e da síntese proteica. Então, o que provocou a catálise no início da bioquímica? A resposta provável está nos complexos inorgânicos, tais como sulfetos metálicos (em particular, ferro, níquel e molibdênio). Estes ainda são encontrados como cofatores em muitas proteínas antigas e universalmente conservadas. Embora tenhamos a tendência de pensar na proteína como o catalisador, na verdade a proteína apenas acelera as reações que aconteceriam de qualquer jeito. Tirados de seus contextos proteicos, os cofatores não são catalisadores muito eficazes ou específicos, mas são bem melhores do que nada. A eficiência deles depende, mais uma vez, do rendimento. Os primeiros catalisadores inorgânicos só começaram a canalização de carbono e energia na direção dos elementos orgânicos, mas eles eliminaram a necessidade de um tsunami voltar a ser um simples rio.

Esses simples elementos orgânicos (notadamente aminoácidos e nucleotídeos) também possuem alguma atividade catalítica própria. Na presença de acetil-fosfato os aminoácidos podem até se unir, para formar "polipeptídeos" curtos – pequenas sequências de aminoácidos. A instabilidade desses polipeptídeos depende em parte de suas interações com outras moléculas. Aminoácidos hidrófobos ou polipeptídeos que se associam com ácidos graxos deveriam persistir por mais tempo; e polipeptídeos carregados que se unem a grupamentos inorgânicos, tais como minerais FeS, poderiam também ser mais estáveis. Associações naturais entre polipeptídeos curtos e grupamentos minerais podem ressaltar as propriedades catalisadoras de minerais e poderiam ser "selecionados" por simples sobrevivência física. Imagine um catalisador mineral que promova a síntese orgânica. Alguns dos produtos se unem ao catalisador mineral, prolongando a sua própria sobrevivência, ao mesmo tempo que melhoram (ou, no mínimo, variam) as propriedades catalisadoras do mineral. Esse sistema poderia, a princípio, dar origem a uma química orgânica mais rica e complexa.

Então, como uma célula poderia ser construída a partir do nada? Deve haver um fluxo de carbono reativo continuamente alto e energia química utilizável, fluindo por catalisadores rudimentares que convertem uma modesta proporção desse fluxo em novos elementos orgânicos. Esse fluxo contínuo deve ser contido de alguma maneira que possibilite o acúmulo de altas concentrações de elementos orgânicos, inclusive ácidos graxos, aminoácidos e nucleotídeos, sem comprometer o escoamento de resíduo. Essa concentração de fluxo poderia ser conseguida por canalização natural ou compartimentalização, que tem o mesmo efeito da canalização de fluxo num moinho d'água – isso aumenta a força de um determinado fluxo na ausência de enzimas, baixando assim a quantidade total de carbono e energia exigida. Somente se a síntese de novos elementos orgânicos for maior do que a sua taxa de perda no mundo exterior, possibilitando a sua concentração, eles irão se automontar em estruturas tais como vesículas semelhantes a células, RNA e proteínas.*

Nitidamente, isso nada mais é do que o início de uma célula – necessário, mas longe de ser suficiente. Mas vamos deixar de lado os detalhes por enquanto e nos concentrar apenas nesse único ponto. Sem o alto fluxo de carbono e energia que é fisicamente canalizado por catalisadores inorgânicos não existe possibilidade de células evoluírem. Eu consideraria isso como uma necessidade em qualquer parte do universo: em vista da exigência de química de carbono que discutimos no último capítulo, a termodinâmica dita um fluxo contínuo de carbono e energia por catalisadores naturais. Descontando o discurso em defesa, que descarta quase todos os ambientes que têm sido observados como possíveis cenários para a origem da vida: poços quentes (infelizmente Darwin estava errado nisso), sopa primordial, pedras-pomes microporosas, praias, panspermia... pode escolher. Porém, fontes hidrotermais não são descartadas; pelo contrário, os incluem. As fontes hidrotermais são exatamente o tipo de estruturas dissipadoras que buscamos – fluxo contínuo, reatores eletroquímicos em condição distante do equilíbrio.

---

* Não quero dizer realmente proteínas, quero dizer polipeptídeos. A sequência de aminoácidos em uma proteína é especificada por um gene, em DNA. Um polipeptídeo é uma cadeia de aminoácidos unidos pelo mesmo tipo de ligação, mas em geral é muito mais curta (talvez apenas uns poucos aminoácidos) e sua sequência não precisa ser especificada por um gene. Polipeptídeos curtos se formarão espontaneamente a partir de aminoácidos, na presença de um agente "desidratante" químico, tal como pirofosfato ou acetil-fosfato, que são precursores abióticos plausíveis de ATP.

QUESTÃO VITAL

Fontes hidrotermais como reatores de fluxo

A Grande Fonte Prismática no Parque Nacional de Yellowstone, nos Estados Unidos, me faz lembrar o Olho de Sauron em seus malevolentes tons amarelos, laranja e verdes. Essas cores muito vívidas são pigmentos fotossintéticos de bactérias que usam hidrogênio (ou sulfeto de hidrogênio) emanando de fontes vulcânicas como um doador de elétrons. Sendo fotossintéticas, as bactérias de Yellowstone oferecem um insight real muito satisfatório da origem da vida, mas proporcionam, sim, uma sensação da energia primal das fontes vulcânicas. Estas são nitidamente pontos quentes para bactérias, em ambientes inadequados em outros aspectos. Retroceda 4 bilhões de anos, arranque das rochas nuas toda a vegetação circundante e é fácil imaginar tal sítio primitivo como o lugar onde a vida surgiu.

Contudo não foi assim. Naquela época, a Terra era um mundo aquático. Talvez houvesse umas poucas fontes quentes terrestres em pequenas ilhas vulcânicas projetando-se acima de oceanos globais tempestuosos, mas a maioria das fontes ficava submersa em sistemas hidrotermais no mar profundo. A descoberta de fontes submarinas no final dos anos de 1970 foi um choque, não porque sua presença fosse insuspeitada (plumas de água quente haviam traído essa presença), mas porque ninguém previra o brutal dinamismo de "fumarolas negras", ou a descomunal abundância de vida aderida precariamente às suas laterais. O chão das profundezas oceânicas é quase todo um deserto, quase completamente destituído de vida. No entanto, essas chaminés cambaleantes, soltando fumaça negra como se suas vidas dependessem disso, abrigavam animais peculiares e até então desconhecidos – vermes tubulares gigantes sem boca e ânus, mexilhões grandes como pratos de jantar e camarões sem olhos –, todos vivendo numa densidade equivalente à das florestas tropicais. Esse foi um momento seminal, não só para biólogos e oceanógrafos, mas talvez até para aqueles interessados na origem da vida, como o microbiólogo John Baross avaliou rápido. Desde então, Baross, mais do que ninguém, tem mantido a sua atenção focada no extraordinário vigor dos desequilíbrios químicos em fontes de escuridão bíblica nas profundezas dos oceanos, bem distantes do Sol.

Porém, essas fontes também enganam, pois não estão realmente isoladas do Sol. Os animais que ali vivem contam com relacionamentos simbióticos com bactérias que oxidam o gás do sulfeto de hidrogênio emanando das fumarolas. Essa é a principal origem de desequilíbrio: o sulfeto de hidrogênio (H_2S) é um gás reduzido que reage com o oxigênio para liberar energia. Lembre a mecânica da respiração do capítulo anterior. Bactérias usam H_2S como um doador de elétrons para respiração e oxigênio como o receptor de elétrons, para motivar a síntese de ATP. Mas o oxigênio é um produto secundário de fotossíntese e não estava presente na Terra primitiva, antes da evolução de fotossíntese oxigênica. A estonteante erupção de vida em torno dessas fontes de fumarolas negras depende total, embora indiretamente, do Sol. E isso significa que essas fontes devem ter sido muito diferentes há 4 bilhões de anos.

Retire o oxigênio e o que resta? Bem, as fumarolas negras são produzidas pelas interações diretas da água do mar com magma nos centros de expansão tectônica de dorsais mesoceânicas ou outros lugares vulcanicamente ativos. A água filtra através do fundo do mar até as câmaras de magma não muito abaixo, onde é aquecida instantaneamente a centenas de graus, carregadas com metais e sulfetos dissolvidos, tornando a água fortemente ácida. Ao explodir de volta para o oceano acima, estourando com energia explosiva, essa água superaquecida resfria abruptamente. Partículas minúsculas de sulfeto de ferro, tais como as piritas (ouro de tolo), precipitam imediatamente – essa é a fumaça negra que dá nome a essas furiosas fontes vulcânicas. A maioria disso teria sido igual há 4 bilhões de anos, mas nada desta fúria vulcânica está disponível para a vida. Apenas os gradientes químicos importam; aqui está a dificuldade. Estaria faltando o reforço químico proporcionado pelo oxigênio. Tentar obter sulfeto de hidrogênio para reagir com CO_2 a fim de formar elementos orgânicos é muito mais difícil, especialmente em altas temperaturas. Numa sucessão de inovadores ensaios do final da década de 1980 em diante, o revolucionário e notoriamente irascível químico alemão e advogado especializado em registro de patentes Günter Wächtershäuser redesenhou a paisagem.* Ele propôs em grandes detalhes um jeito de reduzir CO_2 a moléculas orgânicas na superfície das piritas de ferro mineral, a que chamou de "extração de pirita". De forma ampla, Wächtershäuser falou de um "mundo de ferro-enxofre", no qual minerais ferro-enxofre (FeS) catalisavam a formação de moléculas orgânicas. Esses minerais são tipicamente compostos de reticulados repetidos de ferro ferroso (Fe^{2+}) e sulfeto (S^{2-}). Pequenos grupamentos minerais de ferro ferroso e sulfeto, conhecidos como grupamentos FeS, ainda são encontrados no interior de muitas enzimas hoje, inclusive aquelas envolvidas na respiração. A sua estrutura é essencialmente idêntica à estrutura em reticulados de minerais FeS, tais como a mackinawita e a greigita (**Figura 11**; ver também **Figura 8**), dando-se crédito à ideia de que esses

---

* Wächtershäuser transformou as percepções sobre a origem da vida. Ele descartou a sopa primordial decididamente, iniciando uma longa e amarga discussão nos periódicos com Stanley Miller. Eis um ataque verbal de Wächtershäuser, para quem pensa que ciência é de certa forma desapaixonada: "A teoria do caldo prebiótico tem recebido críticas devastadoras por ser logicamente paradoxal, incompatível com a termodinâmica, química e geoquimicamente implausível, em descontinuidade com a biologia e a bioquímica, e experimentalmente refutada."

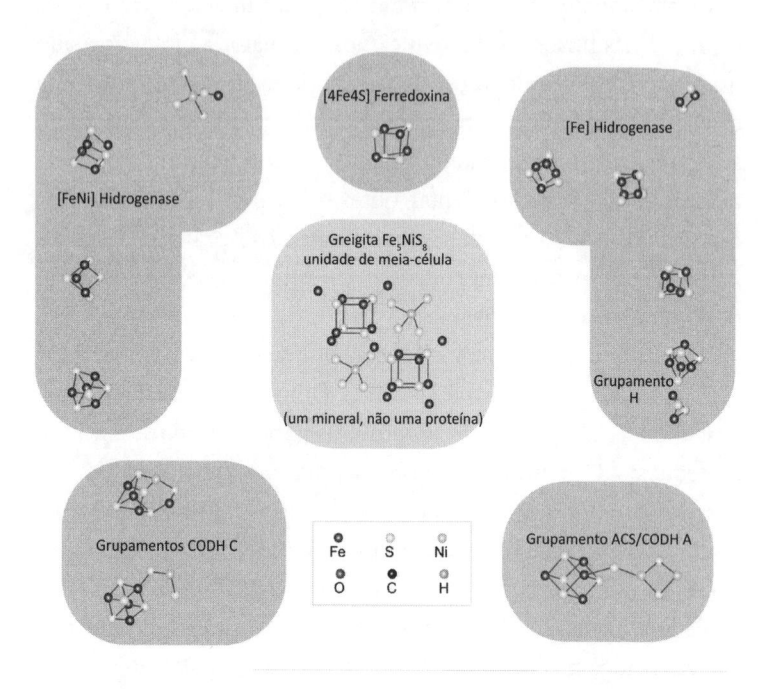

Figura 11 **Minerais ferro-enxofre e grupamentos ferro-enxofre**
A íntima semelhança entre minerais ferro-enxofre e grupamentos ferro-enxofre inseridos em enzimas modernas, conforme retratado por Bill Martin e Mike Russell em 2004. O painel central mostra uma unidade cristalina periódica a partir do mineral greigita; essa estrutura é repetida para formar um reticulado de unidades múltiplas. Os painéis ao redor mostram grupamentos ferro-enxofre inseridos em proteínas, com estruturas semelhantes à greigita e minerais relacionados, tais como a mackinawita. As áreas sombreadas representam a forma e o tamanho irregulares da proteína denominada em cada caso. Cada proteína contém tipicamente alguns grupamentos ferro-enxofre, com ou sem níquel.

minerais podem ter catalisado as primeiras etapas da vida. Não obstante, mesmo sendo estes minerais FeS bons catalisadores, os próprios experimentos de Wächtershäuser mostraram que a extração de pirita, como ele originalmente concebeu, não funciona. Somente ao usar o gás de monóxido de carbono mais reativo (CO), Wächtershäuser foi capaz de produzir qualquer molécula orgânica. O fato de nenhuma vida conhecida crescer por "extração de pirita" sugere que o fracasso em fazer isso funcionar no laboratório não é acidente; realmente não funciona.

Embora CO seja encontrado em fontes fumarolas negras, sua concentração é evanescentemente baixa – é muito pouca para induzir qualquer química orgânica séria. (Concentrações de CO são de mil a 1 milhão de vezes mais baixas do que CO_2.) Existem outros problemas graves também. As fontes fumarolas negras são excessivamente quentes; seus fluidos emergem a 250-400°C, mas são impedidas de ferver pela extrema pressão no fundo do oceano. A essas temperaturas, o composto de carbono mais estável é o CO_2. Isso significa que a síntese orgânica não pode ocorrer; pelo contrário, qualquer elemento orgânico que se formar deve ser rapidamente degradado de volta para CO_2. A ideia de química orgânica catalisada pela superfície de minerais também é problemática. Elementos orgânicos ou permanecem ligados à superfície, nesse caso tudo acaba grudado, ou se dissociam, e assim são descarregados nos oceanos abertos com incrível rapidez, através das altas chaminés das fontes. As fumarolas negras também são muito instáveis, crescendo e entrando em colapso ao longo de poucas décadas no máximo. Isso não é muito tempo para "inventar" vida. Embora sejam estruturas dissipativas em condições realmente distantes do equilíbrio e, sem dúvida alguma, solucionem alguns dos problemas da sopa, esses sistemas vulcânicos são muito extremos e instáveis para alimentar a delicada química do carbono necessária para a origem da vida. O que elas fizeram, que foi indispensável, foi carregar os oceanos primordiais de metais catalíticos, tais como o ferro ferroso (Fe^{2+}) e o níquel (Ni^{2+}), derivados do magma.

O beneficiário de todos esses metais dissolvidos no oceano foi outro tipo de fonte conhecida como fontes hidrotermais alcalinas (**Figura 12**). Na minha visão, fontes hidrotermais alcalinas resolvem todos os problemas das fumarolas negras. Não são vulcânicas e não possuem as características dramáticas e excitantes das fumarolas negras; mas têm outras propriedades que as habilitam muito mais como reatores de fluxo eletroquímico. A sua importância para a origem da vida foi sinalizada pela primeira vez pelo revolucionário geoquímico Mike Russell, numa breve carta à revista *Nature*, em 1988, e desenvolvida numa série de artigos teóricos idiossincráticos ao longo da década de 1990. Mais tarde, Bill Martin fez valer a sua inimitável perspectiva microbiológica do mundo das fontes, o par mostrando muitos paralelos inesperados entre fontes hidrotermais e células vivas. Russell e Martin, como Wächtershäuser, argumentam que a vida começou "de baixo para cima", através da reação de moléculas simples como H_2 e CO_2, tudo muito parecido com o que aconteceu com as bactérias autotróficas (que sintetizam todas as suas moléculas orgânicas a partir de precursores inorgânicos). Russell e Martin, igualmente, sempre ressaltaram a importância de minerais ferro-enxofre (FeS) como catalisadores primordiais. O fato de Russell, Martin e Wächtershäuser falarem todos de fontes hidrotermais, minerais FeS e origens autotróficas significa que suas ideias se fundem facilmente. Na realidade, as diferenças são como preto e branco.

As fontes alcalinas não são produzidas pelas interações de água com magma, mas por um processo muito mais delicado – uma reação química entre rocha sólida e água. Rochas derivadas

QUESTÃO VITAL

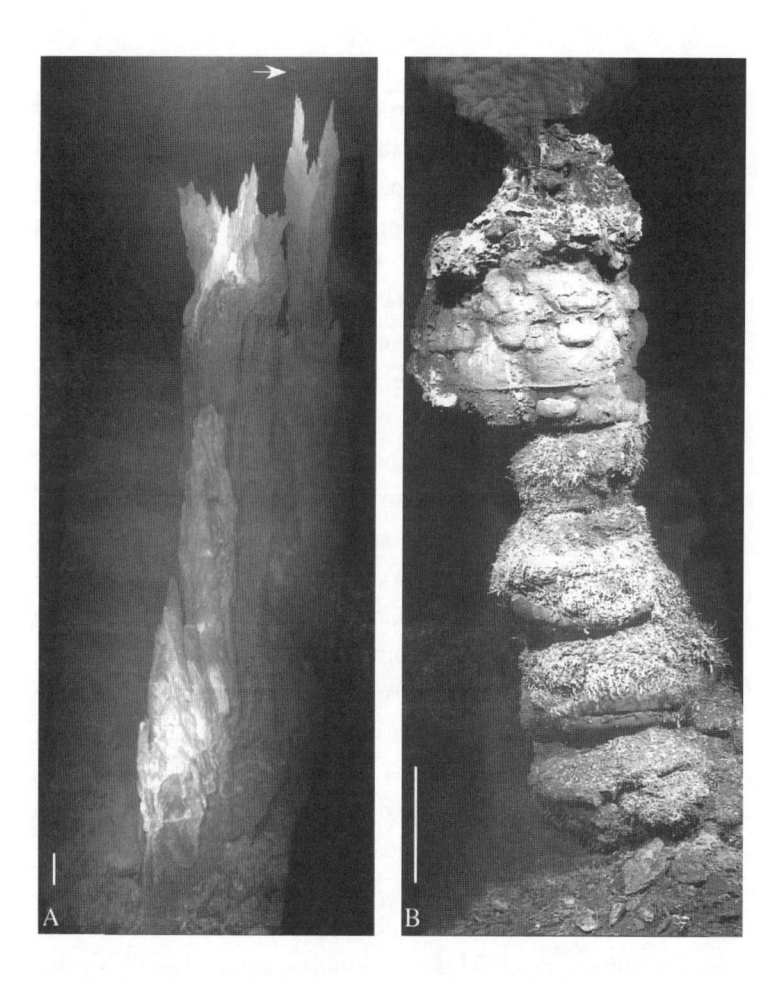

Figura 12 **Fontes hidrotermais no mar de águas profundas**
Comparação de uma fonte hidrotermal alcalina ativa na Cidade Perdida (**A**) com uma fumarola negra (**B**). A barra de escala é um metro: as fontes alcalinas têm no máximo 60 metros de altura, equivalente a um prédio de 20 andares. A seta branca no alto marca uma sonda fixada no topo da fonte alcalina. As regiões mais brancas de fontes alcalinas são as mais ativas, mas, diferentemente das fumarolas negras, esses fluidos hidrotermais não se precipitam como "fumaça". A sensação de abandono, embora ilusória, influenciou a escolha do nome Cidade Perdida.

do manto, ricas em minerais, como a olivina, reagem com água para se tornarem o mineral serpentinita hidratado. Esse mineral tem uma bela aparência matizada de verde que se assemelha às escamas de uma serpente. A serpentinita polida costuma ser usada como uma pedra ornamental, como o mármore verde em prédios públicos, entre eles o das Nações Unidas em Nova York. A reação química que forma a rocha adquiriu o seu nome assustador de "serpentinização", mas isso só quer dizer que a olivina reage com a água para formar a serpentinita. Os *resíduos* desta reação são decisivos para a origem da vida.

A olivina é rica em ferro e magnésio. O ferro ferroso é oxidado pela água até a forma de óxido de ferro cor de ferrugem. A reação é exotérmica (liberando calor) e gera uma grande quantidade de gás de hidrogênio, dissolvido em fluidos alcalinos quentes contendo hidróxidos de magnésio. Como a olivina é comum no manto da Terra, essa reação ocorre em grande parte no fundo do mar, perto dos centros de expansão tectônica, onde rochas novas do manto são expostas às águas oceânicas. As rochas do manto raramente são expostas diretamente – a água filtra sob o fundo do mar, às vezes até a vários quilômetros de profundidade, onde reage com a olivina. Os fluidos quentes, alcalinos, ricos em hidrogênio produzidos flutuam mais do que a água fria do oceano, que desce, e borbulham de volta para o fundo do mar. Ali, eles se resfriam e reagem com sais dissolvidos no oceano, precipitando-se em grandes fontes no fundo do mar.

Diferentemente das fumarolas negras, as fontes alcalinas nada têm a ver com o magma e, portanto, não são encontradas logo acima das câmaras de magma nos centros em expansão, mas tipicamente a quilômetros de distância. Não são superaquecidas, mas quentes, com temperaturas por volta de 60°C a 90°C. Não são chaminés abertas, dando vazão diretamente para o mar, mas crivadas com um labirinto de microporos interconectados. E não são ácidas, mas fortemente alcalinas. Ou, pelo menos, essas são as propriedades que Russell previu no início da década de 1990 com base na sua teoria. A sua voz era solitária e apaixonada nas conferências, argumentando que os cientistas estavam hipnotizados pelo dramático vigor das fumarolas negras, sem ver as virtudes mais tranquilas das fontes alcalinas. Só quando da descoberta da primeira fonte alcalina submarina conhecida, no ano 2000, apelidada de Cidade Perdida, os pesquisadores realmente começaram a escutar. Cidade Perdida, notadamente, ajusta-se a quase todas as previsões de Russell, desde a sua localização, umas dez milhas a partir da dorsal meso-oceânica do Atlântico. Por acaso, foi quando comecei a pensar e escrever sobre bioenergética com relação às origens da vida (meu livro *Oxigen* foi publicado em 2002). Essas ideias prenderam logo a minha atenção: o maravilhoso alcance da hipótese de Russell é que, excepcionalmente, liga gradientes de prótons naturais à origem da vida. A questão é: exatamente como?

A importância de ser alcalina

Fontes hidrotermais alcalinas oferecem exatamente as condições exigidas para a origem da vida: um grande fluxo de carbono e energia que é fisicamente canalizada sobre catalisadores inorgânicos, e restrições de forma a permitir o acúmulo de altas concentrações de elementos orgânicos. Os fluidos hidrotermais são ricos em hidrogênio dissolvido, com quantidades menores de outros gases reduzidos –, entre eles metano, amônia e sulfeto. A Cidade Perdida e outras fontes hidrotermais alcalinas conhecidas são microporosas; não existe uma chaminé central, mas a própria rocha que é como uma esponja mineralizada, com finas paredes que separam poros interconectados, em escala micrométrica ou milimétrica, no conjunto que forma um vasto labirinto através do qual os fluidos hidrotermais alcalinos são filtrados (**Figura 13**). Como esses fluidos não são superaquecidos pelo magma, a temperatura favorece não só a síntese de moléculas orgânicas (mais sobre em breve), mas também taxas mais lentas de fluxo. Em vez de serem bombeados para fora numa velocidade furiosa, os fluidos seguem seus caminhos delicadamente pelas superfícies catalíticas. E as fontes persistem há milênios, pelo menos 100 mil anos no caso da Cidade Perdida. Conforme observa Mike Russell, são 10^{18} microssegundos, uma unidade de tempo mais significativa para medir química. Muito tempo.

Correntes termais através de labirintos microporosos possuem uma capacidade extraordinária de concentrar moléculas orgânicas (inclusive aminoácidos, ácidos graxos e nucleotídeos) a níveis extremos, milhares ou até milhões de vezes a concentração inicial, por um processo conhecido como termoforese. Isso é um pouco como a tendência de pequenos itens de roupa se acumularem dentro de uma colcha na máquina de lavar. Tudo depende da energia cinética. A temperaturas mais altas, pequenas moléculas (e pequenas peças de roupa) dançam de um lado para o outro, com certa liberdade para se moverem em todas as direções. Conforme os fluidos hidrotermais se misturam e resfriam, a energia cinética das moléculas orgânicas cai e a sua liberdade para dançar diminui (que é o que acontece com meias dentro de uma colcha). Isso significa ser menos provável saírem de novo e, portanto, se acumulam nessas regiões de baixa energia cinética (**Figura 13**). A energia da termoforese depende em parte do tamanho molecular: moléculas grandes, tais como nucleotídeos, são retidas melhor do que as pequenas. Pequenos produtos finais, tais como metano, se perdem facilmente da fonte. Em resumo, o fluxo hidrotermal contínuo

QUESTÃO VITAL

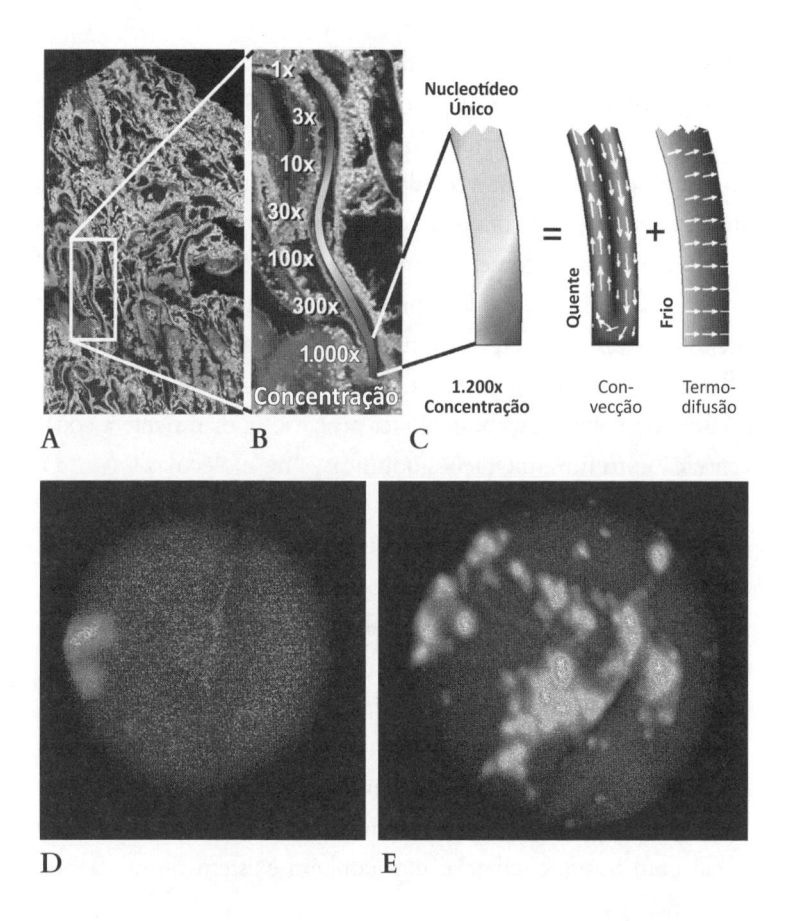

Figura 13 **Extrema concentração de elementos orgânicos por termoforese**
A secção de uma fonte hidrotermal alcalina da Cidade Perdida, mostrando a estrutura porosa das paredes – não existe uma chaminé central, mas um labirinto de poros interconectados, micrômetros a milímetros de diâmetro. **B** Orgânicos tais como nucleotídeos podem teoricamente se concentrar até mais de mil vezes a sua concentração inicial por termoforese, movidos por correntes de convecção e difusão termal nos poros da fonte, ilustrado em **C**. **D** Um exemplo de termoforese experimental a partir do nosso reator no University College London, mostrando concentração de 5 mil vezes de um pigmento orgânico fluorescente (fluoresceína) numa espuma cerâmica microporosa (diâmetro: 9 cm). **E** Uma concentração ainda maior de moléculas de quinino, pelo menos 1 milhão de vezes neste caso.

através de fontes microporosas deveria concentrar ativamente elementos orgânicos por um processo dinâmico que não altera as condições de estado estacionário (diferentemente de congelamento ou evaporação), mas, na verdade, *é* o estado estacionário. Melhor ainda, a termoforese conduz à formação de estruturas dissipativas dentro dos poros da fonte, ao promover interações entre elementos orgânicos. Estes que podem precipitar espontaneamente ácidos graxos em vesículas, e possivelmente polimerizar os aminoácidos e nucleotídeos em proteínas e RNA. Essas interações são uma questão de concentração: qualquer processo que aumente a concentração promove interações químicas entre moléculas.

Isso pode soar bom demais para ser verdade e, de certo modo, é. Hoje, as fontes hidrotermais alcalinas na Cidade Perdida abrigam vida em abundância, embora na maior parte bactérias e arqueas sem força dramática. Também produzem concentrações de elementos orgânicos, inclusive metano e quantidades de traços de outros hidrocarbonetos. Mas essas fontes certamente não estão dando origem a novas formas de vida hoje, nem mesmo formando um rico ambiente de orgânicos por termoforese. Em parte porque as bactérias que já vivem ali devoram qualquer recurso com muita eficiência; mas também existem outras razões fundamentais.

Assim como as fumarolas negras não eram exatamente as mesmas há 4 bilhões de anos, as fontes hidrotermais alcalinas devem ter sido diferentes na sua química. Certos aspectos teriam sido muito semelhantes. O próprio processo de serpentinização não deve ter sido muito diferente: os mesmos fluidos quentes, ricos em hidrogênio e alcalinos, devem ter borbulhado no chão do mar. Mas, àquela época, a química oceânica era muito diferente e isso deve ter alterado a composição mineral de fontes alcalinas. Hoje, a Cidade Perdida é composta principalmente de carbonatos (aragonita), enquanto outras fontes similares descobertas mais recentemente (tais como a Strytan, no Norte da Islândia) são compostas de argilas. Nos oceanos hadeanos, há 4 bilhões de anos, não podemos ter certeza do tipo de estruturas que teriam se formado, mas havia duas diferenças principais que devem ter tido um grande efeito: o oxigênio estava ausente e a concentração de CO_2 no ar e no oceano era muito maior. Essas diferenças devem ter tornado as antigas fontes alcalinas muito mais eficazes como reatores de fluxo.

Na ausência de oxigênio, o ferro se dissolve na sua forma ferrosa. Sabemos que os oceanos primordiais estavam cheios de ferro dissolvido, porque mais tarde precipitou-se em vastas formações de ferro bandado, conforme observado no capítulo 1. Boa parte desse ferro dissolvido proveio de fumarolas negras (fontes vulcânicas). Também sabemos que o ferro teria se precipitado em fontes hidrotermais alcalinas – não porque foi possível ver isso, mas porque assim ditam as regras da química; e podemos fazer uma simulação em laboratório. Nesse caso, o ferro teria se precipitado como hidróxidos de ferro e sulfetos de ferro, que formam grupamentos catalíticos que ainda são encontrados em enzimas induzindo carbono e metabolismo de energia hoje – proteínas como a ferredoxina. Na ausência de oxigênio, portanto, as paredes minerais das fontes alcalinas teriam contido minerais de ferro catalíticos, provavelmente estimulados com outros metais reativos, tais como o níquel e o molibdênio (que se dissolve em fluidos alcalinos). Agora estamos nos aproximando de um verdadeiro reator de fluxo: fluidos ricos em hidrogênio circulam por um labirinto de microporos com paredes catalíticas que concentram e retêm produtos enquanto deixam escapar resíduos.

Mas o que exatamente está reagindo? Aqui estamos chegando ao âmago da questão. É aqui que os altos níveis de CO_2 entram na equação. As fontes hidrotermais alcalinas de hoje são relativamente famintas de carbono, porque boa parte do carbono inorgânico disponível se precipita como carbonato (aragonita) nas paredes da fonte. Em épocas hadeanas, há 4 bilhões de anos, o mais provável é que os níveis de CO_2 fossem substancialmente mais altos, talvez cem a mil vezes mais do que hoje. Além de aliviar a limitação de carbono das fontes primordiais, os altos níveis de CO_2 também teriam deixado os oceanos mais ácidos, dificultando a liberação de carbonato de cálcio. (Isso está ameaçando os recifes de coral hoje, conforme a elevação de CO_2 começa a acidificar os oceanos modernos.) O pH dos oceanos modernos é por volta de 8, moderadamente alcalino. No hadeano, os oceanos provavelmente eram neutros ou levemente ácidos, talvez pH 5-7, embora o valor atual não seja praticamente constrangido por substitutos geoquímicos. A combinação de alto nível de CO_2, oceanos moderadamente ácidos, fluidos alcalinos e as finas paredes de fontes carregadas de FeS é crucial, porque promove a química que de outra forma não aconteceria facilmente.

Dois amplos princípios governam a química: a termodinâmica e a cinética. A termodinâmica determina que estados da matéria são mais estáveis – que moléculas se formarão, dado um tempo ilimitado. A cinética está relacionada com a velocidade – que produtos se formarão num tempo limitado. Em termos de termodinâmica, o CO_2 reagirá com hidrogênio (H_2) para formar metano (CH_4). É uma reação exotérmica, que libera calor. Isso, por sua vez, aumenta a entropia circundante, pelo menos sob certas condições, favorecendo a reação. Dada a oportunidade, deve ocorrer espontaneamente. As condições exigidas incluem temperaturas moderadas e ausência de oxigênio. Se a temperatura subir demais, o CO_2 é mais estável do que o metano, conforme já observado.

Igualmente, estando presente o oxigênio, reagirá de preferência com o hidrogênio para formar água. Há 4 bilhões de anos, as temperaturas moderadas e condições anóxicas em fontes alcalinas devem ter favorecido a reação de CO_2 com H_2 para formar CH_4. Mesmo hoje, com algum oxigênio presente, a Cidade Perdida produz uma pequena quantidade de metano. Os geoquímicos Han Amend e Tom McCollom foram ainda mais longe e calcularam que a formação de matéria orgânica a partir de H_2 e CO_2 é termodinamicamente favorecida em condições hidrotermais alcalinas, desde que o oxigênio esteja excluído. Isso é extraordinário. Nessas condições, entre 25°C e 125°C, a formação de biomassa celular total (aminoácidos, ácidos graxos, carboidratos, nucleotídeos e outros) a partir de H_2 e CO_2 é na verdade *exergônica*. Isso significa que, nessas condições, a matéria orgânica deve se formar espontaneamente a partir de H_2 e Co_2. A formação de células libera energia e aumenta a entropia total!

Mas – e este é um grande "mas" – o H_2 não reage facilmente com o CO_2. Existe uma barreira *cinética*, o que significa que embora a termodinâmica diga que devam reagir espontaneamente, algum outro obstáculo impede que isso aconteça de imediato. H_2 e CO_2 são praticamente indiferentes um ao outro. Forçá-los a reagirem requer uma entrada de energia – uma bombinha para quebrar o gelo. Agora eles reagirão, de início para formar compostos reduzidos em parte. O CO_2 só pode aceitar elétrons em pares. A adição de dois elétrons resulta em formiato ($HCOO^-$); mais dois dá formaldeído (CH_2O); mais dois, metanol (CH_3OH); e um último par o metano totalmente reduzido (CH_4). A vida, é claro, não é feita de metano, que, por sua vez, se trata apenas de carbono parcialmente reduzido, mais ou menos equivalente no seu estado redox a uma mistura de formaldeído e metanol. Isso significa que existem duas barreiras cinéticas importantes relacionadas com as origens da vida a partir de CO_2 e H_2. A primeira precisa ser vencida para conseguir formaldeído ou metanol. A segunda *não* deve ser vencida! Tendo induzido o H_2 e o CO_2 a um cálido abraço, a última coisa que uma célula precisa é que a reação chegue direto ao metano. Tudo se dissiparia e dispersaria como um gás e pronto. A vida, ao que parece, sabe exatamente como baixar a primeira barreira e exatamente como manter erguida a segunda (deixando-a cair somente quando precisa de energia). Mas o que aconteceu no início?

Essa é a pedra no meio do caminho. Se fosse fácil conseguir CO_2 para reagir com H_2 economicamente – sem acrescentar mais energia do que retiramos –, então já teríamos feito isso. Seria um passo enorme para solucionar os problemas de energia do mundo. Imagine: imitar a fotossíntese para quebrar água, liberando H_2 e O_2. Uma vez feita, a divisão, potencialmente, seria capaz de movimentar a economia do hidrogênio. Mas existem obstáculos práticos para uma economia do hidrogênio. Muito melhor seria reagir H_2 com CO_2 do ar para fazer gás natural ou até gasolina sintética! E aí podemos partir direto para a queima de gás nas nossas usinas elétricas. Isso equilibraria as emissões de CO_2 com a captura de CO_2, interrompendo o aumento dos níveis de CO_2 atmosférico e aliviando a nossa dependência de combustíveis fósseis. Segurança energética. Os retornos dificilmente poderiam ser maiores e, no entanto, ainda não conseguimos induzir esta simples reação economicamente. Bem... isso é o que as células vivas mais simples fazem o tempo todo. Metanógenos, por exemplo, obtêm toda a energia e todo o carbono necessário para crescerem fazendo reagir H_2 com CO_2. É mais difícil, porém: como isso poderia ter sido feito *antes* que houvesse qualquer célula viva? Wächtershäuser descartou isso como impossível: a vida não poderia ter começado a partir de uma reação de CO_2 e H_2, ele disse, os dois simplesmente não reagiriam.* Mesmo aumentar a pressão até as intensas pressões encontradas muitos quilômetros abaixo em fontes hidrotermais no fundo dos oceanos não força o H_2 a reagir com o CO_2. É por isso que Wächtershäuser veio com a ideia de "extração de piritas" em primeiro lugar.

Mas existe um caminho possível.

A força dos prótons

Reações redox envolvem a transferência de elétrons de um doador (H_2, neste caso) para um aceptor (CO_2). A disposição de uma molécula em transferir seus elétrons está conotada no termo "potencial de redução". A convenção não ajuda, mas é bastante fácil de compreender. Se uma molécula "quer" se livrar dos seus elétrons, a ela se atribui um valor negativo; quanto mais quiser se livrar de seus elétrons, mais negativo é o potencial de redução. Inversamente, se um átomo ou molécula anseia por elétrons e os colherá de quase qualquer lugar, recebe um valor positivo (você

---

* Fico triste ao dizer que esta agora é a visão respeitada de Mike Russell também. Ele tentou e fracassou ao forçar CO_2 a reagir com H_2 para produzir formaldeído e metanol, e não acredita mais que isso seja possível. Em colaboração com Wolfgang Nitschke, agora ele recorre a outras moléculas, notadamente metano (produzido em fontes) e óxido nítrico (possivelmente presente em oceanos primordiais) para impulsionar a origem da vida, por meio de um processo análogo ao das bactérias metanotróficas modernas. Bill Martin e eu não concordamos com eles, por motivos que não discutirei aqui, mas, se estiver mesmo interessado, você encontrará em Souza et al., na seção Leituras. Essa não é uma questão trivial, pois depende do estado de oxidação dos oceanos primordiais, mas é receptiva a testes experimentais. Um grande avanço ao longo da última década diz exatamente isso, que a teoria da fonte alcalina hoje está sendo considerada com muita seriedade por um vasto grupo de cientistas, que estão formulando hipóteses específicas e distintas dentro de uma estrutura total semelhante e dispostos a testá-las experimentalmente. É assim que a ciência deveria funcionar e não duvido que todos ficaríamos felizes ao se comprovar que erramos, embora esperando (naturalmente) que o modelo geral permaneça robusto.

poderia pensar nisso como a força de atração por elétrons de carga negativa). O oxigênio "quer" agarrar elétrons (oxidando o que quer de onde os estejam tirando), dando-lhe um potencial de redução muito positivo. Todos esses termos são de fato relativos ao assim chamado eletrodo padrão de hidrogênio, mas não precisamos nos preocupar com isso aqui.* A questão é que uma molécula com um potencial de redução negativo tenderá a se livrar de seus elétrons, transmitindo-os para qualquer molécula com um potencial de redução mais positivo, mas não ao contrário.

Esse é o problema do H_2 e CO_2. Num pH neutro (7,0), o potencial de redução do H_2 é tecnicamente -414 mV. Se o H_2 dá seus dois elétrons, isso deixa para trás dois prótons, $2H^+$. O potencial de redução do hidrogênio reflete este equilíbrio dinâmico – a tendência do H_2 de perder seus elétrons, tornando-se H^+, e a tendência do $2H^+$ de pegar elétrons para formar H_2. Se o CO_2 fosse pegar esses elétrons, se tornaria formiato. Mas o formiato tem um potencial de redução de -430 mV. Isso significa que tenderá a transmitir elétrons para H^+, a fim de formar CO_2 e H_2. O formaldeído é ainda pior. Seu potencial de redução é cerca de

---

* Tudo bem, você ficou preocupado... O potencial de redução é medido em milivolts. Imagine um eletrodo feito de magnésio inserido num béquer de solução de sulfato de magnésio. O magnésio tem uma forte tendência a ionizar, liberando mais íons Mg^{2+} na solução e deixando para trás elétrons no eletrodo. Isso confere uma carga negativa, que pode ser quantificada com relação a um "eletrodo padrão de hidrogênio". Este é um eletrodo de platina inerte, numa atmosfera de hidrogênio, que está inserido numa solução de prótons a pH_0 (1 grama de prótons por litro) e 25°C. Se o magnésio e os eletrodos padrão de hidrogênio forem conectados por um fio, os elétrons fluirão do eletrodo de magnésio negativo para o eletrodo de hidrogênio relativamente positivo (de fato ele é apenas menos negativo), para formar gás hidrogênio, ao subtrair prótons do ácido. O magnésio, na verdade, tem um potencial de redução muito negativo (-2,37 volts, para sermos exatos) comparado com o eletrodo padrão de hidrogênio. Observe que todos estes valores são em pH 0, por falar nisso. No texto principal, digo que o potencial de redução do hidrogênio é -414 mV em pH 7. Isso porque o potencial de redução fica mais negativo em cerca de -59 mV para cada aumento de unidade de pH (ver texto principal).

−580 mV. É extremamente relutante em se prender aos seus elétrons e, facilmente, os transmitirá a prótons para formar H_2. Portanto, ao considerar um pH 7, Wächtershäuser está correto: não há possibilidade de H_2 reduzir CO_2. Porém é claro que algumas bactérias e arqueas vivem exatamente desta reação, então deve ser possível. Vamos examinar os detalhes de como isso é feito no próximo capítulo, já que são mais relevantes para o estágio seguinte da nossa história. Por enquanto, só o que precisamos saber é que bactérias crescendo a partir de H_2 e CO_2 *só* podem fazer isso se energizadas por um gradiente de prótons através de uma membrana. E essa é uma pista e tanto.

O potencial de redução de uma molécula com frequência depende do pH, isto é, da concentração de prótons. A razão é bem simples. Um elétron transfere uma carga negativa. Se a molécula que é reduzida também pode aceitar um próton, o produto se torna mais estável, já que a carga positiva do próton equilibra a carga negativa do elétron. Quanto mais prótons houver disponíveis para equilibrar as cargas, mais facilmente ocorrerá a transferência de um elétron. Isso torna o potencial de redução mais positivo – fica mais fácil aceitar um par de elétrons. De fato, o potencial de redução aumenta em cerca de 59 mV para cada unidade de acidez do pH. Quanto mais ácida a solução, mais fácil de transferir seus elétrons para CO_2 a fim de produzir formiato ou formaldeído. Infelizmente, exatamente o mesmo se aplica ao hidrogênio. Quanto mais ácida a solução, mais fácil é transferir elétrons para prótons a fim de formar gás H_2. Portanto, mudar o pH simplesmente não tem nenhum efeito. Continua impossível reduzir CO_2 com H_2.

Mas, agora, imagine um gradiente de prótons numa membrana. A concentração de prótons – a acidez – é diferente em lados opostos da membrana. Exatamente a mesma diferença é encontrada em fontes alcalinas. Os fluidos hidrotermais alcalinos seguem o seu caminho pelo labirinto de microporos. O mesmo fazem águas oceânicas levemente ácidas. Em alguns lugares, existe uma justaposição de fluidos, com águas oceânicas levemente ácidas saturadas em CO_2 separadas de fluidos alcalinos ricos em H_2 por uma fina parede inorgânica, contendo minerais FeS semicondutores. O potencial de redução do H_2 é mais baixo em condições alcalinas: ele "quer" desesperadamente se livrar de seus elétrons, portanto o H^+ que resta pode se emparelhar com o OH^- nos fluidos alcalinos para formar água, muito estável. A pH 10, o potencial de redução do H_2 é -584 mV: reduzindo fortemente. Inversamente, a pH 6, o potencial de redução para formiato é -370m V, e para formaldeído é -520m V. Em outras palavras, dada esta diferença em pH, é fácil para o H_2 reduzir CO_2 para fazer formaldeído. A única questão é: como os elétrons são fisicamente transferidos de H_2 para CO_2? A resposta está na estrutura. Minerais FeS nas finas paredes divisórias inorgânicas de fontes microporosas conduzem elétrons. Eles não fazem isso nem de longe tão bem quanto um fio de cobre, mas o fazem apesar de tudo. E assim, na teoria, a estrutura física das fontes alcalinas deve induzir a redução de CO_2 por H_2 para formar elementos orgânicos (**Figura 14**). Fantástico!

Mas isso é verdade? Aqui está a beleza da ciência. Essa é uma simples questão que pode ser testada. Não quer dizer que seja fácil testar; venho há já algum tempo tentando fazer isso no laboratório, com o químico Barry Herschy e os estudantes de doutorado Alexandra Whicher e Eloi Camprubi. Com financiamento do Leverhulme Trust, construímos um pequeno reator de bancada para tentar induzir estas reações. Precipitar estas finas paredes de FeS semicondutoras no laboratório não é simples. O fato do formaldeído não ser estável também é um problema – ele "quer" transfe-

QUESTÃO VITAL

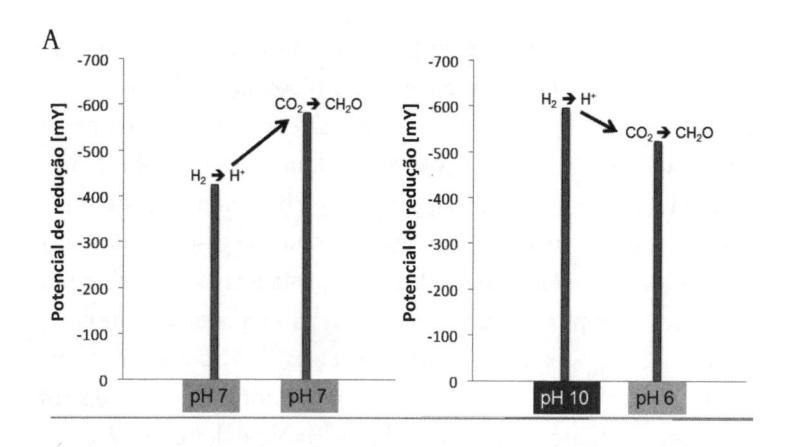

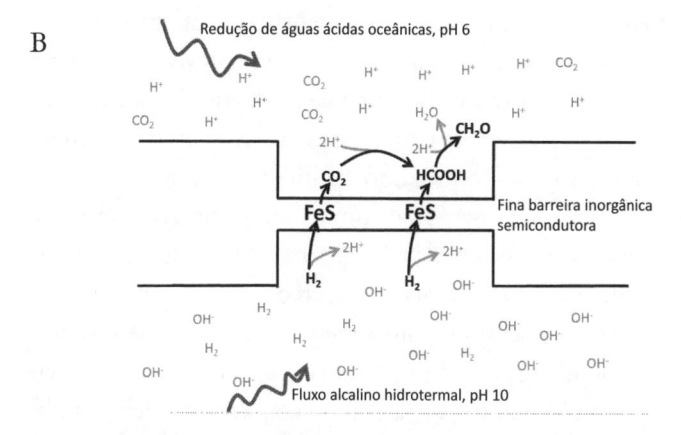

Figura 14 **Como fazer elementos orgânicos a partir de H_2 e CO_2**
A O efeito do pH sobre o potencial de redução. Quanto mais negativo for o potencial de redução, mais provável será que um composto transfira um ou mais elétrons; quanto mais positivo, mais provável que aceite elétrons. Observe que a escala no eixo Y se torna mais negativa com a altura. Em pH 7, H_2 não pode transferir elétrons para CO_2 a fim de produzir formaldeído (CH_2O); a reação prosseguiria na direção oposta. Não obstante, se o H_2 está em pH 10, como em fontes hidrotermais alcalinas, e o CO_2 está em pH 6, como nos oceanos primordiais, a redução de CO_2 para CH_2O é teoricamente possível. **B** Numa fonte microporosa, fluidos em pH 10 e pH 6 poderiam se justapor a uma fina barreira semicondutora contendo minerais FeS, facilitando a redução de CO_2 para CH_2O. FeS está aqui agindo como catalisador, como ainda faz na nossa própria respiração, transferindo elétrons de H_2 para CO_2.

rir seus elétrons de volta para prótons, para formar H_2 e CO_2 de novo, e fará isso com mais facilidade em condições ácidas. O pH e a concentração de hidrogênio exatos são críticos. E nitidamente não é fácil simular a escala colossal das fontes reais no laboratório – dezenas de metros de altura, operando sob intensas pressões (que permitem uma concentração muito mais alta de gases, como o hidrogênio). Mas, apesar de todos esses problemas, o experimento é simples no sentido de que é uma questão testável, circunscrita, cuja resposta poderia nos dizer muita coisa sobre a origem da vida. E nós realmente produzimos formiato, formaldeído e outros elementos orgânicos simples (inclusive ribose e desoxirribose).

Por enquanto, vamos aceitar essa teoria sem questionar e supor que a reação ocorrerá realmente conforme previsto. O que vai acontecer? Deveria haver uma lenta, mas sustentada síntese de moléculas orgânicas. Vamos discutir quais são elas e como exatamente deveriam se formar no próximo capítulo; por enquanto, vamos apenas observar que essa é mais uma simples previsão testável. Uma vez formadas, essas moléculas orgânicas deveriam se concentrar até milhares de vezes a sua concentração inicial por termoforese, conforme já discutimos, promovendo a formação de vesículas e talvez de polímeros como as proteínas. Mais uma vez, as previsões de que moléculas orgânicas vão se concentrar e depois polimerizar podem ser testadas no laboratório e estamos tentando fazer isso. Os primeiros passos são encorajadores: o corante fluoresceína, semelhante em tamanho a um nucleotídeo, se concentra pelo menos 5 mil vezes no nosso reator de fluxo direto, e o quinimo pode concentrar ainda mais (**Figura 13**).

Então, o que significa realmente toda essa história de potenciais de redução? De uma só vez, restringe e escancara as condições nas quais a vida deveria evoluir no universo. É uma das razões pelas quais os cientistas com frequência parecem estar no seu próprio mundinho, perdidos em pensamentos abstratos sobre os mais arcanos detalhes. Há grande importância no fato de o potencial de redução do hidrogênio cair com o pH? Sim! Sim! Sim! Em condições hidrotermais alcalinas, o H_2 deveria reagir com CO_2 para formar moléculas orgânicas. Quase em qualquer outra condição isso não acontecerá. Neste capítulo, já descartei virtualmente todos os outros ambientes como cenários viáveis para a origem da vida. Estabelecemos em bases termodinâmicas que fazer uma célula a partir do zero requer um fluxo contínuo de carbono reativo e energia química através de catalisadores rudimentares num sistema restrito de fluxo direto. Somente as fontes hidrotermais oferecem as condições exigidas e apenas um subconjunto de fontes – as fontes hidrotermais alcalinas – combinam todas as condições necessárias. Mas as fontes alcalinas apresentam ao mesmo tempo um grave problema e uma bela resposta. O grave problema é que essas fontes são ricas em gás hidrogênio, mas o hidrogênio não reagirá com CO_2 para formar moléculas orgânicas. A bela resposta é que a estrutura física de fontes alcalinas – gradientes naturais de prótons sobre finas paredes semicondutoras – induzirá (teoricamente) a formação de elementos orgânicos. E, em seguida, os concentrarão. Na minha opinião, pelo menos, tudo isso faz muito sentido. Acrescente o fato de que toda a vida na Terra usa (ainda usa!) gradientes de prótons através de membranas para induzir tanto o metabolismo de carbono como o de energia e fico tentado a gritar, com o físico John Archibald Wheeler: "Ah, como poderia ter sido diferente! Como fomos capazes de tanta cegueira durante tanto tempo!"

Mas vamos nos acalmar e terminar. Eu disse que os potenciais de redução ao mesmo tempo restringem e escancaram as condições nas quais a vida deveria evoluir. Segundo essa análise, as condições que melhor encorajam as origens da vida encontram-se nas fontes alcalinas. Talvez você se desanime... porque reduzir tanto as opções? Certamente deve haver outros meios! Bem, quem sabe. Num universo infinito, tudo é possível; mas isso não o torna provável. Fontes alcalinas são prováveis. São formadas, lembre-se, por uma reação química entre água e olivina mineral. Rocha. De fato, um dos minerais mais abundantes no universo, uma grande parte de poeira interestelar e discos de acreção de que são formados os planetas, inclusive a Terra. A serpentinização de olivina pode até ocorrer no espaço, hidratando a poeira interestelar. Quando nosso planeta sofreu acreção,* essa água foi expelida pelas temperaturas e pressões em ascensão, dando origem, alguns dizem, aos oceanos terrestres. Como quer que tenha sido, a olivina e a água são duas das substâncias mais abundantes no universo. Outra é o CO_2, um gás comum na atmosfera da maioria dos planetas no sistema solar que também foi detectado na atmosfera de exoplanetas em outros sistemas estelares.

Rocha, água e CO_2: a lista de compras para a vida. Nós os encontraremos em praticamente todos os planetas rochosos úmidos. Segundo as regras da química e da geologia, fontes hidrotermais alcalinas quentes serão formadas por eles, com gradientes de prótons através de microporos catalíticos de paredes finas. Podemos contar com isso. Talvez a sua química não conduza sempre à vida. Mas esse é um experimento acontecendo agora mesmo, em 40 bilhões de planetas semelhantes à Terra só na Via Láctea. Vivemos numa placa de cultura cósmica. A frequência com que essas condições perfeitas deram origem à vida depende do que acontece em seguida.

---

* Em astrofísica, acreção é uma acumulação de matéria na superfície de um astro, proveniente do meio circundante. (N. do R. T.)

4

O SURGIMENTO DAS CÉLULAS

"Eu acho", escreveu Darwin: duas palavras apenas, rabiscadas ao lado do esboço de uma árvore da vida ramificada, num caderno de anotações de 1837. Isso foi só um ano após retornar da viagem do *Beagle*. Vinte e dois anos depois, uma árvore mais habilmente desenhada era a única ilustração em *A origem das espécies*. A ideia de uma árvore era tão central para o pensamento de Darwin e para a aceitação da biologia evolutiva desde então que é chocante ouvir dizer que está errada, conforme a revista *New Scientist* publicou em letras garrafais na sua capa em 2009, 150 anos depois da publicação da *Origem* de Darwin. A capa flertava descaradamente com um extenso público, mas o artigo em si tinha um tom mais moderado e apresentou um argumento específico. Até certo ponto muito difícil de definir, a árvore da vida está errada realmente. O que não quer dizer que a importante contribuição de Darwin à ciência, a evolução pela seleção natural, também esteja errada: mostra simplesmente que o seu conhecimento de hereditariedade era limitado. Isso não é novidade. É sabido que Darwin não conhecia nada de DNA, ou genes, ou leis de Mendel, muito menos de transferência de genes entre bactérias, portanto a sua visão de hereditariedade era nebulosa. Nada disso desacredita a teoria de Darwin sobre seleção natural; portanto, a capa estava correta em um sentido técnico estreito, mas extremamente mal informada num sentido mais profundo.

O que a capa fez, entretanto, foi trazer para o primeiro plano uma questão séria. A ideia de uma árvore da vida supõe herança "vertical", na qual pais transmitem cópias de genes aos filhos por reprodução sexual. Ao longo de gerações, os genes passam na sua maior parte dentro de uma espécie, com relativamente poucas relações sexuais entre espécies. Populações que se tornam isoladas do ponto de visa reprodutivo divergem lentamente com o tempo, conforme as interações entre elas declinam, e acabam formando novas espécies. Isso dá origem à ramificação da árvore da vida. As bactérias são mais ambíguas. Elas não fazem sexo do jeito eucariótico, portanto também não formam espécies bem marcadas. Definir o termo "espécie" em bactérias sempre foi problemático. Mas a verdadeira dificuldade no caso das bactérias é que elas espalham seus genes ao redor por transferência "lateral" de genes, passando punhados de genes de uma para outra como pequenas mudanças, assim como transmitiem uma cópia de seu genoma total às células filhas. Nada disso abala a seleção natural em qualquer sentido – ela continua sendo descendência que ainda evolui com modificações; só que a "modificação" é conseguida de outras maneiras além daquelas que um dia pensamos.

O predomínio da transferência lateral de genes em bactérias propõe uma profunda questão sobre o que *podemos* saber – uma questão tão fundamental ao seu próprio modo como o famoso "princípio da incerteza" na física. Quase todas as árvores da vida que você olhar desde a era moderna da genética molecular vão se basear num único gene, escolhido cuidadosamente pelo pioneiro da filogenética molecular Carl Woese – o gene para pequenas subunidades de RNA ribossômico.* Wose argumentou (com al-

---

* Ver Introdução. Os ribossomos são as usinas de construção de proteínas encontradas em todas as células. Esses grandes complexos moleculares possuem duas principais subunidades (grande e pequena) que são compostas de uma mistura de proteínas e

gum fundamento) que esse gene é universal na vida e, raramente é, caso for, transferido por transferência de gene lateral. Portanto, isso supostamente indica a "única verdadeira filogenia" de células (**Figura 15**). No limitado sentido de que uma célula dá origem a células filhas e que é sempre provável que essas células filhas compartilhem o RNA ribossômico de seu genitor, isto é verdade. Mas o que acontece caso, ao longo de muitas gerações, outros genes forem substituídos por transferência lateral? Em organismos multicelulares complexos, isso raramente acontece. Podemos sequenciar o RNA ribossômico de uma águia e vamos saber que é uma ave. Podemos inferir que tem um bico, penas, garras, asas, que põe ovos e daí por diante. Isso porque a herança vertical garante haver sempre uma boa correlação entre o "genótipo" ribossômico e o "fenótipo" total: os genes que codificam todos esses traços típicos de aves são companheiros de viagem; navegam juntos por gerações, sendo modificados com o tempo, sem dúvida, mas raramente de forma drástica.

Mas agora imagine que predomine a transferência lateral de genes. Assim, sequenciamos o RNA ribossômico e ele nos diz que estamos lidando com uma ave. Só que agora olhamos para a tal "ave". Revela-se que ela possui uma tromba, seis pernas, olhos nos joelhos, pelos; produz ovos presos por uma gelatina, como os sapos, não tem asas e uiva como uma hiena. Sim, claro que isso é um absurdo, mas este é exatamente o problema que enfrentamos com as bactérias. Monstruosas quimeras regularmente nos enca-

---

RNA. A "pequena subunidade de RNA ribossômico" é o que Woese sequenciou, em parte, porque era razoavelmente fácil de extrair (existem milhares de ribossomos em uma célula); e, em parte, porque a síntese de proteína é fundamental para a vida e, portanto, é universalmente conservada com apenas triviais diferenças entre humanos e bactérias hidrotermais. Nunca é fácil substituir as pedras fundamentais de um prédio ou disciplina; e, por muitas das mesmas razões, os ribossomos raramente são transferidos entre células.

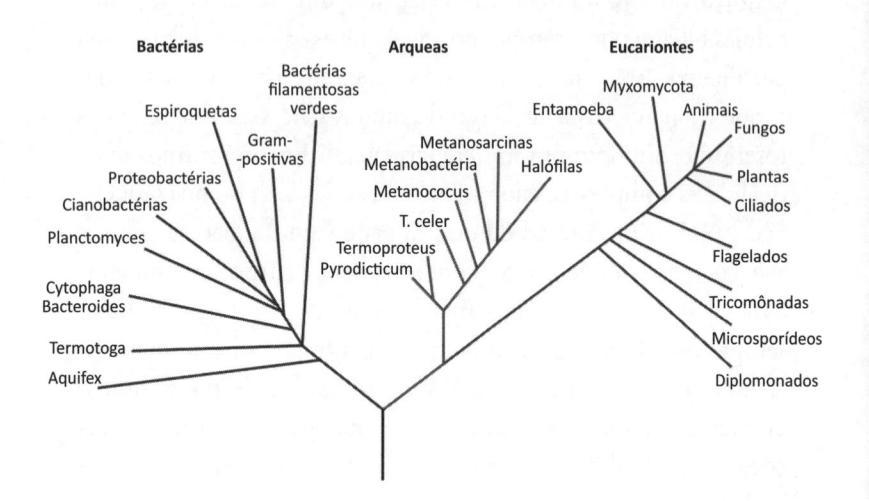

Figura 15 **A famosa, mas enganosa, árvore da vida de três domínios**
A árvore da vida conforme retratada por Carl Woese em 1990. A árvore baseia-se em um único gene altamente conservado (para a pequena subunidade de RNA ribossômico) e tem como raiz a divergência entre pares de genes encontrados em todas as células (que, portanto, já devem ter sido duplicados no último ancestral comum universal, LUCA – "last universal common ancestor"). Esse enraizamento sugere que arqueas e eucariontes estão mais intimamente relacionados uns com os outros do que cada um desses grupos está com as bactérias. Entretanto, embora isso, em geral, seja verdade para um núcleo de genes informativos, não vale para a maioria dos genes em eucariontes, que estão mais intimamente relacionados a bactérias do que a arqueas. Essa árvore icônica, portanto, é profundamente enganosa, e deve ser vista estritamente como uma árvore de um gene apenas: sem dúvida alguma não é uma árvore da vida!

ram; mas como as bactérias são tipicamente pequenas e morfologicamente simples, não gritamos. Não obstante, em seus genes as bactérias são quase sempre quiméricas e algumas são verdadeiros monstros, tão mutiladas geneticamente como a minha "ave". Os filogeneticistas deviam mesmo gritar. Não podemos inferir como deveria se parecer uma célula ou como poderia ter vivido no passado com base no seu genótipo ribossômico.

De que adianta sequenciar um único gene se ele não nos pode dizer nada sobre a célula de onde vem? Pode ser útil, dependendo da escala de tempo e da taxa de transferência de genes. Se a taxa de transferência de genes é baixa (como em plantas e animais, muitos protistas e algumas bactérias), então haverá uma boa correlação entre genótipo ribossômico e fenótipo, desde que tenhamos o cuidado de não ir muito longe no passado. Mas se a taxa de transferência é rápida, essa correlação pode ser logo eliminada. A diferença entre variantes patogênicas de *E. coli* e linhagens comuns inofensivas não está refletida no RNA ribossômico, mas na aquisição de outros genes que conferem um crescimento agressivo – até 30% do genoma pode variar em diferentes linhagens de *E. coli*. Isso é dez vezes a variação entre nós e os chimpanzés, e, no entanto, continuamos a nos referir a eles como uma mesma espécie! Uma filogenia de RNA ribossômico é a última coisa de que você precisa para conhecer a respeito desses pequenos assassinos. Inversamente, períodos prolongados de tempo varrerão toda a correlação mesmo se as taxas de transferência lateral de genes forem muito baixas. Isso significa que é quase impossível saber como uma bactéria sobrevivia há 3 bilhões de anos, visto que taxas lentas de transferência poderiam ter substituído essencialmente todos os seus genes muitas vezes ao longo desse período.

E, assim, o conceito por trás da árvore da vida está errado. A esperança é que talvez seja possível reconstruir a única verdadeira filogenia de todas as células, inferir como uma espécie surgiu de outra, traçar o parentesco de volta ao início, ao fim nos permitindo inferir a composição genética do ancestral comum de toda a vida na Terra. Se pudéssemos fazer isso, saberíamos tudo sobre essa última célula ancestral, desde a composição de sua membrana, ao ambiente em que vivia até as moléculas que propiciaram energia para o seu crescimento. Mas não podemos saber essas coisas com tal precisão. Um teste surpreendente foi realizado por Bill Martin, um paradoxo visual a que ele chama de a "incrível árvore que está desaparecendo". Ele considerou 48 genes que são universalmente conservados em toda a vida e construiu uma árvore genética para cada um destes genes, para mostrar o parentesco entre cinquenta bactérias e cinquenta arqueas (**Figura 16**).* Nas pontas dessa árvore, todos os 48 genes recuperaram exatamente o mesmo relacionamento entre todas as cem espécies de bactérias e arqueas. Igualmente na base: quase todos os 48 genes "concordaram" que o ramo mais profundo na árvore da vida está entre as bactérias e as arqueas. Em outras palavras, o último ancestral comum universal, carinhosamente conhecido como LUCA, foi o ancestral comum das bactérias e arqueas. Mas quando se trata de elucidar os ramos profundos seja dentro de bactérias ou de arqueas, nenhuma só árvore genética pôde concordar. Todos os 48 genes deram uma árvore diferente! O problema poderia ser técnico (o sinal está erodido pela simples distância) ou resultado de transferência lateral de genes – padrões de descendência vertical são destruídos se genes individuais são trocados ao acaso. Não sabemos qual dessas possibilidades é verdadeira e no momento parece impossível dizer.

---

* Lembre-se de que as bactérias e arqueas são os dois grandes domínios de procariontes, que são muito semelhantes na sua aparência morfológica, mas diferem fundamentalmente em aspectos de bioquímica e genética.

QUESTÃO VITAL

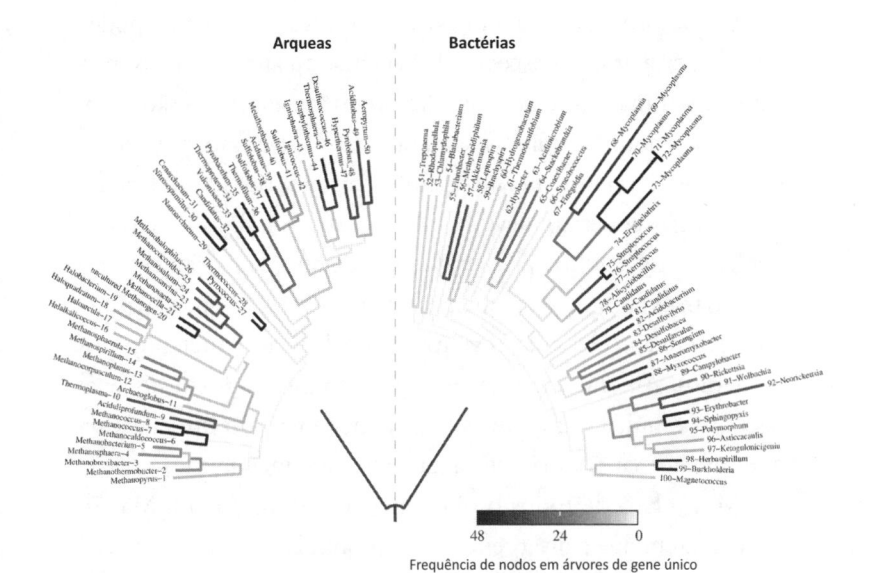

Figura 16 **A "incrível árvore em desaparecimento"**
A árvore compara a ramificação de 48 genes universalmente conservados em cinquenta bactérias e cinquenta arqueas. Todos os 48 genes estão concatenados numa única sequência, dando um poder estatístico maior (prática comum na filogenética); esta sequência de "supergenes" é em seguida usada para construir uma árvore mostrando como as cem espécies se relacionam umas com as outras. Cada gene individual é então usado para construir uma árvore separada e cada uma delas é comparada com a árvore do "supergene" construída a partir dos genes concatenados. O reforço do sombreado denota o número de árvores de genes individuais que correspondem à árvore concatenada para cada ramo. Na base da árvore, quase todos os 48 genes recuperam a mesma árvore como a sequência concatenada, nitidamente indicando que as arqueas e bactérias estão genuína e profundamente divididas. Nas pontas dos ramos, a maioria dos genes individuais também concorda com a árvore concatenada. Mas os ramos mais profundos dentro de ambos os grupos desapareceram: nem uma única árvore de genes individuais recupera a mesma ordem de ramificação como a sequência concatenada. Esse problema pode ser um resultado de transferências laterais de genes confundindo padrões de ramificação ou, simplesmente, a erosão de um sinal estatisticamente robusto ao longo de inimagináveis 4 bilhões de anos de evolução.

O que isso significa? Em essência, quer dizer que não podemos determinar quais espécies de bactérias ou arqueas são as mais antigas. Se uma árvore genética diz que os metanógenos são as arqueas mais antigas, a árvore seguinte diz que não são, portanto é praticamente impossível reconstruir quais propriedades as células mais antigas poderiam ter tido. Mesmo que por algum meio engenhoso pudéssemos provar que os metanógenos são mesmo arqueas mais antigos, continuamos sem ter certeza de que eles sempre viveram produzindo metano, como fazem os metanógenos modernos. Amontoando genes para intensificar a força do sinal não ajuda muito visto que cada gene pode ter tido uma história diferente, tornando qualquer sinal composto uma invenção.

Mas o fato de todos os 48 genes universais de Bill Martin concordarem que a divergência mais profunda na árvore da vida é entre bactérias e arqueas permite alguma esperança. Se podemos imaginar quais propriedades são compartilhadas por todas as bactérias e arqueas, além de quais são distintas, supostamente surgidas mais tarde em grupos particulares, então podemos montar um "retrato falado" de LUCA. Mas aqui, de novo, nos deparamos logo com um problema: os genes encontrados tanto em bactérias como em arqueas poderiam ter surgido em um grupo e sido transferidos para outro grupo por transferência lateral de genes. As transferências de genes por domínios inteiros são bem conhecidas. Se essas transferências ocorreram cedo na evolução – nos pedacinhos vazios da incrível árvore em desaparecimento –, então esses genes pareceriam descender verticalmente de um ancestral comum, mesmo que não tenham descendido. Quanto mais útil o gene é mais provável que tenha sido transferido amplamente, desde cedo na evolução. Para descartar uma tão ampla transferência lateral de genes, somos obrigados a recorrer a genes genuinamente universais, que são compartilhados por representantes de essencialmente todos os grupos de bactérias e arqueas. Isso pelo menos minimiza a possibilidade de que esses genes tenham sido passados pela precoce transferência lateral de genes. O problema agora é que há menos do que cem desses genes universais, um número extraordinariamente pequeno, e eles pintam um quadro muito peculiar de LUCA.

Já observamos esse estranho retrato no capítulo 2. Aceitando-o sem questionar, LUCA tinha proteínas e DNA: o código genético universal já estava em operação, o DNA era lido em transcrições de RNA e depois traduzido para proteínas em ribossomos, essas poderosas usinas moleculares que constroem proteínas em todas as células conhecidas. O extraordinário maquinário molecular necessário para a leitura de DNA, e para a síntese de proteínas, é composto de numerosas proteínas e RNAs, comuns tanto a bactérias como a arqueas. A partir da estrutura e da sequência, essas máquinas parecem ter divergido muito cedo na evolução e não houve muita troca por transferência lateral de genes. Até agora, tudo bem. Igualmente, as bactérias e arqueas são todos quimiosmóticos, estimulando a síntese de ATP com o uso de gradientes de prótons nas membranas. A enzima ATP sintase é outra extraordinária máquina molecular, em igualdade de condições com o próprio ribossomo e aparentemente compartilhando a ascendência. Como o ribossomo, a ATP sintase é universalmente conservada durante toda a vida, mas difere em alguns detalhes da sua estrutura nas bactérias e arqueas, sugerindo que divergiu de um ancestral comum em LUCA, sem muita confusão na transferência lateral de genes posteriormente. Portanto, a ATP sintase, como os ribossomos, DNA e o RNA, parece estar presente em LUCA. E, portanto, existem alguns pedacinhos de bioquímica essencial, tais como a biossíntese de aminoácidos e partes do ciclo de Krebs, que compartilham vias comuns em bactérias e arqueas, de novo dando a entender que estavam presentes em LUCA; mas não existe muito além disso.

O que é diferente? Um espantoso cortejo. A maioria das enzimas usadas na replicação de DNA é distinta em bactérias e arqueas. O que poderia ser mais fundamental do que isso! Possivelmente apenas a membrana – no entanto, ela também é distinta em bactérias e arqueas. Assim como a parede celular. Isso significa que ambas as barreiras que separam as células vivas de seu ambiente são completamente diferentes em bactérias e arqueas. É quase impossível adivinhar exatamente o que seu ancestral comum poderia ter em vez disso. A lista continua, mas isso basta. Dos seis processos fundamentais das células vivas discutidos no capítulo anterior – fluxo de carbono, fluxo de energia, catálise, replicação de DNA, compartimentalização e excreção –, apenas os três primeiros compartilham alguma semelhança profunda e, mesmo assim, apenas em certos aspectos, como veremos.

Existem várias explicações possíveis. LUCA poderia ter duas cópias de tudo, e perdido uma cópia nas bactérias, e a outra cópia nas arqueas. Isso soa inerentemente uma tolice, mas não pode ser descartado com facilidade. Por exemplo, sabemos que misturas de lipídios bacterianos e arqueanos produzem membranas estáveis; talvez LUCA tivesse ambos os tipos de lipídios e seus descendentes mais tarde se especializaram perdendo um ou o outro. Isso poderia concebivelmente ser verdade para alguns traços, mas não generalizável para todos, visto que esbarra num problema conhecido como "o genoma do Éden". Se LUCA tinha tudo, e seus descendentes se aperfeiçoaram mais tarde, então deve ter começado com um genoma enorme, muito maior do qualquer procarionte moderno. Isso me parece colocar a carroça na frente dos bois – temos complexidade antes da simplicidade e duas soluções para cada problema. Então por que todos os descendentes perderam algo quando se tinha tudo? Não aceito isso; passemos para a segunda opção.

A possibilidade seguinte é que LUCA foi uma bactéria perfeitamente normal, com uma membrana bacterial, parede celular e replicação de DNA. Em algum momento, mais tarde, um grupo de descendentes, as primeiras arqueas, substituiu todos esses traços conforme se adaptava a condições extremas, tais como altas temperaturas em fontes quentes. Esta é provavelmente a explicação mais aceita, porém também não convence muito. Se for verdade, por que os processos de transcrições de DNA e tradução em proteínas são tão semelhantes em bactérias e arqueas, mas a replicação de DNA é tão diferente? Por que, se as membranas e paredes celulares arqueanas ajudam as arqueas a se adaptarem a ambientes hidrotermais, as bactérias extremófilas vivendo nas mesmas fontes não substituíram suas próprias membranas e paredes pelas versões arqueanas ou algo similar? Por que as arqueas vivendo no solo ou em alto-mar não substituem suas membranas e paredes por versões bacterianas? Bactérias e arqueas compartilham os mesmos ambientes em todo o mundo, mas permanecem fundamentalmente diferentes na sua genética e bioquímica em todos os ambientes, a despeito da transferência lateral de genes entre os dois domínios. Simplesmente não dá para acreditar que todas essas profundas diferenças pudessem refletir a adaptação a um ambiente extremo e, no entanto, permanecer fixadas nas arqueas, sem exceção, independentemente do quanto foram impróprias para todos os outros ambientes.

Isso nos deixa com a última opção, nua e crua. O aparente paradoxo não é paradoxo algum: LUCA era realmente quimiosmótica, com uma ATP sintase, mas não tinha de fato uma membrana moderna ou qualquer dos grandes complexos respiratórios que células modernas usam para bombear prótons. Ela realmente tinha DNA e o código genético universal, transcrição, tradução e ribossomos, mas não tinha de fato desenvolvido evolutivamente um método moderno de replicação de DNA. Essa estranha célula fantasma não faz sentido em mar aberto, mas começa a aumentar quando considerada no ambiente de fontes hidrotermais alcalinas discutidas no capítulo anterior. A pista está em como bactérias e arqueas vivem nessas fontes – algumas delas, pelo menos, por um processo aparentemente primordial chamado caminho via acetil-CoA, que tem uma incrível semelhança com as fontes geoquímicas.

A estrada rochosa até LUCA

Por todo o mundo vivo existem apenas seis modos de fixar carbono – de converter moléculas inorgânicas, tais como dióxido de carbono, em moléculas orgânicas. Cinco dessas vias são bastante complexas e requerem um fornecimento de energia para fazê-las seguir em frente, do sol na fotossíntese, por exemplo. A fotossíntese é um bom exemplo para outra razão também: o "ciclo de Calvin", uma via bioquímica que captura dióxido de carbono e o converte em moléculas orgânicas como açúcares, é encontrado apenas em bactérias fotossintéticas (e as plantas, que adquiriram essas bactérias como cloroplastos). Isso significa não ser provável que o ciclo de Calvin seja ancestral. Tivesse a fotossíntese estado presente em LUCA, ela deveria ter se perdido sistematicamente de todos os arqueas, uma besteira para um truque tão útil. É bem mais provável que o ciclo de Calvin tenha surgido mais tarde, ao mesmo tempo que a fotossíntese, nas bactérias apenas. Uma boa parte disso se aplica à maioria das outras vias, exceto uma. Só uma via de fixação de carbono é encontrada tanto em bactérias como arqueas, o que indica que é plausível que tenha surgido no seu ancestral comum – a via acetil-CoA.

Até mesmo essa afirmativa não é bem verdade. Existem algumas estranhas diferenças entre bactérias e arqueas na via acetil-CoA, de que vamos falar mais adiante neste capítulo. Por enquanto, vamos considerar resumidamente as razões pelas quais essa via é um bom argumento para ser considerada ancestral, mesmo que a filogenética seja ambígua demais para sustentar uma origem primordial (e nem ser descartada). As arqueas que vivem na via acetil-CoA são chamadas de metanógenas, as bactérias de acetógenos. Algumas árvores da vida retratam os metanógenos como se ramificassem profundamente; outras mostram os acetógenos como se ramificassem profundamente; e algumas retratam os dois grupos que podem ter evoluído um pouco mais tarde, com a simplicidade que, supostamente, refletia especialização e modernização e não um estado ancestral. Se ficarmos com a filogenética apenas, talvez jamais saibamos mais do que isso. Por sorte, não precisamos ficar.

A via acetil-CoA começa com hidrogênio e dióxido de carbono – as mesmas duas moléculas que discutimos no último capítulo como sendo abundantes em fontes hidrotermais alcalinas. Conforme já observamos, a reação entre CO_2 e H_2 para formar moléculas orgânicas é exergônica, o que quer dizer que libera energia: a princípio a reação deveria ocorrer espontaneamente. Na prática, existe uma barreira energética que impede o H_2 e o CO_2 de reagirem rapidamente. Os metanógenos usam o gradiente de prótons para vencer essa barreira, que eu vou defender ser o estado ancestral. Seja como for, tanto metanógenos como acetógenos obtêm energia para o seu crescimento através da reação de H_2 e CO_2 apenas: essa reação fornece todo o carbono e toda a energia necessários para o crescimento, o que coloca a via acetil-CoA longe das outas vias de fixação de carbono. O geoquímico Everett Shock resumiu memoravelmente como "um almoço de graça que lhe pagam para comer". Pode ser um almoço mirrado, mas, nas fontes, é servido o dia todo.

E não é tudo. Ao contrário de outras vias, a acetil-CoA é curta e linear. São poucos os passos necessários para sair de simples moléculas inorgânicas para o centro de metabolismo em todas as células, a pequena, mas reativa molécula de acetil-CoA. Não se assuste com as palavras. CoA representa coenzima A, que é um importante e universal "gancho" químico onde pendurar pequenas moléculas, de modo que possam ser processadas por enzimas. O importante não é tanto o gancho quanto o que fica pendurado nele, nesse caso, o grupo *acetil*. "Acetil" tem a mesma raiz de ácido acético, vinagre, uma molécula de dois carbonos simples que está no centro da bioquímica em todas as células. Quando preso à coenzima A, o grupo acetil está num estado ativado (muitas vezes chamado de "acetato ativado" – com efeito, vinagre reativo) que lhe permite reagir prontamente com outras moléculas orgânicas, estimulando, portanto, a biossíntese.

Assim, a via acetil-CoA gera pequenas moléculas reativas orgânicas a partir de CO_2 e H_2, por meio de poucas etapas apenas, enquanto, ao mesmo tempo, libera energia suficiente para estimular não só a formação de nucleotídeos e outras moléculas, mas também a sua polimerização em longas cadeias – DNA, RNA, proteínas e assim por diante. As enzimas que catalisam as primeiras etapas contêm grupamentos orgânicos de ferro, níquel e enxofre, que são fisicamente responsáveis pela transferência de elétrons para CO_2 a fim de formar grupos acetil reativos. Estes grupamentos inorgânicos são basicamente minerais – rochas! – mais ou menos idênticos na sua estrutura aos minerais ferro-enxofre que precipitam em fontes hidrotermais (ver **Figura 11**). A adaptação entre a geoquímica de fontes alcalinas e a bioquímica de metanógenos e acetógenos é tão íntima que a palavra análoga não lhe faz justiça. Analogia subentende semelhança, que é potencialmente apenas superficial. De fato, a semelhança aqui é tão próxima que poderia ser melhor vista como verdadeira homologia – uma forma deu origem a outra, fisicamente. Portanto, a geoquímica dá origem à bioquímica numa transição ininterrupta do inorgânico para o orgânico. Como diz o químico David Garner: "São os elementos inorgânicos que dão vida à química orgânica."*

Mas, talvez, a maior vantagem do acetil-CoA seja o fato de estar na encruzilhada do metabolismo de carbono e de energia. A relevância do acetil-CoA para a origem da vida foi observada no início da década de 1990 pelo eminente bioquímico belga Christian de Duve, apesar de, no contexto de sopa, não de fontes alcalinas. O acetil-CoA não só incentiva sínteses orgânicas, mas também pode reagir diretamente com fosfato para formar acetil-fosfato. Embora não seja uma moeda corrente de energia tão importante quanto o ATP hoje, o acetilfosfato ainda é muito usado ao longo da vida, e pode fazer boa parte do serviço do ATP. Conforme observado no capítulo anterior, o ATP faz mais do que ape-

---

* E os mesmos elementos inorgânicos ainda dão vida à química orgânica. Grupamentos ferro-enxofre mais ou menos idênticos são encontrados nas nossas próprias mitocôndrias, mais de uma dúzia delas em cada cadeia respiratória (ver **Figura 8** para complexo 1 apenas), significando dezenas de milhares em cada mitocôndria. Sem isso, a respiração não poderia funcionar e morreríamos em poucos minutos.

nas liberar energia; ele também incentiva reações de desidratação, nas quais uma molécula de água é extraída de dois aminoácidos ou outros blocos de construção, ligando-os, portanto, juntos numa cadeia. O problema de desidratar aminoácidos em solução, nós observamos, é equivalente a torcer um pano molhado dentro d'água, mas é exatamente o que o ATP faz. Demonstramos no laboratório que o acetilfosfato pode fazer esse mesmo exato trabalho, visto que sua química é basicamente equivalente. O que significa que o metabolismo de carbono e de energia inicial pode ser estimulado pelo mesmo tioéster, o acetil-CoA.

Simples? Ouvi você dizer. O grupo acetil de dois carbonos pode ser simples, mas a coenzima A é uma molécula complexa, sem dúvida produto de seleção natural e, portanto, um produto posterior da evolução. Então toda essa argumentação é circular? Não, porque existem "abióticos" genuinamente simples equivalentes ao acetil-CoA. A reatividade do acetil-CoA está no seu chamado "vínculo tioéster", que nada mais é do que um átomo de enxofre ligado a carbono, ligado por sua vez a oxigênio. Ele pode ser descrito como:

$$R-S-CO-CH_3$$

onde "R" representa o "resto" da molécula, CoA nesse caso, e CH_3 é um grupo metil. Mas o R não precisa representar CoA; pode representar algo tão simples quanto outro grupo CH_3, dando uma pequena molécula chamada acetato de tiometil:

$$CH_3-S-CO-CH_3$$

Este é um tioéster reativo, equivalente na sua química ao próprio acetil-CoA, mas simples o bastante para ser formado a partir de

H_2 e CO_2, em fontes hidrotermais alcalinas – na verdade vem sendo produzido por Claudia Huber e Günter Wächtershäuser a partir de CO e CH_3SH apenas. Melhor ainda, o acetato de tiometil, como o acetil-CoA, deveria ser capaz de reagir diretamente com fosfato para formar acetilfosfato. E, assim, esse tioéster reativo poderia a princípio estimular a síntese de novas moléculas orgânicas, tais como proteínas e RNA, via acetilfosfato – uma hipótese que estamos testando no nosso reator de bancada no laboratório (de fato acabamos de ter sucesso produzindo acetilfosfato, embora em baixa concentração).

Uma versão primordial da via acetil-CoA poderia, a princípio, energizar tudo que é necessário para a evolução de células primitivas dentro dos microporos de fontes hidrotermais alcalinas. Eu vislumbraria três estágios. No primeiro estágio, gradientes de prótons através de finas barreiras inorgânicas contendo minerais de ferro-enxofre catalítico induziram a formação de pequenas moléculas orgânicas (**Figura 14**). Essas moléculas orgânicas foram concentradas nos poros de fontes de refrigeração por termoforese e, por sua vez, agiram como catalisadores melhores, conforme discutimos no capítulo 3. Essas foram as origens da bioquímica – a contínua formação e concentração de precursores reativos, promovendo interações entre moléculas e a formação de polímeros simples.

O segundo estágio foi a formação de protocélulas orgânicas simples dentro dos poros das fontes, como um resultado natural das interações físicas entre elementos orgânicos – estruturas dissipativas simples semelhantes a células, formadas pela auto-organização de matéria, mas até agora sem qualquer base genética ou real complexidade. Eu veria essas protocélulas simples como dependentes do gradiente de prótons para estimular a síntese orgânica, mas agora, através de suas próprias membranas orgânicas (bicamadas lipídicas formadas espontaneamente a partir de ácidos graxos, por exemplo) em vez das paredes inorgânicas da própria fonte. Para tal não é necessária nenhuma proteína. O gradiente de prótons poderia estimular a formação de acetato de tiometil e acetilfosfato conforme discutido anteriormente, promovendo o metabolismo tanto do carbono quanto da energia. Existe uma diferença importante nesse estágio: nova matéria orgânica se formou agora dentro da própria protocélula, incentivada por gradientes de prótons naturais através de membranas orgânicas. Relendo isso, fico impressionado com o uso excessivo que faço da palavra "induzir". Poderia ser um estilo literário fraco, mas não existe uma palavra melhor. Preciso explicar que essa não é química passiva, mas é *forçada*, empurrada, induzida pelo fluxo contínuo de carbono, energia, prótons. Estas reações *precisam* acontecer, são o único modo de dissipar o instável equilíbrio de fluidos alcalinos reduzidos, ricos em hidrogênio, entrando num oceano oxidado, ácido, rico em metais. A única maneira de alcançar o bendito equilíbrio termodinâmico.

 O terceiro estágio é a origem do código genético, a verdadeira hereditariedade, finalmente permitindo que protocélulas façam cópias mais ou menos exatas de si mesmas. As formas mais primitivas de seleção, baseadas em taxas relativas de síntese e degradação, deram lugar à seleção natural apropriada, na qual populações de protocélulas com genes e proteínas começaram a competir por sobrevivência dentro de poros de fontes. Os mecanismos padrão de evolução no final produziram proteínas sofisticadas em células primitivas, inclusive os ribossomos e a ATP sintase, proteínas conservadas universalmente na vida hoje. Imagino que LUCA, a ancestral comum de bactérias e arqueas, viveu dentro de microporos de fontes hidrotermais alcalinas. Isso significa que todos os três estágios, da origem abiótica a LUCA, ocorrem dentro de poros de fontes. Todos são induzidos por gradientes de prótons através de paredes inorgânicas ou membranas orgânicas; mas o advento de proteínas sofisticadas como a ATP sintase é uma etapa tardia nessa estrada de pedras até LUCA.

Não estou preocupado, neste livro, com os detalhes de bioquímica primordial: de onde veio o código genético e outros problemas igualmente difíceis. São problemas reais e existem pesquisadores engenhosos cuidando deles. Ainda não sabemos as respostas. Mas todas essas ideias supõem um abundante suprimento de precursores reativos. Só para dar um exemplo simples, uma bela ideia de Shelley Copley, Eric Smith e Harold Morowitz sobre a origem do código genético postula que os dinucleotídeos catalíticos (dois nucleotídeos unidos) poderiam gerar aminoácidos a partir de precursores mais simples, tais como piruvato. O inteligente projeto mostra como o código genético pode ter surgido de química determinista. Para quem estiver interessado, escrevi um capítulo sobre as origens do DNA em *Life Ascending*, que tocou em algumas dessas questões. Mas o que todas essas hipóteses pressupõem é um constante suprimento de nucleotídeos, piruvato e outros precursores. A questão que estamos tratando aqui é: quais as forças indutoras que forçaram a origem da vida na Terra? O meu argumento principal simplesmente defende que não há dificuldade *conceitual* a respeito de onde vieram todo o carbono, a energia e os catalisadores que induziram a formação de moléculas biológicas complexas, até o advento dos genes e proteínas, e de LUCA.

O cenário de fontes esboçado aqui tem uma bela continuidade com a bioquímica de metanógenos, as arqueas que vivem de H_2 e CO_2, pela via do acetil-CoA. Essas células aparentemente antigas geram um gradiente de prótons através de uma membrana (veremos como isso é feito), reproduzindo exatamente o que as fontes hidrotermais alcalinas fornecem de graça. O gradiente de prótons induz a via acetil-CoA através de uma proteína ferro-enxofre inserida na membrana – a hidrogenase conversora de energia ou, resumindo, *Ech*. Essa proteína canaliza prótons através da membrana para outra proteína ferro-enxofre, chamada ferredoxina, que por sua vez reduz CO_2. No capítulo anterior, sugeri que gradientes de prótons naturais através de finas paredes FeS em fontes poderiam reduzir CO_2 mudando os potenciais de redução de H_2 e CO_2. Desconfio que seja isso o que a *Ech* está fazendo numa escala nanométrica. As enzimas com frequência controlam as exatas condições físicas (tal como concentração de prótons) dentro de fendas nas proteínas, através de apenas alguns ångströms e a *Ech* poderia estar fazendo isso também. Sendo assim, poderia haver uma continuidade ininterrupta entre um estado primordial, no qual polipeptídeos curtos são estabilizados ligando-se a minerais FeS inseridos em protocélulas de ácido graxo, e o estado moderno, no qual a proteína de membrana *Ech* geneticamente codificada energiza o metabolismo de carbono em metanógenos modernos.

Seja como for, o fato é que hoje, no mundo dos genes e proteínas, a *Ech* depende do gradiente de prótons gerado pela síntese de metano para induzir a redução de CO_2. Os metanógenos também usam o gradiente de prótons para induzir diretamente a síntese de ATP, via ATP sintase. Assim, tanto o metabolismo de carbono quanto o de energia são induzidos por gradientes de prótons, exatamente o que as fontes forneciam de graça. As protocélulas mais primitivas que viviam em fontes alcalinas podem ter energizado o metabolismo de carbono e energia exatamente assim. Isso soa bastante plausível, mas, de fato, depender de gradientes naturais acarreta os seus próprios problemas. Problemas curiosamente graves. Bill Martin e eu percebemos que talvez haja apenas uma solução possível para esses problemas – e ela dá uma visão torturante de por que arqueas e bactérias diferem fundamentalmente.

O problema da permeabilidade das membranas

Dentro de nossas próprias mitocôndrias as membranas são quase impermeáveis aos prótons. Isso é necessário. Não é bom bombear prótons através de uma membrana se eles voltam correndo direto para você, como se através de inúmeros furinhos. Seria como tentar bombear água num tanque com uma peneira como base. Nas nossas mitocôndrias, então, temos um circuito elétrico, no qual a membrana funciona como um isolante: bombeamos prótons através da membrana e a maioria deles retorna através de proteínas, que, por sua vez, se comportam como turbinas, gerando trabalho. No caso da ATP sintase, o fluxo de prótons por esse motor nanoscópico induz a síntese de ATP. Mas observe que todo esse sistema depende de bombeamento ativo. Bloqueie as bombas e tudo para. É o que acontece se tomarmos uma pílula de cianureto: emperra-se o bombeamento final de prótons da cadeia respiratória nas nossas mitocôndrias. Se as bombas respiratórias são impedidas assim, os prótons podem continuar a fluir pela ATP sintase por alguns segundos antes que a concentração de prótons se equilibre através da membrana e o fluxo líquido cesse. É quase tão difícil de definir a morte como a vida, mas o colapso irrevogável do potencial da membrana chega bem perto.

Então, como um gradiente de prótons natural poderia induzir a síntese de ATP? Ele enfrenta. Enfrenta-se o problema do "cianeto". Imagine uma protocélula pousada num poro dentro de uma fonte, energizada por um gradiente de prótons natural. Um lado da célula está exposto a um fluxo contínuo de água do oceano, o outro a um fluxo contínuo de corrente alcalina hidrotermal (**Figura 17**). Há 4 bilhões de anos, os oceanos deviam ser levemente ácidos (pH 5-7), enquanto os fluidos hidrotermais eram equivalentes aos de hoje, com um pH por volta de 9-11. Gradientes de pH bem definidos podiam, portanto, ter sido de 3-5 unidades de magnitude, o que quer dizer que a diferença na concentração de prótons poderia ter sido 1 mil-100 mil vezes.* Só para afinar o argumento, imagine que a concentração de prótons dentro da célula seja semelhante à dos fluidos da fonte. Isso dá uma diferença na concentração de prótons entre o interior e o exterior; portanto, prótons fluirão para dentro pela concentração de gradientes. Em poucos segundos, entretanto, o influxo deve parar, a não ser que os prótons que escorrem possam ser removidos de novo. Há duas razões para isso. Primeiro, a diferença de concentração rapidamente se iguala. E, segundo, existe um problema com a carga elétrica. Os prótons (H^+) têm carga positiva, mas na água do mar a sua carga positiva é contrabalançada por átomos de carga negativa, tais como íons de cloreto (Cl^-). O problema é que os prótons atravessam a membrana muito mais rápido do que os íons de cloreto, portanto há um afluxo de carga positiva que não é compensado por um afluxo de carga negativa. O interior da célula, então, torna-se positivamente carregado com relação ao exterior e isto contrapõe o afluxo de mais H^+. Em resumo, a não ser

---

* Como a escala de pH é logarítmica, a unidade I pH representa uma diferença 10 vezes maior na concentração de prótons. Diferenças dessa magnitude num espaço tão pequeno podem parecer inviáveis, mas de fato são possíveis por causa da natureza do fluxo de fluido pelos poros na escala de micrômetros de diâmetro. Os fluxos nessas circunstâncias podem ser "laminares", com pouca turbulência e mistura. Os tamanhos dos poros em fontes hidrotermais alcalinas tendem a combinar ambos os fluxos, laminar e turbulento.

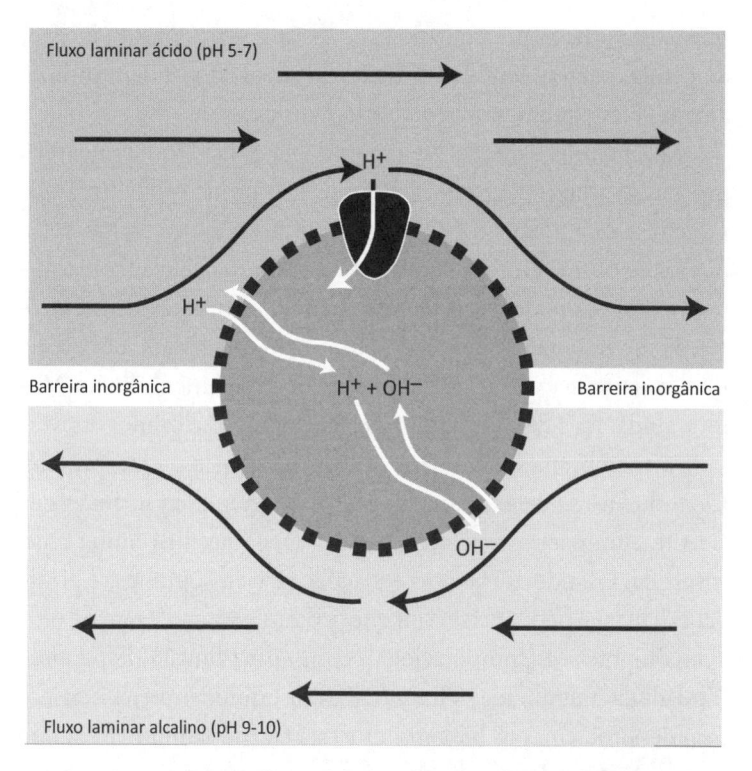

Figura 17 **Uma célula energizada por uma gradiente natural de prótons**
Uma célula fica no meio de uma estrutura encerrada por uma membrana que é permeável a prótons. A célula é "calçada" numa pequena fenda numa barreira inorgânica que separa duas fases dentro de uma fonte microporosa. Na fase de cima, a água do oceano levemente ácida filtra por um poro alongado, a um pH de 5-7 (em geral como pH 7 no modelo). Na fase de baixo, fluidos hidrotermais alcalinos filtram por um poro não conectado, a um pH de cerca de 10. Fluxo laminar indica falta de turbulência e mistura, característica de fluidos escorrendo em pequenos espaços confinados. Prótons (H^+) podem fluir diretamente pela membrana lipídica ou através de proteínas inseridas na membrana (forma triangular), por um gradiente de concentração a partir do oceano ácido até o fluido hidrotermal alcalino. Íons de hidróxido (OH^-) fluem na direção oposta, do fluido hidrotermal alcalino para o oceano ácido, mas somente através da membrana. A taxa total de fluxo de prótons depende da permeabilidade da membrana a H^+, da neutralização por OH^- (para formar H_2O); do número de proteínas da membrana; do tamanho da célula; e da carga através da membrana acumulada pelo movimento de íons de uma fase para outra.

que exista uma bomba que possa se livrar dos prótons do interior da célula, os gradientes de prótons naturais não podem induzir a nada. Eles equilibram e equilíbrio é morte.

Mas há uma exceção. Se a membrana é quase impermeável a prótons, o afluxo deve cessar. Prótons entram na célula, mas não podem sair de novo. Porém, se a membrana é muito permeável, a história é outra. Prótons continuam a entrar na célula, como antes, mas agora podem sair de novo, ainda que passivamente, através da membrana permeável do outro lado da célula. Com efeito, uma membrana permeável impõe menos barreira ao fluxo. Melhor ainda, íons de hidróxido (OH^-) dos fluidos alcalinos atravessam a membrana mais ou menos na mesma taxa que prótons. Quando eles se encontram, H^+ e OH^- reagem para formar água (H_2O), eliminando o próton com sua carga positiva numa cruel investida. Usando as clássicas equações de eletroquímica, é possível calcular as frequências com que prótons entram e saem de uma célula hipotética (computacional) como uma função de permeabilidade de membrana. Victor Sojo, um químico interessado nos grandes problemas da biologia, que está fazendo um PhD comigo e com Andrew Pomiankowski, fez exatamente isso. Ao seguir a pista da diferença de estado estacionário na concentração de prótons, podemos calcular a energia livre (ΔG) disponível a partir de um gradiente pH apenas. Os resultados são belíssimos. A força motriz disponível depende da permeabilidade da membrana aos prótons. Se a membrana é extremamente permeável, prótons entram correndo como doidos, mas também desaparecem de novo rapidamente, eliminados por um rápido afluxo de íons de OH^-. Mesmo com membranas muito permeáveis, descobrimos que prótons ainda entrarão mais rápido através de proteínas da membrana (como a ATP sintase) do que através dos próprios lipídios. Isso significa que o fluxo de prótons pode induzir a síntese de ATP ou a redução de carbono pela proteína de membrana *Ech*. Levando em consideração diferenças de concentração e carga, assim como a operação de proteínas como a ATP sintase, mostramos que *apenas* células com membranas muito permeáveis podem usar gradientes de prótons naturais para acionar o metabolismo de carbono e energia. Notavelmente, essas células permeáveis, na teoria, respingam tanta energia de um gradiente de prótons natural de três unidades de pH quanto células modernas ganham com a respiração.

Na verdade, poderiam ganhar muito mais. Pense de novo nos metanógenos. Eles gastam a maior parte do seu tempo gerando metano, daí o seu nome. Em média, os metanógenos produzem cerca de quarenta vezes mais resíduos (metano e água) do que matéria orgânica. Toda a energia derivada da síntese de metano é usada para bombear prótons (**Figura 18**). É isso aí. Os metanógenos gastam praticamente 98% do seu estoque de energia gerando gradientes de prótons por metanogênese e pouco mais de 2% produzindo nova matéria orgânica. Com gradientes de prótons naturais e membranas permeáveis, nada desse gasto excessivo de energia é necessário. A energia disponível é exatamente a mesma, mas os custos da despesa sofrem um corte de pelo menos quarenta vezes, uma vantagem muito substancial. Imagine só ter quarenta vezes mais energia! Nem meus filhos pequenos não me superam tanto assim. No capítulo anterior, mencionei que células primitivas provavelmente precisaram de *mais* carbono e fluxo de energia do que células modernas; a desnecessidade de bombear lhes dá muito mais carbono e energia.

Considere uma célula permeável, assentada num gradiente de próton natural. Lembre-se de que estamos agora na era dos genes e proteínas, que são eles mesmos o produto da seleção natural atuando em protocélulas. Nossa célula permeável pode usar o flu-

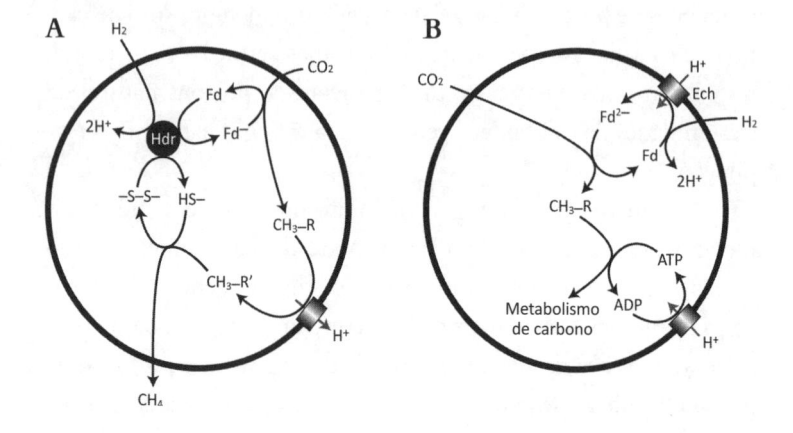

Figura 18 **Gerar energia fazendo metano**
Uma visão simplificada da metanogênese. Em **A** a energia da reação entre H_2 e CO_2 aciona a extrusão de prótons (H^+) através da membrana da célula. Uma enzima hidrogenase (Hdr) catalisa a redução simultânea de ferredoxina (Fd) e uma ligação disulfeto (-S-S-), usando os dois elétrons de H_2. A ferredoxina por sua vez reduz CO_2, basicamente para um grupo metil (-CH_3) ligado a um cofator designado R. O grupo metil é então transferido para um segundo cofator (R') e essa etapa libera energia suficiente para bombear dois H^+ ou (Na^+) através da membrana. No estágio final, o grupo -CH_3 é reduzido a metano (CH_4) pelo grupo HS-. No todo, parte da energia liberada pela formação de metano (CH_4) de H_2 e CO_2 é conservada como um gradiente H^+ (ou Na^+) através da membrana celular. Em **B** o gradiente H^+ é usado diretamente através de duas proteínas de membrana distintas para induzir metabolismo de carbono e energia. A hidrogenase conversora de energia (*Ech*) reduz a ferredoxina (Fd) diretamente, o que de novo passa seus elétrons para CO_2 para formar um grupo metil (-CH_3), que reage com CO para formar acetil cetil-CoA, o elemento-chave do metabolismo. Da mesma forma, o fluxo de H^+ através da sintase induz a síntese de ATP e, portanto, o metabolismo de energia.

xo contínuo de prótons para induzir o metabolismo de carbono, através de *Ech*, a hidrogenase conversora de energia da qual já falamos. Essa proteína permite à célula reagir H_2 com CO_2 para formar acetil-CoA e, daí em diante, a todos os blocos de construção da vida. Também pode usar o gradiente de prótons para induzir a síntese de ATP, usando a ATP sintase. E é claro que pode usar ATP para polimerizar aminoácidos e nucleotídeos para fazer novas proteínas, RNA e DNA, e, finalmente, cópias de si mesma. O importante é que a nossa célula permeável não precisa desperdiçar energia bombeando prótons e, assim, deveria crescer sem problemas, até mesmo ao permitir enzimas primordiais ineficientes que ainda não tinham sido aprimoradas por bilhões de anos de evolução.

Mas essas células permeáveis também ficam presas onde estão, dependendo totalmente do fluxo hidrotermal e incapazes de sobreviver em qualquer outro lugar. Quando esse fluxo cessa ou vai para outro lugar, estão condenadas. Pior ainda, parecem estar num estado impossível de evoluir. Não há nenhum benefício em aprimorar as propriedades da membrana; pelo contrário, membranas menos permeáveis colapsam suavemente o gradiente de prótons, visto não haver mais nenhum jeito de se livrar dos prótons do interior da célula. Portanto, qualquer célula variante que produzisse uma membrana impermeável mais "moderna" seria eliminada por seleção. A não ser que aprendessem a bombear, é claro; mas isso é igualmente problemático. Já vimos que não adianta bombear prótons através de uma membrana permeável. Nosso estudo confirma que o bombeamento não oferece nenhum benefício, mesmo que a permeabilidade da membrana diminua por colossais três ordens de magnitude.

Vou explicar. Uma célula permeável num gradiente de prótons tem energia suficiente para induzir o carbono e a energia do metabolismo. Se, por algum truque de prestidigitação evolutivo, uma bomba totalmente funcional for colocada na membrana, não oferecerá nenhum benefício em termos de disponibilidade de energia: a força disponível permanece exatamente a mesma que na sua ausência. Isso porque bombear prótons sobre uma membrana permeável não faz sentido – eles voltam logo. Reduza a permeabilidade da membrana dez vezes e tente de novo; ainda zero benefício. Diminua a permeabilidade mil vezes; ainda nenhum benefício. Por que não? Existe um equilíbrio de forças. Reduzir a permeabilidade da membrana ajuda a bombear, mas também colapsa o gradiente de prótons natural, minando o suprimento de energia da célula. Somente se grandes quantidades de bombas forem coladas através de uma membrana quase impermeável (equivalente à que existe em nossas próprias células) existiria algum benefício em bombear. Esse é um grave problema. Não existe nenhuma força motriz seletiva para a evolução, seja de membranas de lipídios modernas ou de bombas de prótons modernas. Sem uma força motriz, não deveriam evoluir; mas, não obstante, existem. Então o que não estamos vendo?

Aqui está um exemplo da capacidade de fazer descobertas inesperadas da ciência. Bill Martin e eu estávamos pensando exatamente nesse problema e refletimos sobre os metanógenos que usam uma proteína chamada trocador (antiporter). Os metanógenos em questão, na verdade, bombeiam para fora íons de sódio (Na^+), não prótons (H^+), mas ainda apresentam algumas dificuldades com prótons acumulando-se no interior. O trocador troca um Na^+ por um H^+, como se fosse uma catraca de mão dupla ou porta giratória. Para cada Na^+ passando para dentro da célula por um gradiente de concentração, um H^+ é forçado a sair. É uma bomba de prótons acionada por um gradiente de sódio. Mas os trocadores são bastante indiscriminadores. Não se importam para que lado funcionam. Se uma célula bombeasse H^+ em vez de Na^+, então o trocador simplesmente giraria ao contrário. Para cada H^+ que entrou, um Na^+ seria então forçado a sair. Ah! De repente encontramos! Se a nossa célula permeável assentada na fonte hidrotermal alcalina evoluísse um trocador Na^+/H^+, ela agiria como uma bomba Na^+ acionada por prótons! Para cada H^+ que entrasse na célula através do trocador, um Na^+ seria forçado a sair! Em teoria, o trocador poderia converter um gradiente de prótons natural num gradiente de sódio bioquímico.

Como isso ajudaria exatamente? Eu ressaltaria que se trata de um experimento pensado, baseado nas propriedades conhecidas da proteína; mas, segundo os nossos cálculos, poderia fazer uma surpreendente diferença. Em geral, membranas lipídicas são cerca de seis ordens de magnitude menos permeáveis a Na^+ do que H^+. Portanto, uma membrana que é extremamente permeável a prótons é suficientemente impermeável a sódio. Bombeie um próton e ele voltará direto para você; bombeie sódio através da mesma membrana e ele não voltará tão rápido. Isso significa que um trocador pode ser acionado por um gradiente de prótons natural: para cada H^+ que entra, Na^+ é expelido. Desde que a membrana seja permeável a prótons, como antes, o fluxo de prótons através do trocador continuará irredutível, acionando a extrusão de Na^+. Como a membrana é menos permeável a Na^+, é mais provável que o Na^+ expulso fique do lado de fora; ou, mais especificamente, deve reentrar na célula via proteínas de membrana, em vez de voltar através dos lipídios. E isso melhora o acoplamento do influxo de Na^+ com o trabalho feito.

É claro, isso só serve se as proteínas de membrana que ativam o metabolismo de carbono e energia – *Ech* e a ATP sintase – não puderem discriminar entre Na^+ e H^+. Isso soa como um disparate, mas pode muito bem ser verdade. Alguns metanógenos vêm a ter enzimas de sintase de ATP que podem ser ativadas tanto por H^+ como por Na^+, razoavelmente com a mesma facilidade. Até a prosaica linguagem da química os declara "promíscuos". A razão disso poderia ter relação com a carga equivalente e raios muito semelhantes dos dois íons. Embora H^+ seja muito menor do que Na^+, prótons raramente existem isolados. Quando dissolvidos, se ligam à água para formar H_3O^+, que tem um raio quase idêntico a Na^+. Outras proteínas de membrana, inclusive *Ech*, também são promíscuas para H^+ e Na^+, supostamente pelas mesmas razões. A conclusão é que bombear Na^+ de jeito algum não faz sentido. Quando acionado por gradientes de prótons naturais, não há essencialmente nenhum custo para expulsar Na^+; e uma vez que exista um gradiente de sódio, o Na^+ tem mais probabilidade de reentrar na célula via proteínas de membrana tais como *Ech* e ATP sintase do que por lipídios de membranas. A membrana agora está mais bem "acoplada", o que significa que está mais bem isolada e, portanto, com menos probabilidade de entrar em curto circuito. Por conseguinte, mais íons estão agora disponíveis para induzir o carbono e o metabolismo de energia, dando melhor retorno para cada íon expulso.

Existem várias surpreendentes ramificações dessa simples invenção. Uma é quase incidental: bombear sódio para fora da célula baixa a concentração de sódio dentro da célula. Sabemos que muitas enzimas essenciais encontradas tanto em bactérias como em arqueas (aquelas responsáveis por transcrição e tradução, por exemplo) foram otimizadas por seleção para funcionarem a baixa concentração de Na^+, apesar de, com muita probabilidade, evoluírem nos oceanos, onde a concentração de Na^+ parece ter sido alta mesmo há 4 bilhões de anos. A operação anterior de um trocador poderia potencialmente explicar por que todas as células são otimizadas a baixo sódio, apesar de evoluírem num ambiente de alto sódio.*

Mais significativo para nossos propósitos imediatos, o trocador efetivamente acrescenta um gradiente Na^+ a um gradiente H^+ existente. A célula ainda é ativada pelo gradiente de prótons natural, portanto ainda requer membranas permeáveis a prótons; mas agora ainda tem um gradiente Na^+ também, que segundo nossos cálculos dá à célula cerca de 60% mais energia do que antes, quando dependia de prótons apenas. Isso dá às células duas grandes vantagens. Primeiro, células com um trocador têm mais energia e, portanto, podem crescer e replicar mais do que as células sem – uma óbvia vantagem seletiva. Segundo, células poderiam sobreviver em gradientes de prótons menores. No nosso estudo, células com membranas permeáveis crescem bem com um gradiente de prótons com cerca de três unidades de pH, o que quer dizer que a concentração de prótons dos oceanos (cerca de pH 7) é três ordens de magnitude maior do que a concentração de prótons de fluidos alcalinos (cerca de pH 10). Aumentando a energia de um gradien-

---

* O fato de enzimas antigas serem otimizadas a concentrações de baixo Na^+/alto K^+, dado que as primeiras membranas eram permeáveis a esses íons, pode significar que as células foram otimizadas para o equilíbrio iônico do meio circundante, segundo o geneticista russo Armen Mulkidjanian. Como os oceanos primordiais eram altos em Na^+, baixos em K^+, ele acredita que a vida não pode ter começado nos oceanos. Se ele estiver certo, então eu devo estar errado. Mulkidjanian aponta para sistemas geotérmicos terrestres com alto K^+, baixo Na^+, embora esses ambientes tenham seus próprios problemas (ele consegue realizar síntese orgânica por fotossíntese de sulfeto de zinco, algo desconhecido na vida real). Porém, é realmente impossível à seleção natural otimizar proteínas ao longo de 4 bilhões de anos ou devemos acreditar que o equilíbrio de íons primitivo era perfeito em todas as enzimas? Se é possível otimizar a função de enzimas, como poderia isso ser feito, tendo em vista membranas permeáveis primitivas? O uso de trocadores em gradientes de prótons naturais oferece uma resposta satisfatória.

te de prótons natural, células com um trocador poderiam sobreviver com um gradiente de pH de menos de duas unidades de pH, permitindo-lhes se espalhar e colonizar áreas mais amplas da fonte ou sistemas de fontes contíguos. Células com um trocador tenderiam, portanto, a vencer a competição com outras células e também se espalhariam e divergiriam nas fontes. Mas, como ainda dependem totalmente do gradiente de prótons natural, não poderiam deixar as fontes. Mais um passo era necessário.

Isso nos leva ao ponto crucial. Com um trocador, as células poderiam não ser capazes de deixar a fonte, mas agora são incentivadas a fazer isso. No jargão, um trocador é uma "pré-adaptação" – um primeiro passo necessário que facilita um desenvolvimento evolutivo posterior. A razão é surpreendente ou, pelo menos, foi para mim. Pela primeira vez, um trocador favorece a evolução de bombeamento ativo. Mencionei que não existe nenhum benefício em bombear prótons através de uma membrana permeável, porque eles voltam direto para você. Mas com um trocador existe uma vantagem. Quando prótons são bombeados para fora, alguns deles retornam não através de lipídios permeáveis, mas através do trocador, que expulsa Na^+ no lugar deles. Como a membrana é melhor isolada para Na^+, uma quantidade maior de energia, que foi gasta ao se bombear prótons para fora, é retida como um gradiente de íons através da membrana. Para cada íon bombeado para fora há uma chance ligeiramente maior de que ele fique de fora. E isso significa que existe agora uma pequena vantagem em bombear prótons, enquanto antes não havia nenhuma. Bombear só vale a pena com um trocador.

Isso não é tudo. Uma vez evoluída, uma bomba de prótons oferece agora, pela primeira vez, uma vantagem em melhorar a membrana. Eu reitero: num gradiente de prótons natural é estritamente necessário haver uma membrana permeável. Bombear prótons através de uma membrana permeável não adianta nada. Um trocador melhora a situação porque aumenta a energia disponível a partir de um gradiente de prótons natural, mas não elimina a dependência da célula do gradiente natural. Mas, na presença de um trocador, agora é vantajoso bombear prótons, significando que existe menos dependência do gradiente natural. E agora – só agora! – é melhor ter uma membrana menos permeável. Fazer a membrana ligeiramente menos permeável dá uma leve vantagem ao bombeamento. Melhorando-a um pouquinho mais dá uma vantagem ligeiramente maior e, assim por diante, até se chegar a uma membrana impermeável a prótons moderna. Pela primeira vez, temos uma força motriz seletiva sustentada para a evolução das bombas de prótons *e* membranas lipídicas modernas. Por fim, as células podem cortar o seu vínculo umbilical com os gradientes de prótons naturais: elas estão finalmente livres para escapar das fontes e sustentar-se no grande mundo vazio.*

Esse é um belo conjunto de restrições físicas. Ao contrário da filogenética, que pode nos dizer muito pouco com certeza, estas restrições físicas colocam uma ordem na possível sucessão de eta-

---

* O leitor atento pode estar imaginando por que as células simplesmente não bombeiam Na^+? Na verdade, é melhor bombear Na^+ através de uma membrana permeável do que bombear H^+, mas conforme a membrana se torna menos permeável, a vantagem está perdida. A razão é esotérica. A força disponível para uma célula depende da diferença de concentração entre os dois lados da membrana, não da concentração absoluta de íons. Como a concentração de Na^+ é tão alta nos oceanos, manter uma diferença equivalente a três ordens de magnitude entre o interior e o exterior da célula requer muito mais bombas de Na^+ do que H^+, comprometendo a vantagem de bombear Na^+ no caso de a membrana ser relativamente impermeável a ambos os íons. Curiosamente, células que vivem em fontes, tais como os metanógenos e acetógenos, costumam bombear Na^+. Uma razão possível é que grandes concentrações de ácidos orgânicos, tais como o ácido acético, aumentam a permeabilidade da membrana a H^+, tornando mais lucrativo bombear Na^+.

pas evolutivas, começando com uma dependência de gradientes de prótons naturais e terminando com células essencialmente modernas, que geram seus próprios gradientes de prótons através de membranas impermeáveis (**Figura 19**). E melhor ainda, estas restrições poderiam explicar a profunda divergência de bactérias e arqueas. Ambas geram ATP usando gradientes de prótons através de membranas, mas essas membranas são fundamentalmente diferentes nos dois domínios, junto com outros traços que incluem as próprias bombas de membranas, a parede celular e a replicação de DNA. Vou explicar.

Por que bactérias e arqueas são fundamentalmente diferentes?

Aqui está um breve sumário da história até agora. No capítulo anterior, consideramos, a partir de um ponto de vista energético, os possíveis ambientes na Terra primitiva que levaram à origem da vida. Nós nos concentramos nas fontes hidrotermais alcalinas, onde um fluxo contínuo de carbono e energia é combinado com catalisadores minerais e compartimentalização natural. Porém, essas fontes enfrentam um problema: o fluxo de carbono e energia vem na forma de H_2 e CO_2, que não reagem juntos facilmente. Vimos que gradientes de prótons geoquímicos atravessam finas barreiras semicondutoras em poros de fontes que poderiam quebrar a barreira de energia à sua reação. Ao produzirem tioésteres reativos, tais como acetato de tiometil (funcionalmente equivalente a acetil-CoA), gradientes de prótons poderiam induzir as origens dos metabolismos tanto do carbono como da energia, levando ao acúmulo de moléculas orgânicas dentro de poros de fontes, enquanto facilitam reações de "desidratação" que formam polímeros complexos, inclusive DNA, RNA e proteínas. Fui evasivo a respeito de

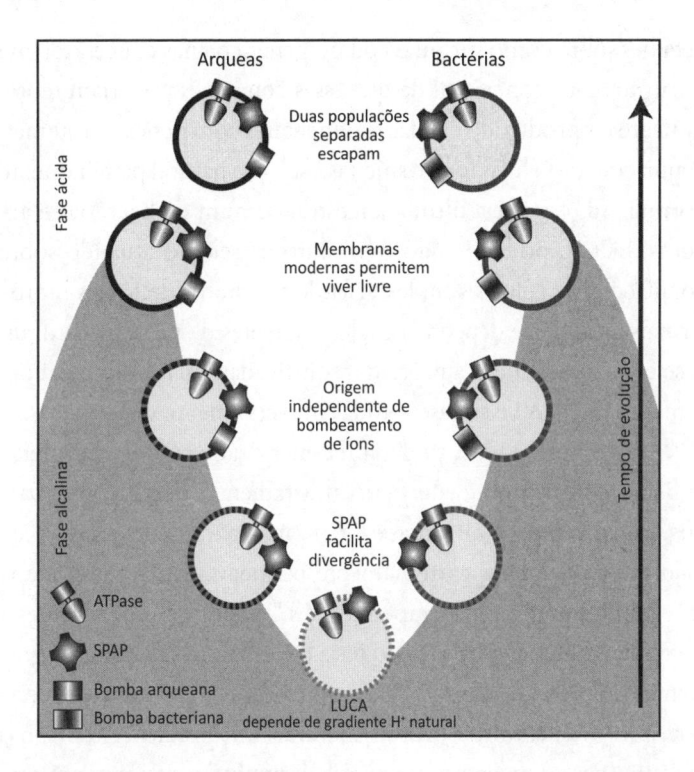

Figura 19 **A origem de bactérias e arqueas**
Um cenário possível para a divergência de bactérias e arqueas, baseado num modelo matemático de disponibilidade de energia em gradientes de prótons naturais. A figura mostra apenas a sintase de ATP por simplicidade, mas o mesmo princípio se aplica a outras proteínas de membranas, tal como a *Ech*. Um gradiente H⁺ natural numa fonte pode induzir a síntese de ATP desde que a membrana seja permeável (fundo), mas não há benefício em melhorar a membrana, visto que isso colapsa o gradiente natural. Um trocador de prótons de sódio (SPAP- sodium-proton antiporter) adiciona um gradiente de sódio bioquímico ao gradiente de prótons geoquímico, permitindo a sobrevivência em gradientes H⁺ menores, facilitando disseminação e divergência de populações na fonte. A energia a mais proporcionada por SPAP significa que bombear H⁺ oferece um benefício pela primeira vez. Com uma bomba, existe o benefício de reduzir a permeabilidade da membrana para H⁺. Quando a permeabilidade da membrana H⁺ se aproxima de valores modernos, as células finalmente se tornam independentes de gradientes naturais e podem deixar a fonte. Bactérias e arqueas são descritas escapando da fonte independentemente.

detalhes sobre como surgiu o código genético, mas concentrei-me no argumento conceitual de que essas condições poderiam teoricamente ter produzido células rudimentares com genes e proteínas. Populações de células foram sujeitas à seleção natural perfeitamente normal. Sugeri que a última ancestral comum de bactérias e arqueas, LUCA, pode ter sido o produto de seleção atuando sobre populações de células simples vivendo nos poros de fontes hidrotermais alcalinas e dependentes de gradientes de prótons naturais. A seleção deu origem a proteínas sofisticadas, incluindo os ribossomos, *Ech* e a ATP sintase – todas universalmente conservadas.

A princípio, LUCA poderia ter energizado todo o seu metabolismo de carbono e energia com gradientes de prótons naturais, por meio da ATP sintase e *Ech*, mas para isso precisava de membranas celulares extremamente permeáveis. Ela não poderia ter evoluído membranas impermeáveis "modernas" equivalentes a bactérias e arqueas, porque isso teria causado um colapso nos gradientes de prótons naturais. Mas um trocador teria ajudado, convertendo gradientes de prótons naturais em gradientes de sódio bioquímicos, aumentando a energia disponível e, assim, permitindo às células sobreviver de gradientes menores. Isso teria possibilitado às células se espalharem e colonizarem regiões insustentáveis de fontes, por sua vez facilitando a divergência de populações. Ser capazes de sobreviver sob uma variedade mais ampla de condições poderia até ter permitido às células "infectar" sistemas de fontes contíguas, potencialmente espalhando-se por todo o chão da Terra primitiva, muitas das quais talvez tendessem à serpentinização.

Mas um trocador também deu uma vantagem ao bombeamento, pela primeira vez. Finalmente, chegamos a essas estranhas diferenças na via acetil-CoA em relação a metanógenos e acetógenos. Essas diferenças sugerem que o bombeamento ativo surgiu independentemente em duas populações distintas, que haviam divergido de uma população ancestral comum com a ajuda de um trocador. Lembre-se de que metanógenos são arqueas, enquanto acetógenos são bactérias – representantes dos dois grandes domínios de procariontes, os ramos mais profundos da "árvore da vida". Observamos que bactérias e arqueas são similares na transcrição e tradução de seu DNA, ribossomos, síntese de proteína e daí por diante, mas diferem em outros aspectos fundamentais, inclusive a composição da membrana celular. Mencionei que também diferem em detalhes da via acetil-CoA, embora tenha afirmado que essa via é, não obstante, ancestral. As semelhanças e diferenças são reveladoras.

Como os metanógenos, os acetógenos reagem H_2 com CO_2 para formar acetil-CoA por meio de uma série de etapas análogas. Ambos os grupos usam um truque inteligente, conhecido como bifurcação de elétrons ao bombeamento de energia. A bifurcação de elétrons foi descoberta só recentemente pelo famoso microbiólogo Rolf Thauer e seus colegas na Alemanha, no que poderia ser o maior avanço na bioenergética das últimas décadas. Thauer agora está formalmente aposentado, mas suas descobertas foram o clímax de décadas de tentativas de decifrar a energética de micróbios obscuros, que continuavam crescendo quando os cálculos estequiométricos diziam que eles não deveriam. A evolução, como costuma acontecer, é mais inteligente do que nós. Em essência, a bifurcação de elétrons significa um empréstimo de energia a curto prazo, feito com a promessa de pronta devolução. Conforme observamos, a reação de H_2 com CO_2 é totalmente exergônica (libera energia), mas os primeiros passos são endergônicos (exigem entrada de energia). A bifurcação de elétrons dá um jeito de usar parte da energia que é liberada nas etapas posteriores da redução de CO_2 para pagar pelas primeiras etapas difíceis.* Nos últimos passos, conforme é liberada mais energia nas últimas etapas do que é necessário gastar nas primeiras etapas, é possível conservar alguma energia como um gradiente de prótons através de uma membrana (**Figura 18**). Em resumo, a energia liberada pela reação de H_2 e CO_2, potencializa a extrusão de prótons através de uma membrana.

O enigma é que a "circuitaria" da bifurcação de elétrons difere em metanógenos e acetógenos. Ambos dependem de proteínas ferro-níquel-enxofre bastante similares, mas o mecanismo é diferente, como fazem muitas das proteínas necessárias. Como os metanógenos, os acetógenos conservam a energia liberada pela reação de H_2 e CO_2 como um gradiente H^+ ou Na^+ através de uma membrana. Em ambos os casos, o gradiente é usado para energizar o metabolismo de carbono e energia. Como metanógenos, acetógenos têm uma ATP sintase e *Ech*. Diferentemente dos meta-

---

* Para quem quiser saber mais sobre esse curioso processo de bifurcação de elétrons: duas reações separadas são unidas, de modo que a etapa difícil (endergônica) é induzida por uma reação mais favorável (exergônica). Dos dois elétrons em H_2, um reage imediatamente com um alvo "fácil", forçando o outro e dar um passo mais difícil, a redução de CO_2 a moléculas orgânicas. O maquinário de proteínas que executa a bifurcação de elétrons contém muitos grupamentos de ferro-níquel-enxofre. Nos metanógenos, essas estruturas, essencialmente minerais, separam os pares de elétrons de H_2, acabando por alimentar CO_2 com metade deles para formar orgânicos e a outra metade vai para átomos de enxofre – o alvo "mais fácil" que induz todo o processo. Os elétrons são finalmente reunidos em metano (CH_4), que é liberado no mundo como resíduo, legando aos metanógenos o seu nome. Em outras palavras, o processo de bifurcação de elétrons é atordoantemente circular. Os elétrons do H_2 ficam separados por uns tempos, mas, no final, todos são transferidos para o CO_2, reduzindo-o para metano, que é rapidamente descartado. A única coisa conservada é uma parte da energia liberada nas etapas exergônicas da redução de CO_2, na forma de um gradiente H^+ através de uma membrana (na verdade, nos metanógenos o gradiente é tipicamente Na^+, mas H^+ e Na^+ são facilmente intercambiáveis por meio do trocador). Em resumo, a bifurcação de elétrons bombeia prótons, regenerando o que as fontes fornecem de graça.

nógenos, entretanto os acetógenos não usam *Ech* para prover de energia o metabolismo de carbono diretamente. Pelo contrário, alguns deles o usam ao inverso, como uma bomba de H^+ ou Na^+. E a via usada para induzir o metabolismo de carbono é muito diferente. Essas diferenças parecem ser fundamentais, a ponto de alguns especialistas acreditarem que as semelhanças sejam o produto de evolução convergente ou transferência lateral de genes, em vez de ancestralidade comum.

Mas as semelhanças e diferenças começam a fazer sentido se admitirmos que LUCA dependeu mesmo de gradientes de prótons naturais. Se for assim, a chave para o bombeamento poderia estar na direção do fluxo de prótons através de *Ech* – o fluxo natural de prótons para dentro da célula induz a fixação de carbono ou este fluxo é invertido, com a proteína agora agindo como uma bomba de membrana, bombeando prótons para fora da célula (**Figura 20**). Na população ancestral, sugiro que o fluxo normal de prótons para o interior via *Ech* era usado para reduzir a ferredoxina, por sua vez induzindo a redução de CO_2. Duas populações separadas então inventaram o bombeamento independentemente. Uma população, que no final se tornou de acetógenos, inverteu a direção de *Ech*, agora oxidando ferredoxina e usando a energia liberada para bombear prótons para fora da célula. Isso é simples, mas logo criou-se um problema. A ferredoxina usada previamente para reduzir o carbono agora é usada para bombear prótons. Os acetógenos tinham que descobrir uma nova maneira de reduzir o carbono que não dependesse de ferredoxina. Seus ancestrais encontraram um jeito – o truque inteligente de bifurcação de elétrons, que lhe permitia reduzir CO_2 indiretamente. A bioquímica básica dos acetógenos sem dúvida alguma decorre dessa simples premissa – a direção do fluxo de prótons através de *Ech* era invertida, dando aos acetógenos uma bomba funcional, mas deixando-os com um conjunto específico de problemas para solucionar.

A segunda população, que se tornou os metanógenos, encontrou um modo alternativo. Como seus ancestrais, continuaram a usar gradientes de prótons para reduzir ferredoxina e, então, usaram a ferredoxina reduzida para fixar carbono. Mas aí tiveram que "inventar" uma bomba a partir do zero. Bem, não exatamente do zero; é possível que tenham readaptado uma proteína existente. Parece que modificaram um trocador para se tornar uma bomba em linha reta. Isso não é intrinsecamente difícil de fazer, mas deu origem a um problema diferente: como prover de energia a bomba? Os metanógenos inventaram uma forma diferente de bifurcação de elétrons, usando algumas das mesmas proteínas como acetógenos, mas enganchadas de forma bem diferente, visto que suas próprias exigências eram distintas, mas ligadas a uma bomba diferente. O metabolismo de carbono e energia de cada um destes domínios indiscutivelmente se origina da direção do fluxo de prótons através de *Ech*. É uma escolha binária e os metanógenos e acetógenos tomaram decisões diferentes (**Figura 20**).

Uma vez que cada grupo tinha bombas ativas, houve finalmente uma vantagem em melhorar a membrana. Para todos os passos até agora, nunca houve qualquer benefício em evoluir uma membrana "moderna", repleta de fosfolipídios – que teriam sido ativamente danosos. Mas assim que as células tiveram trocadores e bombas de íons, houve um benefício em incorporar cabeças de grupo glicerol a lipídios de membranas. E os dois domínios parecem ter feito isso independentemente, com as arqueas usando um esteroisômero de glicerol, e as bactérias usando a sua imagem espelhada (ver capítulo 2).

Agora, as células tinham evoluído bombas de íons ativas e membranas modernas, estavam finalmente livres para deixar as

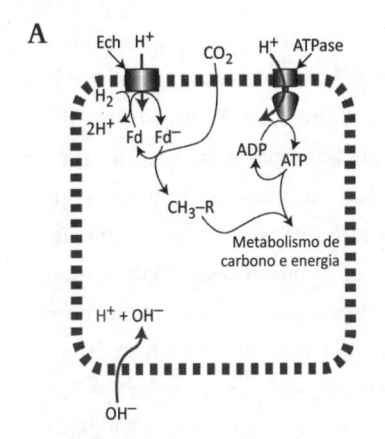

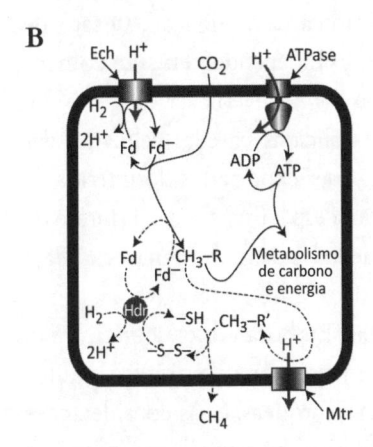

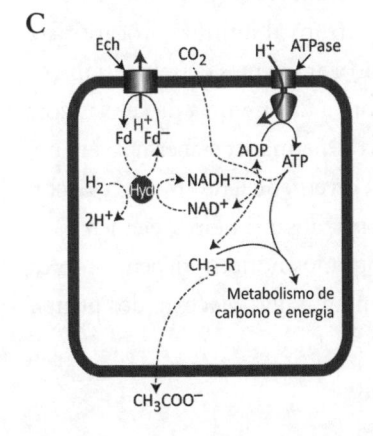

Figura 20 **Possível evolução do bombeamento ativo**
Origens hipotéticas do bombeamento em bactérias e arqueas, baseadas na direção do fluxo de H^+ através da proteína de membrana *Ech*. **A** O estado ancestral, no qual gradientes de prótons naturais induzem metabolismo de carbono e energia via *Ech* e a sintase de ATP (ATPase). Isso só pode funcionar se a membrana for permeável a prótons. **B** Metanógenos (postulados como sendo as arqueas ancestrais). Estas células continuam a usar *Ech* e a ATPase para induzir o metabolismo de carbono e energia, mas com membranas H^+ bem fechadas não podiam mais depender de gradientes de prótons naturais. Elas tinham de "inventar" uma nova via bioquímica e uma nova bomba (metil transferase, Mtr) para gerar o seu próprio gradiente H^+ (ou Na^+) (linhas pontilhadas). Observe que este painel é equivalente a A e B, da Figura 18, combinadas. **C** Acetógenos (postulados como sendo as bactérias ancestrais). A direção do fluxo H^+ através de *Ech* está aqui invertida, e agora provida de energia pela oxidação de ferredoxina. Os acetógenos não precisaram "inventar" uma bomba, mas tiveram de encontrar uma nova maneira de reduzir CO_2 a orgânicos; isto é feito usando NADH e ATP (linhas pontilhadas). Esse cenário postulado poderia explicar tanto as semelhanças como as diferenças na via acetil-CoA entre metanógenos e acetógenos.

fontes, escapando para o alto-mar. A partir de um ancestral comum que vivia de gradientes de prótons em fontes, as primeiras células de vida livre, as bactérias e arqueas, surgiram independentemente. Não é de surpreender que bactérias e arqueas devam ter surgido com paredes celulares distintas para protegê-las contra esses novos choques, nem que devam ter "inventado" a replicação de DNA independentemente. Bactérias ligam o seu DNA à membrana celular durante a divisão celular, numa região chamada replicon; a ligação permite a cada célula-filha receber uma cópia do genoma. O maquinário molecular exigido para prender o DNA à membrana, e muitos detalhes de replicação de DNA, deve depender pelo menos em parte da mecânica dessa ligação. O fato de membranas celulares terem evoluído independentemente começa a explicar por que a replicação de DNA deveria ser diferente em bactérias e arqueas. O mesmo se aplica às paredes celulares, das quais todos os componentes devem ser exportados do interior da célula através de poros de membrana específicos – daí a síntese da parede celular depender das propriedades da membrana e *ter de ser* diferente em bactérias e arqueas.

E, assim, estamos por terminar. Embora a bioenergética não preveja, a partir dos primeiros elementos, que deveria haver diferenças fundamentais entre bactérias e arqueas, essas considerações explicam como e por que elas poderiam ter surgido em primeiro lugar. As profundas diferenças entre os domínios procarióticos nada tiveram a ver com a adaptação a ambientes extremos, tais como altas temperaturas, mas sim com a divergência de células com membranas que foram obrigadas a permanecer permeáveis por motivos bioenergéticos. Embora a divergência de arqueas e bactérias possa não ser previsível a partir dos primeiros elementos, o fato de ambos os grupos serem quimiosmóticos (dependendo de gradientes de prótons através de membranas) decorre dos princípios físicos discutidos nesses dois últimos capítulos. O ambiente mais realisticamente capaz de dar origem à vida, seja aqui ou em qualquer outro lugar do universo, são as fontes hidrotermais alcalinas. Essas fontes forçam as células a utilizar gradientes de prótons naturais e acabar gerando os próprios. Nesse contexto, não é mistério que todas as células aqui na Terra devam ser quimiosmóticas. Eu esperaria que células em todo o universo fossem quimiosmóticas também. E isso significa que enfrentarão os mesmos problemas que a vida na Terra. Na parte seguinte, veremos por que esta exigência universal de energia de prótons prevê que a vida complexa seja rara no universo.

PARTE III
COMPLEXIDADE

5
A ORIGEM DAS CÉLULAS COMPLEXAS

Tem uma frase famosa, de Orson Welles, no filme *noir* da década de 1940 *O terceiro homem*: "Na Itália, durante trinta anos sob o domínio dos Bórgia, eles passaram por guerras, terror, assassinatos e carnificinas, mas produziram Michelangelo, Leonardo da Vinci e o Renascimento. Na Suíça, eles tiveram amor fraterno, quinhentos anos de democracia e paz – e o que produziram? O relógio de cuco." Dizem que o próprio Welles escreveu essa frase. O governo suíço supostamente lhe enviou uma carta zangada, na qual eles escreveram: "Nós não fazemos relógios de cuco." Eu não tenho nada contra os suíços (ou Orson Welles); conto essa história só porque, na minha opinião, remete à evolução. Desde que surgiram as primeiras células eucarióticas complexas, de 1,5 a 2 bilhões de anos atrás, tivemos guerras, terror, assassinatos e carnificinas: a natureza selvagem.* Mas, nos éons precedentes, tivemos 2 bilhões de anos de paz e simbiose, amor bacteriano (e não só amor), e o que essa infinidade de procariontes produziu? Certamente nada tão grande ou visivelmente complexo como um relógio de cuco. No reino da complexidade morfológica, nem as bactérias nem as arqueas começam a se comparar até mesmo com os eucariontes unicelulares.

---

* Em inglês, "nature, red in tooth and claw", expressão encontrada no poema "In Memoriam", do vitoriano Alfred Tennyson, em alusão ao aspecto violento da natureza. (N. do R. T.)

Vale a pena enfatizar esse ponto. Os dois grandes domínios de procariontes, as bactérias e arqueas, têm extraordinária versatilidade genética e bioquímica. No seu metabolismo, deixam envergonhados os eucariontes: uma única bactéria pode ter mais versatilidade metabólica do que todo o domínio eucariótico. Mas, por alguma razão, nem bactérias nem arqueas deram origem *diretamente* à complexidade estrutural em nada parecido com a escala eucariótica. No volume celular, os procariontes são tipicamente cerca de 15 mil vezes menores do que os eucariontes (embora existam algumas exceções reveladoras, às quais chegaremos). Embora haja certa superposição em tamanho de genoma, os maiores genomas bacterianos conhecidos contêm cerca de 12 megabases de DNA. Em comparação, os humanos têm por volta de 3 mil megabases e alguns genomas eucarióticos alcançam até 100 mil megabases ou mais. E o que é mais constrangedor, as bactérias e arqueas quase não mudaram em 4 bilhões de anos de evolução. Houve imensas revoluções ambientais nesse tempo. O surgimento do oxigênio no ar e oceanos transformou as oportunidades ambientais, mas as bactérias permaneceram sem mudar. Glaciações numa escala global (terras bolas de neve) devem ter forçado ecossistemas à beira do colapso, mas as bactérias continuaram as mesmas. A explosão cambriana fez surgir animais como por encanto – novos pastos para as bactérias explorarem. Através do nosso prisma humano, tendemos a ver as bactérias principalmente como patógenos, mesmo que os agentes das doenças sejam uma mera sugestão de diversidade procariótica. Mas, durante todas essas mudanças, as bactérias continuaram sendo decididamente bacterianas. Jamais deram origem a algo tão grande e complexo como uma pulga. Nada é mais conservador do que uma bactéria.

No capítulo 1, argumentei que esses fatos são melhor explicados em termos de uma restrição estrutural. Existe algo na estrutura física de eucariontes que é fundamentalmente diferente tanto de bactérias como de arqueas. Superar esta restrição estrutural possibilitou aos eucariontes explorar sozinhos o reino da variação morfológica. Em termos mais amplos, os procariontes exploraram as possibilidades de metabolismo, encontrando engenhosas soluções para os mais arcanos desafios químicos, enquanto os eucariontes deram as costas para essa esperteza química e exploraram, em vez disso, o novo potencial de aumentar o tamanho maior e ter maior complexidade estrutural.

Não há nada de radical na ideia de restrições estruturais, mas é claro que não há consenso quanto ao que essas restrições poderiam ser. Muitas ideias foram apresentadas, desde a catastrófica perda da parede celular até a novidade dos cromossomos em linha direta. A perda da parede celular pode ser uma catástrofe, visto que sem a rígida armação externa as células facilmente incham e explodem. Ao mesmo tempo, entretanto, uma camisa de força impede as células de mudar fisicamente a sua forma, rastejando de um lado para o outro e engolindo outras células por fagocitose. Uma rara perda de parede celular bem-sucedida poderia, portanto, ter permitido a evolução da fagocitose – uma inovação que o biólogo de Oxford Tom Cavalier-Smith argumentou extensamente ser a chave para a evolução de eucariontes. É verdade que a perda da parede celular é necessária para a fagocitose, mas muitas bactérias perdem as suas paredes celulares e, geralmente, isso está longe de ser catastrófico – as chamadas bactérias na forma L fazem isso muito bem sem uma parede celular, mas não mostram sinais de evoluir em fagócitos dinâmicos. Muitas arqueas não possuem nenhuma parede celular, mas igualmente não se tornam fagócitos. Afirmar que a incômoda parede celular é *a* restrição que impediu tanto as bactérias como as arqueas de evoluir para uma complexidade maior dificilmente resiste a escrutínio se muitas bactérias e arqueas perdem suas paredes celulares, mas não se tornam mais complexas, enquanto muitos eucariontes, inclusive plantas e fungos, têm uma parede celular (embora diferente das paredes procarióticas), mas, não obstante, são muito mais complexas do que procariontes. Um exemplo revelador são as algas eucarióticas quando comparadas com as cianobactérias: ambas possuem estilos de vida semelhantes, vivendo por fotossíntese, ambas têm paredes celulares; mas genomas algáceos são tipicamente várias ordens de grandeza maiores, englobando volume celular e complexidade estrutural muito maiores.

Cromossomos em linha direta sofrem de um problema parecido. Cromossomos procarióticos costumam ser circulares e a replicação de DNA começa num determinado lugar nesse anel (o replicon). Entretanto, a replicação de DNA quase sempre é mais lenta do que a divisão celular e uma célula não pode terminar de se dividir em duas antes de acabar de copiar o seu DNA. Isso significa que um único replicon limita o tamanho máximo de um cromossomo bacteriano, porque células com cromossomos menores tenderão a se replicar mais rápido do que células com um cromossomo maior. Se uma célula perde algum gene desnecessário, pode se dividir mais rápido. Com o tempo, as bactérias com cromossomos menores tenderão a prevalecer, principalmente se puderem recuperar qualquer gene que perderam antes, mas agora precisam, de novo, da transferência lateral de genes. Em contraste, os eucariontes possuem tipicamente um número de cromossomos lineares, cada um com múltiplos replicons. Isso significa que a replicação de DNA opera em paralelo nos eucariontes, mas em série nas bactérias. No entanto aqui, mais uma vez, esta restrição dificilmente explica por que os procariontes não puderam evoluir cromossomos lineares múltiplos; na verdade, algumas bactérias e arqueas agora revelam ter cromossomos lineares e "processamento paralelo", mas mesmo assim não expandiram o tamanho de seu genoma como os eucariontes. Algo mais os deve estar impedindo.

Praticamente todas as restrições estruturais apresentadas para explicar por que as bactérias não continuam dando origem à complexidade eucariótica sofrem exatamente do mesmo problema: existem muitas exceções para cada alegada "regra". Como o famoso biólogo evolutivo John Maynard Smith costumava dizer, com esmagadora polidez, essas explicações simplesmente não servem.

Então o que servirá? Vimos que a filogenética não oferece uma resposta fácil. O último ancestral comum dos eucariontes era uma célula complexa que já possuía cromossomos lineares, um núcleo com membrana, mitocôndrias, várias "organelas" especializadas e outras estruturas de membranas, um citoesqueleto dinâmico e características como sexo. Era obviamente uma célula eucariótica "moderna". Nenhum desses traços existe em bactérias em nada semelhante ao estado eucariótico. Esse "horizonte de eventos" filogenético significa que a evolução de traços eucarióticos não pode ser reconstruída no tempo além do último ancestral comum eucariótico. É como se cada uma das invenções da sociedade moderna – casas, higiene, estradas, divisão de trabalho, agricultura, tribunais, exércitos de prontidão, universidades, governos, o que você lembrar –, todas essas invenções pudessem ser encontradas voltando no tempo até a Roma antiga; mas, antes de Roma, não houvesse nada além de sociedades primitivas de caçadores-coletores. Nenhum vestígio da antiga Grécia, China, Egito, o Levante, Pérsia ou qualquer outra civilização; apenas abundantes traços de caçadores-coletores por toda a parte para onde você olhasse. Aqui está a dificuldade. Imagine que especialistas passaram décadas investigando a arqueologia do mundo para desenterrar os restos de cidades primitivas, civilizações anteriores aos romanos, que pudessem dar alguma ideia de como Roma foi construída. Centenas de exemplos foram descobertos, mas cada um, examinando mais de perto, revelava-se posterior a Roma. Todas essas cidades aparentemente antigas e primitivas foram na verdade fundadas na "Idade das Trevas" por progenitores que podiam localizar seus ancestrais na antiga Roma. De fato, todos os caminhos levam a Roma e Roma realmente foi feita num dia.

Isso pode parecer uma fantasia absurda, mas está perto da situação com a qual nos confrontamos na biologia no momento. Não há realmente "civilizações" intermediárias entre bactérias e eucariontes. As poucas disfarçadas de intermediárias (as "archezoa", que discutimos no capítulo 1) foram, um dia, mais gloriosas, como a concha de Bizâncio quando o império encolheu sobre as paredes da cidade nos seus últimos séculos. Como entender esse escandaloso estado de coisas? A filogenética oferece uma pista, que necessariamente se desviou dos estudos de genes únicos, mas que foi desmascarada na era moderna de comparações de genomas completos.

A origem quimérica da complexidade

O problema de reconstruir a evolução a partir de um único gene (mesmo um tão bem conservado quanto o gene RNA ribossomal comumente usado) é que, por definição, um gene único produz uma árvore ramificada. Um gene único não pode ter duas histórias distintas no mesmo organismo – não pode ser quimérico.* Num

---

* Na verdade, tecnicamente pode, visto que um gene único pode ser ligado a partir de dois pedaços separados com histórias diferentes; mas, em geral, isso não acontece e, ao tentarem traçar a história a partir de genes únicos, os filogeneticistas comumente não se dispõem a reconstruir histórias conflitantes.

mundo ideal (para os filogeneticistas), cada gene produziria uma árvore similar, refletindo uma história compartilhada, mas vimos que isso raramente acontece no profundo passado evolutivo. A abordagem usual é voltar aos poucos genes que compartilham uma história – literalmente umas poucas dúzias no máximo – e afirmar que essa é a "única verdadeira árvore filogenética". Se fosse assim, então os eucariontes seriam intimamente relacionados com as arqueas. Essa é a árvore da vida padrão dos "manuais" (**Figura 15**). Exatamente como os eucariontes se relacionam com as arqueas é contestado (métodos e genes diferentes dão respostas diferentes), mas durante muito tempo se disse que eucariontes eram um grupo "irmão" das arqueas. Eu gosto de mostrar essa árvore da vida padrão nas minhas palestras. O comprimento dos ramos indica distância genética. Simplesmente, existe tanta variação de genes entre bactérias e arqueas quanto nos eucariontes – então o que aconteceu naquele ramo longo separando as arqueas dos eucariontes? Não existe nenhuma pista oculta nessa árvore.

Veja genomas completos, entretanto, e surge um padrão totalmente diferente. Muitos genes eucarióticos não possuem qualquer equivalente em bactérias e arqueas, embora essa proporção esteja encolhendo conforme os métodos se tornam mais poderosos. Esses genes únicos são conhecidos como genes "de assinatura" eucariótica. Mas mesmo com métodos padrão, aproximadamente um terço dos genes eucarióticos *tem* equivalentes em procariontes. Esses genes devem compartilhar um ancestral comum com seus primos procarióticos; dizem que eles são homólogos. Isso é que é interessante. Genes diferentes no mesmo organismo eucariótico não compartilham todos o mesmo ancestral. Por volta de três quartos dos genes eucarióticos que possuem homólogos procarióticos aparentemente têm ancestralidade bacterial, enquanto a quarta parte restante parece derivar de arqueas. Isso é verdade para os humanos, mas não estamos sozinhos. As leveduras são extraordinariamente semelhantes; assim também são as moscas das frutas, ouriços-do-mar e cicadáceas. No nível de nossos genomas, parece que *todos* os eucariontes são monstruosas quimeras.

Até aí não se pode contestar. O que isso significa é que é intensamente contestado. Genes de "assinatura" eucariótica, por exemplo, não compartilham semelhanças de sequência com genes procarióticos. Por que não? Bem, eles podiam ser antigos, datando da origem da vida – o que poderíamos chamar de a hipótese dos veneráveis eucariontes. Esses genes divergiram de um ancestral comum há tanto tempo que qualquer semelhança se perdeu nas brumas do tempo. Se foi esse o caso, então os eucariontes devem ter apanhado vários genes procarióticos muito mais recentemente, por exemplo, quando adquiriram mitocôndrias.

Essa velha e encanecida ideia retém um apelo emocional para aqueles que veneram os eucariontes. Emoções e personalidade representam um papel surpreendentemente grande na ciência. Alguns pesquisadores adotam naturalmente a ideia de mudanças catastróficas abruptas, enquanto outros preferem enfatizar pequenas modificações contínuas – evolução aos solavancos *versus* evolução aos rastros, como diz a velha piada. Ambas acontecem. No caso dos eucariontes, o problema parece ser um caso de dignidade antropocêntrica. Nós somos eucariontes e ofende a nossa dignidade nos vermos como vira-latas genéticos recém-chegados. Alguns cientistas gostam de ver os eucariontes como descendendo da base da árvore da vida, pelo que eu vejo como razões basicamente emocionais. É difícil provar que essa visão está errada, mas, se for verdade, então por que demorou tanto para os eucariontes "decolarem", ficarem grandes e complexos? A demora foi de 2,5 bilhões de anos. Por que não vemos nenhum traço de eucariontes antigos no registro fóssil (apesar de vermos muitos eucariontes)? E se os eucariontes foram bem-sucedidos durante tanto tempo, por que não existem eucariontes primitivos sobreviventes deste longo período antes da aquisição de mitocôndrias? Vimos que não há razão para se supor que eles se extinguiram na competição, visto que a existência das archezoas (ver capítulo 1) prova ser possível que eucariontes morfologicamente simples sobrevivam por centenas de milhões de anos junto com bactérias e eucariontes mais complexos.

Uma explicação alternativa para os genes de assinatura eucariótica é que eles evoluíram mais rápido do que os outros genes e, portanto, perderam qualquer semelhança de sequência anterior. Por que eles evoluiriam tão mais rápido? Fariam isso se fossem selecionados para diferentes funções a partir de seus ancestrais procarióticos. Isso soa totalmente razoável aos meus ouvidos. Sabemos que os eucariontes possuem muitas famílias de genes, nas quais numerosos genes duplicados se especializam para executar diferentes tarefas. Como os eucariontes exploraram um reino morfológico barrado aos procariontes, seja por qual motivo for, não é de surpreender que seus genes devam ter se adaptado para cumprir tarefas inteiramente novas, perdendo a sua anterior semelhança com seus ancestrais procarióticos. A previsão é que esses genes de fato possuem ancestrais entre genes bacterianos e arqueanos, mas essa adaptação a novas tarefas obliterou a sua história primitiva. Argumentarei mais tarde que foi isso mesmo que aconteceu. Por enquanto, vamos apenas observar que a existência de genes de "assinatura" eucariótica não exclui a possibilidade de que a célula eucariótica seja fundamentalmente quimérica – o produto de algum tipo de fusão entre procariontes.

Então, o que dizer de genes eucarióticos que *têm* homólogos procarióticos identificáveis? Por que alguns deles devem vir de bactérias e alguns de arqueas? Isso é totalmente coerente com a origem quimérica, é óbvio. A verdadeira questão refere-se ao número de origens. Veja os genes "bacterianos" em eucariontes. Comparando genomas eucarióticos inteiros com bactérias, o pioneiro filogeneticista James McInerney mostrou que genes bacterianos em eucariontes estão associados a muitos grupos bacterianos diferentes. Quando retratados numa árvore filogenética, eles se "ramificam" com grupos diferentes. De modo algum todos os genes bacterianos encontrados num ramo de eucariontes se ramificam com um grupo único de bactérias modernas, tais como as α-proteobactérias, como se poderia supor se todas derivassem de ancestrais bacterianos de mitocôndrias. Muito ao contrário: pelo menos 25 grupos diferentes de bactérias modernas parecem ter contribuído com genes para eucariontes. O mesmo serve para as arqueas, embora menos grupos arqueanos pareçam ter contribuído. O mais curioso é que todos estes genes bacterianos e arqueanos ramificam-se juntos dentro de uma árvore eucariótica, conforme mostrado por Bill Martin (**Figura 21**). Nitidamente, foram adquiridos pelos eucariontes desde cedo na evolução e vêm compartilhando uma história em comum. Isso descarta um fluxo constante de transferência lateral de genes ao longo de todo o decorrer da história eucariótica. Algo estranho parece ter acontecido na própria origem dos eucariontes. É como se os primeiros eucariontes pegassem milhares de genes de procariontes, mas depois cessassem qualquer negócio com genes procarióticos. A explicação mais simples para o quadro não é a transferência lateral de genes ao estilo bacteriano, mas a endossimbiose ao estilo eucariótico.

Diante disso, poderiam ter ocorrido inúmeras endossimbioses, conforme previsto pela teoria da endossimbiose sequencial. Mas dificilmente acredita-se ter havido 25 bactérias diferentes e sete ou oito arqueas, todas contribuindo para uma orgia primitiva de endossimbioses, um ágape celular, para, depois, não acontecer

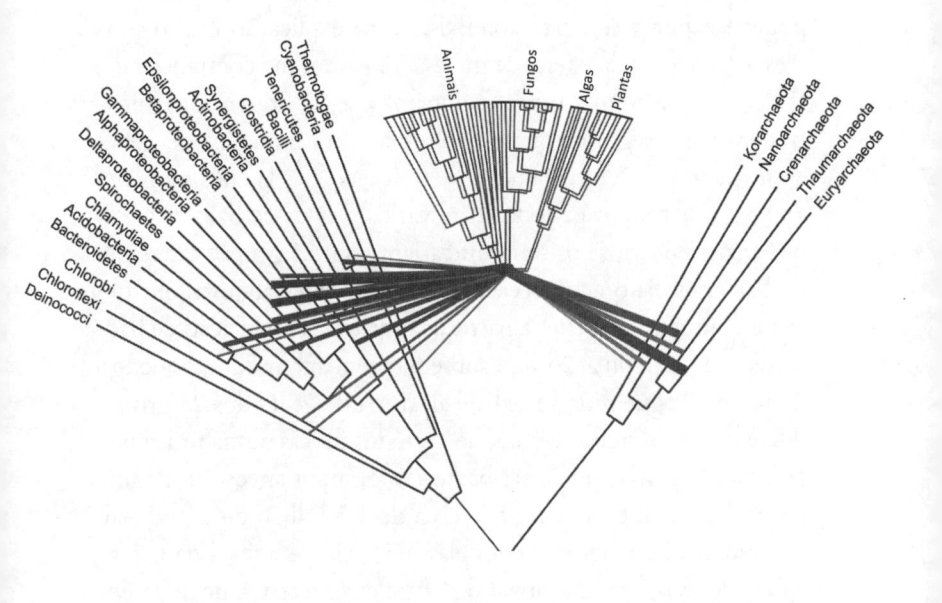

Figura 21 **O notável quimerismo dos eucariontes**
Muitos genes eucarióticos possuem equivalentes em bactérias e arqueas, mas a gama de fontes aparentes é surpreendente, como visto nesta árvore por Bill Martin e colegas. A árvore retrata as combinações mais próximas com grupos bacterianos e arqueanos específicos para genes eucarióticos com clara ancestralidade procariótica. As linhas mais grossas indicam que mais genes derivam aparentemente dessa origem. Por exemplo, uma grande parte de genes parece derivar dos Euryarchaeota. A gama de fontes poderia ser interpretada como endossimbioses múltiplas ou transferências laterais de gene, mas não há evidência morfológica disso e é difícil explicar por que todos esses genes procarióticos ramificam-se juntos dentro de eucariontes; isso sugere que houve uma curta janela evolutiva desde cedo na evolução eucariótica, quando transferências genéticas eram frequentes, acompanhadas por quase nada no 1,5 bilhão de anos seguintes. Uma explicação mais simples e mais realista é que houve uma única endossimbiose entre uma arquea e uma bactéria, das quais nenhuma delas tinha um genoma equivalente a qualquer grupo moderno; e um gene lateral subsequente entre os descendentes destas células e outros procariontes deram origem a grupos modernos com uma variedade de genes.

nada pelo resto da história eucariótica. Mas, se não isso, o que mais poderia explicar esse padrão? Existe uma explicação muito simples – transferência lateral de genes. Não estou me contradizendo. Pode ter havido uma única endossimbiose na origem dos eucariontes e, em seguida, quase nenhuma outra mudança de genes entre bactérias e eucariontes, mas transferências laterais de genes ao longo de todo o período entre vários grupos de bactérias. Por que genes eucarióticos se ramificariam com 25 grupos diferentes de bactérias? Isso aconteceria se os eucariontes adquirissem um grande número de genes a partir de uma única população de bactérias – uma população que subsequentemente mudou ao longo do tempo. Pegue uma variedade aleatória de genes dos 25 grupos diferentes de bactérias e coloque-os todos juntos numa única população. Digamos que essas bactérias foram os ancestrais de mitocôndrias e que viveram há cerca de 1,5 bilhão de anos. Não existem células parecidas com elas hoje, mas, em vista da prevalência de transferência lateral de genes em bactérias, por que deveria haver? Parte dessa população de bactérias foi adquirida por endossimbiose, enquanto outras conservaram a sua liberdade como bactérias, e passaram o 1,5 bilhão de anos seguintes trocando seus genes por transferência lateral, como fazem as bactérias modernas. Portanto, a transação ancestral de genes foi feita através de numerosos grupos modernos.

O mesmo vale para a célula hospedeira. Pegue os genes dos sete ou oito grupos de arqueas que contribuíram para eucariontes e coloque-os numa população ancestral que viveu há 1,5 bilhão de anos. De novo, algumas dessas células adquiriram endossimbiontes – que, no final, evoluíram em mitocôndrias –, enquanto o resto continuou simplesmente fazendo o que fazem as arqueas, trocando genes por transferência lateral de genes. Observe que esse cenário é engenharia inversa e pressupõe não mais do que já sabemos ser verdade: que a transferência lateral de genes é comum em bactérias e arqueas, muito menos comum em eucariontes. Também pressupõe-se que um procarionte (uma arquea, que por definição não é capaz de engolir outras células por fagocitose) poderia adquirir endossimbiontes por algum outro mecanismo. Deixaremos isso de lado por enquanto e retornaremos mais tarde.

Este é o cenário mais simples possível para a origem de eucariontes: houve um único evento quimérico entre uma célula hospedeira arqueana e um endossimbionte bacteriano. Não espero que você acredite em mim a essa altura. Estou dizendo apenas que esse cenário é compatível com tudo que sabemos sobre a história filogenética de eucariontes, como são vários outros cenários possíveis. Prefiro essa visão com base na navalha de Occamn apenas (é a explicação mais simples para os dados), embora haja evidências filogenéticas cada fez mais fortes de Martin Embley e pares, em Newcastle, de que foi exatamente o que aconteceu (**Figura 22**). Mas, visto que a filogenética eucariótica continua controvertida, a questão pode ser resolvida de alguma outra forma? Acho que sim. Se os eucariontes surgiram numa endossimbiose entre dois procariontes, uma célula hospedeira arqueana e um endossimbionte bacteriano, que se tornou a mitocôndria, então podemos explorar a questão de um ponto de vista mais conceitual. Podemos pensar numa boa razão para uma célula entrando em outra transformar as perspectivas dos procariontes, liberando o potencial de complexidade eucariótica? Sim. Existe uma razão convincente e está relacionada com energia.

Por que bactérias ainda são bactérias

A chave para tudo isso é que procariontes – tanto bactérias como arqueas – são quimiosmóticos. Vimos no capítulo anterior co-

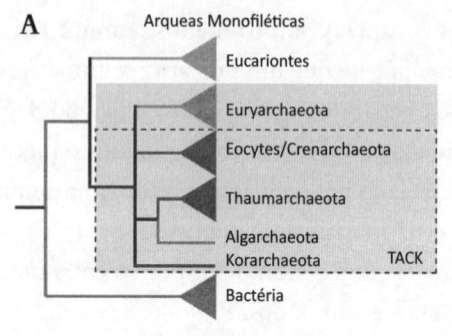

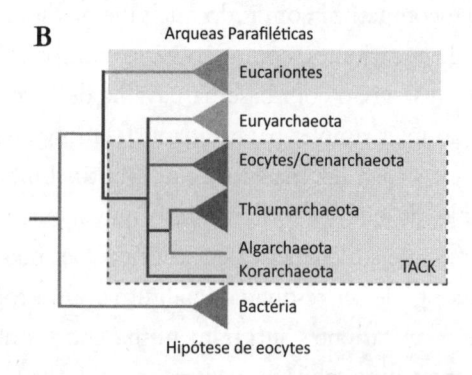

Figura 22 **Dois, e não três, domínios primários da vida**
O trabalho seminal de Martin Embley e pares mostra que os eucariontes derivam de arqueas. **A** mostra uma árvore convencional de três domínios, na qual cada domínio é monofilético (não misturado): os eucariontes estão no alto, as bactérias na base, e as arqueas aparecem divididas em vários grupos grandes que estão mais intimamente relacionados uns com os outros do que as bactérias ou eucariontes. **B** mostra uma árvore alternativa mais recente e fortemente suportada, baseada numa amostragem bem mais ampla e num número maior de genes informacionais envolvidos em transcrição e tradução. Os genes informacionais dos eucariontes ramificam-se *dentro* das arqueas, próximos a um grupo específico conhecido como eocitos, daí o nome da hipótese. A implicação é que a célula hospedeira que adquiriu um endossimbionte bacteriano na origem do domínio eucariótico era uma arquea *bona fide*, algo como um eocito e, portanto, não foi algum tipo de "fagócito primitivo". A sigla TACK dis respeito ao superfilo que engloba Thaumarchaeota, Aigarcheota, Crenarchaeota e Korarchaeota.

mo as primeiras células podem ter surgido dentro de paredes rochosas de fontes hidrotermais, como gradientes de prótons naturais podem ter estimulado o metabolismo de carbono e de energia, e por que essa dependência de gradientes de prótons poderia ter forçado a profunda divisão entre bactérias e arqueas. Essas considerações poderiam na verdade explicar como surgiu a combinação quimiosmótica, mas não explicam por que ela persistiu eternamente em todas as bactérias, todas as arqueas e todos os eucariontes. Não era possível para alguns grupos perder a combinação quimiosmótica, substituí-la por outra coisa, algo melhor?

Para alguns grupos foi. As leveduras, por exemplo, passam boa parte do seu tempo fermentando, como fazem algumas bactérias. O processo de fermentação gera energia na forma de ATP, porém, embora mais rápida, a fermentação é uma utilização ineficiente de recursos. Fermentadores estritos logo poluem o seu ambiente, impedindo a si mesmos de crescer, enquanto seus produtos finais residuais, tais como etanol ou lactato, são combustíveis para outras células. Células quimiosmóticas podem queimar esses resíduos com oxigênio ou outras substâncias, tal como nitrato, para juntar muito mais energia, permitindo-lhes continuar crescendo por mais tempo. A fermentação funciona bem como parte de uma mistura em que outras células queimam os produtos finais, mas é muito limitada por si só.* Há fortes evidências de que a fermentação surgiu mais tarde na evolução do que a respiração e isso faz todo sentido à luz dessas limitações termodinâmicas.

Talvez, de forma surpreendente, a fermentação seja a única alternativa que se conhece para o acoplamento quimiosmótico. To-

---

* O mais rápido e mais confiável modo de remover os resíduos de fermentação é queimá-los, por meio da respiração. O produto final, CO_2, se perde simplesmente pela difusão no ar ou precipitação como rochas de carbonato. A fermentação, portanto, depende muito da respiração.

das as formas de respiração, todas as formas de fotossíntese e, na verdade, todas as formas de autotrofia, onde células crescem a partir de simples precursores inorgânicos apenas, são estritamente quimiosmóticas. Observamos algumas boas razões para tal no capítulo 2. Em particular, o acoplamento quimiosmótico é maravilhosamente versátil. Uma imensa variedade de fontes e sumidouros de elétrons pode ser ligada num sistema comum de operação, permitindo que pequenas adaptações tenham um benefício imediato. Igualmente, genes podem ser transmitidos por transferência lateral e, de novo, podem ser instalados num sistema totalmente compatível, como um novo aplicativo. Portanto, o acoplamento quimiosmótico permite adaptação metabólica a quase qualquer ambiente, quase na mesma hora. Não admira que domine!

Mas não é só isso. O acoplamento quimiosmótico permite que as últimas gotas de energia sejam espremidas de qualquer ambiente. Veja os metanógenos, que usam H_2 e CO_2 para incentivar o metabolismo de carbono e energia. Observamos que não é fácil fazer com que H_2 e CO_2 reajam juntos; um fornecimento de energia é necessário para vencer a barreira à sua reação; os metanógenos usam esse truque inteligente chamado bifurcação de elétrons para coagi-los a reagir. Em termos da energética total, pense na aeronave Hindenburg, o dirigível alemão cheio de gás hidrogênio que explodiu como uma bomba depois de cruzar o Atlântico, conferindo ao hidrogênio uma má reputação desde então. H_2 e O_2 são estáveis e não reagentes, desde que não seja adicionada energia na forma de uma centelha. Mesmo uma pequena centelha libera imediatamente uma grande quantidade de energia. No caso de H_2 e CO_2, o problema se inverte – a "centelha" tem de ser relativamente grande, enquanto que a quantidade de energia liberada é bastante pequena.

QUESTÃO VITAL

As células enfrentam uma interessante limitação se a quantidade de energia utilizável liberada de qualquer reação é menos do que o dobro do fornecimento de energia exigido. Você talvez se lembre de ter de equilibrar equações químicas na escola. Uma molécula inteira deve reagir com outra molécula – é impossível que metade de uma molécula reaja com três quartos de outra. Para uma célula, 1 ATP deve ser gasto para ganhar menos de 2 ATPs. Não existe 1,5 ATP – pode haver um ou dois. Portanto, 1 ATP deve ser gasto para ganhar 1 ATP. Não há ganho líquido e isso impossibilita o crescimento a partir de H_2 e CO_2 por química normal. Isso é verdade não só quanto a H_2 e CO_2, mas também quanto a muitos outros pares redox (um pareamento de doador e aceptor de elétrons), tais como metano e sulfato. Apesar dessa limitação básica de química, as células ainda crescem muito felizes a partir de pares redox. Fazem isso porque gradientes através de membranas são por definição *gradações*. A beleza do acoplamento quimiosmótico é que ele transcende a química. Ele permite que células economizem "trocados". Se é preciso haver dez prótons para fazer 1 ATP e uma reação química em particular só libera energia suficiente para bombear quatro prótons, então a reação pode simplesmente ser repetida três vezes para bombear 12 prótons, dez dos quais são então usados para fazer 1 ATP. Embora isso seja estritamente necessário para algumas formas de respiração, é benéfico para todos nós, visto que permite às células conservarem pequenas quantidades de energia que seriam de outra forma desperdiçadas como calor. E isso, quase sempre, dá aos gradientes de prótons uma vantagem sobre a simples química – o poder da nuança.

Os benefícios energéticos da combinação quimiosmótica bastam para explicar por que ela persistiu por 4 bilhões de anos, mas os gradientes de prótons também possuem outras facetas que se tornaram incorporadas na função das células. Quanto mais profundamente enraizado um sistema, mais apto está para se tornar a base de traços não relacionados. Portanto, gradientes de prótons são muito usados para incentivar a absorção de nutrientes e excreção de resíduos; são usados para dar a volta no parafuso que é o flagelo bacteriano, uma hélice giratória que aciona as células; e são deliberadamente dissipados para produzir calor, como em células adiposas marrons. O mais intrigante é que o seu colapso introduz a abrupta morte programada de populações bacterianas. Em essência, quando uma célula bacteriana se torna infectada por um vírus, está provavelmente condenada. Se ela puder se matar rapidamente, antes que o vírus se copie, então suas parentes (células próximas que compartilham genes relacionados) talvez sobrevivam. Os genes que orquestram a morte celular se espalharão por toda a população. Mas esses genes mortais precisam agir rápido e poucos mecanismos são mais rápidos do que perfurar a membrana celular. Muitas células fazem exatamente isso – quando infectadas, formam poros na membrana. Estes colapsam a força motriz dos prótons, que por sua vez frustram o maquinário mortal latente. Os gradientes de prótons se tornaram os melhores sensores de saúde celular, os árbitros de vida e morte, um papel que vai se agigantar mais tarde neste capítulo.

Em resumo, a universalidade do acoplamento quimiosmótico não parece ser um feliz acaso. Sua origem esteve discutivelmente associada à origem da vida e ao surgimento de células em fontes hidrotermais alcalinas (de longe as mais prováveis incubadoras de vida), embora a sua persistência em quase todas as células faça sentido. O que um dia pareceu ser um mecanismo peculiar agora parece ser apenas superficialmente contraintuitivo – nossa análise sugere que o acoplamento quimiosmótico deveria ser literalmente uma propriedade universal da vida no cosmo. E isso significa que a vida em outras partes enfrentaria exatamente o mesmo problema que bactérias e arqueas enfrentam aqui, com base no fato de que procariontes bombeiam prótons através de sua membrana celular. Isso não restringe os verdadeiros procariontes de forma alguma – pelo contrário –, mas estabelece limites para o que é possível. O que não é possível, eu direi, é exatamente o que não vemos: grandes procariontes morfologicamente complexos com grandes genomas.

A questão é a disponibilidade de energia por gene. Venho tropeçando às cegas em direção a esse conceito há alguns anos, mas foram os intensos diálogos com Bill Martin que realmente levaram a questão a um ponto crítico. Depois de semanas de conversas, trocando ideias e perspectivas, de repente nos ocorreu que a chave para a evolução de eucariontes está na simples ideia de "energia por gene". Com grande excitação, passei uma semana rabiscando cálculos no verso de um envelope, no final de muitos envelopes, e acabei achando uma resposta que nos chocou a ambos, uma resposta que extrapolou dos dados na literatura para colocar um número na brecha de energia que separa procariontes de eucariontes. Pelos nossos cálculos, os eucariontes possuem até 200 mil vezes mais energia por gene do que os procariontes. Duzentas mil vezes mais energia! Finalmente tínhamos um abismo entre os dois grupos, uma fenda profunda que explica com força visceral por que as bactérias e arqueas jamais evoluíram em eucariontes complexos e, pelo mesmo motivo, por que é improvável que jamais encontremos um alienígena composto de células bacterianas. Imagine se ver preso numa paisagem energética, onde os picos sejam alta energia, e as depressões, baixa energia. As bactérias ficam no fundo das depressões mais profundas, num abismo de energia tão profundo que as paredes acima se estendem até o céu, extremamente impossíveis de escalar. Não espanta que os procariontes permanecessem ali por uma eternidade. Vou explicar.

Energia por gene

Em geral, os cientistas comparam igual com igual. Quando se trata de energia, a comparação mais justa é por grama. Podemos comparar a taxa metabólica de 1 grama de bactérias (medida como consumo de oxigênio) com 1 grama de células eucarióticas. Duvido que você se surpreenda ao saber que as bactérias costumam respirar mais rápido do que os eucariontes unicelulares, em média três vezes mais rápido. O que surpreende é onde a maioria dos pesquisadores tende a abandonar isso; ir em frente no risco de comparar maçãs com peras. Nós fomos em frente. E se comparássemos a taxa metabólica por célula? Que comparação injusta! Na nossa amostragem com cerca de cinquenta espécies bacterianas e vinte espécies eucarióticas unicelulares, os eucariontes eram (em média) 15 mil vezes maiores do que as bactérias no seu volume celular.* Visto que respiram a um terço da taxa bacteriana, o eucarionte médio consome cerca de 5 mil vezes mais oxigênio por segundo do que a bactéria média. Isso simplesmente reflete o fato de que o eucarionte é muito maior, com muito mais DNA. Não obstante, uma única célula eucariótica tem 5 mil vezes mais energia. No que a célula está gastando energia?

Pouco dessa energia extra é gasta no próprio DNA; apenas uns 2% do estoque de energia total de um organismo unicelular são

---

* Para essas comparações, precisamos conhecer a taxa metabólica de cada uma dessas células, assim como o volume celular e o tamanho de genomas. Se você acha que cinquenta bactérias e vinte eucariontes não são muita coisa para uma comparação desse tipo, basta pensar nas dificuldades envolvidas para se obter todas essas informações para cada tipo de célula. Há casos suficientes em que a taxa metabólica foi medida, mas não o tamanho do genoma ou o volume celular, ou vice-versa. Mesmo assim, os valores que extraímos da literatura parecem ser razoavelmente robustos. Se você estiver interessado nos cálculos em detalhes, ver Lane e Martin (2010).

usados para replicar DNA. Em contraste, segundo Frank Harold, distinto membro sênior da bioenergética microbiana (e um dos meus heróis, mesmo que nem sempre concordemos), as células gastam até 80% do seu estoque total de energia em síntese de proteínas. Isso porque as células são na sua maior parte feitas de proteínas; cerca de metade do peso seco de uma bactéria é proteína. O custo de fazer proteínas também é muito alto – são cadeias de aminoácidos, em geral umas poucas centenas deles unidos numa longa cadeia por ligações de "peptídeos". Cada ligação peptídica requer pelo menos 5 ATPs para selar, cinco vezes o que é necessário para polimerizar nucleotídeos em DNA. E, então, cada proteína é produzida em milhares de cópias, que são continuamente reviradas para reparar desgastes. A uma primeira aproximação, portanto, o custo energético das células se equaciona de perto com o custo de fazer proteínas. Cada proteína diferente é codificada por um único gene. Pressumindo que todos os genes são traduzidos em proteínas (o que, em geral, é o caso, apesar das diferenças em expressão genética), quanto mais genes existirem num genoma, maior o custo da síntese de proteínas. Isso é confirmado pelo simples expediente de contar ribossomos (as fábricas de construção de proteínas nas células), visto haver uma correlação direta entre o número de ribossomos e a carga de síntese de proteínas. Existem cerca de 13 mil ribossomos numa bactéria média tal como *E. coli*; e pelo menos 13 milhões numa única célula do fígado, cerca de 1 mil a 10 mil vezes mais.

Em média, as bactérias possuem por volta de 5 mil genes, os eucariontes têm cerca de 20 mil, chegando a 40 mil no caso de grandes protozoários, como os familiares *paramecium*, que moram em poças (que possuem duas vezes mais genes que nós). O eucarionte médio tem 1.200 vezes mais energia por gene que o procarionte médio. Se emendarmos o número de genes aumentando a escala do genoma bacteriano de 5 mil genes para um genoma de 20 mil genes do tamanho de um eucarionte, a energia por gene bacteriana cai para quase 5 mil vezes menos do que o eucarionte médio. Em outras palavras, os eucariontes podem suportar um genoma 5 mil vezes maior do que as bactérias ou, alternativamente, poderiam gastar 5 mil vezes mais ATP ao expressar cada gene, por exemplo produzindo muito mais cópias de cada proteína, ou uma mistura dos dois, o que de fato é o caso.

Grande coisa, ouço você dizer, o eucarionte é 15 mil vezes maior. Ele tem de preencher esse volume com alguma coisa, e essa coisa é, na sua maior parte, proteína. Essas comparações só fazem sentido se corrigirmos o volume celular também. Vamos expandir a nossa bactéria até o tamanho médio de eucariontes e calcular quanta energia ela terá de gastar por gene, então. Você poderia achar que uma bactéria maior teria mais ATP e, na verdade, tem, mas também tem uma demanda maior de síntese proteica e isso consome mais ATP. O equilíbrio total depende de como esses fatores se inter-relacionam. Calculamos que as bactérias na verdade pagam uma pesada penalidade por serem maiores: o tamanho importa e, para bactérias, maior não é melhor. Pelo contrário, bactérias gigantes deveriam ter 200 mil vezes *menos* energia por gene do que um eucarionte do mesmo tamanho. Eis por quê.

Expandir uma bactéria em ordens de magnitude imediatamente incorre num problema com a relação entre área de superfície e volume. Nosso eucarionte tem um volume mediano que é 15 mil vezes maior do que uma bactéria média. Vamos simplificar as coisas e supor que células são apenas esferas. Para inflar a nossa bactéria até o tamanho eucariótico, o raio precisaria aumentar 25 vezes, e a área de superfície, 625 vezes.* Isso é importante, visto

---

* O volume de uma esfera varia com o cubo do seu raio, enquanto a área de superfície varia com o quadrado do raio. Aumentar o raio da esfera, portanto, aumenta o volume

que a síntese de ATP ocorre através da membrana celular. Para uma primeira aproximação, portanto, a síntese de ATP deveria aumentar 625 vezes, de acordo com a área de superfície da membrana expandida.

Mas é claro que a síntese de ATP requer proteínas: cadeias respiratórias que bombeiam ativamente prótons através da membrana, e a ATP sintase, as turbinas moleculares que usam o fluxo de prótons para energizar a síntese de ATP. Se a área de superfície da membrana é aumentada 625 vezes, a síntese de ATP só poderia se expandir 625 vezes se o número total de cadeias respiratórias e enzimas de ATP sintase aumentassem comensuravelmente, de tal modo que a sua concentração permanecesse a mesma por área de unidade. Isso sem dúvida é verdade, mas o raciocínio é pernicioso. Todas essas proteínas a mais precisam ser fisicamente fabricadas e inseridas na membrana e isso requer ribossomos e todos os tipos de fatores de montagem. Estes também precisam ser sintetizados. Aminoácidos devem ser entregues aos ribossomos, junto com RNAs, dos quais todos precisam ser fabricados também, necessitando, por sua vez, dos genes e proteínas adequados para tal. Para suportar a atividade extra, mais nutrientes precisam ser embarcados através da área da membrana expandida e isso requer proteínas de transporte específicas. Na verdade, precisamos sintetizar a nova membrana também, exigindo as enzimas para síntese lipídica. E daí por diante. Essa grande maré de atividade não poderia ser sustentada por um único genoma. Imagine, um genoma diminuto, ali sozinho, responsável por produzir 625 vezes mais ribosso-

---

mais rápido do que a área de superfície, sendo um problema para as células, já que a sua área de superfície se torna proporcionalmente menor em relação ao seu volume. Mudar o formato ajuda: por exemplo, muitas bactérias têm forma de bastão, dando-lhes uma área de superfície maior em relação ao seu volume; mas quando expandida no seu tamanho em várias ordens de magnitude, esse formato muda apenas para mitigar o problema em um grau.

mos, proteínas, RNAs e lipídios, de alguma forma expedindo-os através de superfície celular vastamente expandida, para quê? Simplesmente para sustentar a síntese de ATP na mesma taxa, por unidade de área de superfície, como antes. Isso não é possível. Imagine aumentar 625 vezes o tamanho de uma cidade, com novas escolas, hospitais, lojas, playgrounds, centros de reciclagem e daí por diante; o governo local responsável por todas essas comodidades dificilmente poderá ser governado com o mesmo orçamento reduzido.

Em vista da velocidade do crescimento bacteriano e dos benefícios que resultam do melhoramento de seus genomas, a probabilidade é de que essa síntese proteica de cada genoma já esteja esticada bem perto do seu limite. Aumentar 625 vezes a síntese proteica total exigiria razoavelmente 625 cópias do genoma bacteriano completo para dar conta, com cada genoma operando exatamente da mesma maneira.

Diante disso, poderia parecer loucura. De fato, não é; vamos retornar a esse ponto daqui a pouco. Mas, por enquanto, consideremos apenas os custos energéticos. Temos 625 vezes mais ATP, mas 625 vezes mais genomas, cada um deles tem custos correntes equivalentes. Na ausência de um sistema de transporte intracelular sofisticado, que levaria muitas gerações e baldes de energia para evoluir, cada um desses genomas é responsável por um volume equivalente "bacteriano" de citoplasma, membrana e outros mais. Provavelmente, a melhor maneira de ver essa bactéria aumentada não é como uma célula única, mas como um consórcio de 625 células idênticas, fundidas num todo. Nitidamente, a "energia por gene" permanece a mesma para cada uma dessas unidades fundidas. Aumentar a área de superfície de uma bactéria, portanto, não traz nenhum benefício energético. Bactérias aumentadas continuam em grande desvantagem se comparadas com eucariontes.

Lembre-se de que os eucariontes têm 5 mil vezes mais energia por gene do que bactérias "normais". Se aumentar a área de superfície bacteriana 625 vezes não tem efeito sobre a disponibilidade de energia por gene, então isso continua 5 mil vezes mais baixo que em eucariontes.

E fica pior. Aumentamos 625 vezes a área de superfície de nossa célula ao multiplicarmos o custo energético e benefícios de bactérias 625 vezes. Mas e o volume interno? Esse é aumentado em colossais 15 mil vezes. O nosso aumento na escala até agora produziu uma célula como uma bolha gigante, com um interior que não é definido em termos metabólicos; nós a deixamos com exigência zero de energia. Isso seria verdade se o interior estivesse cheio com um vacúolo gigante, metabolicamente inerte. Mas se fosse esse o caso, nossa bactéria aumentada não se compararia com um eucarionte, que não é apenas 15 mil vezes maior, mas está recheado de um complexo maquinário bioquímico. Este é principalmente feito de proteínas também, com custos energéticos semelhantes. Os mesmos argumentos se aplicam se levarmos em conta todas essas proteínas. É inconcebível que o volume celular pudesse ser aumentado 15 mil vezes sem elevar o número de genomas mais ou menos na mesma quantidade. Mas a síntese de ATP não pode ser aumentada comensuravelmente – ela depende da área da membrana celular e já levamos isso em consideração. Portanto, aumentar uma bactéria até o tamanho de um eucarionte médio aumenta 625 vezes a síntese de ATP, mas aumenta o custo energético 15 mil vezes. A energia disponível por cópia única de cada gene deve cair 25 vezes. Multiplique isso pela diferença de 5 mil vezes na energia por gene (depois de corrigir o tamanho do genoma) e veremos que equalizar o tamanho do genoma e o volume da célula significa que bactérias gigantes possuem 125 mil vezes menos energia por gene do que eucariontes. Esse é um eucarionte médio. Eucariontes grandes, tais como as amebas, têm mais de 200 mil vezes a energia por gene do que uma bactéria gigante aumentada. É daí que veio o nosso número.

Você poderia pensar que isso não passa de uma loteria trivial, sem nenhum significado real. Devo confessar que isso também me preocupou – esses números são literalmente inacreditáveis –, mas essa teorização pelo menos faz uma previsão clara. Bactérias gigantes deveriam ter milhares de cópias de seu genoma completo. Bem, essa previsão é fácil de testar. Existem algumas bactérias gigantes por aí; não são comuns, mas existem. Duas espécies foram estudadas em detalhes. *Epulopiscium* é conhecida apenas pelas tripas do peixe-cirurgião. É uma célula navio de guerra – longa e elegante, cerca de meio milímetro de comprimento, bem visível a olho nu. Isso é substancialmente maior do que a maioria dos eucariontes, inclusive o paramécio (**Figura 23**). Por que o *Epulopiscium* é tão grande, não se sabe. *Thiomargarita* é ainda maior. Essas células são esferas, com quase um milímetro de diâmetro e compostas na sua maior parte por um imenso vacúolo. Uma única célula pode ser tão grande quanto a cabeça de uma mosca das frutas! *Thiomargarita* vive em águas oceânicas periodicamente enriquecidas com nitratos por correntes ressurgentes. As células capturam os nitratos em seus vacúolos para usar como aceptores de elétrons na respiração, o que possibilita que continuem respirando durante dias ou semanas em privação de nitrato. Mas não é essa a questão. A questão é que ambos, *Epulopiscium* e *Thiomargarita*, exibem "extrema poliploidia". Isso significa que há milhares de cópias de seu genoma completo – até 200 mil cópias no caso de *Epulopiscium* e 18 mil cópias no caso de *Thiomargarita* (apesar de a maior parte da célula ser um imenso vacúolo).

De repente, falar de 15 mil genomas não parece muita loucura, afinal de contas. Não só o número, mas a distribuição destes

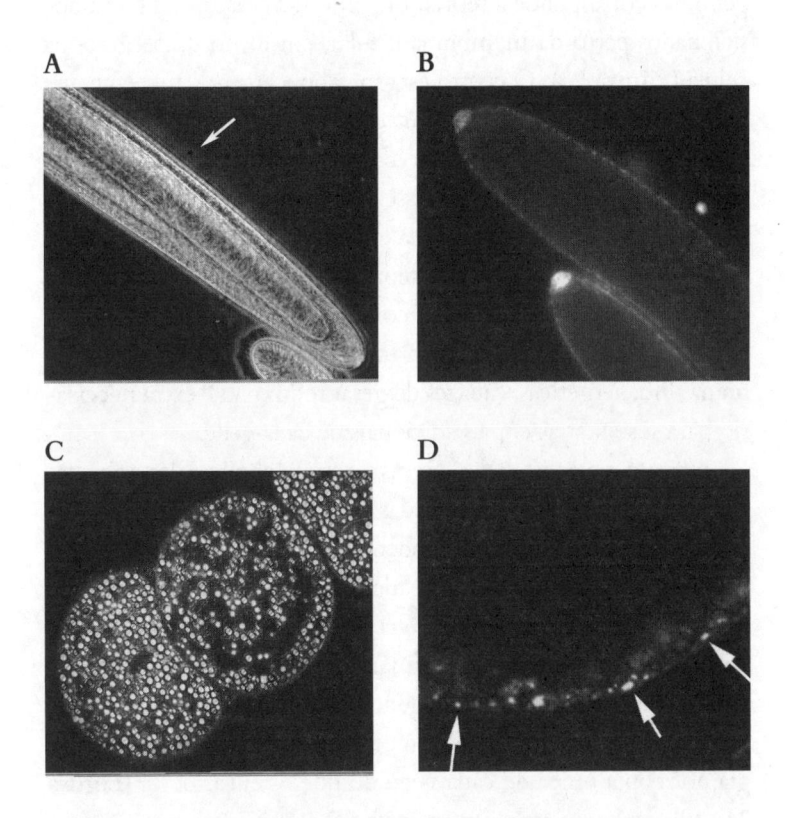

Figura 23 **Bactérias gigantes com "extrema poliploidia"**
A mostra a bactéria gigante *Epulopiscium*. A seta aponta para a bactéria "típica" *E. coli*, para efeitos de comparação. A célula no centro da base é o protista eucariótico *Paramecium*, encolhido por essa bactéria que parece um navio de guerra. **B** mostra *Epulopiscium* manchado por corante DAPI para DNA. Os pontos brancos perto da membrana celular são cópias do genoma completo – 200 mil cópias em células maiores, um estado conhecido como "extrema poliploidia". **C** é uma bactéria ainda maior, *Thiomargarita*, que tem cerca de 0,6 mm de diâmetro. **D** mostra *Thiomargarita* manchada por corante DAPI para DNA. A maior parte da célula é associada com um vacúolo gigante, a área em preto no topo da micrografia. Cercando o vacúolo está uma fina película de citoplasma contendo 20 mil cópias do genoma completo (marcada por setas brancas).

genomas corresponde à teoria. Em ambos os casos, eles estão posicionados perto da membrana celular, em torno da periferia da célula (**Figura 23**). O centro está metabolicamente inerte, apenas vacúolo no caso de *Thiomargarita* e um solo de desova quase vazio para novas células filhas no caso de *Epulopiscium*. O fato de o interior ser metabolicamente quase inerte significa que economizam no custo de síntese proteica e, portanto, não acumulam mais genomas no seu interior. Em teoria, isso significa que deveriam ser mais ou menos comparáveis com bactérias normais em energia por gene – os genomas extras são todos associados com mais membranas bioenergéticas, capazes de gerar todo o ATP extra necessário para sustentar as cópias adicionais de cada gene.

E assim, pelo visto, eles são. As taxas metabólicas dessas bactérias têm sido habilmente medidas e sabemos o número total de cópias do genoma, portanto podemos calcular a energia por gene diretamente. E vejam! Está perto (dentro da mesma ordem de magnitude) daquela da bactéria *E. coli* comum. Quaisquer que possam ser os custos e benefícios de tamanhos maiores em bactérias gigantes, não há qualquer vantagem energética. Exatamente como previsto, essas bactérias possuem cerca de 5 mil vezes menos energia por cópia única de cada gene do que os eucariontes (**Figura 24**). Observe que este número não é 200 mil vezes menor, visto que essas bactérias gigantes têm genomas múltiplos apenas na sua periferia e não no interior – seu volume interior é metabolicamente quase inerte, dando às gigantes um problema com a divisão celular, que ajuda a explicar por que não são abundantes.

Bactérias e arqueas estão felizes como são. Bactérias pequenas com genomas pequenos não são energeticamente limitadas. O problema surge apenas quando tentamos aumentar as bactérias para tamanhos eucarióticos. Em vez de inchar o tamanho do seu genoma e a disponibilidade de energia no estilo eucariótico,

QUESTÃO VITAL

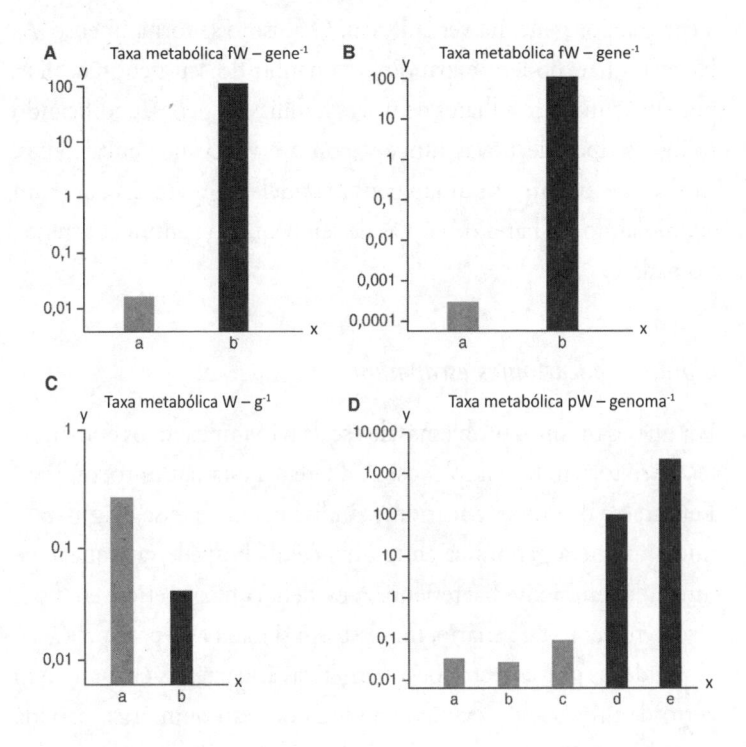

Figura 24 **Energia por gene em bactérias e eucariontes**
A mostra a taxa metabólica média por gene em bactérias (a, barra cinza) comparada com eucariontes unicelulares (b, barra preta), quando equalizados por tamanho do genoma. **B** mostra praticamente a mesma coisa, mas desta vez equalizada por volume celular (15 mil vezes maior em eucariontes), assim como tamanho de genoma. Observe que o eixo Y em todos estes gráficos é logarítmico, portanto cada unidade aumenta dez vezes. Uma única célula eucariótica, por conseguinte, tem 100.000 mil vezes mais energia por gene do que as bactérias, apesar de respirar cerca de três vezes mais lentamente por grama de células (conforme demonstrado em **C**). Estes números baseiam-se em taxas metabólicas medidas, mas as correções por tamanho de genoma e volume celular são teóricas. **D** mostra que a teoria se harmoniza muito bem com a realidade. Neste caso, os valores mostrados são a taxa metabólica para cada genoma único, levando em consideração o tamanho do genoma, número de cópias (poliploidia) e volume celular. Neste caso a é *E. coli*, b é *Thiomargararita*, c é *Epulopiscium*, d é *Euglena*, e é a grande *Ameba proteus*.

a energia por gene, na verdade, cai. O abismo se torna imenso. As bactérias não podem expandir o tamanho do seu genoma, nem podem acumular milhares de novas famílias de genes, codificando todos os tipos de novas funções como é típico dos eucariontes. Em vez de evoluir um único genoma nuclear gigantesco, acabam acumulando milhares de cópias de seu pequeno genoma bacteriano padrão.

Como os eucariontes escaparam

Por que os mesmos problemas de escala não impedem os eucariontes de se tornarem complexos? A diferença está nas mitocôndrias. Lembre-se de que os eucariontes indiscutivelmente se originaram numa quimera genômica entre uma célula hospedeira arqueana e um endossimbionte bacteriano. A evidência filogenética, eu disse, é coerente com tal cenário, mas isso em si não basta para prová-la. Contudo, as graves restrições energéticas às bactérias chegam bem perto de provar uma *exigência* de uma origem quimérica da vida complexa. Somente uma endossimbiose entre procariontes, eu demonstrarei, poderia romper as restrições energéticas às bactérias e arqueas – e endossimbioses entre procariontes são extremamente raras na evolução.

Bactérias são entidades autônomas *auto*rreplicantes – células –, enquanto genomas não são. O problema que as bactérias gigantes enfrentam é que, para serem grandes, precisam replicar o seu genoma inteiro milhares de vezes. Cada genoma é copiado perfeitamente, ou quase, e então é posicionado por ali, incapaz de fazer qualquer outra coisa. As proteínas talvez trabalhem nele, transcrevendo e traduzindo genes; a célula hospedeira pode se dividir, energizada pelo dinamismo de suas proteínas e metabolismo, mas o genoma em si é totalmente inerte, tão incapaz de se replicar quanto o disco rígido de um computador.

Que diferença isso faz? Significa que todos os genomas na célula são essencialmente cópias idênticas uns dos outros. As diferenças entre eles não estão sujeitas à seleção natural, porque não são entidades autorreplicantes. Quaisquer variações entre genomas diferentes na mesma célula irão se igualar ao longo de gerações, como tantos ruídos. Mas considere o que acontece quando bactérias inteiras competem entre si. Se acontecer de uma linhagem de células se replicar duas vezes mais rápido do que outra, a sua vantagem a cada geração será duplicada, crescendo exponencialmente mais rápido. Em poucas gerações, a linhagem de crescimento rápido dominará toda a população. Essa vantagem massiva na taxa de crescimento talvez seja improvável, mas as bactérias crescem tão rápido que até pequenas diferenças na taxa de crescimento podem ter um nítido efeito na composição de uma população ao longo de muitas gerações. Para as bactérias, um dia poderia ver a passagem de setenta gerações, o alvorecer daquele dia seria tão remoto quanto o nascimento de Cristo, se medido em vidas humanas. Mínimas diferenças na taxa de crescimento podem ser alcançadas por pequenas supressões de DNA de um genoma, tal como a perda de um gene em desuso. Não importa se esse gene poderia ser necessário de novo no futuro, as células que o perdem vão se replicar um pouco mais rápido e, dentro de poucos dias, dominarão a população. As que conservam o gene inútil aos poucos serão deslocadas.

Então, as condições mudam de novo. O gene inútil recupera o seu valor. As células que não o possuem não crescem mais, a não ser que o readquiram por transferência lateral de genes. Essa interminável dinâmica circular de perde-ganha de genes domina as populações bacterianas. Com o tempo, o tamanho do genoma se estabiliza no menor tamanho viável, enquanto células individuais têm acesso a um "metagenoma" muito maior (o grupo total de genes dentro da população inteira e nas populações vizinhas). Uma única célula de *E. coli* pode ter 4 mil genes, mas o metagenoma é mais próximo a 18 mil genes. Mergulhar nesse metagenoma acarreta riscos – pegar o gene errado ou uma versão alterada ou um parasita genético; mas com o tempo a estratégia compensa, visto que a seleção natural elimina as células menos adequadas e as felizes vencedoras ficam com tudo.

Mas, agora, imagine uma população de endossimbiontes bacterianos. Os mesmos princípios gerais se aplicam – é apenas outra população de bactérias, embora uma população pequena num espaço restrito. Bactérias que perdem genes desnecessários se replicarão ligeiramente mais rápido e tendem a dominar, como antes. A principal diferença é a estabilidade do ambiente. Ao contrário dos grandes ambientes externos, onde as condições estão sempre mudando, o citoplasma de células é um ambiente muito estável. Pode não ser fácil chegar lá, ou sobreviver ali, mas uma vez estabelecido pode-se confiar num constante e invariável suprimento de nutrientes. A interminável dinâmica circular de perde-ganha de genes em bactérias de vida livre é substituída por uma trajetória em direção à perda de genes e aprimoramento genético. Genes que não são necessários jamais serão necessários de novo. Podem estar perdidos para sempre. Os genomas encolhem.

Mencionei que endossimbioses são raras entre procariontes, que não são capazes de engolir outras células por fagocitose. Sabemos de dois exemplos em bactérias (**Figura 25**), portanto há ocorrência, embora muito ocasionalmente na ausência de fagocitose. Também se sabe que uns poucos fungos possuem endossimbiontes, apesar de não serem mais fagocíticos do que as bactérias. Mas eucariontes fagocíticos com frequência têm endossimbion-

QUESTÃO VITAL

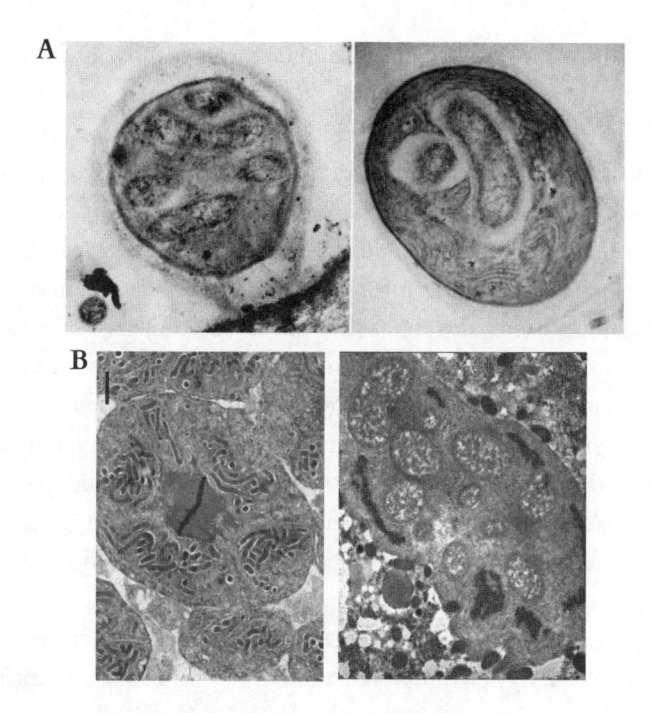

Figura 25 **Bactérias vivendo dentro de outras bactérias**
A Uma população de bactérias intracelulares vivendo dentro de cianobactérias. As membranas onduladas internas na célula da direita são membranas tilacoidais, o sítio da fotossíntese em cianobactérias. A parede celular é a linha mais escura encerrando a célula, que é envolta numa capa gelatinosa translúcida. As bactérias intracelulares são encerradas num espaço mais claro que poderia ser confundido com um vacúolo fagocítico, mas provavelmente é um artefato de encolhimento, visto que nenhuma célula com uma parede pode engolir outras células por fagocitose. Como essas bactérias entraram é um mistério, mas não há dúvida de que estão ali e, assim, não há nenhuma dúvida de que é possível, embora muito raro, ter bactérias intracelulares dentro de bactérias de vida livre. **B** Populações de gama-proteobactérias dentro de células hospedeiras beta-proteobacterianas que, por sua vez, vivem dentro de células eucarióticas de uma cochonilha-farinhenta multicelular. À esquerda, a célula central (o núcleo prestes a se dividir por mitose) tem seis endossimbiontes bacterianos, cada um deles contendo um número de bactérias com forma de bastão, mostradas ampliadas à direita. Este caso é menos atraente do que o exemplo cianobacteriano, visto que sua coabitação dentro de uma célula eucariótica não é equivalente a uma célula hospedeira de vida livre; não obstante, ambos os casos mostram que a fagocitose não é necessária para uma endossimbiose entre bactérias.

tes; conhecemos centenas de exemplos.* Eles compartilham uma trajetória em comum em direção à perda de genes. Os menores genomas bacterianos são encontrados em geral em endossimbiontes. *Rickettsia*, por exemplo, a causa do tifo e flagelo no exército de Napoleão, tinha um tamanho de genoma de pouco mais de 1 megabase e apenas um quarto do tamanho de *E. coli*. *Carsonella*, um endossimbionte de cigarrinhas da família dos psilídeos, tem o menor genoma bacteriano conhecido, que em 200 quilobases é menor do que alguns genomas mitocondriais de plantas. Embora saibamos quase nada sobre perda de genes em endossimbiontes dentro de procariontes, não há razão para supor que se comportariam de um modo diferente. Na verdade, podemos ter certeza de que teriam perdido genes do mesmo modo: as mitocôndrias, afinal de contas, foram um dia endossimbiontes vivendo num hospedeiro arqueano.

A perda de genes faz uma enorme diferença. Perder genes é benéfico para o endossimbionte, visto que acelera a sua replicação; mas perder genes também economiza ATP. Considere essa sim-

---

* O fato de procariontes não poderem engolir outras células por fagocitose é às vezes citado como uma razão pela qual a célula hospedeira "tinha" de ser algum tipo de fagócito "primitivo", não um procarionte. Existem dois problemas nesse raciocínio. O primeiro é que simplesmente não é verdade – sabemos de raros exemplos de endossimbiontes vivendo dentro de procariontes. O segundo problema é justamente que endossimbiontes são comuns em eucariontes, mas não dão origem rotineiramente a organelas como as mitocôndrias. Na verdade, os únicos exemplos conhecidos são as mitocôndrias e os cloroplastos, apesar (sem dúvida) dos milhares ou milhões de oportunidades. A origem da célula eucariótica foi um evento singular. Conforme observado no capítulo 1, uma boa explicação deveria esclarecer por que isso aconteceu apenas uma vez: ela deve ser convincente o bastante para que se possa acreditar, mas não tanto que fiquemos imaginando por que isso não aconteceu em múltiplas ocasiões. A endossimbiose entre procariontes é rara, mas não tanto que possa responder pela singularidade de origens eucarióticas por si só. Entretanto, as enormes recompensas energéticas da endossimbiose entre procariontes, quando combinadas com graves dificuldades de reconciliar ciclos de vida (que discutiremos no capítulo seguinte), explicam juntas esta singularidade evolutiva.

ples ideia. Imagine que uma célula hospedeira tenha cem endossimbiontes. Cada endossimbionte começa como uma bactéria normal e perde genes. Digamos que ela começa com um genoma bacteriano razoavelmente padrão de 4 mil genes e perde duzentos deles (5%), talvez, inicialmente os genes para a síntese da parede celular, que não são mais necessários quando passam a viver numa célula hospedeira. Cada um dos duzentos genes codifica uma proteína, que tem um custo energético para sintetizar. Qual é a economia energética de *não* fazer essas proteínas? Uma proteína bacteriana média tem 250 aminoácidos, com uma média de 2 mil cópias de cada proteína. Cada ligação peptídica (que une aminoácidos) custa cerca de 5 ATPs. Portanto, o custo de ATP total de 2 mil cópias de duzentas proteínas em cem endossimbiontes é de 50 bilhões de ATPs. Se este custo energético acontece durante o ciclo de vida de uma célula, e ela se divide a cada 24 horas, então o custo para sintetizar essas proteínas seria de 580 mil ATPs por segundo! Inversamente, essa é a economia de ATP se essas proteínas não são feitas.

Não há nenhuma necessidade de esses ATPs serem gastos em outra coisa (embora existam algumas razões possíveis, às quais retornaremos), mas vamos considerar que tipo de diferença poderia fazer para uma célula se eles *fossem* gastos. Um fator relativamente simples que distingue eucariontes de bactérias é um citoesqueleto interno dinâmico, capaz de se remodelar e mudar de forma no decorrer seja do movimento celular ou do transporte de materiais dentro da célula. Um importante componente do citoesqueleto eucariótico é uma proteína chamada actina. Quanta actina poderíamos fazer para 580 mil ATPs por segundo? Actina é um filamento composto de monômeros unidos numa cadeia; e duas dessas cadeias se enrolam uma na outra para formar o filamento. Cada monômero tem 374 aminoácidos e existem 2 x 29 monômeros por micrômetro de filamento de actina. Com o mesmo custo de ATP por ligação peptídica, a exigência total de ATP por micrômetro de actina é de 131 mil. Assim, a princípio poderíamos fazer por volta de 4,5 micrômetros de actina por segundo. Se isso não lhe parece muito, tenha em mente que bactérias têm tipicamente uns dois micrômetros de comprimento.* Portanto, a economia de energia acumulando-se a partir da perda endossimbiótica de genes (apenas 5% de seus genes) poderia facilmente sustentar a evolução de um citoesqueleto dinâmico, como de fato aconteceu. Tenha em mente também que cem endossimbiontes são uma estimativa conservadora. Algumas amebas grandes possuem até 300 mil mitocôndrias.

A perda de genes foi muito mais longe do que meros 5%. As mitocôndrias perderam quase todos os seus genes. Nós retivemos apenas 13 genes codificadores de proteína, junto com todos os outros animais. Presumindo que as mitocôndrias derivaram de ancestrais que não eram diferentes das α-proteobactérias modernas, devem ter começado com uns 4 mil genes. Ao longo do tempo evolutivo, elas perderam mais de 99% de seus genomas. Pelos nossos cálculos acima, se cem endossimbiontes perdessem 99% de seus genes, a economia de energia ficaria perto de 1 trilhão de ATPs ao longo de um ciclo de vida de 24 horas ou surpreendentes 12 milhões por segundo! Mas as mitocôndrias não economizam energia. Elas fabricam ATP. Mitocôndrias fazem tão bem ATP quanto seus ancestrais de vida livre, porém reduziram imensamente as suas despesas bacterianas muito caras. Com efeito, as células

---

* Para colocar alguma perspectiva nesse número, as células animais em geral produzem filamentos de actina a uma taxa de cerca 1-15 micrômetros por *minuto*, mas alguns foraminíferos podem alcançar velocidades de 12 micrômetros por *segundo*. Entretanto, essa é a taxa de montagem a partir de monômeros de actina pré-formados, não a síntese *de novo* de actina.

eucarióticas têm potência multibacteriana, mas economizam nos custos de síntese proteica. Ou melhor, desviam os custos de síntese proteica.

As mitocôndrias perderam a maior parte de seus genes, mas alguns deles foram transferidos para o núcleo (mais sobre isso no próximo capítulo). Alguns desses genes continuaram a codificar as mesmas proteínas, executando a mesma velha função, portanto não houve economia de energia ali. Mas alguns deles não eram mais necessários, seja pela célula hospedeira ou pelo endossimbionte. Eles chegaram ao núcleo como piratas genéticos, livres para mudar a sua função, ainda não constrangidos pela seleção. Essas extensões supérfluas de DNA são a matéria bruta genética para a evolução eucariótica. Algumas delas desovaram famílias inteiras de genes que puderam se especializar para novas tarefas, as mais diversas. Sabemos que os eucariontes mais primitivos tinham cerca de 3 mil novas famílias de genes comparados com as bactérias. A perda de gene das mitocôndrias permitiu o acúmulo de novos genes no núcleo sem nenhum custo energético. A princípio, se uma célula que tivesse 100 endossimbiontes transferisse 200 genes de cada endossimbionte para o núcleo (apenas 5% de seus genes), a célula hospedeira teria 20 mil novos genes no núcleo – equivalente a um genoma humano inteiro! –, que poderiam ser usados para todos os tipos de novos propósitos, todos a nenhum custo energético líquido. A vantagem das mitocôndrias é simplesmente de tirar o fôlego.

Restam duas questões firmemente associadas. Primeira, todo esse argumento baseia-se no problema da relação área-de-superfície-e-volume em procariontes. Mas algumas bactérias, tais como as cianobactérias, são perfeitamente capazes de internalizar suas membranas bioenergéticas, torcendo suas membranas internas em circunvoluções barrocas, expandindo consideravelmente a sua área de superfície. Por que não podem as bactérias escapar das restrições do acoplamento quimiosmótico internalizando a sua respiração desse modo? E segunda, por que, se a perda de genes é tão importante, as mitocôndrias jamais perderam o seu genoma completo, levando ao término o processo e maximizando os benefícios energéticos dessa perda? As respostas para essas questões deixam claro por que as bactérias permaneceram presas na sua rotina por 4 bilhões de anos.

Mitocôndrias – *chave para a complexidade*

Não é óbvio por que as mitocôndrias sempre conservam um punhado de genes. Centenas de genes codificando proteínas mitocondriais foram transferidas para o núcleo desde cedo na evolução eucariótica. Seus produtos proteicos são agora feitos externamente no citosol, antes de serem importados para dentro das mitocôndrias. Mas um pequeno grupo de genes codificando proteínas respiratórias permaneceu invariavelmente nas mitocôndrias. Por quê? O manual padrão *Molecular Biology of the Cell* afirma: "Não podemos pensar em fortes razões pelas quais as proteínas feitas nas mitocôndrias e cloroplastos deveriam ser feitas ali, em vez de no citosol." Essa mesma frase aparece nas edições de 1983, 1992, 2002 e 2008, é justo nos perguntarmos o quanto os autores realmente pensaram sobre a questão.

Do ponto das vista de origens eucarióticas, parece-me que existem dois tipos possíveis de resposta – trivial, ou necessária. Quando falo "trivial", não estou querendo dizer num sentido trivial – quero dizer que não existe nenhuma razão biofísica impossível de ser modificada para os genes mitocondriais permanecerem onde estão. O fato de não terem se mudado não é porque *não possam* sair do lugar, mas sim que por motivos históricos eles simplesmente não saíram. Respostas triviais explicam por que genes *permaneceram* nas mitocôndrias: podiam ter se mudado para o núcleo, mas o equilíbrio de acaso e forças seletivas fez com que alguns deles continuassem onde sempre estiveram. Razões possíveis incluem o tamanho e a hidrofobicidade das proteínas mitocondriais ou alterações mínimas no código genético. A princípio, diz a hipótese "trivial", todos os genes mitocondriais remanescentes *poderiam* ser transferidos para o núcleo, embora requerendo uma pequena engenharia genética para modificar a sua sequência, conforme necessário, e a célula funcionaria perfeitamente bem. Alguns pesquisadores estão trabalhando ativamente na transferência de genes mitocondriais para o núcleo, baseados em que essa transferência poderia prevenir o envelhecimento (mais sobre isso no capítulo 7). Esse é um problema cercado de desafios, não um empreendimento trivial no uso coloquial do termo; mas é trivial no sentido de que esses pesquisadores acreditam não haver necessidade de os genes permanecerem nas mitocôndrias. Eles pensam que há reais benefícios na sua transferência para o núcleo. Boa sorte para eles.

Discordo dessa maneira de pensar. A hipótese "necessária" argumenta que as mitocôndrias retiveram os genes porque precisavam deles – sem eles, as mitocôndrias não poderiam existir. A causa não é passível de modificação: não é possível transferir esses genes para o núcleo mesmo a princípio. Por que não? A resposta, na minha visão, vem de John Allen, um bioquímico e colega de longa data. Acredito na sua resposta não por ser um amigo; ao contrário. Ficamos amigos em parte porque acredito na sua resposta. Allen tem uma mente fértil e apresentou várias hipóteses originais, que passou décadas testando, e sobre algumas delas discutimos há anos. Neste caso em particular, há boas evidências sustentando o argumento de que as mitocôndrias (e os cloroplastos, por motivos similares) retiveram genes porque são necessários para controlar o acoplamento quimiostático. Transfira os genes mitocondriais remanescentes para o núcleo, diz o argumento, e a célula morrerá com o tempo, por mais que os genes possam ter sido cuidadosamente ajustados ao seu novo lar. Os genes mitocondriais precisam estar bem ali no seu sítio, próximos das membranas bioenergéticas a que servem. Disseram-me que o termo político é "controle bronze".* Numa guerra, controle ouro é o governo central, que dá forma à estratégia no longo prazo; controle prata é o comando das Forças Armadas, que planeja a distribuição de efetivo e armamentos usados; mas uma guerra se perde ou se vence no solo, sob o comando de controle bronze, os homens e mulheres corajosos que na verdade atraem o inimigo, tomam decisões táticas, inspiram suas tropas e são lembrados na história como grandes soldados. Os genes mitocondriais são controle bronze, tomadores de decisão em solo.

Por que essas decisões são necessárias? No capítulo 2, discutimos o poder da força motriz de prótons. A membrana interna mitocondrial tem um potencial elétrico de cerca de 150-200 milivolts. Como a membrana tem apenas 5 nanômetros de espessura, notamos que isso se traduz numa força de campo de 30 milhões de volts por metro, igual a um relâmpago. Ai de você se perder o controle sobre essa carga elétrica! A penalidade não é apenas uma perda de síntese de ATP, embora isso por si só já possa ser bem grave. O fracasso em transferir elétrons adequadamente pelas cadeias respiratórias até o oxigênio (ou outros aceptores de elétrons) pode resultar num tipo de curto-circuito elétrico, no qual elétrons escapam para reagirem diretamente com oxigênio ou nitro-

---

* Fui apresentado ao termo por um ex-secretário da Defesa, John Reid, que me convidou para um chá na Casa dos Lordes depois de ler *Life Ascending*. Minhas tentativas de explicar a regulação descentralizada das mitocôndrias ao meu intelectualmente voraz anfitrião revelaram fazer perfeito sentido em termos militares.

gênio, para formarem "radicais livres" reativos. A combinação de fracasso dos níveis de ATP, despolarização das membranas bioenergéticas e liberação de radicais livres é o gatilho clássico para a "morte celular programada", a qual é amplamente espalhada conforme observamos antes, mesmo em bactérias unicelulares. Em essência, os genes mitocondriais podem responder a mudanças locais nas condições, modulando o potencial da membrana dentro de modestos limites antes que essas mudanças se tornem catastróficas. Se esses genes fossem movidos para o núcleo, a hipótese é simplesmente a de que as mitocôndrias perderiam o controle sobre o potencial da membrana a poucos minutos de qualquer mudança grave na tensão do oxigênio ou disponibilidade do substrato ou vazamento de radicais livres, e a célula morreria.

Precisamos respirar continuamente para continuar vivendo e exercer controle preciso sobre os músculos do diafragma, tórax e garganta. No nível das mitocôndrias, os genes mitocondriais modulam a respiração do mesmo modo, garantindo que o rendimento seja sempre feito sob medida, segundo a demanda. Nenhuma outra razão é boa o suficiente para explicar a retenção universal de genes mitocondriais.

Essa é mais do que uma razão "necessária" para genes permaneceram em mitocôndrias. É uma razão necessária para genes ficarem estacionados próximos a membranas bioenergéticas onde quer que estejam. É surpreendente que as mitocôndrias tenham invariavelmente retido o mesmo pequeno subconjunto de genes em todos os eucariontes capazes da respiração. Nas poucas ocasiões em que células perderam totalmente os genes das mitocôndrias, também perderam a capacidade de respirar. Os hidrogenossomos e mitossomos (as organelas especializadas derivadas de mitocôndrias encontradas nas archezoas), em geral, perderam todos os seus genes, e perderam o poder do acoplamento quimiostático na barganha. Inversamente, as bactérias gigantes de que falamos antes sempre possuem genes (ou melhor, genomas inteiros) estacionados logo ao lado de suas membranas bioenergéticas. Para mim, a resposta está nas cianobactérias, com suas membranas internas retorcidas. Se genes são necessários para controlar a respiração, então as cianobactérias deveriam ter múltiplas cópias de seu genoma completo, muito semelhante às bactérias gigantes, mesmo sendo substancialmente menores. Elas têm. As cianobactérias mais complexas com frequência possuem várias centenas de cópias de seu genoma completo. Como acontece com as bactérias gigantes, que restringem a sua disponibilidade de energia por gene – elas não podem aumentar o tamanho de qualquer genoma até um genoma nuclear do tamanho eucariótico, porque são obrigadas, em vez disso, a acumular múltiplos genomas bacterianos pequenos.

Aqui, então, está a razão para que bactérias não possam inflar até o tamanho eucariótico. Simplesmente internalizar suas membranas bioenergéticas e expandir em tamanho não funciona. Precisam posicionar genes ao lado de suas membranas, e a realidade, na ausência de endossimbiose, é que esses genes vêm na forma de genomas completos. Não há nenhum benefício em termos de energia por gene em se tornar maior, exceto quando o tamanho maior é obtido por endossimbiose. Assim é possível a perda de genes e só então o encolhimento de genomas mitocondriais pode estimular a expansão do genoma nuclear em várias ordens de magnitude, até tamanhos eucarióticos.

Você pode ter pensado em outra possibilidade: o uso de plasmídeos bacterianos, anéis semi-independentes de DNA que podem transportar inúmeros genes de vez em quando. Por que não poderiam os genes para a respiração ser colocados num grande plasmídeo e, então, múltiplas cópias desse plasmídeo ficarem estacionadas perto das membranas? Existem dificuldades logísticas potencialmente intratáveis nisso, mas poderia funcionar? Acho que não. Entre procariontes não há vantagem em ser maior e nenhuma vantagem em ter mais ATP do que o necessário. Bactérias pequenas não têm escassez de ATP: têm o que precisam. Ser um pouco maior e ter um pouco mais de ATP não trazem nenhum benefício; é melhor ser um pouco menor e ter ATP o suficiente – e replicar mais rápido. Uma segunda desvantagem em expandir em volume só por expandir é que linhas de suprimento são necessárias para atender a regiões remotas da célula. Uma célula grande precisa expedir carga para todos os cantos e os eucariontes fazem exatamente isso. Porém, esses sistemas de transporte não evoluem da noite para o dia. Isso demora gerações, durante as quais haveria a necessidade de alguma outra vantagem em ser maior. Portanto, plasmídeos não vão dar certo – colocam o carro na frente dos bois. De longe, a solução mais simples para o problema de distribuição é apenas evitá-la totalmente, ter múltiplas cópias de um genoma completo, cada um controlando um volume "bacteriano" de citoplasma, como nas bactérias gigantes.

Então, como os eucariontes escaparam do *loop* do tamanho e evoluíram sistemas de transporte complexos? O que é tão diferente numa célula grande com múltiplas mitocôndrias, cada uma com seu próprio genoma do tamanho de um plasmídeo e uma bactéria gigante com múltiplos plasmídeos, distribuídos para controlar a respiração? A resposta é que o acordo na origem dos eucariontes nada teve a ver com ATP, conforme observado por Bill Martin e Miklos Müller na sua hipótese para o primeiro eucarionte. Martin e Müller propõem uma sintrofia metabólica entre a célula hospedeira e seus endossimbiontes, significando que negociam os substratos de crescimento, não apenas energia. A hipótese do hidrogênio diz que os primeiros endossimbiontes forneceram às suas células hospedeiras metanogênicas o hidrogênio necessário para o crescimento. Não precisamos nos preocupar com detalhes aqui. A questão é que sem o seu substrato (hidrogênio, no caso) as células hospedeiras não podem crescer. Os endossimbiontes fornecem *todo* o substrato necessário para o crescimento. Quanto mais endossimbiontes, quanto mais substrato, mais rápido as células hospedeiras podem crescer; e, melhor, os endossimbiontes funcionam também. No caso da endossimbiose, portanto, células maiores se beneficiam porque contêm mais endossimbiontes e, assim, ganham mais estímulo para o crescimento. Elas funcionarão ainda melhor conforme desenvolverem redes de transporte para seus próprios endossimbiontes. Isto é quase, literalmente, colocar os bois (suprimento de energia) antes do carro (transporte).

Conforme os endossimbiontes perdem genes, as suas próprias demandas de ATP caem. Há uma ironia aqui. A respiração celular produz ATP a partir de ADP e, conforme o ATP é quebrado de volta para ADP, provê de energia o funcionamento em torno da célula. Se o ATP não é consumido, então todo o grupo ADP é convertido em ATP, e a respiração cessa. Nestas condições, a cadeia respiratória acumula elétrons, tornando-se muito "reduzida" (mais sobre isso no capítulo 7). É então reativa com oxigênio, vazando radicais livres que podem danificar as proteínas circundantes e o DNA ou até deflagrar a morte celular. A evolução de uma proteína-chave, a transportadora ADP-ATP, permitiu à célula hospedeira drenar o ATP dos endossimbiontes para seus próprios propósitos, mas, eloquentemente, também solucionou o problema para os endossimbiontes. Ao drenar o excesso de ATP e suprir de novo os endossimbiontes com ADP, a célula hospedeira restringiu o vazamento de radicais livres dentro do endossimbionte, e, assim, diminuiu o risco de danos e de morte celular. Isso explica por que era interesse de ambos – tanto a célula hospedeira como os endossimbiontes – "queimarem" ATP em extravagantes projetos de construção, tal como um citoesqueleto dinâmico.* Porém, o ponto-chave é que houve vantagens em cada estágio do relacionamento endossimbiótico, diferentemente dos plasmídeos, que não oferecem nenhum benefício por serem maiores ou terem mais ATP só por ter.

A origem da célula eucariótica foi um evento singular. Aqui na Terra, isso aconteceu apenas uma vez em 4 bilhões de anos de evolução. Quando considerada em termos de genomas e informações, essa trajetória peculiar é quase impossível de compreender. Mas, se considerada em termos de energia e da estrutura física das células, faz muito sentido. Vimos como o acoplamento quimiostático pode ter surgido em fontes hidrotermais alcalinas e por que permaneceu universal em bactérias e arqueas por toda a eternidade. Vimos que o acoplamento quimiostático tornou possível a maravilhosa adaptabilidade e versatilidade dos procariontes. É provável que esses fatores tenham funcionado em outros planetas também, desde o início de vida, a partir de rocha, água e CO_2. Agora, vemos também por que a seleção natural, operando em infinitas populações de bactérias ao longo de infinitos períodos de tempo, não deveria dar origem a células grandes complexas, o que conhecemos como eucariontes, exceto por meio de uma endossimbiose rara e aleatória.

Não há trajetória inata ou universal em direção à vida complexa. O universo não está prenhe com a ideia de nós mesmos.

---

* Existe um precedente bacteriano instrutivo para a queima de ATP, conhecido como "derramamento" de ATP ou energia. O termo é preciso: algumas bactérias podem desperdiçar até dois terços de sua reserva total de ATP em reciclagem desnecessária de íons através da membrana celular e outras façanhas igualmente inúteis. Por quê? Uma resposta possível é que isso mantém um saudável equilíbrio de ATP com ADP, que mantém o potencial da membrana e o vazamento de radicais livres sob controle. Mais uma vez, isso mostra que as bactérias possuem ATP em abundância para desperdiçar – elas não estão sendo de modo algum desafiadas energeticamente; só quando se cresce até um tamanho eucariótico é que se revela o problema de energia-por-gene.

A vida complexa poderia surgir em qualquer parte, mas é improvável que seja algo comum, pelas mesmas razões as quais fizeram a vida complexa não acontecer repetidamente. A primeira parte da explicação é simples – endossimbioses entre procariontes não são comuns (embora saibamos de um ou dois exemplos, portanto sabemos que isso pode acontecer). A segunda parte é menos óbvia e remete à visão do inferno de Sartre como sendo os outros. A intimidade da endossimbiose pode ter quebrado o infindável impasse das bactérias, mas no próximo capítulo veremos que o atormentado nascimento desta nova entidade, a célula eucariótica, ajuda a explicar por que é muito raro acontecerem esses eventos e por que toda a vida complexa compartilha tantos traços peculiares, do sexo à morte.

6
SEXO E AS ORIGENS DA MORTE

A natureza abomina o vácuo, disse Aristóteles. A ideia foi repetida por Newton, dois milênios mais tarde. Ambos se preocupavam com o que preenchia o espaço; Newton acreditava que era uma substância misteriosa, conhecida como o éter. Na física, a ideia caiu em descrédito no século XX, mas o *horror vacui* mantém toda a sua força na ecologia. O preenchimento de todo o espaço ecológico está muito bem capturado numa antiga rima: "Pulgas grandes têm pequenas pulgas nas suas costas para picá-las; pulgas pequenas têm pulgas menores ainda, e assim *ad infinitum*." Cada nicho que se possa conceber está ocupado, com cada espécie primorosamente adaptada ao seu próprio espaço. Cada planta, cada animal, cada bactéria são um hábitat em si mesmo, uma selva de oportunidades para todos os tipos de genes saltadores, vírus e parasitas, sem falar de grandes predadores. Vale tudo.

Mas não vale. Só parece que vale. A tapeçaria infinita da vida não passa de uma aparência, com um buraco negro no seu coração. Está na hora de tratar do maior paradoxo na biologia: por que toda a vida está dividida em procariontes, que não possuem complexidade morfológica, e eucariontes, que compartilham um número imenso de propriedades detalhadas, nenhuma delas encontradas em procariontes? Existe um abismo, um vazio, um vácuo, entre os dois, a que a natureza realmente deveria ter aversão. Todos os eucariontes compartilham mais ou menos tudo; todos os procariontes possuem, de um ponto de vista morfológico, quase nada. Não há melhor ilustração do injusto princípio bíblico "ser-lhe-á dado".

No capítulo anterior, vimos que uma endossimbiose entre dois procariontes quebrou o interminável *loop* de simplicidade. Não é fácil para uma bactéria entrar em outra e sobreviver ali por infinitas gerações, contudo conhecemos alguns poucos exemplos disso, sabemos que acontece, embora muito raramente. Uma célula dentro de uma célula foi apenas o começo, um momento fecundo na história da vida, porém nada mais do que isso. É apenas uma célula dentro de uma célula. De algum modo, temos de mapear um curso dali para o nascimento da verdadeira complexidade – para uma célula que acumulou tudo o que é comum a todos os eucariontes. Começamos com bactérias, carentes de quase todos os traços complexos, e terminamos com eucariontes completos, células com um núcleo, uma pletora de membranas e compartimentos internos, um esqueleto celular dinâmico e comportamento complexo, como sexo. As células eucarióticas expandiram-se em tamanho de genoma e tamanho físico em quatro ou cinco ordens de magnitude. O último ancestral comum dos eucariontes tinha acumulado todos esses traços; o ponto de partida, uma célula dentro de uma célula, não tinha nenhum deles. Não há intermediários sobreviventes, nada para nos dizer como ou por que qualquer um desses traços eucarióticos complexos evoluiu.

Diz-se às vezes que a endossimbiose que lançou os eucariontes não era darwiniana: que não foi uma gradual sucessão de pequenas etapas, mas um repentino salto no desconhecido, que criou um "monstro esperançoso". Até certo ponto, é verdade. Argumentei que a seleção natural, atuando em infinitas populações de procariontes ao longo de infinitos períodos de tempo, jamais produzirá células eucarióticas complexas, exceto por meio de uma endossimbiose. Esses eventos não podem ser representados numa árvore da vida padrão, bifurcando-se. A endossimbiose é bifurcação ao inverso, onde os ramos não se ramificam, mas se fundem. Porém uma endossimbiose é um evento singular, um momento na evolução que não pode produzir um núcleo ou qualquer dos outros traços eucarióticos arquetípicos. O que ela fez foi colocar em movimento uma série de eventos, que são perfeitamente darwinianos no sentido normal da palavra.

Portanto, não estou afirmando que a origem dos eucariontes foi não darwiniana, mas que a paisagem seletiva foi transformada por uma singular endossimbiose entre procariontes. Depois disso, foi Darwin até o final. A questão é: como a aquisição de endossimbiontes alterou o curso da seleção natural? Aconteceu de uma forma previsível, que poderia seguir um curso similar em outros planetas, ou a eliminação de restrições energéticas abriu as comportas para a evolução? Direi que pelo menos alguns dos traços universais dos eucariontes foram elaborados no íntimo relacionamento entre célula hospedeira e endossimbionte e, como tal, são previsíveis a partir dos primeiros elementos. Esses traços incluem o núcleo, sexo, dois sexos e até a linha germinativa imortal, criadora do corpo mortal.

Começar com uma endossimbiose imediatamente coloca algumas restrições na ordem dos eventos; o núcleo e sistemas de membranas devem ter surgido depois da endossimbiose, por exemplo. Porém isso também coloca algumas restrições na velocidade com que a evolução deve ter operado. A evolução darwiniana e o gradualismo se fundem facilmente, mas o que na realidade quer dizer "gradual"? Simplesmente que não há nenhum salto no desconhecido, que todas as mudanças *adaptativas* são pequenas e discretas. Isso não é verdade se considerarmos mudanças no próprio genoma, as quais podem tomar a forma de grandes deleções, duplicações, transposições ou religações abruptas como resultados de genes reguladores sendo ligados e desligados inadequadamente. Mas essas mudanças não são adaptativas; como as endossimbioses, simplesmente alteram o ponto de partida de onde atua a seleção. Sugerir que o núcleo, por exemplo, de alguma forma aparece subitamente é confundir saltacionismo genético com adaptação. O núcleo é uma estrutura primorosamente adaptada, não é um mero depósito de DNA. É composto de estruturas como o nucléolo, onde novo RNA ribossomal é manufaturado em escala colossal; a membrana nuclear duplicada, salpicada com complexos surpreendentemente belos de poros de proteína (**Figura 26**), cada um contendo dezenas de proteínas conservadas em todos os eucariontes; e a lâmina elástica, uma malha flexível de proteínas revestindo a membrana nuclear que protege o DNA do simples estresse.

A questão é que essa estrutura é o produto da seleção natural atuando por longos períodos de tempo, e requer o refinamento e a orquestração de centenas de proteínas separadas. Tudo isso representa um processo puramente darwiniano. Mas não significa que tinha de acontecer lentamente em termos geológicos. No registro fóssil, estamos acostumados a ver longos períodos de estase, pontuados ocasionalmente por períodos de rápida mudança. Essa mudança é rápida em tempo geológico, mas não necessariamente em termos de gerações; apenas não é dificultada pelas mesmas restrições que se opõem à mudança em circunstâncias normais. Só raramente a seleção natural é uma força para a mudança. É mais comum que se oponha à mudança, purgando variações dos picos de uma paisagem adaptativa. Só quando essa paisagem sofre algum tipo de abalo sísmico é que a seleção promove mudança, em vez de estase. E aí pode operar com rapidez surpreendente. Os olhos são um bom exemplo. Eles surgiram na explosão cambriana,

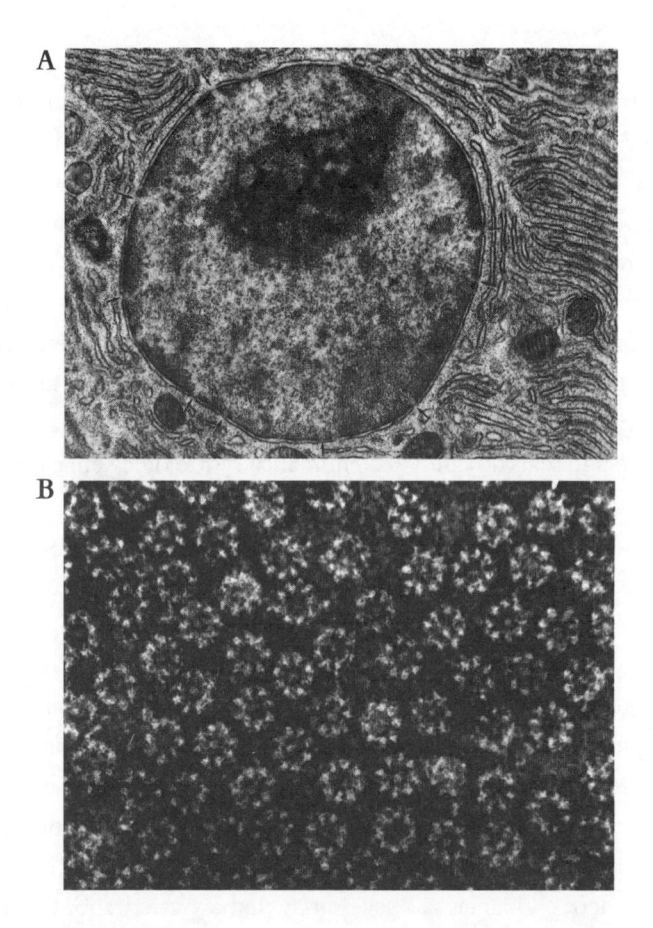

Figura 26 **Poros nucleares**
Imagens clássicas do pioneiro da microscopia eletrônica, Don Fawcett. A dupla membrana cercando o núcleo eucariótico é nitidamente visível, como são os poros regulares, marcados por setas em **A**. As áreas mais escuras dentro do núcleo são regiões relativamente inativas, onde a cromatina é "condensada", enquanto as regiões mais claras indicam transcrição ativa. Os "espaços" mais claros perto dos poros nucleares indicam transporte ativo para dentro e para fora do núcleo. **B** mostra um conjunto de complexos porosos nucleares, cada um composto de várias proteínas reunidas para formar o maquinário de importação e exportação. As proteínas essenciais nesses complexos porosos são conservadas em todos os eucariontes, daí que os poros nucleares devem ter estado presentes em LECA (o último ancestral comum eucariótico).

aparentemente no espaço de 1 ou 2 milhões de anos. Quando neutralizados segundo o ritmo de centenas de milhões de anos durante o quase eterno pré-cambriano, 2 milhões de anos parecem indecentemente rápidos. Por que a estase durante tanto tempo, depois essa veloz mudança? Talvez porque os níveis de oxigênio subiram e, então, pela primeira vez, a seleção favoreceu grandes animais ativos, predadores e presas, com olhos e conchas.* Um famoso modelo matemático calculou quanto tempo poderia levar para um olho evoluir de um simples ponto sensível à luz no mesmo tipo de verme. A resposta, supondo um ciclo de vida de um ano, e não mais do que 1% de mudança morfológica em cada geração, foi apenas de meio milhão de anos.

Quanto tempo levaria para um núcleo evoluir? Ou o sexo, ou a fagocitose? Por que deveria levar mais tempo do que os olhos? Este é um projeto para o futuro – calcular o tempo mínimo para um eucarionte evoluir a partir de um procarionte. Antes de valer a pena embarcar num tal projeto, precisamos conhecer mais sobre a sequência de eventos envolvida. Mas não há razão *prima facie* para supor que deveria levar vastas extensões de tempo medidas em centenas de milhões de anos. Por que não 2 milhões de anos? Admitindo-se uma divisão celular por dia, fica perto de 1 bilhão de gerações. Quantas são necessárias? Uma vez retirados os freios energéticos que bloqueavam a evolução da complexidade, não vejo razão para as células eucarióticas não poderem ter evoluído num período de tempo relativamente curto. Comparado com 3 bi-

---

* Não estou afirmando que uma alta na concentração de oxigênio levou à evolução de animais (conforme discutido no capítulo 1), mas que possibilitou um comportamento mais ativo em grandes animais. A liberação de restrições energéticas promoveu uma radiação polifilética de muitos grupos distintos de animais, mas animais que já tinham evoluído antes da explosão cambriana, antes do grande aumento de oxigênio no final do pré-cambriano.

lhões de anos de estase procariótica, isso se mascara como um súbito salto para a frente; mas o processo foi estritamente darwiniano.

Só porque é possível conceber que a evolução opera rapidamente não significa que na realidade foi o que aconteceu. Porém, há fortes fundamentos para se pensar que a evolução dos eucariontes provavelmente aconteceu com rapidez, baseando-se na aversão da natureza pelo vácuo. O problema é exatamente o fato de que os eucariontes compartilham tudo e os procariontes não têm nada disso. Isso implica instabilidade. No capítulo 1, consideramos os archezoas, esses eucariontes unicelulares relativamente simples que um dia foram confundidos com intermediários evolucionários entre procariontes e eucariontes. Este grupo díspar revelou ser derivado de ancestrais mais complexos com um estoque abundante de todos os traços eucarióticos. Mas, não obstante, são verdadeiros intermediários *ecológicos* – ocupam o nicho de complexidade morfológica entre procariontes e eucariontes. Preenchem o vácuo. A um primeiro olhar superficial, portanto, não existe vácuo: existe um espectro contínuo de complexidade morfológica variando de elementos genéticos parasíticos a vírus gigantes, bactérias a eucariontes simples, células complexas a organismos multicelulares. Só recentemente, quando se tornou conhecido que os archezoas são um logro, é que o horror pelo vácuo se tornou evidente.

O fato de os archezoas não terem sido extintos na competição significa que intermediários simples podem prosperar nesse espaço. Não há razão para que o mesmo nicho ecológico não pudesse ter sido ocupado por intermediários evolutivos genuínos, células sem mitocôndrias, ou um núcleo, ou peroxissomas, ou sistemas de membranas, como o aparelho de Golgi ou retículo endoplasmático. Se os eucariontes surgiram lentamente, ao longo de dezenas ou centenas de milhões de anos, deve ter havido muitos intermediários estáveis, células sem vários traços eucarióticos. Eles deveriam ter ocupado os mesmos nichos intermediários agora cheios de archezoas. Alguns deles deveriam ter sobrevivido até hoje, como genuínos intermediários evolucionários no vácuo. Mas não! Não se encontra nenhum, apesar de um olhar longo e firme. Se não foram extintos na competição, então por que nenhum deles sobreviveu? Eu diria que foi porque eram geneticamente instáveis. Não havia muitos meios de atravessar o vazio e a maioria pereceu.

Isso sugeriria um tamanho populacional pequeno, o que também faz sentido. Uma população grande indica sucesso evolutivo. Se os eucariontes primitivos estavam prosperando, deveriam ter se espalhado, ocupado novos espaços ecológicos, divergido. Eles deveriam ter sido geneticamente estáveis. Pelo menos alguns deles deveriam ter sobrevivido. Mas isso não aconteceu. Tomando-se ao pé da letra, portanto, parece mais provável que os primeiros eucariontes eram geneticamente instáveis e evoluíram rapidamente numa pequena população.

Existe outra razão para se pensar que isso deve ser verdade: o fato de que todos os eucariontes compartilham exatamente os mesmos traços. Pense em como isso é peculiar! Todos nós compartilhamos os mesmos traços com outros seres humanos, tais como a postura ereta, corpo sem pelos, polegares opositores, cérebro grande e uma facilidade para a linguagem, visto sermos todos relacionados por ancestralidade e cruzamento. Sexo. É a definição mais simples de uma espécie – uma população de indivíduos cruzando. Grupos que não se cruzam divergem e evoluem traços distintos – tornam-se novas espécies. No entanto, isso não aconteceu na origem dos eucariontes. Todos os eucariontes compartilham o mesmo conjunto de traços básicos. Muito parecido com uma população cruzando. Sexo.

Poderia qualquer outra forma de reprodução ter chegado ao mesmo ponto final? Acho que não. A reprodução assexuada –

clonagem – leva a uma profunda divergência, conforme diferentes mutações se acumulam em diferentes populações. Essas mutações estão sujeitas à seleção em ambientes distintos, enfrentando diferentes vantagens e desvantagens. A clonagem pode produzir cópias idênticas, mas ironicamente, no final, conduz à divergência entre populações conforme as mutações se acumulam. Em contraste, o sexo partilha traços numa população, sempre misturando e combinando, opondo-se à divergência. O fato de os eucariontes compartilharem os mesmos traços sugere que eles apareceram numa população com cruzamento sexual. Isso, por sua vez, implica que a sua população era pequena o suficiente para cruzar. Todas as células que não tinham sexo, nessa população, não sobreviveram. A Bíblia estava certa: "Como é estreita a porta, e apertado o caminho que leva à vida! São poucos os que a encontram."

E quanto à transferência lateral de genes, numerosa em bactérias e arqueas? Como o sexo, a transferência lateral de genes envolve recombinação, produzindo cromossomos "fluidos" com combinações de genes que estão mudando de lugar. Ao contrário do sexo, entretanto, a transferência lateral de genes não é recíproca e não envolve fusão celular ou recombinação através do genoma completo. É gradativa e unidirecional: não combina traços numa população, mas aumenta a divergência entre indivíduos. Basta considerar a *E. coli*. Uma única célula pode conter cerca de 4 mil genes, mas o "metagenoma" (o número total de genes encontrado em diferentes linhagens de *E. coli*, conforme definido por RNA ribossomal) está mais para 18 mil genes. O resultado da transferência lateral de genes exuberante é que diferentes linhagens diferem em até metade de seus genes – mais variação do que em todos os vertebrados juntos. Em resumo, nem a clonagem nem a transferência lateral de genes, os modos dominantes de herança em bactérias e arqueas, podem explicar o enigma da uniformidade em eucariontes.

Se eu estivesse escrevendo isso dez anos atrás, a ideia de que o sexo surgiu muito cedo na evolução eucariótica teria tido poucas evidências sustentando-a; numerosas espécies, inclusive muitas amebas e supostamente archezoas de ramificação profunda, tais como *Giardia*, foram consideradas assexuadas. Até agora ninguém flagrou a *Giardia* no ato de sexo microbiano. Mas o que nos falta em história natural, compensamos na tecnologia. Conhecemos a sua sequência genômica. A *Giardia* contém os genes necessários para a meiose (divisão celular redutiva para produzir gametas para sexo), em perfeita ordem de funcionamento, e a estrutura do seu genoma é testemunha de recombinação sexual regular. O mesmo vale para mais ou menos todas as outras espécies que examinamos. Com exceção dos eucariontes assexuados secundariamente derivados, que em geral se extinguem rapidamente, todos sabemos que os eucariontes são sexuados. Podemos supor que o seu ancestral comum também era. Em resumo: o sexo surgiu muito cedo na evolução eucariótica e *somente* a evolução do sexo numa pequena população instável pode explicar por que todos os eucariontes compartilham tantos traços comuns.

Isso nos traz à questão deste capítulo. Existe alguma coisa numa endossimbiose entre dois procariontes que poderia induzir a evolução do sexo? Pode apostar, e muito mais além disso.

O segredo na estrutura de nossos genes

Os eucariontes possuem "genes em pedaços". Poucas descobertas na biologia do século XX foram vistas com maior surpresa. Fomos levados por estudos iniciais sobre genes bacterianos a pensar erroneamente que genes são como miçangas num fio, todas alinhadas numa ordem sensata em nossos cromossomos. Como explicou o geneticista David Penny: "Eu me sentiria muito orgulhoso de ter atuado na comissão que desenhou o genoma da *E. coli*. Entretanto, de modo algum eu admitiria ter servido na comissão que desenhou o genoma humano. Nem mesmo uma comissão universitária poderia ter feito algo tão ruim."

Então, o que deu errado? Genes eucarióticos são uma bagunça. São compostos de sequências relativamente curtas que codificam pedacinhos de proteínas, quebrados por longas sucessões de DNA não codificante, conhecidos como íntrons. Existem tipicamente vários íntrons por gene (em geral definidos como uma extensão de DNA que codifica uma única proteína). Estes variam muito em comprimento, mas com frequência são substancialmente mais longos do que as próprias sequências codificadoras de proteínas. São sempre copiados no molde de RNA que especifica a sequência de aminoácidos na proteína, mas são depois recortados antes que o RNA alcance os ribossomos, as grandes fábricas de construção de proteínas no citoplasma. Não é uma tarefa fácil. É conseguida por outra extraordinária nanomáquina de proteínas conhecida como o spliceossomo. Vamos retornar à importância do spliceossomo em breve. Por enquanto, vamos apenas observar que todo o procedimento é uma maneira muito estranha de fazer as coisas. Qualquer erro, ao recortar esses íntrons, significa que resmas de código de RNA absurdas vão abastecer os ribossomos, que seguem adiante e sintetizam proteínas absurdas. Os ribossomos são tão presos ao protocolo quanto um burocrata kafkiano.

Por que os eucariontes possuem genes em pedaços? Existem uns poucos benefícios conhecidos. Proteínas diferentes podem ser emendadas a partir do mesmo gene por desdobramento (*splicing*) diferencial, possibilitando a virtuosidade recombinatória do sistema imunológico, por exemplo. Diferentes pedacinhos de proteína são recombinados de modos maravilhosos para formar bilhões de anticorpos distintos, que são capazes de se unir a praticamente qualquer proteína bacteriana ou viral, colocando em movimento, portanto, as máquinas assassinas do sistema imunológico. Mas sistemas imunológicos são invenções tardias de animais grandes, complexos. Houve uma vantagem anterior? Na década de 1970, um dos decanos da biologia evolucionária do século XX, Ford Doolittle, sugeriu que íntrons poderiam remontar às próprias origens da vida na Terra – uma ideia conhecida como a hipótese "íntrons-*early*" (íntrons-cedo). A ideia era que os primeiros genes, sem o sofisticado maquinário moderno de reparo de DNA, devem ter acumulado erros muito rapidamente, tornando-os extremamente tendenciosos a fusões mutacionais (*mutational meltdown*).* Em vista do alto índice de mutações, o número delas que se acumula depende da extensão do DNA. Apenas genomas pequenos poderiam evitar o *meltdown*. Os íntrons foram uma resposta. Como codificar um grande número de proteínas numa curta extensão de DNA? Basta recombinar pequenos fragmentos. É uma bela noção, que ainda conserva alguns adeptos, se não o próprio Doolittle. A hipótese, como todas as boas hipóteses, faz várias previsões; infelizmente, não se revelam verdadeiras.

A principal previsão é que os eucariontes devem ter evoluído primeiro. Só eucariontes têm verdadeiros íntrons. Se os íntrons foram o estado ancestral, então os eucariontes devem ter sido as células mais antigas, precedendo as bactérias e arqueas, que devem

---

* "*Mutational meltdown*" é uma expressão que não costuma ser traduzida em estudos científicos em genética e evolução. O termo se refere ao acúmulo de mutações deletérias (prejudiciais) em uma pequena população, um fenômeno que pode levar à perda da capacidade de a população responder adaptativamente, resultando em declínio ou mesmo extinção. (N. do R. T.)

ter perdido seus íntrons mais tarde por seleção para o aprimoramento de seus genomas. Isso não faz sentido do ponto de vista filogenético. A era moderna de sequenciamento de genomas inteiros mostra incontestavelmente que os eucariontes surgiram de uma célula hospedeira arqueana e de um endossimbionte bacteriano. O ramo mais profundo na árvore da vida está entre arqueas e bactérias; os eucariontes surgiram mais recentemente, uma visão também coerente com o registro fóssil e as considerações energéticas do último capítulo.

Mas se os íntrons não são um estado ancestral, de onde vieram e por quê? A resposta parece ser o endossimbionte. Eu disse que "íntrons verdadeiros" não são encontrados em bactérias, mas seus precursores quase certamente são bacterianos, ou melhor, parasitas genéticos bacterianos, tecnicamente denominados "íntrons móveis autocatalíticos (*self-splicing*) do grupo II". Não se preocupe com as palavras. Íntrons móveis são apenas pedacinhos de DNA egoísta, genes saltadores que se copiam dentro e fora do genoma. Mas eu não deveria dizer "apenas". São máquinas extraordinárias e intencionais. São relacionados no RNA da maneira normal, mas depois saltam para a vida (tem outra palavra?) formando-se em pares de "tesouras" de RNA. Estas fatiam os parasitas das transcrições mais longas de RNA, minimizando o dano à célula hospedeira, para formar complexos ativos que codificam uma transcriptase reversa – uma enzima capaz de converter RNA de volta em DNA. Inserem cópias do íntron de volta no genoma. Portanto, íntrons são genes parasíticos, que se fatiam dentro e fora de genomas bacterianos.

"Pulgas grandes têm pulgas pequenas nas suas costas para picá-las..." Quem teria pensado que o genoma é um buraco de cobras, fervilhando de engenhosos parasitas que vão e vêm a seu bel-prazer. Mas é o que ele é. Esses íntrons móveis são provavelmente antigos. São encontrados em todos os domínios da vida e, diferentemente de vírus, jamais precisam deixar a segurança da célula hospedeira. São copiados fielmente sempre que a célula hospedeira se divide. A vida simplesmente aprendeu a viver com eles. E as bactérias são capazes de lidar com eles. Não sabemos exatamente como. Poderia ser simplesmente a força da seleção atuando sobre grandes populações. Bactérias com íntrons mal posicionados, que interferem com seus genes de alguma maneira, simplesmente perdem na batalha seletiva com células que não possuem íntrons mal posicionados. Ou talvez os próprios íntrons se acomodem e invadam regiões periféricas de DNA que não perturbam muito suas células hospedeiras. Ao contrário dos vírus, que podem sobreviver por si mesmos e, portanto, não se importam muito em matar suas células hospedeiras, os íntrons móveis perecem com suas hospedeiras, portanto não ganham nada obstruindo-as. A linguagem que melhor se presta para analisar esse tipo de biologia é a da economia: a matemática de custos e benefícios, o dilema do prisioneiro, a teoria dos jogos. Seja como for, o fato é que íntrons móveis não são numerosos em bactérias ou arqueas e não são encontrados dentro dos próprios genes – não são, portanto, tecnicamente íntrons –, mas se acumulam em baixa densidade em regiões intergênicas. Não é provável que um genoma bacteriano típico contenha mais do que uns trinta íntrons móveis (em 4 mil genes) comparados com dezenas de milhares de íntrons em eucariontes. O baixo número de íntrons em bactérias reflete o equilíbrio no longo prazo de custos e benefícios, o resultado da seleção atuando em ambas as partes durante muitas gerações.

Esse é o tipo de bactéria que entrou numa endossimbiose com uma célula hospedeira arqueana entre 1,5 e 2 bilhões de anos atrás. O equivalente moderno mais próximo é uma α-proteobactéria de algum tipo e sabemos que α-proteobactérias contêm baixos números de íntrons móveis. Porém o que conecta esses antigos parasitas genéticos com a estrutura dos genes eucariontes? Pouco mais do que o detalhado mecanismo de tesouras de RNA que recortam íntrons bacterianos móveis além de simples lógica. Mencionei os spliceossomos alguns parágrafos atrás: estes são nanomáquinas de proteínas que cortam os íntrons de nossas próprias transcrições de RNA. O spliceossomo não é feito apenas de proteínas: no seu âmago está um par de tesouras de RNA, as mesmas. Estas recortam íntrons eucarióticos por meio de um mecanismo revelador que trai a ancestralidade dos íntrons autocatalíticos bacterianos (**Figura 27**).

É isso. Não há nada na sequência genética dos próprios íntrons sugerindo que eles derivem de bactérias. Eles não codificam proteínas como a transcriptase reversa, não se recortam para dentro e fora do DNA, não são parasitas genéticos móveis, são simplesmente aglomerados de extensões de DNA que ficam ali e não fazem nada.* Mas íntrons mortos, decaídos por mutações que os tornaram iúteis, estão agora corrompidos. além de todo o reconhecimento, e são muito mais perigosos do que parasitas vivos. Não podem mais se recortar. Precisam ser removidos pela célula hospedeira. E é o que acontece, usando tesouras que foram um dia

---

* OK, quase nada. Alguns íntrons adquiriram funções, como fatores de transcrição que se ligam e, às vezes, são ativos como os próprios RNAs, interferindo na síntese de proteínas e na transcrição de outros genes. Estamos no meio de uma discussão sobre a função do DNA não codificante definidora de uma era. Parte disso certamente é funcional, mas eu me alinho com os que duvidam, que argumentam que a maioria do genoma (humano) não é ativamente constrangida nas suas sequências e, portanto, não serve a um propósito que é definido por sua sequência. Para todos os efeitos, isso significa que não tem uma função. Se forçado a arriscar um palpite, eu diria que talvez 20% do genoma humano são funcionais e o resto é basicamente sucata. Mas isso não quer dizer que não seja útil para algum outro propósito, tal como preencher espaço. A natureza abomina um vácuo, afinal de contas.

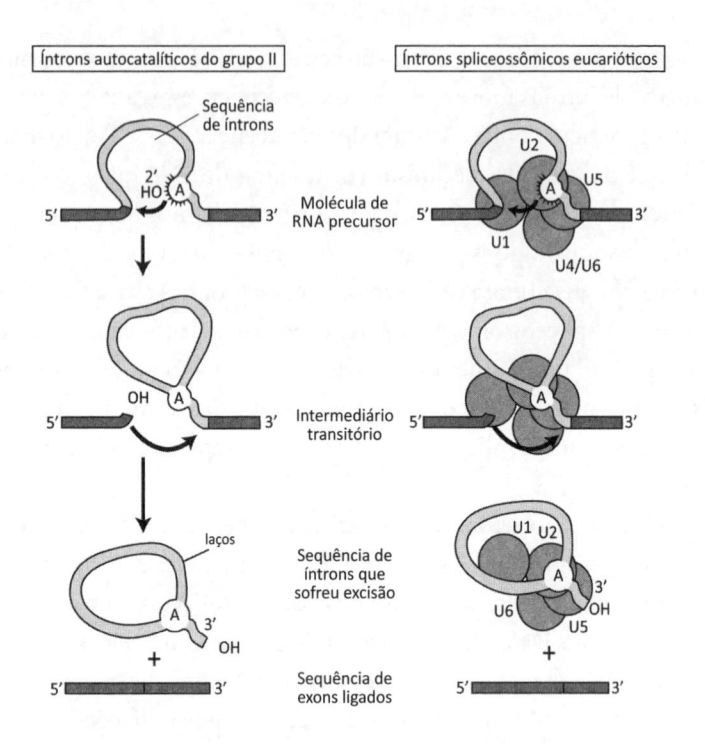

Figura 27 **Íntrons autocatalíticos móveis e o spliceossomo**
Genes eucarióticos são compostos de exons (sequências que codificam proteínas) e íntrons – longas sequências não codificantes inseridas nos genes, que são recortadas do script de código do RNA antes que a proteína seja sintetizada. Os íntrons parecem derivar de elementos de DNA parasíticos encontrados em genomas bacterianos (painel à esquerda), mas decaíram por mutações a sequências inertes em genomas eucarióticos. Estes devem ser ativamente removidos pelo spliceossomo (painel à direita). O fundamento lógico para este argumento é o mecanismo de *splicing* mostrado aqui. O parasita bacteriano (painel à esquerda) se fatia para formar uma sequência de íntrons recortados (excisão), codificando uma transcriptase reversa que pode converter cópias dos genes parasíticos em sequências de DNA, e inserir múltiplas cópias no genoma bacteriano. O spliceossomo eucariótico (painel à direita) é um grande complexo de proteínas, mas a sua função depende de um RNA catalítico (ribozima) no seu âmago, que partilha exatamente do mesmo mecanismo de *splicing*. Isso sugere que o spliceossomo, e, por extensão, os íntrons eucarióticos derivaram de íntrons autocatalíticos móveis de grupo II liberados do endossimbionte bacteriano nos primeiros tempos da evolução eucariótica.

requisitadas de suas primas vivas. O spliceossomo é uma máquina eucariótica baseada num parasita bacteriano.

Eis a hipótese exposta num excitante artigo de 2006 do bioinformacionista americano, de naturalidade russa, Eugene Koonin e Bill Martin. Na origem dos eucariontes, eles disseram, o endossimbionte liberou uma barragem de parasitas genéticos sobre a célula hospedeira inconsciente. Estes proliferaram através do genoma numa invasão de íntrons, cedo, que esculpiram genomas eucarióticos e levaram à evolução de traços profundos, como o núcleo. Eu acrescentaria o sexo. Admito que tudo isso soa como um faz de conta, uma "história assim" baseada na frágil evidência de um incriminador par de tesouras. Mas a ideia é sustentada pela minuciosa estrutura dos próprios genes. O simples número de íntrons – dezenas de milhares deles – combinado com sua posição física dentro dos genes eucarióticos são uma muda testemunha de sua antiga herança. Essa herança vai além dos próprios íntrons e atesta o torturado e íntimo relacionamento entre hospedeira e endossimbionte. Mesmo que essas ideias não sejam toda a verdade, penso serem o *tipo* de resposta que buscamos.

Íntrons e a origem do núcleo

As posições de muitos íntrons são conservadas através dos eucariontes. Aqui há outra curiosidade inesperada. Pegue um gene codificando uma proteína que está envolvida em metabolismo celular básico encontrado em todos os eucariontes, como, por exemplo, a sintase de citrato. Vamos encontrar o mesmo gene em nós mesmos, assim como em plantas marinhas, cogumelos, árvores e amebas. Apesar de divergirem um pouco na sequência ao longo do incompreensível número de gerações que nos separam de nosso ancestral comum com as árvores, a seleção natural atuou para conservar a sua função e, assim, a sua sequência específica de genes. Essa é uma bela ilustração de ancestralidade compartilhada e a base molecular da seleção natural. O que ninguém esperava é que esses genes deveriam tipicamente conter dois ou três íntrons, com frequência inseridos exatamente nas mesmas posições em árvores e humanos. Por que deveria ser assim? Existem apenas duas explicações plausíveis. Ou os íntrons se inseriram nos mesmos lugares independentemente, porque esses locais em particular foram favorecidos pela seleção por alguma razão, ou eles se inseriram uma vez no ancestral comum dos eucariontes e foram então transmitidos para seus descendentes. Alguns desses descendentes podem tê-los perdido de novo, é claro.

Se houvesse apenas um punhado de casos conhecidos, poderíamos favorecer a interpretação anterior, mas o fato de milhares de íntrons estarem inseridos exatamente nas mesmas posições em centenas de genes compartilhados através de todos os eucariontes faz isso parecer implausível. A ancestralidade compartilhada é a explicação mais parcimoniosa. Sendo assim, então, deve ter havido uma onda primitiva de invasão de íntrons, logo após a origem da célula eucariótica, que foi responsável pela implantação de todos os íntrons em primeiro lugar. E, depois disso, deve ter havido algum tipo de corrupção mutacional de íntrons, que lhes roubou a mobilidade, preservando as suas posições em todos os eucariontes posteriores como os contornos indeléveis em giz em volta de cadáveres.

Existe também outra razão mais forte em favor de uma primitiva invasão de íntrons. Podemos distinguir entre diferentes tipos de gene, conhecidos como *ortólogos* e *parálogos*. Os ortólogos são basicamente os mesmos genes fazendo o mesmo trabalho em diferentes espécies, herdados de um ancestral comum, como no exemplo que acabamos de considerar. Portanto, todos os eucariontes possuem um ortólogo do gene para sintase de citrato, que todos nós herdamos de nosso ancestral comum. O segundo grupo de genes, os parálogos, também compartilha um ancestral comum, mas neste caso o gene ancestral foi duplicado *dentro da mesma célula*, com frequência em múltiplas ocasiões, para dar uma família gênica. Essas famílias podem conter até vinte ou trinta genes, e cada um deles em geral acaba se especializando numa tarefa ligeiramente diferente. Um exemplo é a família de hemoglobinas de cerca de dez genes, todos codificando proteínas muito similares, com cada um servindo a um propósito levemente diferente. Em essência, ortólogos são genes equivalentes em espécies diferentes, enquanto parálogos são membros de uma família gênica no mesmo organismo. Mas é claro que famílias inteiras de parálogos também podem ser encontradas em espécies diferentes, herdadas de seu ancestral comum. Portanto, todos os mamíferos possuem famílias gênicas de hemoglobinas parálogas.

Podemos desmembrar essas famílias de genes parálogos em parálogos antigos ou recentes. Num engenhoso estudo, Eugene Koonin fez exatamente isso. Ele definiu parálogos *antigos* como famílias gênicas que são encontradas em todos os eucariontes, mas que não são duplicadas em nenhum procarionte. Podemos, portanto, colocar a sucessão de duplicações genéticas que deram origem à família gênica como um evento primordial na evolução eucariótica, antes da evolução do último ancestral comum eucariótico. Os parálogos *recentes*, em contraste, são famílias gênicas encontradas apenas em certos grupos eucarióticos, tais como animais ou plantas. Neste caso, podemos concluir que as duplicações ocorreram mais recentemente, durante a evolução desse grupo em particular.

Kooning previu que, se houve mesmo uma invasão de íntrons durante a evolução primitiva eucariótica, então íntrons móveis devem ter se inserido aleatoriamente em diferentes genes. Isso porque os parálogos antigos estavam sendo ativamente duplicados durante o mesmo período. Se a invasão primitiva de íntrons não tivesse sido até agora reprimida, então íntrons móveis ainda estariam se inserindo em novas posições em diferentes membros da família gênica paráloga em desenvolvimento. Em contraste, duplicações mais recentes de parálogos ocorreram bem depois do final da postulada invasão de íntrons primitiva. Sem novas inserções, as velhas posições de íntrons deveriam estar conservadas em novas cópias destes genes. Em outras palavras, os parálogos antigos deveriam ter má conservação de posição de íntrons com relação aos parálogos recentes. Isso é verdade num grau extraordinário. Praticamente todas as posições de íntrons estão conservadas nos parálogos recentes, enquanto a conservação de íntrons em parálogos antigos é muito fraca, exatamente conforme previsto.

Tudo isso sugere que eucariontes primitivos realmente sofreram uma invasão de íntrons móveis a partir de seus próprios endossimbiontes. Mas, sendo assim, por que proliferaram em eucariontes primitivos quando são normalmente mantidos sob rígido controle tanto nas bactérias como nas arqueas? Duas respostas são possíveis e há chances de que ambas sejam verdadeiras. A primeira razão é que os eucariontes primitivos – basicamente ainda procariontes, *arqueas* – sofreram um bombardeio de íntrons *bacterianos* muito de perto, do interior de seu próprio citoplasma. Aqui há uma engrenagem em operação. Uma endossimbiose é um "experimento" natural que poderia falhar. Se a célula hospedeira morre, o experimento acaba. Mas isso não é verdade no sentido inverso. Se existe mais de um endossimbionte e apenas um deles morre, o experimento continua – a célula hospedeira sobrevive, com todos os seus outros endossimbiontes. Mas o DNA do endossimbionte morto espirra no citosol, daí é provável que se recombine no genoma da célula hospedeira por transferência lateral de genes padrão.

Isso não para facilmente e continua até hoje – nossos genomas nucleares estão crivados de milhares de fragmentos de DNA mitocondrial, chamado *"numts"* (do inglês "nuclear mitochondrial sequences", ou sequências mitocondriais nucleares, já que você quer saber), que chegaram ali exatamente por tais transferências. Novos *numts* surgem ocasionalmente, chamando atenção para si mesmos quando rompem um gene, causando uma doença genética. De volta à origem de eucariontes, antes de haver um núcleo, essas transferências devem ter sido mais comuns. A transferência caótica de DNA das mitocôndrias para a célula hospedeira teria sido pior se existissem *mesmo* mecanismos seletivos que direcionam íntrons móveis para sítios específicos dentro de um genoma, enquanto evitam outros. Em geral, íntrons bacterianos são adaptados às suas hospedeiras bacterianas e íntrons arqueanos às suas hospedeiras arqueanas. Nos eucariontes primitivos, entretanto, íntrons *bacterianos* estavam invadindo um genoma *arqueano*, com sequências gênicas muito diferentes. Não havia restrições adaptativas e, sem elas, o que pode ter impedido os íntrons de proliferarem incontrolavelmente? Nada! A extinção era iminente. O melhor que se podia esperar era uma população pequena de células geneticamente instáveis – doentes.

A segunda razão para uma proliferação desde cedo de íntrons é a baixa força de seleção atuando contra. Em parte, isso acontece exatamente porque uma população pequena de células doentes é menos competitiva do que uma pesada população de células saudáveis. Mas os primeiros eucariontes deveriam também ter tido uma tolerância sem precedentes com a invasão de íntrons. Afinal de contas, a sua fonte era o endossimbionte, as futuras mitocôndrias, que são uma dádiva energética, assim como um custo genético. Íntrons são um custo para as bactérias porque são um fardo energético e genético: células pequenas com menos DNA se replicam mais rápido do que células grandes com mais DNA do que necessitam. Como vimos no último capítulo, as bactérias otimizam seus genomas num mínimo compatível com a sobrevivência. Em contraste, os eucariontes exibem extrema assimetria genômica: estão livres para expandirem os seus genomas nucleares exatamente porque os seus genomas endossimbiontes encolhem. Nada é planejado a respeito da expansão do genoma da célula hospedeira; simplesmente o tamanho maior do genoma não é penalizado pela seleção do mesmo modo que é em bactérias. Essa penalidade limitada possibilita aos eucariontes acumular milhares de genes a mais, por meio de todos os tipos de duplicações e recombinações, mas também suportar uma carga muito mais pesada de parasitas genéticos. Os dois precisam inevitavelmente caminhar juntos. Genomas eucarióticos ficaram infestados de íntrons porque, de um ponto de vista energético, eles puderam ser.

Assim, parece provável que os primeiros eucariontes sofreram um bombardeio de parasitas genéticos de seus próprios endossimbiontes. Ironicamente, estes parasitas não foram um grande problema: o problema começou realmente quando os parasitas decaíram e morreram, deixando os seus cadáveres – íntrons – sujando o genoma. Agora, a célula hospedeira tinha de fisicamente recortar e eliminar os íntrons, ou eles seriam atribuídos a proteínas absurdas. Conforme observamos, isso é feito pelo spliceossomo, que deriva das tesouras de RNA de íntrons móveis. Mas o spliceossomo, embora possa ser uma impressionante nanomáquina, é apenas uma solução parcial. O problema é que os spliceossomos são lentos. Mesmo hoje, depois de quase 2 bilhões de anos de refinamento evolutivo, eles levam vários minutos para eliminar um único íntron. Em contraste, os ribossomos trabalham num ritmo furioso – até dez aminoácidos por segundo. Mal demora meio minuto para fazer uma proteína bacteriana padrão, cerca de 250 aminoácidos em extensão. Mesmo se o spliceossomo pudesse ter acesso ao RNA (o que não é fácil, visto que o RNA se encontra com frequência incrustrado em múltiplos ribossomos), ele não poderia interromper a formação de um grande número de proteínas inúteis, com os seus íntrons incorporados intactos.

Como se poderia evitar um erro catastrófico? Simplesmente inserindo uma barreira no caminho, segundo Martin e Koonin. A membrana nuclear é uma barreira separando a transcrição da tradução – dentro do núcleo, os genes são transcritos em códigos de script de RNA; fora do núcleo, os RNAs são traduzidos em proteínas nos ribossomos. Decisivamente, o lento processo de *splicing* ocorre dentro do núcleo, antes que os ribossomos possam se aproximar do RNA. Esse é o objetivo central do núcleo: manter os ribossomos a uma distância segura. Isso explica por que os eucariontes precisam de um núcleo, mas os procariontes não – os procariontes não têm problemas com íntrons.

Mas espere um minuto, escuto você gritar! Não podemos arrancar do nada uma membrana nuclear perfeitamente formada! Deve ter demorado muitas gerações para evoluir, então por que os eucariontes primitivos não morreram nesse meio-tempo? Bem, sem dúvida muitos morreram, mas o problema poderia não ser tão difícil assim. A chave está em outra curiosidade relacionada com membranas. Ainda que esteja claro, a partir dos genes, que a célula hospedeira era uma arquea *bona fide*, que deve ter tido lipídios *arqueanos* característicos nas suas membranas, os eucariontes possuem lipídios *bacterianos* em suas membranas. Este é um fato com o qual temos de lidar. Por alguma razão, as membranas arqueanas devem ter sido substituídas por membranas bacterianas desde cedo na evolução eucariótica. Por quê?

Existem dois aspectos nessa pergunta. O primeiro é uma questão de praticidade: isso poderia ser realmente feito? A resposta é sim. Surpreendentemente, membranas em mosaico, compostas de várias misturas diferentes de lipídios arqueanos e bacterianos, são, de fato, estáveis; sabemos disso a partir de experimentos em laboratório. É possível, portanto, transitar gradualmente de uma membrana arqueana para outra bacteriana. Assim, não há razão para que isso não tenha acontecido, porém o fato é que essas transições são raras. Isso nos leva ao segundo aspecto – que força evolutiva rara poderia ter induzido tal mudança? A resposta é o endossimbionte.

A transferência caótica de DNA de endossimbiontes para a célula hospedeira deve ter incluído os genes para a síntese lipídica bacteriana. Podemos supor que as enzimas codificadas eram sintetizadas e ativas: seguiram em frente e fabricaram lipídios bacterianos, mas, inicialmente, é provável que a síntese fosse descontrolada. O que acontece quando lipídios são sintetizados aleatoriamente? Quando formados na água, simplesmente se precipitam como vesículas lipídicas. Jeff Errington, em Newcastle, mostrou que células reais comportam-se da mesma maneira: mutações que aumentam a síntese lipídica em bactérias resultam em precipitação de membranas internas. Estas tendem a se precipitar perto de onde são formadas, cercando o genoma com pilhas de "bolsas" de lipídios. Assim como um mendigo pode se isolar do frio com sacos plásticos, embora inadequadamente, as pilhas de bolsas de lipídios aliviariam o problema dos íntrons proporcionando uma barreira imperfeita entre o DNA e os ribossomos. Essa barreira *precisava* ser imperfeita. Uma membrana selada impediria a exportação de RNA para fora dos ribossomos. Uma barreira quebrada só a retardaria, dando aos spliceossomos um pouco mais de tempo para eliminar os íntrons antes que os ribossomos pudessem começar a trabalhar. Em outras palavras, um ponto de partida aleatório (mas previsível) deu à seleção os pontos iniciais de uma solução. O início foi uma pilha de bolsas de lipídios cercando um genoma; o ponto final foi uma membrana nuclear, repleta de seus sofisticados poros.

A morfologia da membrana nuclear é coerente com essa visão. Bolsas de lipídios, assim como os sacos plásticos, podem ser achatadas. Num corte transversal, uma bolsa achatada tem dois lados paralelos bem alinhados – uma dupla membrana. Essa é exatamente a estrutura da membrana nuclear: uma série de vesículas achatadas, fundidas umas às outras, com os complexos de poros nucleares aninhados nos interstícios. Durante a divisão celular, a membrana se desintegra novamente, formando pequenas vesículas separadas; depois, crescem e se fundem de novo para reconstituir as membranas nucleares das duas células filhas.

O padrão de genes codificando estruturas nucleares também faz sentido vendo-se sob esta luz. Se o núcleo evoluiu *antes* da aquisição de mitocôndrias, então a estrutura de suas várias partes – os poros nucleares, lâminas nucleares e nucléolo – deveria ser codificada por genes da célula hospedeira. Não é esse o caso. Todas elas são compostas de uma mistura quimérica de proteínas, algumas codificadas por genes bacterianos, poucas por genes arqueanos, e o resto por genes encontrados apenas em eucariontes. É praticamente impossível explicar este padrão, a não ser que o núcleo evoluísse *depois* da aquisição de mitocôndrias, seguindo o exemplo de transferências de genes desgovernadas. Costuma-se dizer que na evolução da célula eucariótica os endossimbiontes foram transformados a um ponto de se tornarem quase (mas não totalmente) irreconhecíveis, em mitocôndrias. Avalia-se menos que a célula hospedeira sofreu uma transformação ainda mais dramática. Ela começou como uma simples arquea e adquiriu endossimbiontes. Estes bombardearam a sua inconsciente hospedeira com DNA e íntrons, levando à evolução do núcleo. E não só do núcleo: o sexo veio junto.

A origem do sexo

Observamos que o sexo surgiu muito cedo na evolução eucariótica. Eu sugeri também que as origens do sexo poderiam ter tido algo a ver com o bombardeio de íntrons. Como assim? Vamos primeiro recapitular rapidamente o que estamos tentando explicar.

    O sexo de verdade, como praticado por eucariontes, envolve a fusão de dois gametas (para nós, o espermatozoide e o óvulo), cada gameta tendo metade da cota normal de cromossomos. Você e eu somos diploides, junto com a maioria de outros eucariontes multicelulares. Isso significa que temos duas cópias de cada um de nossos genes, um de cada progenitor. Mais especificamente, temos duas cópias de cada cromossomo, conhecidos como cromossomos irmãos. Imagens icônicas de cromossomos poderiam fazê-los parecerem estruturas físicas imutáveis, mas estão longe disso. Durante a formação de gametas, os cromossomos são *recombinados*, fundindo fragmentos de um com fragmentos de outro, dando novas combinações de genes que provavelmente nunca foram vistas antes (**Figura 28**). Siga por um cromossomo recentemente recombinado, gene por gene, e você vai encontrar alguns genes da sua mãe, alguns do seu pai. Os cromossomos são agora separados no processo de meiose (literalmente, "divisão celular redutiva") para formar gametas haploides, cada um com uma única cópia de cada cromossomo. Dois gametas, cada um com cromossomos recombinados, finalmente se fundem para formar o óvulo fertilizado, a célula-ovo, um novo indivíduo com uma combinação única de genes – o seu filho.

QUESTÃO VITAL

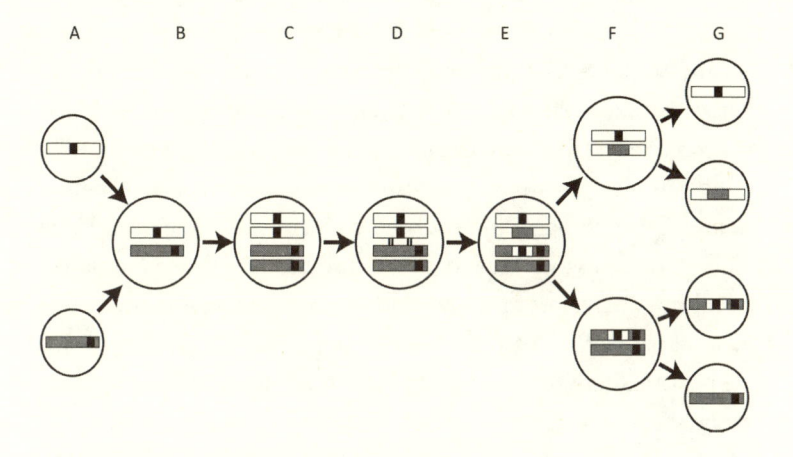

A   B   C   D   E   F   G

Figura 28 **Sexo e recombinação em eucariontes**
Uma representação simplificada do ciclo sexual: a fusão de dois gametas seguida por uma meiose em duas etapas com recombinação para gerar novos gametas geneticamente distintos. Em **A**, dois gametas com uma única cópia de um cromossomo equivalente (mas geneticamente distinto) fundem-se para formar um zigoto com duas cópias do cromossomo **B**. Observe as barras negras, que poderiam significar ou uma mutação nociva ou uma variante benéfica de genes específicos. Na primeira etapa da meiose **C**, os cromossomos são alinhados e depois duplicados, para dar quatro cópias equivalentes. Dois ou mais destes cromossomos são então recombinados **D**. Seções de DNA são reciprocamente permutadas de um cromossomo para outro, para fazer novos cromossomos contendo fragmentos do paterno original e fragmentos do cromossomo materno original **E**. Dois turnos de divisão celular redutiva separam estes cromossomos para dar **F** e finalmente uma nova seleção de gametas **G**. Observe que dois destes gametas são idênticos aos gametas originais, mas dois agora são diferentes. Se a barra negra significa uma mutação nociva, o sexo aqui gerou um gameta sem mutações e um gameta com duas; o último pode ser eliminado por seleção. Inversamente, se a barra negra significa uma variante benéfica, então o sexo uniu ambos num único gameta, permitindo à seleção favorecer a ambos simultaneamente. Em resumo, o sexo aumenta a variação (a diferença) entre gametas, tornando-os mais visíveis à seleção, eliminando assim mutações e favorecendo variantes benéficas ao longo do tempo.

O problema da origem do sexo não é que uma porção de novos mecanismos teve de evoluir. A recombinação funciona alinhando os dois cromossomos irmãos lado a lado. Seções de um cromossomo são então transferidas fisicamente para o seu irmão, e vice-versa, por meio de permutação. Este alinhamento físico de cromossomos e recombinação de genes também ocorre em bactérias e arqueas durante a transferência lateral de genes, mas não costuma ser recíproco: é usado para reparar cromossomos danificados ou recarregar genes que tinham sido apagados do cromossomo. O maquinário molecular é basicamente o mesmo; o que difere no sexo são o escopo e a reciprocidade. O sexo é uma recombinação recíproca através do genoma inteiro. Isso acarreta necessariamente a fusão de células inteiras e a transferência física de genomas inteiros, o que raramente ou nunca é visto em procariontes.

O sexo foi considerado o "rei" dos problemas biológicos no século XX, mas agora vemos bem como ajuda, pelo menos com relação à reprodução assexuada estrita (clonagem). O sexo quebra combinações rígidas de genes, permitindo à seleção "ver" genes individuais, analisar todas as nossas qualidades uma por uma. Isso ajuda a evitar parasitas debilitantes, assim como adaptar a ambientes que estão mudando e manter a variação necessária numa população. Assim como pedreiros medievais que entalhavam a parte de trás das esculturas que se encontram escondidas nos recessos de catedrais, por serem ainda visíveis a Deus, o sexo permite que o olho-que-tudo-vê da seleção natural inspecione as suas obras, gene por gene. O sexo nos dá cromossomos "fluidos", combinações de genes que estão sempre mudando (tecnicamente, *alelos**), o que

---

* Variantes do mesmo gene são chamadas "alelos". Genes específicos permanecem na mesma posição num cromossomo, o "lócus", mas a verdadeira sequência de um gene específico pode variar entre indivíduos. Se determinadas variantes, são comuns numa

permite que a seleção natural discrimine entre organismos com uma sutileza sem precedentes.

Imagine cem genes alinhados num cromossomo que jamais recombina. A seleção só pode discriminar a aptidão (*fitness*) do cromossomo inteiro. Digamos que existam uns poucos genes realmente críticos nesse cromossomo – qualquer mutação neles resultaria quase sempre em morte. Criteriosamente, entretanto, mutações em genes menos críticos tornam-se quase invisíveis à seleção. Mutações ligeiramente nocivas podem se acumular nesses genes, visto que os seus efeitos negativos são compensados pelos grandes benefícios dos poucos genes críticos. Consequentemente, a aptidão do cromossomo, e o indivíduo, é gradualmente minada. É mais ou menos o que acontece ao cromossomo Y nos homens – a falta de recombinação significa que a maioria dos genes está num estado de lenta degeneração; só os genes críticos podem ser preservados por seleção. No final, todo o cromossomo pode se perder, como na verdade aconteceu com a toupeira *Ellobius lutescens*.

Mas é ainda pior se a seleção agir positivamente. Considere o que acontece se uma rara mutação positiva num gene crítico for tão benéfica que se espalha pela população. Organismos que herdam a nova mutação dominam e o gene no final se espalha para a "fixação": todos os organismos na população acabam com uma cópia do gene. Mas a seleção natural só pode "ver" o cromossomo inteiro. Isso significa que os outros 99 genes no cromossomo também se tornam fixados na população – vão junto e se diz que "pegam carona" para a fixação. É desastroso. Imagine que existam

---

população, são conhecidas como alelos. Alelos são variantes polimórficas do mesmo gene, no mesmo lócus. Eles diferem dos mutantes na frequência. Novas mutações estão presentes em baixa frequência numa população. Se oferecerem uma vantagem, podem se espalhar pela população até que a vantagem seja contrabalançada por alguma desvantagem. Tornaram-se alelos.

duas ou três versões (alelos) de cada gene na população. Isso dá entre 10 mil e 1 milhão de diferentes combinações possíveis de alelos. Depois da fixação, toda essa variação é eliminada, deixando a população inteira com uma única combinação de cem genes – aqueles que aconteceram de compartilhar o cromossomo com o gene fixado recentemente –, uma catastrófica perda de variação. E, é claro, meros cem genes é uma grosseira simplificação: organismos assexuados possuem muitos milhares de genes, dos quais todos são purgados de variação numa única varredura seletiva. O tamanho "efetivo" da população é imensamente diminuído, tornando as populações assexuadas muito mais vulneráveis à extinção.* Isso é exatamente o que acontece com a maioria dos assexuados – quase todas as plantas e animais clonais se extinguem em poucos milhões de anos.

Esses dois processos – acúmulo de mutações levemente danosas e perda de variação em varreduras seletivas – juntos são conhecidos como *interferência seletiva*. Sem recombinação, a seleção em certos genes interfere na seleção em outros. Ao gerar cromossomos com diferentes combinações de alelos – "cromossomos fluidos" –, o sexo permite à seleção agir em todos os genes individualmente. A seleção, como Deus, agora pode ver todos os nossos vícios e virtudes, gene por gene. Essa é a grande vantagem do sexo.

Mas há também graves desvantagens no sexo, daí a sua longa permanência como o rei dos problemas evolucionários. O sexo

---

* O tamanho efetivo da população reflete a quantidade de variações genéticas numa população. Em termos de uma infecção parasítica, uma população clonal poderia muito bem ser um único indivíduo, visto que qualquer adaptação parasítica que lhe permita ter como alvo uma determinada combinação genética poderia atacar com violência toda a população. Inversamente, grandes populações sexuadas tendem a ter muita variação genética nos alelos (embora todos compartilhem os mesmos genes). Essa variação significa que alguns organismos tendem a ser resistentes a essa infecção parasítica em particular. O tamanho efetivo da população é maior, mesmo que o número de indivíduos seja o mesmo.

quebra combinações de alelos comprovadamente bem-sucedidos num determinado ambiente, tornando aleatórios os próprios genes que ajudaram nossos pais a prosperarem. O pacote genético é embaralhado de novo a cada geração, sem jamais haver chance de clonar uma cópia exata de um gênio, um outro Mozart. Pior, há o "duplo custo de sexo". Quando uma célula clonal se divide, produz duas células irmãs, das quais cada uma segue produzindo outras duas filhas e assim por diante. O crescimento de uma população é exponencial. Se uma célula sexual produz duas células filhas, estas devem se fundir uma com a outra para formar um novo indivíduo, que pode produzir mais duas células filhas. Portanto, uma população assexuada dobra de tamanho a cada geração, enquanto uma população sexuada continua do mesmo tamanho. E comparado com a simples clonagem de uma boa cópia de você mesmo, o sexo introduz o problema de encontrar um parceiro, com todos os seus custos emocionais (e financeiros). E tem o custo dos machos. Clone você mesmo e não há necessidade de todos aqueles machos agressivos, empertigados, travando chifres, abrindo a cauda em leque ou dominando salas de diretoria. E estaríamos livres de terríveis doenças sexualmente transmissíveis, como a Aids e a sífilis, e a oportunidade de parasitas genéticos – vírus e "genes saltadores" – encherem nossos genomas de lixo.

O enigma é que o sexo é ubíquo entre eucariontes. Pode-se pensar que as vantagens compensariam os custos em certas circunstâncias, mas não em outras. Até certo ponto, isso é verdade, os micróbios podem se dividir assexuadamente por umas trinta gerações, antes de se entregarem ao sexo ocasional, tipicamente quando num estado de estresse. Mas o sexo é muito mais disseminado do que parece razoável. Provavelmente, porque o último ancestral comum dos eucariontes já era sexuado, daí todos os seus descendentes também serem sexuados. Embora muitos micro-

-organismos não tenham mais sexo regular, muito poucos jamais perderam o sexo totalmente sem entrarem em extinção. Os custos de *nunca* terem sexo são, portanto, altos. Um argumento similar deveria se aplicar aos eucariontes mais primitivos. Aqueles que jamais tiveram sexo – a princípio todos aqueles que não tinham "inventado" o sexo – tenderiam a se extinguir.

Mas aí nos deparamos de novo com o problema da transferência lateral de genes, que é similar ao sexo. Ao recombinar genes, produz "cromossomos fluidos". Até recentemente, as bactérias eram percebidas como os grandes mestres da clonagem. Elas crescem em taxas exponenciais. Se totalmente livres de restrições, uma única bactéria *E. coli*, duplicando a cada 30 minutos, produziria uma colônia com a massa da Terra em três dias. Acontece, entretanto, que *E. coli* pode fazer muito mais do que isso. Elas podem também trocar seus genes, incorporando novos genes em seus cromossomos por transferência lateral de genes enquanto perdem outros genes não desejados. As bactérias que lhe deram uma gastroenterite podem diferir em 30% dos seus genes comparadas com a mesma "espécie" no seu nariz. Assim, as bactérias gozam dos benefícios do sexo (cromossomos fluidos) junto com a velocidade e simplicidade da clonagem. Mas não fundem células inteiras juntas e não têm dois sexos, assim evitam muitas das desvantagens do sexo. Elas pareceriam ter o melhor de ambos os mundos. Então, por que o sexo surgiu da transferência lateral de genes nos eucariontes mais primitivos?

O trabalho dos geneticistas matemáticos que estudam populações Sally Otto e Nick Barton aponta para uma trindade profana que se relaciona conspicuamente com as circunstâncias na origem de eucariontes: os benefícios do sexo são maiores quando a taxa de mutação é alta, a pressão da seleção é forte e há muita variação numa população.

Vejamos primeiro a taxa de mutação. Com a reprodução assexuada, uma taxa de mutação alta aumenta a taxa de acúmulo de mutações levemente nocivas e também a perda de variação a partir de varreduras seletivas: ela aumenta a gravidade da interferência seletiva. Dada uma invasão de íntrons cedo, os primeiros eucariontes devem ter tido uma alta taxa de mutações. Até que ponto, exatamente, é difícil de limitar, mas poderia se fazer isso modelando. Estou trabalhando nessa questão com Andrew Pomiankoswski e Jez Owen, um estudante de PhD com formação em física e um interesse pelas grandes questões na biologia. Jez está agora mesmo desenvolvendo um modelo computacional para descobrir onde o sexo ganha da transferência lateral de genes. Existe um segundo fator a considerar aqui também – o tamanho do genoma. Mesmo que a taxa de mutação permaneça a mesma (digamos uma mutação letal a cada 10 bilhões de letras de DNA), não é possível expandir um genoma indefinidamente sem algum tipo de *mutational meltdown*, colapso mutacional. Nesse caso, as células com um genoma de menos de 10 bilhões de letras estariam bem, mas células com um genoma muito maior do que isso morreriam, visto que todas sofreriam uma mutação letal. A aquisição de mitocôndrias na origem dos eucariontes deve ter exacerbado ambos os problemas – é muito provável que aumentaram a taxa de mutação e permitiram uma imensa expansão no tamanho do genoma, mais de muitas ordens de magnitude.

Poderia muito bem acontecer de o sexo ser a única solução para o problema. Embora a transferência lateral de genes pudesse, a princípio, evitar a interferência seletiva por meio de recombinação, o trabalho de Jez sugere que isso só pode ir até aí. Quanto maior o genoma, mais difícil se torna escolher o gene "correto" por transferência lateral de genes; é realmente uma loteria. A única maneira de garantir que um genoma tenha todos os genes de que precisa, em pleno funcionamento, é conservar todos eles, e recombiná-los através do genoma inteiro. Isso não pode ser conseguido por transferência lateral de genes – precisa de sexo, "sexo total", envolvendo recombinação através de todo o genoma.

E a força de seleção? De novo, os íntrons podem ser importantes. Em organismos modernos, as clássicas pressões seletivas que favorecem o sexo são as infecções parasíticas e os ambientes variáveis. Mesmo então, a seleção tem de ser forte para o sexo ser melhor do que a clonagem – por exemplo, parasitas devem ser comuns e debilitantes para favorecer o sexo. Sem dúvida, esses mesmos fatores se aplicaram aos eucariontes primitivos também, mas também tiveram de combater uma invasão debilitante de íntrons primitivos – genes parasíticos. Por que íntrons móveis induziriam a evolução do sexo? Porque a recombinação genômica ampla aumenta a variação, formando algumas células com íntrons em lugares prejudiciais, e outras células com íntrons em lugares menos arriscados. A seleção então age para eliminar as piores células. A transferência lateral de genes é gradativa e não pode produzir variação sistemática, na qual algumas células têm seus genes eliminados, enquanto outras acumulam mais do que a sua cota de mutações. No seu brilhante livro *Mendel's Demon*, Mark Ridley comparou o sexo à visão de pecado do Novo Testamento – assim como Cristo morreu por todos os pecados da humanidade, também o sexo pode juntar as mutações acumuladas de uma população num único bode expiatório e, depois, crucificá-lo.

A quantidade de variações entre células também poderia se relacionar com os íntrons. Tanto arqueas como bactérias possuem em geral um único cromossomo circular, enquanto os eucariontes têm múltiplos cromossomos retos. Por quê? Uma resposta simples é que íntrons podem causar erros ao se recortarem dentro e fora do genoma. Se eles falham em reunir as duas extremidades de um cromossomo depois de se eliminarem, isso deixa uma abertura no cromossomo. Uma única abertura num cromossomo circular gera um cromossomo reto; várias aberturas dão vários cromossomos retos. Portanto, erros de recombinação produzidos por íntrons móveis poderiam ter produzido múltiplos cromossomos retos nos eucariontes primitivos.

Isso deve ter originado problemas terríveis para os eucariontes primitivos com o seu ciclo celular. Células diferentes teriam tido números diferentes de cromossomos, cada um acumulando diferentes mutações ou deleções. Eles também estariam pegando novos genes e DNA de suas mitocôndrias. Copiar erros sem dúvida duplicaria cromossomos. É difícil ver como a transferência lateral de genes poderia contribuir neste contexto. Mas a recombinação bacteriana padrão – alinhando cromossomos, carregando genes perdidos – garantiria que células tendessem a acumular genes e traços. Somente o sexo poderia acumular genes que funcionassem e se livrar dos que não funcionassem. Essa tendência de escolher novos genes e DNA por sexo e recombinação responde facilmente pelo inchaço de genomas eucarióticos primitivos. Acumular genes desse modo deve ter solucionado alguns dos problemas de instabilidade genética, enquanto que as vantagens energéticas de ter mitocôndrias significou que, ao contrário das bactérias, não houve penalidade energética. Tudo isso é especulativo, sem dúvida, mas as possibilidades podem ser restringidas por modelagem matemática.

Como as células segregaram fisicamente os seus cromossomos? A resposta pode estar no mecanismo usado por bactérias para separar grandes plasmídeos – "cassetes" móveis de genes que codificam traços, tal como resistência a antibióticos. Grandes plasmídeos são tipicamente segregados na divisão bacteriana num andaime de microtúbulos que parece o fuso usado por eucariontes. É plausível que o maquinário de segregação de plasmídeos fosse requisitado por eucariontes primitivos para separar os seus variados cromossomos. Não apenas plasmídeos são segregados assim – algumas espécies bacterianas parecem separar seus cromossomos em fusos relativamente dinâmicos, em vez de usar a membrana celular como é normal. Talvez uma amostragem melhor do mundo procariótico nos dê mais pistas sobre as origens físicas da segregação cromossômica eucariótica em mitose e meiose.

Isso é quase desconhecido entre bactérias com paredes celulares, embora se saiba que algumas arqueas se fundem. A perda da parede celular certamente teria tornado a fusão muito mais provável; e as bactérias de forma-L, que perderam a sua parede celular, de fato se fundem umas com as outras rapidamente. O número de controles sobre a fusão celular em eucariontes modernos também sugere que pode ter sido difícil impedir os seus ancestrais de se fundirem uns com os outros. Fusões primitivas poderiam até ter sido promovidas por mitocôndrias, conforme argumentado pelo engenhoso biólogo evolucionário Neil Blackstone. Pense na difícil situação. Como endossimbiontes, não poderiam deixar suas células hospedeiras e simplesmente infectar outra, portanto o seu próprio sucesso evolutivo estava amarrado ao crescimento de suas hospedeiras. Se as suas hospedeiras foram mutiladas por mutações e ficaram incapazes de crescer, as mitocôndrias ficariam impedidas também, incapazes de se proliferarem. Mas e se elas pudessem de alguma forma induzir a fusão com outra célula? Essa é uma situação em que todos ganham. A célula hospedeira adquire um genoma complementar, possibilitando assim a recombinação ou, talvez, simplesmente mascara mutações em genes particulares com potenciais cópias limpas dos mesmos genes – os benefícios do cruzamento exogâmico (ou seja, entre indivíduos não aparentados). Como a fusão celular permitiu o crescimento renovado da célula hospedeira, as mitocôndrias poderiam voltar a se copiarem também. Portanto, mitocôndrias primitivas podiam provocar o sexo!* Isso poderia ter solucionado o seu problema imediato, mas, ironicamente, só abriu a porta para outro, ainda mais difuso: a competição entre mitocôndrias. A solução poderia ter sido apenas aquele outro aspecto intrigante do sexo – a evolução de dois sexos.

Dois sexos

"Nenhum biólogo pragmático interessado em reprodução sexuada seria levado a formular as detalhadas consequências experimentadas por organismos tendo três ou mais sexos; no entanto, o que mais ele faria para compreender por que os sexos são, de fato, sempre dois?" Assim disse Sir Ronald Fisher, um dos fundadores da genética evolutiva. O problema ainda precisa ser solucionado de forma conclusiva.

No papel, dois sexos parecem ser o pior de todos os mundos possíveis. Imagine se todos fossem do mesmo sexo – poderíamos

---

* Blackstone até sugeriu um possível mecanismo que deriva da biofísica de mitocôndrias. Células hospedeiras cujo crescimento é prejudicado por mutações teriam baixas demandas de ATP, portanto quebrariam pequenos ATPs de volta para ADP. Como o fluxo de elétrons na respiração depende da concentração de ADP, a cadeia respiratória tenderia a se encher de elétrons e se tornar mais reativa, formando radicais livres de oxigênio (mais sobre isso no próximo capítulo). Em algumas algas hoje, o vazamento de radicais livres de mitocôndrias induz a formação de gametas e sexo; e tal reação pode ser bloqueada dando-lhes antioxidantes. Os radicais livres poderiam ter deflagrado a fusão de membranas diretamente? É possível. O dano da radiação é conhecido por causar fusão de membranas através de um mecanismo de radicais livres. Sendo assim, um processo biofísico natural poderia ter servido como a base para a subsequente seleção natural.

todos nos acasalar uns com os outros. Duplicaríamos a nossa escolha de parceiros de imediato. Sem dúvida, isso tornaria tudo mais fácil! Se, por alguma razão, somos obrigados a ter mais de um sexo, então três ou quatro sexos deveriam ser melhores do que dois. Mesmo se limitados a acasalar com outros sexos, poderíamos então acasalar com dois terços ou três quartos da população em vez de não mais que metade. Ainda seriam necessários dois parceiros, é claro, mas não há nenhuma razão óbvia para que esses parceiros não pudessem ser do mesmo sexo, ou de múltiplos sexos, ou hermafroditas. As dificuldades práticas com os hermafroditas revelam parte do problema: nenhum dos parceiros quer suportar o custo de ser a "fêmea". Espécies hermafroditas, como platelmintos, fazem coisas até bizarras para evitar serem inseminadas, travando batalhas campais com seus pênis, seu sêmem queimando buracos no vencido. Isso é história natural animada, mas é circular como um argumento, visto que toma como certo haver custos biológicos maiores em ser fêmea. Por que deveria haver? Qual é realmente a diferença entre macho e fêmea? A divisão é profunda e nada tem a ver com cromossomos X e Y, ou mesmo com óvulos e espermatozoides. Dois sexos, ou pelo menos tipos conjugantes, também são encontrados em eucariontes unicelulares, tais como algumas algas e fungos. Os seus gametas são microscópicos e os dois sexos parecem indistinguíveis, mas ainda são tão diferenciados como você e eu.

Uma das distinções mais profundas entre os dois sexos está relacionada com a herança de mitocôndrias – um sexo transmite as suas mitocôndrias, enquanto o outro não. Essa distinção se aplica igualmente a humanos (todas as nossas mitocôndrias vieram de nossa mãe, 100 mil delas amontoadas no óvulo) e a algas como *Chlamydomonas*. Embora essas algas produzam gametas idênticos (ou isogametas), somente um sexo transmite as suas mitocôndrias;

o outro sofre a indignidade de ter as suas mitocôndrias digeridas no interior. De fato, é especificamente o DNA mitocondrial que é digerido; o problema parece ser os genes mitocondriais, não a estrutura morfológica. Portanto, temos uma situação muito peculiar, na qual as mitocôndrias aparentemente provocam o sexo, como acabamos de ver, e o resultado não é o de se espalharem de célula para célula, mas que a metade delas é digerida. O que está acontecendo aqui?

A possibilidade mais gráfica é o conflito egoísta. Não há nenhuma competição real entre células que sejam todas geneticamente as mesmas. É assim que as nossas próprias células são domesticadas, para que cooperem juntas para formar nossos corpos. Todas as nossas células são geneticamente idênticas; nós somos clones gigantes. Mas células geneticamente diferentes competem, com algumas mutantes (células com mudanças genéticas) produzindo câncer; e o mesmo acontece se mitocôndrias geneticamente diferentes misturam-se na mesma célula. Essas células ou mitocôndrias que se replicam mais rapidamente tenderão a prevalecer, mesmo que seja nocivo para o organismo hospedeiro, produzindo um tipo de câncer mitocondrial. Isso porque as células são entidades autorreplicantes autônomas e estão sempre prontas para crescer e se dividir. O prêmio Nobel François Jacob, certa vez, disse que o sonho de toda célula é se tornar duas células. A surpresa não vem do fato de que fazer isso é costumeiro, mas do fato de que possam ser contidas por tempo suficiente para fazer um ser humano. Por essas razões, misturar duas populações de mitocôndrias na mesma célula é procurar problema.

Essa ideia data de várias décadas e tem o selo de alguns dos maiores biólogos evolucionários, inclusive Bill Hamilton. Contudo, a ideia não está longe de ser contestada. Para começar, existem exceções conhecidas, nas quais mitocôndrias se misturam livremente, e isso nem sempre acaba em desastre. E há um problema prático. Imagine uma mutação mitocondrial que dê uma vantagem replicativa. As mitocôndrias mutantes crescem mais do que o resto. Ou é letal, nesse caso as mutantes morrerão junto com as células hospedeiras, ou não é, e as mutantes se espalham pela população. Qualquer restrição genética à sua difusão (por exemplo, alguma mudança num gene nuclear que impeça a mistura mitocondrial) tem de surgir rapidamente, para pegar a mutante no ato de se espalhar. Se o gene correto *não* surgir a tempo, é tarde demais. Nada se ganha se a mutante já se espalhou, fixando-se. A evolução é cega e não tem discernimento. Não se pode prever a próxima mutante mitocondrial. E tem um terceiro ponto que me faz suspeitar que as mitocôndrias que se replicam rapidamente não são tão ruins assim – o fato de as mitocôndrias terem retido tão poucos genes. Pode haver muitas razões para tal, mas a seleção em mitocôndrias para a rápida replicação sem dúvida está entre elas. Isso sugere que houve numerosas mutações que aceleraram a replicação mitocondrial com o tempo. Elas não foram eliminadas pela evolução de dois sexos.

Por estas razões, sugeri uma nova ideia num livro anterior: talvez o problema se relacione à exigência de que genes mitocondriais se adaptem aos genes no núcleo. Vou falar mais sobre isso no próximo capítulo. Por enquanto, vamos observar apenas o ponto-chave: para a respiração funcionar adequadamente, os genes nas mitocôndrias e no núcleo precisam cooperar uns com os outros e as mutações em cada um dos genomas podem abalar as aptidões físicas. Propus que a herança uniparental, em que apenas um sexo passa para as mitocôndrias, poderia melhorar a coadaptação dos dois genomas. A ideia faz sentido para mim, mas teria ficado por ali não tivesse Zena Hadjivasiliou, um hábil matemático com um florescente interesse por biologia, embarcado num PhD comigo e Andrew Pomiankowski.

Zena mostrou, realmente, que a herança uniparental melhora a coadaptação dos genomas mitocondrial e nuclear. A razão é bastante simples e se relaciona com os efeitos de amostragem, um tema que retornará com intrigantes variações. Imagine uma célula com cem mitocôndrias geneticamente diferentes. Você remove uma delas, coloca-a sozinha dentro de outra célula, e depois a copia, até ter cem mitocôndrias de novo. Excluindo umas poucas novas mutações, essas mitocôndrias serão todas as mesmas. Clones. Agora faça o mesmo com a mitocôndria seguinte e continue até ter copiado todas as cem. Cada uma das suas cem novas células terá populações diferentes de mitocôndrias, algumas boas, outras más. Você aumentou a *variação* entre essas células. Se tivesse apenas copiado a célula inteira cem vezes, cada célula filha teria tido mais ou menos a mesma mistura de mitocôndrias da célula parental. A seleção natural não seria capaz de distinguir entre elas – são semelhantes demais. Mas tirando uma amostra e clonando-a, você produziu uma variedade de células, algumas delas mais adequadas, outras menos.

Este é um exemplo exagerado, mas ilustra a questão da herança uniparental. Ao tirar amostras de umas poucas mitocôndrias a partir de um só dos dois pais, a herança uniparental aumenta a variação de mitocôndrias entre óvulos fertilizados. Essa variedade maior é mais visível para a seleção natural, que pode eliminar as piores células, deixando para trás as melhores. A aptidão da população melhora ao longo de gerações. Curiosamente, essa é praticamente a mesma vantagem do sexo, mas o sexo aumenta a variação de genes nucleares, enquanto a existência de dois sexos aumenta a variação de mitocôndrias entre células. É simples assim. Ou assim pensávamos.

Nosso estudo foi uma comparação direta de aptidão com e sem herança uniparental, mas, naquele ponto, não tínhamos considerado o que aconteceria se um gene impondo herança uniparental fosse surgir numa população de células biparentais, nas quais ambos os gametas passam adiante as mitocôndrias. Ele se espalharia até a fixação? Sendo assim, teríamos evoluído dois sexos: um sexo transmitiria as suas mitocôndrias e o outro sexo teria as suas mitocôndrias mortas. Desenvolvemos o nosso modelo para testar essa possibilidade. Para completar, comparamos a nossa hipótese de coadaptação com os resultados advindos do conflito egoísta, conforme discutido acima, e com um simples acúmulo de mutações.* Os resultados surpreenderam e, pelo menos de início, foram decepcionantes. O gene não se espalharia, certamente não até a fixação.

O problema é que os custos da aptidão dependem do número de mitocôndrias mutantes: quanto mais mutantes, mais altos os custos. Inversamente, os benefícios de herança uniparental também dependem da carga mutacional, mas, dessa vez, ao inverso: quanto menor a carga mutacional, menor o benefício. Em outras palavras, os custos e benefícios de herança uniparental não são fixos, mas mudam com o número de mutantes na população; e isso pode baixar por apenas umas poucas sucessões de herança uniparental (**Figura 29**). Descobrimos que a herança uniparental melhorou

---

* De um ponto de vista matemático, todas as três teorias se revelaram variantes umas das outras: cada uma depende da taxa mutacional. Num modelo mutacional simples, a taxa de acumulação de mutantes obviamente depende da taxa mutacional. Igualmente, quando surge um mutante egoísta, ele se replica um pouco mais rápido do que o tipo selvagem, significando que o novo mutante se espalha pela população. Matematicamente, isso se iguala a uma taxa mutacional mais rápida, o que quer dizer que há mais mutantes num determinado tempo. O modelo de coadaptação faz o oposto. A taxa mutacional efetiva baixa porque os genes nucleares podem se adaptar a mutantes mitocondriais, o que significa que eles já não são prejudiciais, daí que, pela nossa definição, eles não são mais mutantes.

a aptidão de uma população em todos os três modelos, mas, conforme o gene para a herança uniparental começa a se espalhar por uma população, os seus benefícios encolhem até serem compensados pelas desvantagens – a principal desvantagem sendo a de que células uniparentais acasalam com uma fração menor da população. A negociação se equilibra quando somente 20% da população é uniparental. Altas taxas mutacionais poderiam forçar até 50% da população; mas a outra metade continuaria a se acasalar entre si mesma, dando, quando muito, três sexos. A conclusão é que a herança mitocondrial não conduzirá à evolução de dois tipos conjugantes. A herança uniparental aumenta a variação entre gametas, melhorando a aptidão, mas esse benefício não é forte o bastante por si mesmo para induzir a evolução de tipos conjugantes.

Bem, essa foi uma refutação direta da minha própria ideia, portanto, não gostei muito. Tentamos tudo que podíamos imaginar para fazê-la funcionar, mas acabamos tendo de admitir não haver nenhuma circunstância realista na qual um mutante uniparental pudesse induzir a evolução de dois tipos conjugantes. Os tipos conjugantes devem ter evoluído por alguma outra razão.* Mesmo assim, a herança uniparental existe. Nosso modelo simplesmente estaria errado se não pudéssemos explicar isso. De fato, mostramos que, se dois tipos conjugantes realmente *existiram*, por alguma outra razão, então certas condições *poderiam* fixar a he-

---

* Existem muitas outras possibilidades, desde garantir a exogamia até sinalização e feromônios. Visto que duas células se fundem no sexo, elas primeiro precisam se encontrar e garantir que se fundirão com a célula certa – outra célula da mesma espécie. Células costumam se encontrar por "quimiotaxia", o que quer dizer que produzem um feromônio, com efeito um "cheiro", e se movem em direção à origem do cheiro, até um gradiente de concentração. Se ambos os gametas produzem o mesmo feromônio, elas podem se confundir. É provável que nadem em pequenos círculos, sentindo o cheiro dos seus próprios feromônios. Em geral, é melhor que um único gameta produza um feromônio e o outro nade na sua direção, assim a distinção entre tipos conjugantes poderia se relacionar com o problema de encontrar um parceiro.

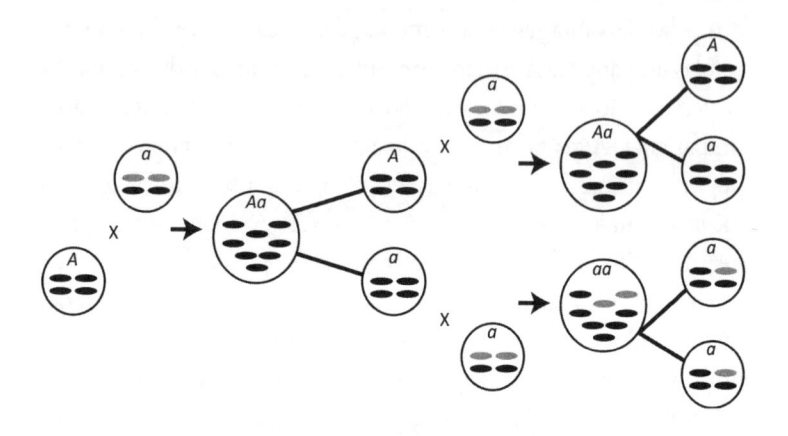

Figura 29 **O "vazamento" de benefícios de aptidão na herança mitocondrial**
A e *a* são gametas com diferentes versões (alelos) de um determinado gene no núcleo, designado *A* e *a*. Gametas com *a* transmitem as suas mitocôndrias quando se fundem com outro gameta *a*. Gametas com *A* são "mutantes uniparentais": se um gameta *A* se funde com um gameta *a*, somente o gameta *A* transmite as suas mitocôndrias. O primeiro acasalamento aqui mostra uma fusão de gametas *A* e *a*, para produzir um zigoto com ambos alelos nucleares (*Aa*), mas todas as mitocôndrias derivando de *A*. Se *a* contém algumas mitocôndrias defeituosas (sombreado claro), são eliminadas pela herança uniparental. O zigoto agora produz dois gametas, um com o alelo *A* e um com o alelo *a*. Cada um se funde com um gameta *a* contendo mitocôndrias defeituosas (sombreado claro). No cruzamento superior, gametas *A* e *a* geram um zigoto *Aa*, com todas as mitocôndrias derivando do gameta *A*, eliminando, portanto, as mitocôndrias defeituosas (claro). No cruzamento inferior, dois gametas *a* se fundem e as mitocôndrias defeituosas são transmitidas para o zigoto *aa*. Cada um desses zigotos (*Aa* e *aa*) agora forma gametas. As mitocôndrias *a* agora foram "limpas" por uma ou duas rodadas de herança uniparental. Isso melhora a aptidão dos gametas biparentais, assim o benefício de aptidão "vaza" pela população, no final se tornando um obstáculo à sua própria difusão.

rança uniparental: especificamente, um grande número de mitocôndrias e uma alta taxa de mutação mitocondrial. Nossa conclusão parecia incontestável; e a nossa explicação se encontra mais confortável com as exceções conhecidas à herança uniparental no mundo natural. Daria também mais sentido ao fato de que a herança uniparental é praticamente universal entre organismos multicelulares, animais como nós mesmos, que, em geral, possuem grandes números de mitocôndrias e altas taxas mutacionais.

Esse é um bom exemplo de por que a matemática da genética populacional é importante: hipóteses precisam ser testadas formalmente, seja por que métodos for possível; neste caso, um modelo formal mostrou claramente que a herança uniparental não pode se fixar numa população, a não ser que já existam dois tipos conjugantes. Isso é o mais perto de uma rigorosa prova a que podemos chegar. Mas ainda não está tudo perdido. A diferença entre tipos conjugantes e sexos "verdadeiros" (em que machos e fêmeas são obviamente diferentes) é opaca. Muitas plantas e algas possuem ao mesmo tempo tipos conjugantes e sexos. Talvez a nossa definição de sexos estivesse errada e, realmente, deveríamos estar considerando a evolução de sexos verdadeiros, em vez de dois tipos conjugantes ostensivamente idênticos. A herança uniparental poderia responder pela distinção entre sexos verdadeiros em animais e plantas? Sendo assim, os tipos conjugantes poderiam ter surgido por outras razões, mas a evolução dos sexos verdadeiros poderia ainda ter sido induzida pela herança mitocondrial. Francamente, isso parecia ser uma ideia frágil, mas que merecia ser examinada. Esse raciocínio não começou a nos preparar para a resposta reveladora que na verdade encontramos, uma resposta que surgiu exatamente porque *não* começamos com a premissa normal de que a herança uniparental é universal, mas com as decepcionantes conclusões do nosso próprio estudo anterior.

Linha germinal imortal, corpo mortal

Os animais possuem grandes números de mitocôndrias e nós as usamos sem cessar para dar energia aos nossos estilos de vida sobrecarregados, dando-nos altas taxas de mutação mitocondriais, certo? Mais ou menos. Temos centenas ou milhares de mitocôndrias em cada célula. Não sabemos com certeza a sua taxa mutacional (é difícil medir diretamente), mas sabemos que, ao longo de muitas gerações, nossos genes mitocondriais evoluíram umas dez a cinquenta vezes mais rápido do que os genes no núcleo. Isso implica que a herança unilateral deveria se fixar rapidamente em animais. No nosso modelo, de fato vimos que a herança uniparental se fixará com muito mais facilidade em organismos multicelulares do que nos unicelulares. Nenhuma surpresa aí.

Mas é fácil nos confundirmos ao pensar em nós mesmos. Os primeiros animais não foram como nós: eram mais como esponjas ou corais, filtradores sésseis que não se movem de um lado para o outro, pelo menos não nas suas formas adultas. Não surpreende não terem muitas mitocôndrias e a taxa de mutação mitocondrial ser baixa – mais baixa, quando muito, do que nos genes nucleares. Esse foi o ponto de partida para o estudante de PhD Arunas Radzvilavicius, outro talentoso físico atraído para os grandes problemas da biologia. Começa-se a imaginar se todos os problemas mais interessantes na física estão agora na biologia.

Arunas percebeu que a divisão celular simples num organismo multicelular tem um efeito bastante similar ao da herança uniparental: aumenta a variação entre células. Por quê? Cada sucessão de divisões celulares distribui a população mitocondrial aleatoriamente entre as células filhas. Se houver poucas mutantes, as chances de serem distribuídas igualmente são poucas – é muito mais provável que uma célula filha receba alguns mutantes a mais do que a outra. Se isso se repete ao longo de muitas sequências de divisão celular, o resultado é uma variação maior; algumas células tetravós acabarão herdando uma carga mutante maior do que outras. Se isso é bom ou ruim, depende de quais células recebem as mitocôndrias ruins e quantas são.

Imagine um organismo como uma esponja, no qual as células são bastante semelhantes. Não se diferencia em muitos tecidos especializados, como cérebro e intestino. Corte uma esponja viva em pedacinhos (não faça isso em casa) e ela pode se regenerar a partir desses fragmentos. Ela pode fazer isso porque as células-tronco, escondidas por toda a parte, podem dar origem tanto a novas células germinais como a novas células somáticas (corpo). Quanto a isso, as esponjas são semelhantes a plantas – nenhuma delas sequestra no início do desenvolvimento uma linha germinal especializada, mas pelo contrário, geram gametas a partir de células-tronco em muitos tecidos. Essa diferença é crítica, Nós temos uma linha germinal dedicada, que está escondida desde cedo no desenvolvimento embrionário. Um mamífero normalmente jamais produzirá células germinais a partir de células-tronco presentes no fígado. Esponjas, corais e plantas, entretanto, podem desenvolver novos órgãos sexuais produzindo gametas a partir de muitos lugares diferentes. Existem explicações para essas diferenças, enraizadas na competição entre células, mas não convencem.*
O que Arunas encontrou é que todos esses organismos têm uma coisa em comum: possuem um pequeno número de mitocôndrias

---

* O biólogo desenvolvimentista Leo Buss argumentou, por exemplo, que células de animais, sendo móveis, têm mais probabilidade de invadir a linha germinativa, numa tentativa egoísta de se perpetrarem, do que células de plantas, cuja incômoda parede celular as torna praticamente imóveis. Mas isso também seria verdade quanto a corais e esponjas, que são compostos de células de animais perfeitamente móveis? Duvido. No entanto, não há uma linha germinal a mais do que as plantas.

e uma baixa taxa de mutação mitocondrial. E as poucas mutações que ocorrem podem ser eliminadas por *segregação*. Funciona assim.

Lembre-se de que múltiplas sequências de divisão celular aumentam a variação entre células. Isso vale para as células germinais também. Se as células germinais são sequestradas desde cedo no desenvolvimento, não pode haver muita diferença entre elas – as poucas sequências de divisão celular não geram muita variação. Mas se as células germinais são selecionadas aleatoriamente a partir de tecidos adultos, então haverá diferenças muito maiores entre elas (**Figura 30**). Múltiplas sequências de divisão celular significam que algumas células germinais acumulam mais mutações do que outras. Algumas serão quase perfeitas, outras serão uma terrível bagunça – existe uma grande variação entre elas. É disso que a seleção natural precisa: eliminar todas as células ruins, de modo que apenas as boas sobrevivam. Ao longo de gerações, a qualidade das células germinais aumenta; selecioná-las aleatoriamente a partir de tecidos adultos funciona melhor do que escondê-las, colocando-as "no gelo" desde cedo no desenvolvimento.

Assim, uma maior variação é boa para a linha germinal, mas pode ser devastadora para a saúde de um adulto. Células germinais ruins são eliminadas por seleção, deixando as melhores como semente para a próxima geração; mas e as células-tronco ruins, que dão origem a novos tecidos adultos? Estas tenderão a produzir tecidos disfuncionais que podem ser incapazes de sustentar o organismo. A aptidão do organismo como um todo depende da aptidão do seu pior órgão. Se eu tiver um ataque cardíaco, a funcionalidade dos meus rins é irrelevante: meus órgãos saudáveis morrerão junto com o resto de mim. Portanto, existem tanto vantagens quanto desvantagens no aumento da variação mitocondrial num organismo e a vantagem para a linha germinal pode muito

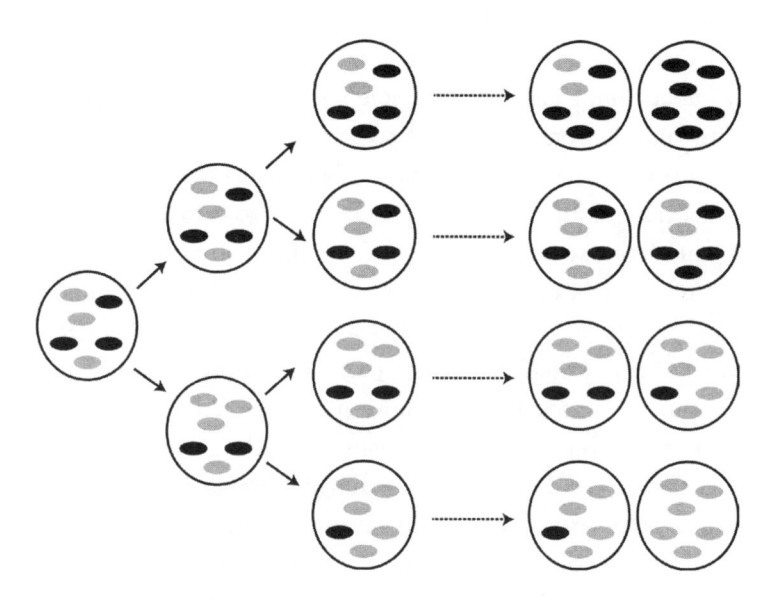

Figura 30 **A segregação aleatória aumenta a variação entre células**
Se uma célula começa com uma mistura de tipos diferentes de mitocôndrias, que são duplicadas e depois divididas mais ou menos igualmente entre duas células filhas, as proporções variarão ligeiramente com cada divisão celular. Com o tempo, essas diferenças são ampliadas, visto que cada célula divide uma população cada vez mais distinta de mitocôndrias. Se as células filhas finais à direita se tornam gametas, então a divisão celular repetida tem o efeito de aumentar a variação entre gametas. Alguns destes gametas são muito bons e, outros, muito ruins, aumentando a visibilidade para a seleção natural: exatamente o mesmo efeito da herança uniparental e uma Boa Coisa. Inversamente, se as células à direita são células progenitoras que dão origem a um novo tecido ou órgão, então essa variação aumentada é um desastre. Agora, alguns tecidos vão funcionar bem, mas outros não, abalando a aptidão do organismo como um todo. Um jeito de diminuir a variação entre células progenitoras de tecido é aumentar o número de mitocôndrias no zigoto, de modo que o número de mitocôndrias divididas inicialmente seja muito maior. Pode-se conseguir isso aumentando o tamanho do óvulo, dando origem à "anisogamia" (óvulo grande, espermatozoide pequeno).

bem ser compensada pela desvantagem para o corpo como um todo. Até que ponto ela é compensada depende do número de tecidos e da taxa mutacional.

Quanto mais tecidos houver num adulto, maior a probabilidade de que um tecido vital acumule todas as piores mitocôndrias. Inversamente, com apenas um tipo de tecido, isso não é problema, visto não haver interdependência – nenhum órgão cuja falência possa abalar a função de todo o indivíduo. No caso de um organismo simples com um único tecido, então o aumento da variação é inequivocamente bom: é benéfico para a linha germinal e não particularmente prejudicial para o corpo. Nós, portanto, previmos que os primeiros animais, com (supostamente) baixas taxas de mutação mitocondrial e muito poucos tecidos, deveriam ter tido herança biparental e não teriam uma linha germinal sequestrada. Mas, quando os primeiros animais se tornaram ligeiramente mais complexos, com mais do que um ou dois tecidos diferentes, o aumento de variação dentro do corpo em si se tornou desastroso para a aptidão adulta, visto produzir inevitavelmente tanto bons como maus tecidos – o cenário do ataque cardíaco. Para melhorar a aptidão adulta, a variação mitocondrial deve ser diminuída de modo que todos os tecidos nascentes recebam mitocôndrias similares, na maioria boas.

A maneira mais simples de diminuir a variação em tecidos adultos é começar com mais mitocôndrias no óvulo. Como uma regra estatística, a variação é menor se uma população fundadora grande é dividida entre numerosos recipientes do que se uma pequena população é repetidamente duplicada e depois dividida no mesmo número de recipientes. O resultado final é que aumentar o tamanho dos óvulos, acondicionando-os com mais e mais mitocôndrias, é benéfico. Pelos nossos cálculos, um gene especificando óvulos maiores se espalhará por uma população de organismos multicelulares simples, porque *diminui* a variação entre tecidos adultos, eliminando qualquer diferença potencialmente devastadora em funcionalidade. Por outro lado, menos variação não é bom para os gametas, que se tornam mais semelhantes uns aos outros e. assim, menos "visíveis" à seleção natural. Como é possível reconciliar essas duas tendências opostas? Simples! Se apenas um dos dois gametas, o óvulo, aumentar de tamanho, enquanto o outro encolhe, transformando-se em espermatozoide, isso soluciona ambos os problemas. O óvulo grande diminui a variação entre tecidos, melhorando a aptidão adulta, enquanto a exclusão de mitocôndrias do espermatozoide resulta em herança uniparental, com apenas um dos progenitores transmitindo as suas mitocôndrias. Já notamos que a herança uniparental de mitocôndrias aumenta a variação entre gametas, melhorando assim a sua aptidão. Em outras palavras, começando do mais simples dos pontos de partida, tanto a anisogamia (gametas distintos, esperma e óvulo) quanto a herança parental que a ela se segue tenderão a evoluir em organismos com mais de um tecido.

Eu preciso ressaltar que tudo isto pressupõe uma taxa de mutação mitocondrial baixa. Sabe-se que é esse o caso de esponjas, corais e plantas, mas que não é o caso dos animais "superiores". O que acontece se a taxa de mutação subir? O benefício de retardar a produção de células germinativas agora se perdeu. O nosso modelo mostra que as mutações se acumulam rapidamente, deixando as células germinativas crivadas de mutações. Conforme explica o geneticista James Crow, o maior risco para a saúde mutacional na população são os homens idosos férteis. Ainda bem que a herança uniparental significa que os homens não transmitem as suas mitocôndrias. Supondo-se uma taxa de mutação mais rápida, vemos que um gene que induz o sequestro precoce da linha germinal se espalhará por uma população: separar uma linha germinal precoce, colocar gametas femininos no gelo limitam o acúmulo de mutações mitocondriais. Adaptações que baixam especificamente a taxa de mutação na linha germinal também deveriam ser favorecidas. De fato, as mitocôndrias na linha germinal feminina parecem ter sido desligadas, ocultas nos óvulos primordiais que são sequestrados desde cedo no desenvolvimento embrionário dos ovários, conforme mostrado pelo meu colega John Allen. Ele argumenta há tempos que as mitocôndrias em óvulos são "moldes" genéticos, que, sendo inativos, possuem uma taxa de mutação mais baixa. Nosso modelo sustenta essas ideias para os animais de vida curta modernos com numerosas mitocôndrias e rápidas taxas de mutação, mas não para os seus ancestrais de vida mais lenta, ou para grupos mais amplos, tais como plantas, algas e protistas.

O que tudo isso significa? Surpreendentemente, que a variação mitocondrial *sozinha* pode explicar a evolução dos organismos multicelulares que possuem anisogamia (esperma e ovos), herança uniparental e uma linha germinal, na qual células germinais femininas são sequestradas desde cedo no desenvolvimento – que juntas formam a base de todas as diferenças sexuais entre machos e fêmeas. Em outras palavras, a herança mitocondrial pode ser responsável pela maioria das diferenças físicas reais entre os dois sexos. O conflito egoísta entre células pode ter um papel também, mas não é necessário: a evolução da distinção entre linhas germinal e somática pode ser explicada sem referência ao conflito egoísta. Decisivamente, nosso modelo especifica uma ordem de eventos que não é o que eu teria suposto no início. Eu tinha imaginado que a herança uniparental era o estado ancestral, que a linha germinal evoluiu em seguida e que a evolução de espermatozoides e óvulos estava associada à divergência entre os sexos verdadeiros. Em vez disso, nosso modelo sugere que o estado ancestral foi biparental;

a anisogimia (espermatozoide e óvulo) surgiu em seguida, depois a herança uniparental e, finalmente, a linha germinal. Essa ordem revisada está correta? Há poucas informações de um jeito ou de outro. Mas esta é uma previsão explícita que pode ser testada, e esperamos fazer isso. O primeiro lugar para onde olhar são as esponjas e os corais. Ambos os grupos possuem espermatozoides e óvulos, mas falta uma linha germinal sequestrada. Elas desenvolveriam uma se selecionássemos uma taxa de mutação mitocondrial mais alta?

Vamos encerrar com algumas implicações. Por que a taxa de mutação mitocondrial subiria? Uma maior troca de células e proteínas faria isso, refletindo atividade física. A oxigenação dos oceanos logo antes da explosão cambriana favoreceu a evolução de animais bilaterais ativos. A sua maior atividade teria elevado a sua taxa de mutação mitocondrial (que é mensurável em comparações filogenéticas) e isso teria forçado o sequestro de uma linha germinal dedicada nesses animais. Essa foi a origem da linha germinal imortal e do corpo mortal – a origem da morte como um ponto final planejado e predeterminado. A linha germinal é imortal no sentido de que as células germinais podem continuar se dividindo para sempre. Elas nunca envelhecem ou morrem. Cada geração sequestra uma linha germinal no início do desenvolvimento, que produz células que semeiam a geração seguinte. Gametas individuais podem ficar danificados, mas o fato de bebês nascerem jovens significa que as células germinais sozinhas retêm o potencial para a imortalidade visto em organismos como as esponjas, que se regeneram a partir de fragmentos. Assim que esta linha germinal especializada se oculta, o resto do corpo pode se especializar para propósitos específicos, não mais restringido pela necessidade de reter células-tronco imortais no seu meio. Vemos pela primeira vez tecidos que não podem mais se regenerar, como o do cérebro.

O soma descartável. Estes tecidos possuem um tempo de vida limitado, que depende de quanto demora para o organismo se reproduzir. Isso depende da rapidez com que o animal alcança a sua maturidade reprodutiva, a taxa de desenvolvimento e o seu tempo de vida previsto. Vemos pela primeira vez uma negociação entre sexo e morte, as raízes do envelhecimento. Vamos examinar a questão no próximo capítulo.

Este capítulo explorou os efeitos das mitocôndrias sobre a célula eucariótica, alguns dos quais foram dramáticos. Lembre-se da questão central: por que todos os eucariontes evoluíram uma série inteira de traços compartilhados que nunca são encontrados em bactérias e arqueas? No capítulo anterior, vimos que os procariontes são constrangidos por sua estrutura celular, e especificamente pela exigência de genes para controlar a respiração. A aquisição de mitocôndrias transformou a paisagem seletiva para os eucariontes, possibilitando a sua expansão em volume celular e tamanho de genoma em quatro a cinco ordens de magnitude. Esse gatilho foi uma rara endossimbiose entre dois procariontes, não longe de um acidente bizarro, mas as consequências foram ao mesmo tempo severas e previsíveis. Severas porque uma célula sem um núcleo é muitíssimo vulnerável a uma inundação de DNA e parasitas genéticos (íntrons) oriundos de seus próprios endossimbiontes. Previsível porque a resposta da célula hospedeira a cada estágio – a evolução de um núcleo, sexo, dois sexos e uma linha germinal – pode ser compreendida em termos de genética evolutiva clássica, embora de um ponto de partida não convencional. Algumas das ideias neste capítulo podem se revelar erradas, como aconteceu com a minha hipótese sobre a evolução dos dois sexos, mas nesse caso uma compreensão mais completa revelou-se muito mais rica do que eu tinha imaginado, dando conta, em vez disso, da distinção entre linha germinal e soma, das origens do sexo e da morte.

A lógica subjacente, extraída por meio de rigorosa modelagem, é ao mesmo tempo bela e previsível. É provável que a vida siga um caminho semelhante até a complexidade em outros lugares.

Essa visão da história da vida, uma narrativa de 4 bilhões de anos, coloca as mitocôndrias bem no centro da evolução da célula eucariótica. Recentemente, a pesquisa médica chegou a uma visão bastante parecida: estimamos agora que as mitocôndrias são úteis no controle da morte celular (apoptose), câncer, doenças degenerativas, fertilidade e outros mais. No entanto meus argumentos de que as mitocôndrias realmente são o ponto central da fisiologia tendem a irritar alguns pesquisadores médicos; a acusação é de que me falta uma perspectiva adequadamente equilibrada. Olhe qualquer célula humana através de um microscópio, e você verá um maravilhoso conjunto de peças em funcionamento, das quais as mitocôndrias são apenas um, reconhecidamente importante, dentro da engrenagem. Mas isto não é o que se vê a partir da evolução. O que se enxerga a partir da evolução são as mitocôndrias como parceiras iguais na origem da vida complexa. Todos os traços eucarióticos – toda a fisiologia celular – evoluíram no cabo de guerra que se seguiu entre estes dois parceiros. Esse cabo de guerra continua até hoje. Na parte final deste livro, veremos como esta interação sustenta nossa saúde, fertilidade e longevidade.

PARTE IV
PROGNÓSTICOS

7
O PODER E A GLÓRIA

Cristo Pantocrator: Soberano do Mundo. Não só na iconografia ortodoxa, não há desafio maior do que representar Cristo nas suas "duas naturezas", ao mesmo tempo Deus e homem, o severo, mas amoroso juiz de toda a humanidade. Na sua mão esquerda, ele traz o Evangelho de João: "Eu sou a luz do mundo; aquele que me segue não andará em trevas, mas terá a luz da vida." Não é surpreendente que, dada essa tarefa solene, o Pantocrator tenda a parecer um tanto melancólico. Do ponto de vista do artista, capturar a essência de Deus no rosto de um homem não é suficiente: ela precisa ser realizada em um mosaico, dentro de um domo, bem acima do altar de uma catedral primorosa. Eu não consigo imaginar as habilidades necessárias para se obter a perspectiva da forma correta, para capturar as luzes e sombras de um rosto vivo, para investir de significado pequenos pedaços de pedra, cada peça abstraída da sua posição no grandioso desenho e, ainda assim, cada uma crucial para a concepção como um todo. Eu sei que erros insignificantes podem destruir o efeito por completo, dando ao Criador uma expressão perturbadoramente cômica; mas quando realizada com suprema perfeição, como a da Catedral de Cefalù, na Sicília, até os menos religiosos irão reconhecer a face de Deus, um monumento eterno ao gênio de artesãos humanos esquecidos.*

---

* A Catedral de Cefalù foi iniciada em 1131, quarenta anos depois de os normandos terem finalmente conquistado a Sicília em 1091 (campanha que se estendeu por mais

Não estou prestes a partir numa direção imprevista. Estou impressionado com o fascínio que os mosaicos exercem sobre a mente humana e com a sua surpreendente importância paralela na biologia – existiria uma conexão subconsciente entre a modularidade de proteínas e células e o nosso senso estético? Os nossos olhos são compostos de milhões de células fotorreceptoras, bastonetes e cones; cada receptor é ativado ou desativado com um raio luminoso, formando uma imagem como um mosaico. É reconstruído nos olhos da nossa mente como um mosaico neuronal, evocado a partir de características fragmentadas da imagem – brilho, cor, contraste, contorno, movimento. Mosaicos aguçam as nossas emoções em parte porque fragmentam a realidade de forma semelhante para as nossas mentes. As células podem fazer isso porque são unidades modulares, ladrilhos vivos, cada uma com a sua própria posição vital, com a sua própria função, 40 trilhões de peças formando o maravilhoso mosaico tridimensional que é o ser humano.

Os mosaicos operam de forma ainda mais profunda na bioquímica. Veja as mitocôndrias. As grandiosas proteínas respiratórias, que transferem elétrons de alimento para oxigênio enquanto bombeiam prótons através da membrana mitocondrial, são mosaicos de numerosas subunidades. O maior, o complexo I, é composto de 45 proteínas individuais, cada uma composta de milhares de aminoácidos ligados entre si em uma longa cadeia. Esses complexos são frequentemente agrupados em conjuntos maiores, "su-

---

de trinta anos, tendo começado em 1061, antes da sua mais do que celebrada conquista da Inglaterra). A catedral foi construída em ação de graças depois de o rei Roger II sobreviver a um naufrágio ao largo da costa. As maravilhosas igrejas e palácios da Sicília normanda combinam a arquitetura normanda típica com mosaicos bizantinos e cúpulas árabes. O Pantocrator de Cefalù foi produzido por um artesão bizantino e alguns dizem que é ainda mais belo do que o famoso Pantocrator da Hagia Sofia, que era então Constantinopla. De qualquer forma, é uma visita que vale a pena.

percomplexos", que canalizam elétrons em direção ao oxigênio. Milhares de supercomplexos, cada um sendo um mosaico individual, adornam a catedral majestosa da mitocôndria. A qualidade desses mosaicos é de importância vital. Um Pantocrator cômico pode não ser motivo de riso, mas pequenos erros no posicionamento dos pedaços individuais nas proteínas respiratórias podem carregar um peso tão terrível quanto qualquer castigo bíblico. Se um único aminoácido apenas estiver fora do lugar – uma única peça em todo o mosaico –, as consequências podem ser uma degeneração incapacitante dos músculos e do cérebro e uma morte prematura: uma doença mitocondrial. Essas condições genéticas são terrivelmente imprevisíveis no que diz respeito à gravidade e ao momento o qual inicia, dependendo exatamente de que peça é afetada e com que frequência; mas todas retratam a centralidade das mitocôndrias até a essência da nossa existência.

Então, mitocôndrias são mosaicos e a sua qualidade é relevante em termos de vida e morte; mas tem mais. Como o Pantocrator, as proteínas respiratórias são únicas por possuírem "duas naturezas", a mitocondrial e a nuclear, e é bom que seja um casamento dos céus. A organização peculiar da cadeia respiratória – o conjunto de proteínas que transportam elétrons de alimento para oxigênio – é apresentada na **Figura 31**. A maior parte das proteínas centrais na membrana interna mitocondrial, apresentadas em cinza-escuro, é codificada por genes localizados dentro das próprias mitocôndrias. As demais proteínas (cinza-claro) são codificadas pelos genes no núcleo. Sabemos desse estranho estado das coisas desde o início da década de 1970, quando ficou claro, pela primeira vez, que o genoma mitocondrial é tão pequeno que não pode codificar a maior parte das proteínas encontradas nas mitocôndrias. A antiga ideia de que as mitocôndrias ainda independem das suas células hospedeiras é, portanto, um absurdo. A sua

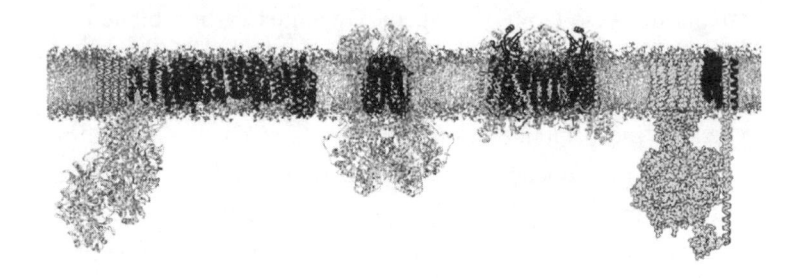

Figura 31 **A cadeia respiratória em mosaico**
Estruturas de proteínas para complexo I (esquerda), complexo III (centro-esquerda), complexo IV (centro-direita) e a ATP sintase de ATP (direita), todas inseridas na membrana mitocondrial interior. As subunidades mais escuras, praticamente enterradas na membrana, são codificadas por genes localizados fisicamente nas mitocôndrias, enquanto as subunidades mais claras, na sua maior parte periféricas ou fora da membrana, são codificadas por genes que residem no núcleo. Esses dois genomas evoluem de modos radicalmente diversos – os genes mitocondriais são transmitidos assexuadamente de mãe para filha, enquanto os genes nucleares são recombinados através do sexo a cada geração; e os genes mitocondriais (em animais) também acumulam mutações em até cinquenta vezes a taxa dos genes nucleares. Apesar dessa tendência à diferenciação, a seleção natural pode, em geral, eliminar mitocôndrias disfuncionais, mantendo a função quase perfeita ao longo de bilhões de anos.

ostensiva autonomia – elas dão uma estranha impressão de se replicarem sempre que têm vontade – é uma miragem. O fato é que o seu funcionamento depende de dois genomas distintos. Elas só podem crescer ou funcionar se forem totalmente providas de proteínas codificadas por esses dois genomas.

Vou reforçar como isso é estranho. A respiração celular – sem a qual morreríamos em poucos minutos – depende de cadeias respiratórias em mosaico que são compostas de proteínas codificadas por dois genomas bem diferentes. Para chegar ao oxigênio, os elétrons precisam saltar por uma cadeia respiratória de um "centro redox" para o seguinte. Centros redox tipicamente aceitam ou doam elétrons, um por vez – este é o caminho das pedras que discutimos no capítulo 2. Os centros redox estão embutidos bem no interior das proteínas respiratórias, o seu posicionamento preciso depende da estrutura das proteínas, portanto da sequência dos genes que as codificam além dos genomas mitocondrial e nuclear. Como observado, os elétrons saltam por um processo conhecido como tunelamento quântico. Eles aparecem e desaparecem de cada centro com uma probabilidade que depende de diversos fatores – a força de arrasto do oxigênio (mais especificamente o potencial de redução do próximo centro redox), a distância entre os centros redox adjacentes e a taxa de ocupação (se o próximo centro já está ocupado por um elétron). A distância exata entre centros redox é crítica. O tunelamento quântico só ocorrerá entre distâncias realmente pequenas, menos de 14 Å (lembre-se de que 1 ångström (Å) é aproximadamente o diâmetro de um átomo). Os centros redox mais espaçados poderiam da mesma maneira estar infinitamente distantes, uma vez que a probabilidade de elétrons saltando entre eles cai para zero. Dentro dessa variação crítica, o índice de *hopping* (saltos) depende da distância entre os centros. E isso depende de como os dois genomas interagem entre si.

Para cada aumento de ångström de distância entre os centros redox, a velocidade de transferência de elétrons cai cerca de dez vezes. Vou repetir. A taxa de transferência de elétrons entre centros redox cai dez vezes para cada aumento de 1 Å na distância entre eles! Isso é mais ou menos a escala de interações elétricas entre átomos adjacentes, por exemplo, as "ligações de hidrogênio" entre aminoácidos carregados positiva e negativamente em proteínas. Se uma mutação altera a identidade de um aminoácido em uma proteína, as ligações de hidrogênio podem se quebrar, ou outras se formam. Redes de ligações de hidrogênio inteiras podem se deslocar um pouco, incluindo aquelas que fixam um centro redox na sua posição correta. Elas também podem se mover em cerca de 1 ångström ou perto disso. As consequências dessas pequenas mudanças são amplificadas pelo tunelamento quântico: 1 ångström pode, de uma forma ou de outra, desacelerar a transferência de elétrons em uma ordem de grandeza ou acelerá-la em um fator equivalente. É uma razão pela qual as mutações mitocondriais podem ser tão catastróficas.

Essa organização precária é exacerbada pelo fato de os genomas mitocondriais e nucleares divergirem continuamente. No capítulo anterior, vimos que a evolução tanto do sexo como dos dois sexos pode ter relação com a aquisição de mitocôndrias. O sexo é necessário para manter a função de genes individuais em genomas grandes, enquanto dois sexos ajudam a manter a qualidade das mitocôndrias. A consequência não prevista foi que esses dois genomas evoluem de formas completamente diferentes. Genes nucleares são recombinados por sexo a cada geração, enquanto genes mitocondriais passam de mãe para filha dentro do óvulo, raramente, ou nunca, recombinando. Pior ainda, genes mitocondriais evoluem dez a cinquenta vezes mais rápido que os genes no núcleo, segundo a sua taxa de alteração de sequência ao longo de gerações, pelo menos em animais. Isso significa que proteínas codificadas por genes mitocondriais se alteram mais rápido e de diferentes formas comparando-se com proteínas codificadas por genes no núcleo; ainda assim elas precisam interagir umas com as outras a ångströms de distância para os elétrons se transferirem com eficiência pela cadeia respiratória. É difícil imaginar um arranjo mais absurdo para um processo tão fundamental para todos os seres vivos – respiração, a força vital!

Como as coisas chegaram a esse ponto? Existem poucos exemplos melhores de miopia na evolução. Essa solução maluca provavelmente foi inevitável. Lembre-se do ponto de partida – bactérias que vivem dentro de outras bactérias. Sem essa endossimbiose, vimos que a vida complexa não é possível, uma vez que somente células autônomas são capazes de perder genes supérfluos, ficando apenas com aqueles necessários para controlar a respiração localmente. Isso parece bastante razoável, mas o único limite para a perda de genes é a seleção natural – e a seleção age tanto nas células hospedeiras como nas mitocôndrias. O que leva à perda de genes? Em parte, simplesmente a velocidade de replicação: as bactérias com os genomas menores replicam-se mais rápido, tendendo, portanto, a dominar ao longo do tempo. Mas a velocidade de replicação não pode explicar a transferência de genes para o núcleo, apenas a perda de genes das mitocôndrias. No capítulo anterior, vimos por que os genes mitocondriais chegam ao núcleo – algumas mitocôndrias morrem, derramando o seu DNA dentro da célula hospedeira, e então é levado para o núcleo. Isso é difícil de interromper. Parte do DNA no núcleo agora adquire uma sequência de direcionamento, um código de endereço, que direciona a proteína de novo para as mitocôndrias.

Pode parecer um acontecimento bizarro, mas, de fato, se aplica a quase todas as 1.500 proteínas conhecidas direcionadas para as mitocôndrias; evidentemente, não é assim tão complicado. Deve existir uma situação transitória em que cópias do mesmo gene estão presentes nas mitocôndrias sobreviventes e no núcleo ao mesmo tempo. No final, uma das duas cópias se perde. Excetuando os 13 genes de codificação de proteínas que restam nas nossas mitocôndrias (<1% de seu genoma inicial), a cópia nuclear foi retida e a cópia mitocondrial se perdeu em todos os casos. Isso não soa como uma casualidade. Por que a cópia nuclear é favorecida? Existem várias razões plausíveis, mas o trabalho teórico ainda não provou o caso de uma forma nem de outra. Uma razão possível é a aptidão masculina. Uma vez que as mitocôndrias são transmitidas por linhagem feminina, de mãe para filha, não é possível selecionar variantes mitocondriais que favoreçam a aptidão masculina, uma vez que qualquer gene nas mitocôndrias masculinas que venha a aprimorá-las nunca é passado adiante. Transferir esses genes mitocondriais para o núcleo, onde são transmitidos tanto em machos como em fêmeas, poderia então aprimorar a aptidão masculina, assim como a feminina. Genes nos núcleos também são recombinados pelo sexo a cada geração, possivelmente aprimorando ainda mais a aptidão. E existe o fato de os genes mitocondriais ocuparem espaço fisicamente, que poderia ser melhor aproveitado com o maquinário da respiração ou outros processos. Finalmente, radicais livres reativos escapam da respiração, os quais podem causar mutação no DNA mitocondrial vizinho; voltaremos aos efeitos dos radicais livres na fisiologia celular mais tarde. Em resumo, existem razões muito boas para os genes serem transferidos das mitocôndrias para o núcleo; sob esse ponto de vista, o que é mais surpreendente é o fato de quaisquer genes permanecerem lá.

Por que eles permanecem? A força de equilíbrio, que discutimos no capítulo 5, é a exigência para que os genes controlem a respiração localmente. Lembre-se de que o potencial elétrico através da fina membrana interna da membrana mitocondrial é de 150 a 200 milivolts, fornecendo um campo de força de 30 milhões de volts por metro, o equivalente a um relâmpago. Genes são necessários para controlar esse potencial colossal da membrana em resposta às alterações no fluxo de elétrons, na disponibilidade de oxigênio, nas taxas de ADP e ATP, no número de proteínas respiratórias e mais. Se um gene que é necessário para controlar a respiração dessa forma é transferido para o núcleo e o seu produto proteico falha em retornar para as mitocôndrias a tempo de evitar uma catástrofe, então o "experimento" natural termina bem ali. Animais (e plantas) que não transferiram esse gene específico para o núcleo sobrevivem, ao passo que os que transferiram os genes errados morrem e, com eles, os genes lamentavelmente mal configurados.

A seleção é cega e impiedosa. Genes são transferidos continuamente das mitocôndrias para o núcleo. Ou o novo arranjo funciona melhor e o gene permanece na sua nova residência ou não funciona e alguma penalidade é imposta – provavelmente a morte. No final, praticamente todos os genes mitocondriais se perdem por completo ou são transferidos para o núcleo, deixando um punhado de genes críticos nas mitocôndrias. Esta é a base de nossas cadeias respiratórios em mosaico – seleção às cegas. Funciona. Duvido que um engenheiro inteligente tivesse projetado assim; mas esta foi, eu arriscaria dizer, a única forma pela qual a seleção natural pôde criar uma célula complexa, devido à exigência de uma endossimbiose entre bactérias. Essa solução absurda foi necessária. Neste capítulo, vamos examinar as consequências do mosaico mitocondrial: até que ponto esta exigência *prevê* as características de células complexas? Vou demonstrar que a seleção para o mosaico mitocondrial pode de fato explicar algumas das mais intrigantes características comuns dos eucariontes. Todos nós. Os resultados previstos da seleção incluem efeitos na nossa saúde, na nossa aptidão, fertilidade e longevidade, até na nossa história como espécie.

Sobre a origem das espécies

Como e onde age a seleção? Nós sabemos que ela age. Os indícios de muitas sequências de genes dá testemunho de uma história de seleção para a coadaptação entre genes mitocondriais e nucleares: os dois conjuntos de genes se modificam de formas relacionadas. Podemos comparar as taxas de modificação dos genes mitocondriais e nucleares ao longo do tempo – digamos, os milhões de anos que separam os chimpanzés dos humanos ou gorilas. Percebemos de imediato que os genes que interagem diretamente uns com os outros – aqueles que codificam proteínas na cadeia respiratória, por exemplo – modificam-se mais ou menos na mesma velocidade, enquanto outros genes no núcleo, em geral, modificam-se (evoluem) muito mais devagar. Evidentemente, uma alteração num gene mitocondrial tende a provocar uma modificação compensatória em um gene nuclear com o qual interage ou vice-versa. Sabemos, então, que alguma forma de seleção natural ocorreu; a questão é: que processos modelaram tal coadaptação?

A resposta está na biofísica da própria cadeia respiratória. Imagine o que aconteceria se os genomas mitocondrial e nuclear *não* se correspondessem de forma apropriada. Elétrons entram na cadeia respiratória de forma normal, mas genomas incompatíveis codificam proteínas que não ficam confortavelmente juntas. Algumas interações elétricas entre aminoácidos (ligações de hidrogênio) são interrompidas, o que significa que um ou dois centros redox podem estar agora 1 ångström mais distante que o normal. Resultado: os elétrons fluem pela cadeia respiratória para o oxigênio em uma fração da sua velocidade normal. Eles começam a se acumular nos primeiros centros redox, incapazes de seguirem em frente, já que os centros redox seguintes já estão ocupados. A cadeia respiratória começa a ficar muito reduzida, o que significa que os centros redox encheram-se de elétrons (**Figura 32**). Os primeiros centros redox são grupamentos ferro-enxofre. O ferro é convertido de Fe^{3+} para a forma Fe^{2+} (também chamada de forma reduzida), que pode reagir diretamente com o oxigênio para formar o superóxido radical $O_2^{\cdot-}$, de carga negativa. O ponto aqui simboliza um único elétron não pareado, assinatura que define um radical livre. É aí que a cobra fuma.

Existem vários mecanismos, em particular a enzima superóxido dismutase, que rapidamente eliminam um acúmulo de radicais superóxidos. Mas a abundância dessas enzimas é cuidadosamente calibrada. Em demasia, haveria o risco de desativar um sinal local de importância vital, que funciona mais ou menos como um alarme de incêndio. Radicais livres agem como fumaça: elimine a fumaça e você não resolverá o problema. Neste caso, o problema é que os dois genomas não funcionam bem juntos. O fluxo de elétrons é prejudicado e isso gera radicais superóxidos – um sinal de fumaça.* Acima de um determinado limite, os radicais livres oxi-

---

* A maior parte da liberação de radicais livres deriva do complexo I. O espaçamento entre os centros redox no complexo I sugere que isso é deliberado. Lembre-se do princípio do tunelamento quântico: os elétrons "saltam" de um centro para outro, com uma probabilidade que depende da distância, da ocupância e do "arranco" de oxigênio (o potencial de redução). Dentro do complexo I existe um ramo inicial no caminho do fluxo de elétrons. Na via principal, a maioria dos centros tem um espaçamento de cerca de 11 Å entre eles, por isso os elétrons normalmente saltam logo de um para o

dam lipídios da membrana próximos, em particular a cardiolipina, resultando na liberação da proteína respiratória citocromo c, que normalmente se prende de modo instável na cardiolipina. Isso afunda o fluxo de elétrons por completo, uma vez que precisam saltar para o citocromo c para alcançar o oxigênio. Remova o citocromo c e os elétrons não vão mais conseguir chegar ao final da cadeia respiratória. Sem o fluxo de elétrons, não é possível mais nenhum bombeamento de prótons e isso significa que o potencial elétrico da membrana em breve entrará em colapso. Assim, temos três alterações no fluxo de elétrons na respiração: primeiro, a velocidade de transferência de elétrons é reduzida e, da mesma forma, a taxa de síntese de ATP também cai. Segundo, os altamente reduzidos grupamentos ferro-enxofre reagem com o oxigênio para produzir uma explosão de radicais livres, resultando na liberação de citocromo c a partir das suas ligações com a membrana. E, em terceiro, se nada é feito para compensar essas mudanças, o potencial da membrana entra em colapso (**Figura 32**).

Eu acabei de descrever um conjunto curioso de circunstâncias descoberto em meados da década de 1990 e recebido na época com "estupefação generalizada". Trata-se do gatilho para a morte celular programada ou apoptose. Quando sofre apoptose, uma célula se mata por meio de um balé cuidadosamente coreografado,

---

seguinte. O caminho alternativo é um beco sem saída – os elétrons conseguem entrar, mas dificilmente conseguem sair de novo. Na altura do ramo, os elétrons têm uma "opção": eles estão a cerca de 8 Å do próximo centro redox no caminho principal e a 12 Å de um centro alternativo (**Figura 8**). Em circunstâncias normais, os elétrons fluirão pelo caminho principal. Mas se esse caminho estiver obstruído com elétrons – se estiver altamente reduzido –, o centro alternativo agora acumula elétrons. Esse centro alternativo é periférico e reage facilmente com o oxigênio para produzir radicais superóxidos. Medições indicam que este grupamentoo aglomerado FeS é a principal fonte de vazamento de radicais livres da cadeia respiratória. Eu vejo isso como um mecanismo para *promover* o vazamento de radicais livres como um "sinal de fumaça", caso o fluxo de elétrons seja lento demais para atender à demanda.

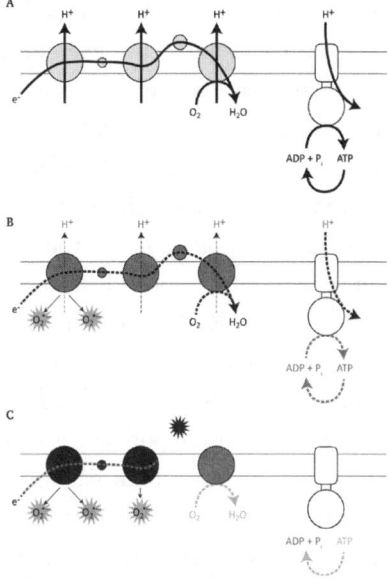

Figura 32 **Mitocôndrias na morte celular**
A apresenta o fluxo normal de elétrons através da cadeia respiratória até o oxigênio (seta ondulada), com a corrente de elétrons que alimenta a extrusão de prótons através da membrana e o fluxo de prótons através da sintase de ATP (direita) conduzindo à síntese de ATP. A cor cinza-claro das três proteínas respiratórias na membrana indica que os complexos não estão altamente reduzidos, uma vez que os elétrons não se acumulam nos complexos, mas são passados rapidamente para o oxigênio. **B** apresenta os efeitos combinados da desaceleração do fluxo de elétrons como resultado de uma incompatibilidade entre os genomas mitocondrial e nuclear. O fluxo lento de elétrons se traduz em menor consumo de oxigênio, bombeamento limitado de prótons, queda do potencial da membrana (porque menos prótons são bombeados) e colapso da síntese de ATP. O acúmulo de elétrons dentro da cadeia respiratória é representado pela tonalidade mais escura dos complexos proteicos. O estado altamente reduzido do complexo I aumenta a sua reatividade com o oxigênio, formando radicais livres, como o superóxido ($O_2^{\cdot-}$). **C** Se essa situação não se resolver em poucos minutos, os radicais livres então reagem com os lipídios da membrana incluindo a cardiolipina, resultando na liberação de citocromo c (a pequena proteína frouxamente associada à membrana em **A** e **B** e agora liberada em **C**). A perda de citocromo c impede o fluxo de elétrons para o oxigênio também, reduzindo os complexos respiratórios ainda mais (aqui apresentado em preto), aumentando a liberação de radicais livres e levando ao colapso o potencial da membrana e da síntese de ATP. Estes fatores associados desencadeiam o percurso da morte celular, resultando em apoptose.

o equivalente celular à morte do cisne. Longe de apenas se fragmentar e se decompor, na apoptose um exército de carrascos de proteínas, chamados enzimas caspases, é liberado do seu interior. Estas quebram as moléculas gigantes da célula – DNA, RNA, carboidratos e proteínas – em pedacinhos. Os pedaços são ligados em pacotinhos de membrana, bolhas, e fornecidos como alimento para as células vizinhas. Em poucas horas, todos os traços da sua existência anterior se foram, varridos da história de forma tão eficiente como um inflitrado da KGB no Bolshoi.

A apoptose faz muito sentido no contexto de um organismo multicelular. É necessária para esculpir tecidos durante o desenvolvimento embrionário, remover e repor células danificadas. O que surpreendeu foi o envolvimento central das mitocôndrias, especialmente a proteína respiratória *bona fide* genuína citocromo c. Por que diabos a perda de citocromo c das mitocôndrias atuaria como um sinal para a morte celular? Desde a descoberta desse mecanismo, o mistério só aumentou. Acontece que essa mesma combinação de eventos – queda dos níveis de ATP, vazamento de radicais livres, perda de citocromo c e um colapso do potencial da membrana – é conservada em todos os eucariontes. Células de plantas e leveduras matam a si mesmas em resposta ao mesmo sinal exatamente. Ninguém esperava isso. Mesmo assim, isto emerge dos primeiros elementos, como uma consequência inevitável da seleção para dois genomas – isto é *previsivelmente* uma propriedade universal da vida complexa.

Vamos refletir de novo sobre os nossos elétrons fazendo o seu caminho através de uma cadeia respiratória descompassada. Se os genes mitocondriais e nucleares não funcionarem corretamente juntos, o resultado biofísico natural é a apoptose. Esse é um belo exemplo da seleção natural depurando um processo que não pode ser impedido de acontecer: a tendência natural é elaborada pela seleção, acabando por tornar-se um mecanismo genético sofisticado, que retém no seu âmago uma pista para a sua origem. Dois genomas são necessários para as grandes células complexas existirem. Eles precisam funcionar bem juntos ou a respiração irá falhar. Se não funcionarem bem juntos, a célula é eliminada por apoptose. Agora, isso pode ser visto como uma forma de seleção funcional contra as células com genomas incompatíveis. Mais uma vez, como o geneticista russo Theodosius Dobzhansky observou, nada em biologia faz sentido senão à luz da evolução.

Assim, nós temos um mecanismo para a eliminação de células com genomas que não se combinam. Inversamente, células com genomas que funcionam bem juntos não serão eliminadas pela seleção. Ao longo da evolução, o resultado é exatamente o que vemos: a coadaptação dos genomas mitocondrial e nuclear, de forma que as alterações de sequência em um genoma são compensadas por mudanças sequenciais no outro. Como observado no capítulo anterior, a existência de dois sexos aumenta a variação entre as células germinativas femininas – óvulos diferentes contêm principalmente populações clonais de mitocôndrias, com óvulos diferentes ampliando diferentes clones de mitocôndrias. Alguns desses clones funcionarão bem no novo cenário nuclear do óvulo fertilizado, outros nem tanto. Esses que não funcionam suficientemente bem são eliminados por apoptose; aqueles que funcionam bem juntos sobrevivem.

Sobreviver a que exatamente? Em organismos multicelulares, a resposta em geral é ao desenvolvimento. A partir de um óvulo fertilizado (zigoto), as células se dividem para formar um novo indivíduo. O processo é requintadamente controlado. Células que morrem inesperadamente por apoptose durante o desenvolvimento colocam em perigo todo o programa desenvolvimental e podem resultar em aborto espontâneo, um fracasso no desenvolvimento embrionário. O que não é necessariamente uma coisa ruim. Muito melhor, do ponto de vista imparcial da seleção natural, interromper o desenvolvimento precocemente, antes que muitos recursos tenham sido dedicados a um novo indivíduo, do que permitir que ele seja executado até o final. No segundo caso, a prole nasceria com incompatibilidades entre os genes nucleares e mitocondriais, podendo causar uma doença mitocondrial, colapso da saúde e morte prematura. Por outro lado, encerrar o desenvolvimento prematuramente – sacrificando o embrião caso ele apresente graves incompatibilidades entre os genomas mitocondrial e nuclear – obviamente reduz a fertilidade. Se uma grande parte dos embriões não completa o seu desenvolvimento, o resultado é a infertilidade. Os custos e benefícios aqui são totalmente relevantes para a seleção natural: aptidão *versus* fertilidade. Nitidamente, é necessário haver controles refinados sobre as incompatibilidades que desencadeiam a apoptose e a morte e sobre aquelas que são toleradas.

Isso tudo pode parecer um pouco árido e teórico. E realmente tem importância? Sim! – ao menos em alguns casos que podem ser a ponta de um iceberg. O melhor exemplo é o de Ron Burton, do Scripps Marine Research Institute, que vem trabalhando nas incompatibilidades mitocondrial-nucleares nos copépodes marinhos *Tigriopus californicus* por mais de uma década. Copépodes são pequenos crustáceos, 1 a 2 milímetros de comprimento, encontrados praticamente em todos os ambientes úmidos; nesse caso, nas piscinas naturais formadas pelas marés na ilha de Santa Cruz, no sul da Califórnia. Burton tem feito cruzamentos entre duas populações diferentes destes copépodes provenientes de lados opostos da ilha, que estiveram reprodutivamente isolados por milhares de anos, apesar de viverem apenas a alguns quilômetros de distância. Burton e seus colegas catalogaram o que é conhecido como "colapso do híbrido" nos cruzamentos entre duas populações. Curiosamente, existe pouco efeito na primeira geração, o resultado do cruzamento simples entre duas populações; mas se a prole da fêmea híbrida é cruzada então com um macho da população paterna original, a sua própria prole será terrivelmente doentia, num "estado lastimável", para tomar emprestado o título de um dos artigos de Burton. Embora tenha sido obtido um grande espectro de resultados, em média a aptidão dos híbridos era substancialmente baixa – a síntese de ATP deles foi reduzida em cerca de 40%, e isso se refletiu em uma redução similar na sobrevivência, fertilidade e tempo de desenvolvimento (nesse caso, tempo para metamorfose, que depende do tamanho do corpo e, consequentemente, na taxa de crescimento).

Todo o problema pode ser atribuído a incompatibilidades entre genes mitocondriais e nucleares por meio de um recurso simples – recruzando a prole de híbridos machos com fêmeas da população materna original. A sua prole é então restaurada para a aptidão normal e plena. No experimento oposto, no entanto – cruzando a prole do híbrido fêmea com machos da população paterna original – não houve nenhum efeito positivo na aptidão. A prole permaneceu doentia; na verdade, ficou pior que nunca. Os resultados são simples o bastante para serem compreendidos. As mitocôndrias sempre vêm da mãe e, para funcionarem corretamente, precisam interagir com os genes de dentro do núcleo que são semelhantes aos da mãe. Ao cruzar com machos de uma população geneticamente distinta, as mitocôndrias da mãe são emparelhadas com genes que não funcionam bem com as suas mitocôndrias. No cruzamento da primeira geração, o problema não foi muito grave, uma vez que 50% dos genes nucleares ainda eram provenientes da mãe e funcionam bem com as mitocôndrias dela.

Na segunda geração de híbridos, contudo, 75% dos genes nucleares são agora incompatíveis com as mitocôndrias, e nós vemos um sério colapso na aptidão. Cruzar machos híbridos com fêmeas da população materna original faz com que 62,5% dos genes nucleares agora sejam oriundos da população materna e *combinem* com as mitocôndrias. A saúde plena é restaurada. Mas o cruzamento reverso tem o efeito oposto: as mitocôndrias maternas são agora *incompatíveis* com aproximadamente 87,5% dos genes nucleares. Não é de admirar que sejam um grupo doentio.

Colapso híbrido. A maior parte de nós está familiarizada com a ideia do vigor híbrido. A fecundação cruzada é benéfica, pois indivíduos sem parentesco são menos propensos a compartilhar as mesmas mutações nos mesmos genes, de modo que as cópias herdadas do pai e da mãe terão maior probabilidade de ser complementares, aumentando a aptidão. Porém, o vigor híbrido só vai até aí. Cruzamentos entre espécies distintas tendem a produzir proles que são inviáveis ou estéreis. Este é o colapso híbrido. As barreiras sexuais entre espécies proximamente aparentadas são muito mais permeáveis do que os livros de referência nos levam a acreditar – espécies que preferem ignorar umas às outras na natureza, por motivos comportamentais, frequentemente acasalam com sucesso no cativeiro. A definição tradicional de espécie – o fracasso na produção de uma prole fértil em cruzamentos entre populações – simplesmente não é verdadeira para várias espécies proximamente aparentadas. Não obstante, conforme as populações divergem ao longo do tempo, barreiras reprodutivas são realmente construídas entre elas e, em última análise, esses cruzamentos de fato falham na produção de uma prole fértil. Essas barreiras devem começar a se tornar mais severas nos cruzamentos entre populações de uma mesma espécie que foram reprodutivamente isoladas por longos períodos, como nos copépodes de Ron Burton. Nesse caso, o colapso é inteiramente atribuível a incompatibilidades entre os genes mitocondriais e nucleares. Incompatibilidades similares poderiam causar o colapso híbrido na origem das espécies de forma mais generalizada?

Desconfio que sim. É claro que é apenas um mecanismo dentre vários, mas outros exemplos de colpaso "mitonuclear" são reportados em muitas espécies, de moscas e vespas ao trigo, e até em camundongos. O fato de este mecanismo emergir de uma *exigência* para que dois genomas trabalhem adequadamente juntos implica que essa especialização continua inevitavelmente nos eucariontes. Mesmo assim, os efeitos são algumas vezes mais evidentes que outros. A razão, aparentemente, está relacionada com a taxa de alteração dos genes mitocondriais. No caso dos copépodes, os genes mitocondriais evoluem até cinquenta vezes mais rápido que os genes dentro do núcleo. No caso da mosca das frutas, a *Drosophila*, no entanto, os genes mitocondriais evoluem muito mais vagarosamente, praticamente duas vezes a velocidade dos genes do núcleo. Consequentemente, o colapso mitonuclear é mais sério nos copépodes do que nas moscas das frutas. O aumento da velocidade na taxa de mudança se traduz em mais diferenças na sequência dentro de um período estabelecido, portanto, em uma maior probabilidade de incompatibilidades entre genomas em cruzamentos entre diferentes populações.

Exatamente por que os genes mitocondriais dos animais evoluem muito mais rápido que os genes nucleares não se sabe. Doug Wallace, inspirador e pioneiro da genética mitocondrial, argumenta que as mitocôndrias são a linha de frente da adaptação. Mudanças aceleradas nos genes mitocondriais permitem que os animais se adaptem rapidamente a mudanças nos hábitos alimentares e no clima, os primeiros passos que precedem as adaptações morfológicas, mais lentas. Eu gosto da ideia, embora até agora sejam poucas as evidências boas, tanto a favor como contra. Mas se Wallace estiver correto, então a adaptação é aperfeiçoada através do descarte contínuo de novas variantes na sequência mitocondrial onde a seleção pode agir. Estas alterações, ao serem as primeiras a facilitar adaptações a novos ambientes, também estão entre os primeiros arautos da especiação. Isso corresponde a uma curiosa regra antiga em biologia, exposta pela primeira vez pelo inimitável J.B.S. Haldane, um dos fundadores da biologia evolutiva. Uma nova interpretação dessa regra sugere que a coadaptação mitonuclear pode realmente exercer um importante papel na origem das espécies e na nossa própria saúde.

A determinação do sexo e a regra de Haldane

Haldane era dado a pronunciamentos memoráveis e, em 1922, ele veio com essa notável proclamação:

> Quando em uma prole de duas raças de animais diferentes um sexo está ausente, é raro, ou estéril, este sexo é o sexo heterozigoto [heterogamético].

Teria sido mais fácil se ele tivesse dito "macho", mas de fato isso seria menos abrangente. O macho é heterozigoto ou heterogamético nos mamíferos, significando que o macho tem dois cromossomos sexuais diferentes – um cromossomo X e um Y. As fêmeas dos mamíferos têm dois cromossomos X e são, portanto, homozigotas (homogaméticas) para os seus cromossomos sexuais. É o contrário para as aves e alguns insetos. Aqui a fêmea é heterogamética, tendo um cromossomo W e um Z, enquanto o macho é homogamético, com dois cromossomos Z. Imagine o cruzamento entre um macho e uma fêmea de duas espécies proximamente aparentadas, que produz uma prole viável. Mas agora observe mais atentamente essa prole: eles são todos machos ou são todas fêmeas; ou se os dois sexos estiverem presentes, um dos dois sexos é estéril ou malformado. A regra de Haldane diz que este sexo será o masculino nos mamíferos e o feminino nas aves. O catálogo de exemplos que foram reunidos, desde 1922, é impressionante: milhares de casos seguem a regra, através de muitos filos, com surpreendentemente poucas exceções, para um campo tão repleto de exceções, como a biologia.

Existem diversas razões plausíveis para a regra de Haldane, embora nenhuma delas possa ser considerada em todos os casos, uma vez que nenhuma delas é satisfatória intelectualmente. Por exemplo, a seleção sexual é mais forte em machos, que precisam competir entre si pela atenção das fêmeas (tecnicamente existe maior variação no sucesso reprodutivo nos machos que nas fêmeas, fazendo os traços sexuais masculinos mais visíveis para a seleção). Isso, por sua vez, torna os machos mais vulneráveis ao colapso do híbrido em um cruzamento entre populações diferentes. O problema é que essa explicação em particular não diz por que os machos das aves são menos vulneráveis ao colapso do híbrido que as fêmeas.

Outra dificuldade é que é questionável se a regra de Haldane vai além de meros cromossomos sexuais, o que parece paroquiano em uma visão mais ampla da evolução. Vários répteis e anfíbios não possuem nenhum cromossomo sexual, mas definem o seu sexo com base na temperatura; ovos incubados em temperaturas mais altas se desenvolvem em machos ou, ocasionalmente, vice-versa. De fato, dada a sua importância aparentemente básica, os mecanismos de determinação do sexo são intrigantemente variáveis entre as espécies. O sexo pode ser determinado por parasitas, ou pelo número de cromossomos, ou por hormônios, gatilhos ambientais, estresse, densidade populacional, ou até pelas mitocôndrias. O fato de um dos dois sexos tender a ser mais afetado nos cruzamentos entre populações, mesmo quando o sexo não é determinado por nenhum cromossomo, sugere que deve existir um mecanismo mais profundo em ação. Realmente, o simples fato de os detalhados mecanismos de determinação do sexo serem tão variáveis e o desenvolvimento de dois sexos ser, no entanto, tão consistente sugere que deve existir alguma base subjacente conservada para a determinação do sexo (o processo que conduz ao desenvolvimento masculino ou feminino) que diferentes genes apenas adornam.

Um possível alicerce subjacente é a taxa metabólica. Até os gregos antigos entendiam que os machos são, literalmente, mais quentes que as fêmeas – a hipótese do "macho quente". Em mamíferos como humanos e camundongos, a primeira distinção entre os dois sexos é a taxa de crescimento: os embriões machos crescem ligeiramente mais rápido que as fêmeas, uma diferença que pode ser medida horas após a concepção, utilizando uma régua (mas definitivamente não tente fazer isso em casa). No cromossomo Y, o gene que dita o desenvolvimento masculino nos humanos, o gene *SRY*, acelera a taxa de crescimento acionando uma série de fatores de crescimento. Não há nada de sexo específico nesses fatores de crescimento: estão normalmente ativos tanto nos machos como nas fêmeas, apenas a sua atividade é definida em um nível mais alto nos machos do que nas fêmeas. Mutações que aumentam a atividade desses fatores de crescimento, acelerando a taxa de crescimento, podem induzir a uma mudança de sexo, forçando o desenvolvimento masculino em embriões femininos que não possuam o cromossomo Y (ou gene *SRY*). Inversamente, mutações que diminuem a sua atividade podem ter o efeito oposto, convertendo machos com cromossomos Y perfeitamente funcionais em fêmeas. Tudo isso sugere que a taxa de crescimento é a força real por trás do desenvolvimento sexual, pelo menos nos mamíferos. Os genes estão apenas segurando as rédeas, e podem ser facilmente substituídos ao longo da evolução – um gene que define a taxa de crescimento é substituído por um gene diferente que define a mesma taxa de crescimento.

A ideia de que os machos possuem uma taxa de crescimento mais acelerada corresponde intrigantemente ao fato de que a temperatura determina que sexo vai se desenvolver nos anfíbios e répteis, como os jacarés. Isso está relacionado porque a taxa metabólica também depende em parte da temperatura. Dentro de certos limites, aumentar a temperatura de um réptil em 10°C (estendendo-se ao sol, por exemplo), de forma grosseira dobra a taxa metabólica, que por sua vez sustenta uma taxa de crescimento mais acelerada. Embora nem sempre os machos se desenvolvam em temperaturas mais altas (por várias razões sutis), a ligação entre sexo e taxa de crescimento, definida seja pelos genes como pela temperatura, é conservada muito mais profundamente do que qualquer outro mecanismo. De fato, parece que vários genes oportunistas de tempos em tempos se apossam das rédeas que controlam o desenvolvimento. A propósito, esta é uma razão pela qual os homens não precisam temer o falecimento do cromossomo Y – a sua função provavelmente será assumida por algum outro fator, possivelmente um gene em um cromossomo diferente, que estabelece uma taxa metabólica mais acelerada, necessária para o desenvolvimento masculino. Ela também poderia explicar a estranha vulnerabilidade dos testículos externos em mamíferos; conseguir a temperatura da forma correta está inserido muito mais profundamente na nossa biologia que o escroto.

Essas ideias, eu preciso reconhecer, foram uma revelação para mim. A hipótese de que o sexo é determinado pela taxa metabólica tem sido apresentada ao longo de várias décadas por Ursula Mittwoch, uma colega na UCL, que notavelmente ainda está ativa e publicando importantes trabalhos aos 90 anos. Seus artigos científicos não são tão conhecidos como deveriam, talvez porque medições de parâmetros "simplórios", como taxa de crescimento, tamanho do embrião, DNA gonadal e conteúdo de proteínas, parecem estar fora de moda na era da biologia molecular e do sequenciamento genético. Agora que estamos entrando em uma nova era de epigenética (que fatores controlam a expressão genética?), as ideias dela soam melhor, e espero que assumam o seu devido lugar na história da biologia.*

Mas o que tudo isso tem a ver com a regra de Haldane? Esterilidade ou inviabilidade corresponde a uma perda de função. Além de um determinado limite, o órgão ou o organismo falha. Os limites da função dependem de dois critérios simples – as demandas metabólicas necessárias para realizar a tarefa (produzir espermatozoides, ou o que for) e a energia metabólica disponível. Se a energia disponível for abaixo do necessário, o órgão ou organismo morre. No sutil mundo das redes de genes, estes podem ser vistos como critérios absurdamente obtusos, mas, não obstante, são importantes para tal. Cubra a cabeça com um saco plástico e você

---

* Mittwoch indica um problema paralelo relacionado aos hermafroditas verdadeiros – pessoas que nascem com os dois tipos de órgãos sexuais, por exemplo, um testículo no lado direito e um ovário no lado esquerdo. É bem mais provável que seja dessa forma. Mal chega a um terço o número das pessoas com hermafroditismo verdadeiro que possui o testículo no lado esquerdo e o ovário no direito. A diferença dificilmente pode ser genética. Mittwoch mostra que, em períodos críticos, o lado direito cresce ligeiramente mais rápido do que o esquerdo e, portanto, é mais provável que desenvolva masculinidade. Curiosamente, nos ratos é exatamente o contrário – o lado esquerdo cresce ligeiramente mais rápido e é mais propenso a desenvolver testículos.

interrompe o seu poder metabólico em relação às suas necessidades. As funções cessam em pouco mais de um minuto, pelo menos no cérebro. Os requisitos metabólicos do seu cérebro e de seu coração são altos; serão os primeiros a morrer. As células da sua pele ou intestinos podem sobreviver por muito mais tempo; possuem menos requisitos. O oxigênio residual será suficiente para atender as suas baixas necessidades metabólicas por horas ou talvez até dias. Do ponto de vista das nossas células constituintes, a morte não é tudo ou nada, é um *continuum*. Nós somos uma constelação de células e elas não morrem todas de uma vez só. Aquelas com maiores exigências em geral falham em atendê-las primeiro.

Esse é, precisamente, o problema das doenças mitocondriais. A maioria envolve degeneração neuromuscular, que afeta o cérebro e a musculatura esquelética, essencialmente os tecidos com taxa metabólica mais alta. A visão é especialmente vulnerável; a taxa metabólica das células na retina e no nervo óptico é a mais alta do corpo e doenças mitocondriais, como a neuropatia óptica hereditária de Leber, afeta o nervo óptico, causando cegueira. É difícil generalizar a respeito das doenças mitocondriais, uma vez que a sua gravidade depende de vários fatores – o tipo de mutação, o número de mutantes e também a sua distribuição entre os tecidos. Mas, deixando isso de lado, o fato é que as doenças mitocondriais afetam predominantemente os tecidos com as demandas metabólicas mais altas.

Imagine que o número e o tipo de mitocôndrias em duas células sejam os mesmos, dando-lhes capacidades semelhantes para geração de ATP. Se as demandas metabólicas impostas sobre essas duas células forem diferentes, o resultado será diferente (**Figura 33**). Para a primeira célula, vamos dizer que suas demandas metabólicas sejam baixas: ela atende a elas confortavelmente, produzin-

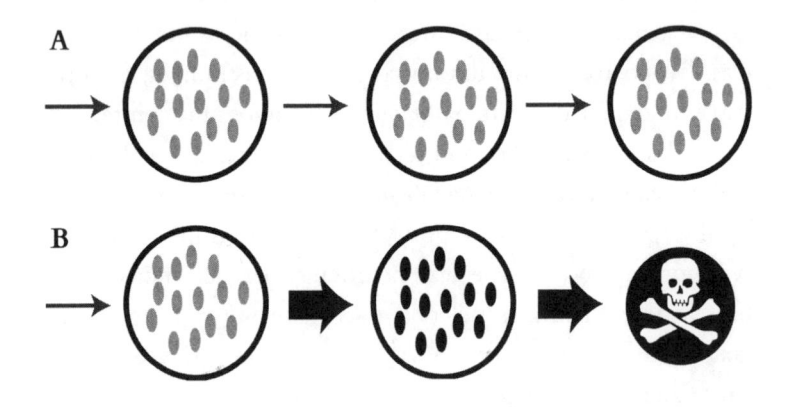

Figura 33 **O destino depende da capacidade de atender a demandas**
Duas células com capacidade mitocondrial equivalente, enfrentando demandas diferentes. Em **A**, a demanda é moderada (indicada pelas setas); as mitocôndrias podem atender a ela confortavelmente sem ficarem altamente reduzidas (representado pelos tons cinza-claros). Em **B**, a demanda inicial é moderada, mas depois cresce para um nível bem mais alto. A entrada de elétrons nas mitocôndrias aumenta comensuravelmente, mas a sua capacidade é insuficiente e os complexos respiratórios ficam altamente reduzidos (cinza-escuro). A não ser que a capacidade possa ser aumentada rapidamente, o resultado é a morte celular por apoptose (conforme retratado na Figura 32).

do ATP mais do que o suficiente e gastando-o em qualquer tarefa que for necessária. Agora, imagine que as demandas da segunda célula sejam muito maiores – de fato maiores do que a sua capacidade máxima de produção de ATP. A célula se esforça para atender às suas demandas, toda a sua fisiologia é aparelhada para atender à alta produção. Elétrons são vertidos dentro da cadeia respiratória, mas a sua capacidade é muito baixa: estão entrando mais rápido do que podem sair novamente. Os centros redox se tornam muito reduzidos e reagem com o oxigênio para produzir radicais livres. Estes oxidam os arredores da membrana lipídica, liberando citocromo c. O potencial da membrana cai. A célula morre por apoptose. Isso também é uma forma de seleção funcional, mesmo em um cenário de tecido, uma vez que as células que não conseguem atender às suas necessidades metabólicas são eliminadas, restando as que conseguem.

É claro, a remoção de células que não trabalham bem só melhora o funcionamento total do tecido se forem substituídas por novas células da população das células-tronco. O grande problema com neurônios e células musculares é que elas não podem ser substituídas. Como poderia um neurônio ser substituído? A nossa experiência de vida está escrita em redes sinápticas, com cada neurônio formando até 10 mil sinapses diferentes. Se o neurônio morre por apoptose, as conexões sinápticas se perdem para sempre, junto com toda experiência e personalidade que possam ter sido escritas nelas. Esse neurônio é insubstituível. De fato – embora, obviamente, menos necessário –, todos os tecidos terminalmente diferenciados são insubstituíveis – a sua própria existência é impossível sem a profunda distinção entre linha germinativa e soma discutida no capítulo anterior. A seleção está ligada à prole. Se organismos com cérebros grandes e insubstituíveis deixam proles mais viáveis que organismos com cérebros pequenos e substituíveis, prosperarão. Somente quando há uma distinção entre a linha germinativa e o soma, a seleção pode atuar dessa forma; mas quando ela o faz, o corpo torna-se descartável. O tempo de vida torna-se finito. E as células que não conseguem atender aos seus requisitos metabólicos nos matarão no final.

É por isso que a taxa metabólica é importante. Células com uma taxa metabólica mais rápida são mais propensas a não atender às suas demandas, dada a mesma produção mitocondrial. Não apenas as doenças mitocondriais, mas também o envelhecimento e as doenças relacionadas ao envelhecimento tendem mais a afetar os tecidos com demandas metabólicas mais altas. E, para fechar o ciclo – o sexo com maiores demandas metabólicas. Machos possuem uma taxa metabólica mais acelerada do que as fêmeas (pelo menos nos mamíferos). Se houver algum defeito genético nas mitocôndrias, esse defeito será desmascarado amplamente no sexo com taxa metabólica mais acelerada – o masculino. Algumas doenças mitocondriais são de fato mais comuns nos homens do que nas mulheres. A neuropatia óptica hereditária de Leber, por exemplo, é cinco vezes mais predominante em homens, enquanto a doença de Parkinson, que também tem um forte componente mitocondrial, é duas vezes mais comum. Os machos também deveriam ser afetados mais seriamente por incompatibilidades mitonucleares. Se tais incompatibilidades são produzidas através da reprodução cruzada entre populações sexualmente isoladas, o resultado pode ser um colapso do híbrido. Assim, o colapso do híbrido é mais acentuado no sexo com a maior taxa metabólica, e nesse sexo, nos tecidos com a maior taxa metabólica. De novo, tudo isso é uma consequência previsível da exigência de dois genomas em toda a vida complexa.

Essas considerações oferecem uma simples e bela explicação para a regra de Haldane: o sexo com a taxa metabólica mais acelerada tem mais probabilidade de ser estéril ou inviável. Mas isso é verdade ou mesmo importante? Uma ideia pode ser verdade, porém trivial, e nada disso é incompatível com outras causas da regra de Haldane. Não há nada que afirme que a taxa metabólica deva ser a única causa; mas é uma contribuição importante? Eu acredito que sim. A temperatura é reconhecidamente um agravante para o colapso do híbrido, por exemplo. Quando o besouro da farinha, *Tribolium castaneum*, é cruzado com uma espécie estreitamente relacionada, *Tribolium freeman*, a prole híbrida é saudável na sua temperatura normal de criação de 29°C – mas se subirem a 34°C, as fêmeas (nesse caso) desenvolvem deformidades nas suas pernas e antenas. Esse tipo de sensibilidade à temperatura é muito difundido e causa, com frequência, esterilidade sexo-específica, e isso é mais fácil de se compreender nos termos da taxa metabólica. Acima de um determinado limite de demanda, tecidos específicos vão começar a entrar em colapso.

Esses tecidos em particular costumam incluir os órgãos sexuais, em especial nos machos, uma vez que a produção de espermatozoides continua a vida toda. Um exemplo impressionante é encontrado nas plantas, conhecido como macho-esterilidade citoplasmática. Em sua maior parte, as plantas com flores são hermafroditas, mas uma grande parte apresenta esterilidade masculina, conferindo a elas dois "sexos" – hermafroditas e fêmeas (machos esterilizados). Esse acidente é causado pelas mitocôndrias e geralmente é interpretado nos termos de um conflito egoísta.* Mas da-

---

* As mitocôndrias transmitem a linhagem feminina nos óvulos, não nos espermatozoides. Os hermafroditas são, em teoria, bastante vulneráveis à distorção sexual pelas mitocôndrias. Do seu ponto de vista, o macho é um beco sem saída genético – o último lugar em que as mitocôndrias "querem" terminar é nas anteras. É do seu interesse

dos moleculares sugerem que a esterilidade masculina pode simplesmente refletir a taxa metabólica. O cientista botânico Chris Leaver, de Oxford, mostrou que a causa da macho-esterilidade citoplasmática nos girassóis é um gene que codifica uma única subunidade da enzima de ATP sintase nas mitocôndrias. O problema nesse caso é um erro na recombinação, que afeta uma população relativamente pequena (importante de qualquer forma) das enzimas de ATP sintase. Isso reduz a taxa máxima de síntese de ATP. Na maioria dos tecidos, os efeitos da mutação são imperceptíveis – apenas os órgãos sexuais masculinos, as anteras, se degeneram de fato. Elas se degeneram porque as suas células constituintes morrem por apoptose, envolvendo a liberação de citocromo c de suas mitocôndrias exatamente da mesma forma que acontece em nós mesmos. As anteras aparentam ser o único tecido no girassol com uma taxa metabólica alta o suficiente para deflagrar a degeneração: somente lá as mitocôndrias defeituosas deixam de atender às suas demandas metabólicas. O resultado é a esterilidade macho-específica.

Descobertas semelhantes têm sido reportadas na mosca das frutas *Drosophila*. Transferindo o núcleo de uma célula para outra, é possível construir uma célula híbrida (cíbridos) na qual o genoma nuclear é praticamente idêntico, mas os genes mitocondriais

---

então esterilizar os órgãos sexuais masculinos, para garantir a sua passagem numa planta fêmea. Muitos parasitas bacterianos em insetos, notadamente o *Buchnera* e *Wolbachia*, fazem um jogo semelhante – podem distorcer completamente a proporção entre os sexos nos insetos, matando seletivamente os machos. A importância central das mitocôndrias para o organismo hospedeiro significa que elas têm menos alcance do que os parasitas bacterianos para matar os machos por meio desse conflito egoísta, mas elas podem, não obstante, causar esterilidade ou dano seletivo nos machos. Contudo, estou inclinado a pensar que o conflito desempenha um papel secundário na regra de Haldane, uma vez que não consegue explicar por que as fêmeas devam ser as mais afetadas em aves (e nos besouros da farinha).

diferem.* Fazer isso com óvulos produz moscas embriônicas que são geneticamente idênticas no seu *background* nuclear, mas que possuem genes mitocondriais de espécies aparentadas. Os resultados são surpreendentemente diferentes, dependendo dos genes mitocondriais. Nos melhores casos, não há nada de errado com as moscas recém-nascidas. Nos piores cruzamentos, os machos são estéreis, sendo o macho o sexo heterogamético em *Drosophila*. Mais interessantes são os casos intermediários, quando as moscas parecem estar bem. Entretanto, um exame mais atento da atividade dos genes em vários órgãos mostra que há problemas em seus testículos. Mais de mil genes nos testículos e órgãos sexuais auxiliares são hiper-regulados nas moscas machos. Muito do que acontece não é bem compreendido, mas a explicação mais simples, a meu ver, é que esses órgãos não podem de fato lidar com as demandas metabólicas deles exigidas. As suas mitocôndrias não são totalmente compatíveis com os genes do núcleo. As células nos testículos, com as suas altas demandas metabólicas, são fisiologicamente estressadas e, então, esse estresse produz uma resposta que envolve uma parte substancial do genoma. Como na macho-esterilidade citoplasmática nas plantas, apenas os órgãos sexuais metabolicamente exigidos são afetados – e apenas nos machos.**

---

* Estes cíbridos são amplamente utilizados em experimentos de cultura de células, uma vez que permitem que se faça a exata mensuração das funções celulares, notadamente a respiração. Descoordenar os genes mitocondriais e nucleares entre espécies reduz a taxa de respiração e, como foi observado, aumenta a liberação de radicais livres. A magnitude do déficit funcional depende da distância genética. Cíbridos construídos a partir do DNA mitocondrial de chimpanzés e genes nucleares humanos (sim, isso já foi feito, mas apenas em cultura de células) mostram que a taxa de síntese de ATP é cerca de metade da de células normais. Cíbridos de camundongos e ratos não possuem respiração funcional alguma.
** Essa conjectura pode parecer um tanto estranha; os testículos realmente têm uma taxa metabólica maior que outros tecidos, como os do coração, do cérebro ou de músculos do voo? Não necessariamente. O problema é a capacidade de atender a demandas. Pode ser que o pico de demanda seja realmente maior em testículos ou que o número

Se é assim, por que as fêmeas são afetadas nas aves? Mais ou menos o mesmo raciocínio se mantém, mas com algumas diferenças intrigantes. Em algumas aves, em particular as aves de rapina, a fêmea é maior que o macho, então, supostamente, cresce mais rápido. Mas isso não é universal. O primeiro trabalho de Ursula Mittwoch mostra que nas galinhas os ovários crescem mais que os testículos, após um início lento mais ou menos nas primeiras semanas. Nesses casos, o prognóstico seria de que as aves fêmeas deveriam sofrer de esterilidade em vez de inviabilidade, uma vez que seus órgãos sexuais crescem mais rápido. Mas isso não é verdade. A maioria dos casos da regra de Haldane em aves, de fato, parece ser inviabilidade e não esterilidade. Eu estava perplexo com isso até o ano passado, quando Geoff Hill, um especialista em seleção sexual em aves, me enviou o seu artigo sobre a regra de Haldane em aves. Hill indicou que alguns genes nucleares que codificam proteínas respiratórias em aves são encontrados no cromossomo Z (lembrando que, em aves, os machos possuem dois cromossomos Z, enquanto as fêmeas possuem um cromossomo Z e um W, fazendo delas o sexo heterogamético). Que importância tem isso? Se as fêmeas das aves herdam apenas uma cópia do cromossomo Z, recebem apenas uma cópia de vários genes mitocondriais críticos e os herdam do pai. Se a mãe não escolher o pai com cuidado, os seus genes mitocondriais podem não combinar com a única cópia dos genes nucleares dele. O colapso pode ser imediato e crítico.

Hill argumenta que esse arranjo coloca sobre a fêmea o ônus de selecionar o seu parceiro com extremo cuidado ou pagar uma penalidade grave (a morte da sua prole feminina). Isso, por outro

---

de mitocôndrias requisitadas para atender a essa demanda seja menor, de modo que a demanda por mitocôndria seja maior. Este é um simples prognóstico que pode ser testado, mas que eu saiba isso ainda não foi feito.

lado, poderia explicar a plumagem vibrante e a coloração dos machos. Se Hill estiver certo, o padrão detalhado da plumagem indica o tipo mitocondrial: demarcações nítidas no padrão são postuladas para refletir demarcações nítidas no tipo de DNA mitocondrial. A fêmea consequentemente utiliza o padrão como um guia para a compatibilidade. Mas um macho do tipo certo ainda pode ser um espécime bem fraco. Hill argumenta que a vibração das cores reflete a função mitocondrial, uma vez que a maioria dos pigmentos é sintetizada nas mitocôndrias. Um macho de cores vibrantes deve ter genes mitocondriais de primeira linha. Há poucas evidências sustentando essa hipótese no momento, mas isso dá uma ideia de como a exigência de coadaptação mitonuclear poderia vir a se tornar universal. É uma reflexão séria o fato de que a exigência de dois genomas na vida complexa poderia explicar enigmas evolutivos tão disparatados, como a origem das espécies, o desenvolvimento dos sexos e a vívida coloração de aves do sexo masculino.

E isso pode ir ainda mais fundo. Existem penalidades por entender mal as incompatibilidades mitonucleares, mas também custos por entendê-las corretamente, conseguindo boa compatibilidade. O equilíbrio entre custo e benefício deveria ser diferente entre as diferentes espécies, dependendo das suas exigências aeróbicas. A negociação, como veremos, é entre aptidão e fertilidade.

O limiar da morte

Imagine que você pode voar. Por grama, você tem mais do que o dobro da potência de um guepardo em velocidade máxima, uma notável combinação de força, capacidade aeróbica e leveza. Você não tem nenhuma chance de alçar voo se as suas mitocôndrias não forem praticamente perfeitas. Considere a disputa por espaço nos seus músculos de voo. Você precisa de miofibrilas, é claro, os filamentos deslizantes que produzem a contração muscular. Quanto mais você puder acumular, mais forte você será, uma vez que a força de um músculo depende da sua área transversal, como uma corda. Ao contrário de uma corda, no entanto, a contração muscular tem de ser alimentada por ATP. Para suportar o esforço durante mais de um minuto é necessária a síntese de ATP no local. Isso significa que você precisa de mitocôndrias ali mesmo no seu músculo. Elas ocupam um espaço que de outra forma poderia ser ocupado por miofibrilas. Mitocôndrias também precisam de oxigênio. Isso significa capilares, para levar oxigênio e remover resíduos. A distribuição espacial ideal em um músculo aeróbico é de cerca de um terço para miofibrilas, um terço para mitocôndrias e um terço para os capilares. Isso vale para nós, para guepardos e para beija-flores, que possuem de longe as taxas metabólicas mais altas de todos os vertebrados. A questão é que não conseguimos obter mais força apenas acumulando mais mitocôndrias.

Tudo isso nos diz que a única forma de as aves conseguirem gerar força suficiente para se conservar em voo o tempo necessário é ter mitocôndrias "supercarregadas", capazes de gerar mais ATP por segundo por unidade de área de superfície do que as mitocôndrias "normais". O fluxo de elétrons dos alimentos para o oxigênio deve ser rápido. Isso se traduz em um rápido bombeamento de prótons e em uma taxa acelerada de síntese de ATP, necessários para sustentar a alta taxa metabólica. A seleção precisa agir em cada etapa, acelerando a taxa máxima na qual cada proteína respiratória opera. Nós podemos medir essas taxas e sabemos que as enzimas nas mitocôndrias das aves de fato operam mais rápido que a dos mamíferos. Mas, como já vimos, as proteínas respiratórias são mosaicos, compostos de subunidades codificadas por dois tipos diferentes de genomas. O rápido fluxo de elétrons implica uma forte seleção para que os dois genomas trabalhem bem em conjunto, para a coadaptação mitonuclear. Quanto maiores forem as necessidades aeróbicas, mais forte a seleção para a coadaptação precisará ser. Células com genomas que não trabalham bem em conjunto são eliminadas por apoptose. O local mais razoável para essa seleção acontecer, como nós vimos, é durante o desenvolvimento embrionário. De um ponto de vista teórico nada apaixonado, faz mais sentido encerrar o desenvolvimento embrionário logo no início se o embrião possuir genomas incompatíveis, que não funcionam bem o suficiente para sustentar o voo.

Mas quão incompatível é o incompatível, e quão ruim é o ruim? Supostamente, deve existir algum tipo de limiar, um ponto no qual a apoptose é desencadeada. Além desse limite, a velocidade do fluxo de elétrons através da cadeia respiratória em mosaico simplesmente não é boa o suficiente – não está à altura da tarefa. Células individuais e, por extensão, todo o embrião, morrem por apoptose. Inversamente, abaixo desse limiar, o fluxo de elétrons é rápido o bastante. Sendo assim, então se conclui que os dois genomas devem funcionar bem juntos. As células e, por extensão, todo o embrião, não se matam. Ao contrário, o desenvolvimento continua e, se tudo der certo, nasce um novo pintinho, com as suas mitocôndrias "pré-testadas" e selo de apto para o seu propósito.*
O ponto crucial é que "apto para o seu propósito" deve variar de acordo com o propósito. Se o propósito é voar, então os genomas devem combinar quase perfeitamente. O custo de uma alta capa-

---

* Desconfio que o sinal dos radicais livres seja deliberadamente ampliado em algum momento durante o desenvolvimento embrionário. Por exemplo, o gás óxido nítrico (NO) pode ligar-se à citocromo-oxidase, o complexo final da cadeia respiratória, aumentando o vazamento de radicais livres e a probabilidade de apoptose. Se o NO fosse produzido em quantidades maiores em algum momento durante o desenvolvimento, o efeito seria a ampliação do sinal acima de um limiar, eliminando embriões com genomas incompatíveis – um ponto de controle.

cidade aeróbica é a baixa fertilidade. Mais embriões que poderiam ter sobrevivido a um propósito menor devem ser sacrificados no altar da perfeição. Podemos até ver as consequências nas sequências gênicas mitocondriais. A sua taxa de mudança em aves é mais baixa do que na maioria dos mamíferos (com exceção dos morcegos, que enfrentam os mesmos problemas das aves). Aves que não voam, que não enfrentam as mesmas restrições, possuem uma taxa de mudança maior. A razão de a maioria das aves ter baixas taxas de mudança é que elas já aperfeiçoaram as suas sequências mitocondriais para o voo. Mudanças nessa sequência ideal não são toleradas com facilidade, então são tipicamente eliminadas por seleção. Se a maioria das mudanças for eliminada, então o que restará é relativamente imutável.

E se adotássemos um propósito menor? Digamos que eu seja um rato (como diz uma canção na escola do meu filho, "não há como fugir disso") e não tenha nenhum interesse em voar. Seria estupidez sacrificar a maior parte da minha possível prole no altar da perfeição. Vimos que o gatilho para a apoptose – a seleção funcional – é o vazamento de radicais livres. Um fluxo lento de elétrons na respiração prenuncia uma fraca compatibilidade entre os genomas mitocondrial e nuclear. As cadeias respiratórias tornam-se muito reduzidas e vazam radicais livres. Citocromo c é liberado e o potencial da membrana cai. Se eu fosse uma ave, essa combinação seria o gatilho para a apoptose. A minha prole morreria na fase embrionária repetidas vezes. Mas eu sou um rato e não quero isso. Mas se, por algum passe de mágica, eu "ignorar" o sinal dos radicais livres que alardeiam a morte da minha prole? Eu elevo o limiar de morte, o que significa que posso tolerar um maior vazamento de radicais livres antes de deflagrar a apoptose. Eu ganho um benefício imensurável: a maior parte da minha prole sobreviveria ao desenvolvimento embrionário. Eu me torno mais fértil. Que preço vou pagar por minha florescente fertilidade?

Certamente nunca vou voar. Em termos mais gerais, minha capacidade aeróbica será limitada. A chance de minha prole ter uma ótima combinação entre os genes mitocondriais e nucleares é remota. Isso leva diretamente a outro importante emparelhamento de custo e benefício – adaptabilidade *versus* doença. Lembre-se da hipótese de Doug Wallace de que a evolução acelerada de genes mitocondriais em animais facilita a sua adaptação a diferentes dietas e climas. Não sabemos exatamente como ou se, de fato, isso funciona, mas seria surpreendente se não houvesse nenhuma verdade nisso. A primeira linha da adaptação está relacionada com a dieta e com a temperatura corporal (não viveremos por muito tempo se não entendermos o que é básico de forma correta) e as mitocôndrias são absolutamente centrais para ambas. O desempenho das mitocôndrias depende em grande parte do seu DNA. Diferentes sequências de DNA suportam diferentes níveis de desempenho. Algumas irão funcionar melhor em ambientes mais frios do que mais quentes, ou mais úmidos, ou queimando uma dieta gordurosa, e por aí afora.

Há indícios, a partir da distribuição geográfica aparentemente não aleatória de diferentes tipos de DNA mitocondrial em populações humanas, de que a seleção em determinados ambientes poderia, de fato, existir, mas não são mais que indícios. Mas há, sem dúvida, menos variações no DNA mitocondrial das aves, como acabamos de observar. O simples fato de que a maioria das mudanças a partir da sequência ideal para o voo é eliminada por seleção significa que sobrou uma variação menor de DNA mitocondrial – permanecem menos DNA mitocondriais variados –, assim o leque é menor para a seleção escolher alguma variante mitocondrial que por acaso seja particularmente boa no frio ou com uma dieta gordurosa. É curioso, nesse contexto, que as aves migrem frequentemente em vez de sofrer uma mudança sazonal em condições ambientais. Será que as suas mitocôndrias são mais capazes de suportar o esforço de migração do que de funcionar na adversidade do ambiente que enfrentariam se decidissem ficar onde estão? Inversamente, os ratos têm muito mais variação e, de acordo com os primeiros elementos, isso lhes deveria dar a matéria-prima para uma melhor adaptação. Daria mesmo? Francamente, eu não sei; embora ratos sejam feras bastante adaptáveis. Não há como fugir disso.

Mas, é claro, a variação mitocondrial tem um custo – a doença. De certo modo, isso pode ser evitado pela seleção na linha germinativa, na qual as células de um óvulo com mutações mitocondriais são eliminadas antes que possam amadurecer. Existem algumas evidências desse tipo de seleção – mutações mitocondriais severas tendem a ser eliminadas ao longo de várias gerações, embora mutações menos severas persistam quase indefinidamente em camundongos e ratos. Mas pense de novo no que foi dito – várias gerações! A seleção aqui é bem fraca. Se você nascer com uma doença mitocondrial séria, pode ser de pouco consolo achar que seus netos, se você tiver sorte de tê-los, poderão estar livres da doença. Mesmo que a seleção realmente atue contra as mutações mitocondriais na linha germinativa, ainda não há garantias contra doenças mitocondriais. Óvulos imaturos não possuem um *background* nuclear estabelecido. Não só são mantidos no limbo por muitos anos, em suspenso no meio do caminho para meiose, mas, nesse ponto, os genes do pai ainda precisam ser adicionados à disputa. A seleção para a coadaptação mitonuclear só pode acontecer após o óvulo maduro ter sido fertilizado pelo espermatozoide e formado um novo núcleo geneticamente único. O colapso do híbrido não é causado por mutações mitocondriais, mas por incompatibilidade entre os genes nucleares e mitocondriais, todos perfeitamente funcionais em qualquer outro contexto. Nós já vimos que a forte seleção contra incompatibilidades mitonucleares necessariamente aumenta a probabilidade de infertilidade. Se não quisermos ser estéreis, temos de aceitar o custo – um maior risco de doenças. Novamente, essa equação entre fertilidade e doença é um resultado *previsível* da exigência de dois genomas.

Portanto, existe um limiar hipotético para a morte (**Figura 34**). Acima do limiar, a célula, e por extensão todo organismo, morre por apoptose. Abaixo do limiar, a célula e o organismo sobrevivem. Esse limiar é necessariamente variável entre espécies diferentes. Para morcegos, aves e outras criaturas com muitas exigências aeróbicas, o limiar deve ser ajustado baixo – até mesmo uma taxa modesta de vazamento de radicais livres de mitocôndrias levemente disfuncionais (com incompatibilidades discretas entre os genomas mitocondrial e nuclear) sinalizam apoptose e a morte do embrião. Para ratos, preguiças e sedentários com baixas exigências aeróbicas, o limiar é definido mais alto: uma taxa modesta de vazamento de radicais livres é agora tolerada, mitocôndrias disfuncionais são suficientemente boas, o embrião se desenvolve. Existem custos e benefícios para ambos os lados. Um limiar baixo proporciona muita aptidão aeróbica e um baixo risco de doenças, mas ao custo de uma alta taxa de infertilidade e fraca adaptabilidade. Um limiar alto proporciona uma baixa capacidade aeróbica e um risco maior de doenças, mas com os benefícios de uma maior fertilidade e melhor adaptabilidade. Essas são palavras importantes. Fertilidade. Adaptabilidade. Aptidão aeróbica. Doença. Não podemos ser mais precisos em relação à seleção natural do que isso. Eu reitero: todas essas negociações surgem inexoravelmente da exigência de dois genomas.

Acabei de chamar isso de limiar hipotético para a morte, e é isso mesmo. Realmente existe? Se existe, é de fato importante? Basta pensar em nós mesmos. Aparentemente, 40% das gestações

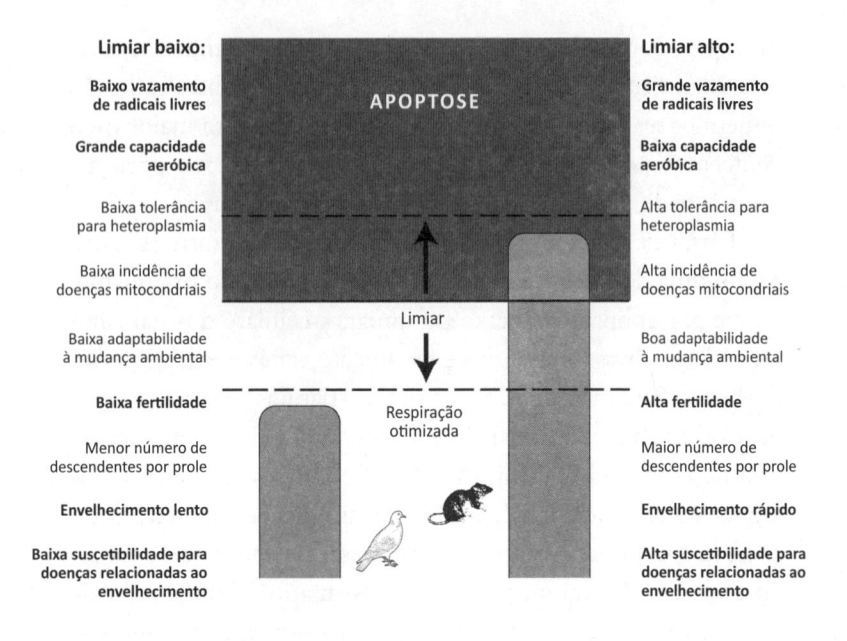

Limiar baixo:		Limiar alto:
Baixo vazamento de radicais livres	APOPTOSE	Grande vazamento de radicais livres
Grande capacidade aeróbica		Baixa capacidade aeróbica
Baixa tolerância para heteroplasmia		Alta tolerância para heteroplasmia
Baixa incidência de doenças mitocondriais		Alta incidência de doenças mitocondriais
	Limiar	
Baixa adaptabilidade à mudança ambiental		Boa adaptabilidade à mudança ambiental
Baixa fertilidade	Respiração otimizada	Alta fertilidade
Menor número de descendentes por prole		Maior número de descendentes por prole
Envelhecimento lento		Envelhecimento rápido
Baixa suscetibilidade para doenças relacionadas ao envelhecimento		Alta suscetibilidade para doenças relacionadas ao envelhecimento

Figura 34 **O limiar da morte**
O limiar no qual os radicais livres desencadeiam a morte celular (apoptose) deve variar entre as espécies, dependendo da capacidade aeróbica. Organismos com grandes demandas aeróbicas precisam de um pareamento muito bom entre os seus genomas mitocondrial e nuclear. Um pareamento fraco é revelado pelo vazamento de uma taxa alta de radicais livres a partir da cadeia respiratória disfuncional (ver **Figura 32**). Se um pareamento realmente bom for necessário, as células deverão ser mais sensíveis ao vazamento de radicais livres, mesmo baixos níveis de vazamento indicam que o pareamento não é bom o suficiente, desencadeando a morte celular (um limiar baixo). Inversamente, se as demandas aeróbicas são baixas, então nada se ganha matando a célula. Esses organismos tolerarão níveis maiores de vazamento de radicais livres sem desencadear apoptose (um limite alto). As estimativas para limiares altos e baixos de morte estão apresentados nos painéis laterais. Pombos são hipoteticamente tidos como possuidores de um limiar de morte baixo; os ratos, o oposto. Ambos possuem o mesmo volume corporal e taxa metabólica basal, mas os pombos têm uma taxa muito inferior de vazamento de radicais livres. Embora a veracidade dessas estimativas seja desconhecida, é impressionante o fato de os ratos viverem apenas três ou quatro anos, e os pombos até 30.

terminam no que é conhecido como "aborto prematuro oculto". "Prematuro" nesse contexto significa muito cedo – dentro das primeiras semanas de gestação e, tipicamente, antes dos primeiros indícios evidentes de gravidez. Você nunca saberá que esteve grávida. E "oculto" significa "escondido" – não identificado clinicamente. Geralmente não sabemos por que aconteceu. Não são causados por nenhum dos usuais suspeitos – cromossomos que falharam ao se separarem, gerando uma "trissomia" e coisa semelhante. Poderia o problema ser bioenergético? Difícil provar uma coisa ou outra, mas, neste admirável mundo novo da acelerada sequenciação do genoma, deveria ser possível descobrir. O sofrimento emocional da infertilidade sancionou algumas pesquisas bastante insalubres sobre os fatores que promovem o crescimento do embrião. O chocante e desajeitado expediente de injetar ATP num embrião instável pode prolongar a sua sobrevivência. Nitidamente, os fatores bioenergéticos são relevantes. Justamente por isso, talvez essas falhas sejam "para o melhor". Talvez tiveram incompatibilidades mitonucleares que desencadearam a apoptose. Melhor não fazer julgamentos morais sobre a evolução. Eu só posso dizer que nunca esquecerei os meus próprios anos de angústia compartilhada (felizmente já passados) e eu, como a maioria das pessoas, quero saber por quê. Suspeito que um grande número de abortos prematuros ocultos de fato reflete incompatibilidades mitonucleares.

Mas há outra razão para pensar que o limiar da morte é real e importante. Existe um custo final, indireto, de se ter um alto limiar de morte – uma taxa mais rápida de envelhecimento e uma propensão maior para sofrer de doenças relacionadas com o envelhecimento. Essa afirmação vai levantar polêmica em alguns setores. Um limiar mais alto significa uma grande tolerância para o vazamento de radicais livres antes do desencadeamento de apoptose. Isso significa que espécies com baixa capacidade aeróbica, como ratos, devem liberar mais radicais livres. Por outro lado, as espécies com alta capacidade aeróbica, como pombos, devem liberar menos radicais livres. Eu escolhi essas espécies com cuidado. Elas possuem massas corporais e taxas metabólicas basais praticamente iguais. Apenas por isso, a maioria dos biólogos estimaria que elas deveriam ter uma expectativa de vida semelhante. Entretanto, segundo o requintado trabalho de Gustavo Barja, em Madri, pombos liberam menos radicais livres a partir de suas mitocôndrias do que os ratos.* A teoria do envelhecimento pelos radicais livres sustenta que o envelhecimento é causado pelo vazamento destes: quanto maior a taxa de vazamento de radicais livres, mais rápido é o envelhecimento. A teoria teve uma década ruim, mas neste caso faz um prognóstico claro – pombos devem viver muito mais que ratos. E vivem. Um rato vive três ou quatro anos, um pombo vive por quase três décadas. Um pombo indubitavelmente não é um rato com asas. Assim, a teoria do envelhecimento pelos radicais livres está correta? Na sua formulação original, a resposta é fácil: não. Mas eu ainda acredito que uma forma mais sutil é verdadeira.

A teoria do envelhecimento pelos radicais livres

A teoria dos radicais livres tem as suas raízes na biologia da radiação, na década de 1950. A radiação ionizante quebra a água para

---

* Gustavo Barja descobriu que a taxa de vazamento de radicais livres é até dez vezes menor em aves como os pombos e periquitos do que em ratos e camundongos como uma proporção de oxigênio consumido. As taxas reais variam entre os tecidos. Barja também descobriu que as membranas lipídicas das aves são mais resistentes aos danos da oxidação do que a dos mamíferos que não voam e essa resistência se reflete em menor dano oxidativo no DNA e nas proteínas. De forma geral, é difícil interpretar a obra de Barja em qualquer outro termo.

produzir "fragmentos" reativos com elétrons simples não pareados: radicais livres de oxigênio. Alguns deles, como o notório radical hidroxila (OH$^+$), são de fato muito reativos; outros, como o radical superóxido (O$_2^{.-}$), são inofensivos em comparação. Os pioneiros da biologia dos radicais livres – Rebeca Gerschman, Denham Harman e outros – perceberam que os mesmos radicais livres podem ser formados diretamente a partir do oxigênio, bem no interior das mitocôndrias, sem a necessidade de nenhuma radiação. Eles encararam os radicais livres como fundamentalmente destrutivos, capazes de danificar proteínas e provocar mutações no DNA. Isso tudo é verdade – eles podem. Pior que isso, podem iniciar uma longa reação em cadeia, na qual uma molécula após a outra (tipicamente lipídios de membrana) agarram um elétron, causando estragos ao longo das delicadas estruturas de uma célula. Radicais livres, a teoria avança, podem causar em última instância um crescendo de danos. Imagine isso. As mitocôndrias vazam radicais livres, que reagem com todo tipo de moléculas vizinhas, incluindo o DNA mitocondrial próximo. Mutações se acumulam no DNA mitocondrial, algumas das quais enfraquecem as suas funções, produzindo proteínas respiratórias que liberam ainda mais radicais. Eles danificam mais proteínas e DNA e, em pouco tempo, a putrefação se espalha para o núcleo, culminando em uma "erro--catástrofe" [teoria]. Observe um gráfico demográfico de doença e mortalidade, e você verá que a incidência aumentou exponencialmente em décadas entre sessenta a cem. A ideia de uma erro-catástrofe (danos se retroalimentando) parece se adequar ao gráfico. E a ideia de que todo o processo de envelhecimento é conduzido pelo oxigênio, o mesmo gás que nós precisamos para viver, contém o horripilante fascínio de um belo assassino.

Se os radicais livres são maus, os antioxidantes são bons. Os antioxidantes interferem nos efeitos nocivos dos radicais livres, bloqueando as reações em cadeia e, portanto, prevenindo a propagação do dano. Se os radicais livres causam envelhecimento, os antioxidantes devem retardá-lo, adiando o aparecimento de doenças e, talvez, prolongando as nossas vidas. Alguns cientistas cultuados, em particular Linus Pauling, compraram o mito dos antioxidantes, tomando muitas colheradas de vitamina C todos os dias. Ele de fato viveu até a madura idade de 92 anos, mas, mesmo assim, isso está enquadrado dentro da faixa habitual, incluindo algumas pessoas que beberam e fumaram ao longo da vida. Claramente, não é tão simples assim.

Essa visão em preto e branco de radicais livres e antioxidantes ainda é corrente na maioria das revistas de papel-cuchê e lojas de alimentação natural, mesmo que a maioria dos pesquisadores da área tenha percebido que isso está errado faz tempo. Uma das minhas citações favoritas é de Barry Halliwell e John Gutteridge, autores do clássico livro de referências *Free Radicals in Biology and Medicine*: "Já na década de 1990, estava claro que os antioxidantes não são uma panaceia para o envelhecimento e doenças, apenas a medicina marginal ainda vende essa ideia."

A teoria do envelhecimento pelos radicais livres é uma dessas belas ideias mortas por fatos desagradáveis. E, cara, os fatos são bem desagradáveis. Nenhum dos princípios da teoria, como foi originalmente formulada, resistiu ao exame minucioso dos testes experimentais. Não existem mensurações sistemáticas de mais vazamento de radicais livres pelas mitocôndrias conforme envelhecemos. Existe um pequeno aumento no número de mutações mitocondriais, mas, excluindo algumas limitadas regiões de tecido, elas são encontradas em níveis surpreendentemente baixos, bem abaixo dos que são conhecidos por causar doenças mitocondriais. Alguns tecidos apresentam evidências de acúmulo de danos, mas nada que se aproxime de uma erro-catástrofe, e a cadeia de casualidade é questionável. Antioxidantes, com certeza, não prolongam a vida ou previnem doenças. Muito pelo contrário. A ideia é tão divulgada que centenas de milhares de pacientes têm participado de ensaios clínicos nas últimas décadas. As descobertas são claras. Tomar altas doses de suplementos antioxidantes acarreta um moderado, mas consistente, risco. Você está mais propenso a morrer cedo se tomar suplementos antioxidantes. Vários animais de vida longa possuem taxas baixas de enzimas antioxidantes nos seus tecidos, enquanto animais de vida curta possuem níveis muito mais elevados. Curiosamente, *pró*-oxidantes podem de fato estender a expectativa de vida de animais. No conjunto, não é de admirar que a maior parte da gerontologia de campo tenha seguido em frente. Discuti isso tudo extensamente nos meus primeiros livros. Gostaria de pensar que já sabia disso rejeitando a noção de que os antioxidantes retardam o envelhecimento já em 2002, em *Oxygen*, mas, francamente, eu não sabia. O prognóstico de que havia algo de errado estava lá mesmo assim. O mito foi perpetuado através de uma combinação de vontade de acreditar, avareza e inexistência de alternativas.

Então por que, você indagaria, eu ainda penso que uma versão mais sutil da teoria dos radicais livres pode ser verdadeira? Por várias razões. Dois fatores críticos estavam faltando na teoria original: sinalização e apoptose. Sinais de radicais livres são fundamentais para a fisiologia celular, incluindo a apoptose, como nós já notamos. Bloquear os sinais dos radicais livres com antioxidantes é perigoso e pode *suprimir* a síntese de ATP em uma cultura celular, como foi mostrado por Antonio Enriquez e seus colegas em Madri. Parece ser mais provável que os sinais dos radicais livres otimizem a respiração, dentro de mitocôndrias individuais, através do aumento do número de complexos respiratórios, aumentando, dessa forma, a capacidade respiratória. Como as mitocôndrias gastam boa parte do seu tempo fundindo-se entre si para então se dividirem de novo, fazer mais complexos (e mais cópias de DNA mitocondrial) resulta em fabricar mais mitocôndrias – o que é conhecido como biogênese mitocondrial.* O vazamento de radicais livres, portanto, pode aumentar o número de mitocôndrias, que entre elas produzem mais ATP! Por outro lado, bloquear radicais livres com antioxidantes evita a biogênese mitocondrial, consequentemente a síntese de ATP cai como é mostrado por Enriquez (**Figura 35**). Antioxidantes podem *prejudicar* a disponibilidade de energia.

Mas vimos que taxas mais altas de vazamento de radicais livres, acima do limiar de morte, desencadeiam a apoptose. Então, os radicais livres estariam otimizando a respiração ou eliminando células por apoptose? Na verdade, isso não é tão contraditório como parece. Os radicais livres sinalizam que o problema é a baixa capacidade respiratória, em relação à demanda. Se o problema puder ser corrigido através da produção de mais complexos respiratórios, aumentando a capacidade respiratória, então tudo está muito bem. Se isso não corrige o problema, a célula se mata, eliminando

---

* Eu chamo isso de "biogênese reativa" – mitocôndrias individuais reagem com radicais livres locais, o que indica que a capacidade respiratória é muito baixa para atender à demanda. A cadeia respiratória torna-se altamente reduzida (saturada de elétrons). Os elétrons podem escapar para reagir diretamente com o oxigênio para produzir radicais superóxidos. Estes interagem com as proteínas dentro das mitocôndrias que controlam esta replicação e cópia de genes mitocondriais, chamados de fatores de transcrição. Alguns fatores de transcrição são "redox-sensíveis", o que significa que eles contêm aminoácidos (como a cisteína), que podem perder ou ganhar elétrons, tornando-se oxidados ou reduzidos. Um bom exemplo é a topoisomerase-1 mitocondrial, que controla o acesso de proteínas ao DNA mitocondrial. A oxidação de uma cisteína crítica nessa proteína aumenta a biogênese mitocondrial. Assim, um sinal local de radicais livres (que nunca deixa as mitocôndrias) aumenta a capacidade mitocondrial, aumentando a produção de ATP em relação à demanda. Esse tipo de sinal local, em resposta a mudanças repentinas na demanda, pode explicar por que as mitocôndrias mantiveram um genoma pequeno (ver capítulo 5).

QUESTÃO VITAL

Idêntico
Cíbrido de baixo EROS (mtDNA estreitamente alinhado)
→ ATP

Nuclear
Cíbrido de alto EROS (mtDNA relativamente distante)
→ ATP

Background
Cíbrido de alto EROS (mtDNA reativamente distante) com antioxidantes
Antioxidantes
→ ATP

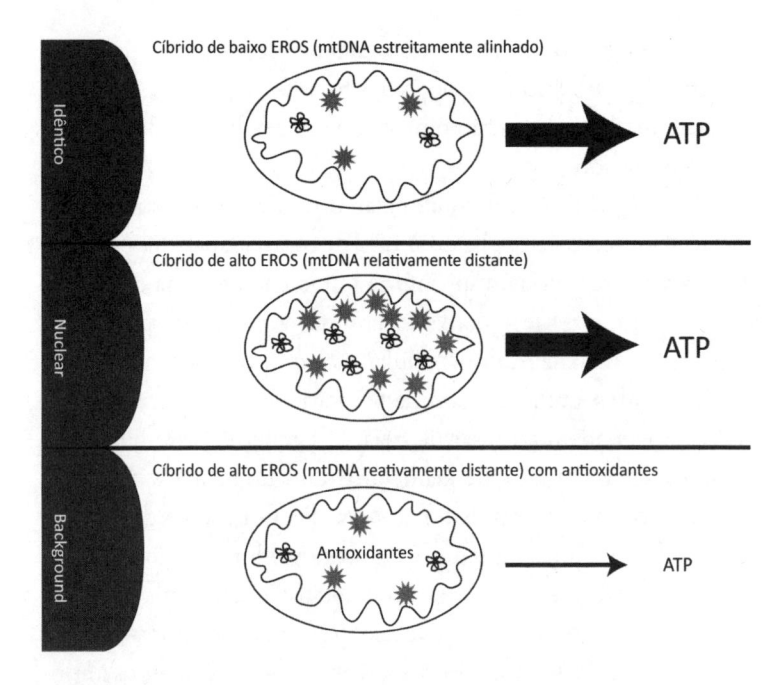

Figura 35 **Antioxidantes podem ser perigosos**
Esboço descrevendo os resultados de um experimento utilizando células híbridas ou cíbridos. Em cada caso, os genes do núcleo são praticamente idênticos; a principal diferença está no DNA mitocondrial (mtDNA). Existem dois tipos de DNA mitocondrial: um da mesma linhagem de camundongos como os genes nucleares (no topo, "baixo EROS"), e os outros de uma família aparentada com algumas diferenças no seu DNA mitocondrial (no meio, "alto EROS"). EROS significa espécies reativas do oxigênio e equivale à taxa de vazamento de radicais livres das mitocôndrias. A taxa de síntese de ATP é descrita pelas setas largas e é equivalente nos cíbridos de baixo EROS e de alto EROS. Contudo, o cíbrido de baixo EROS gera o seu ATP confortavelmente, com baixa taxa de vazamento de radicais livres (denotada por pequenas "explosões" dentro das mitocôndrias) e um baixo número de cópias de DNA mitocondrial (rabiscos). Em contraste, o cíbrido de alto EROS tem mais que o dobro da taxa de vazamento de radicais livres e o dobro do número de cópias do DNA mitocondrial. O vazamento de radicais livres aparenta energizar a respiração. Essa interpretação é sustentada pela parte de baixo do painel: antioxidantes diminuem a taxa de liberação de radicais livres, mas também reduzem o número de cópias de DNA mitocondrial e, criticamente, a taxa de síntese de ATP. Então, os antioxidantes interrompem o sinal de radicais livres que otimiza a respiração.

da combinação o seu DNA supostamente defeituoso. Se a célula danificada for substituída por uma bela célula nova (a partir de uma célula-tronco), então o problema está solucionado, ou melhor, erradicado.

Esse papel central de sinalização dos radicais livres na otimização da respiração explica por que os antioxidantes não prolongam a vida. Eles podem suprimir a respiração em uma cultura de células porque as salvaguardas usuais impostas pelo corpo não estão presentes na cultura de células. No corpo, doses maciças de antioxidantes, como a vitamina C, praticamente não são absorvidas; elas tendem a causar diarreia. Qualquer excesso que acabe indo parar no sangue é rapidamente excretado na urina. Os níveis sanguíneos são estáveis. Isso não quer dizer que você deve evitar antioxidantes alimentares, especialmente verduras, legumes e frutas – você precisa deles. Você pode inclusive se beneficiar ao tomar antioxidantes suplementares, se tiver uma dieta pobre ou uma deficiência de vitaminas. Mas abarrotar com suplementos antioxidantes (que inclui tanto pró-oxidantes quanto antioxidantes) é contraprodutivo. Se o corpo permitisse altos níveis de antioxidantes nas células, eles causariam estragos e potencialmente nos matariam através de uma deficiência de energia. Assim, o corpo não os deixa entrar. Os seus níveis são cuidadosamente regulados, tanto dentro como fora das células.

E a apoptose, ao erradicar as células danificadas, elimina as evidências do dano. A combinação dos sinais dos radicais livres e a apoptose juntas confunde a maior parte das previsões da teoria original do envelhecimento por radicais livres, que foi formulada muito antes de ambos os processos serem conhecidos. Nós não vemos um aumento sustentado no vazamento de radicais livres, ou um grande número de mutações mitocondriais, ou um acúmulo de danos oxidativos, ou qualquer benefício para antioxidantes, ou uma erro-catástrofe, por essas razões. Tudo isso faz sentido de forma perfeitamente razoável, explicando por que as previsões da teoria do envelhecimento por radicais livres são na sua maior parte erradas. Mas não dá nenhuma indicação de por que a teoria dos radicais livres pode ainda estar correta. Por que, se são tão bem regulados e benéficos, deveriam os radicais livres ter algo a ver com o envelhecimento, afinal?

Bem, eles *podem* explicar a variação de longevidade entre as espécies. Sabemos, desde a década de 1920, que a longevidade tende a variar com a taxa metabólica. O excêntrico biometricista Raymond Pearl intitulou um dos primeiros artigos sobre o assunto: "Por que os preguiçosos vivem mais." Não vivem; muito pelo contrário. Porém era essa a introdução de Pearl para a sua famosa "teoria da taxa da vida", que tem certo fundamento de verdade. Animais com uma baixa taxa metabólica (frequentemente espécies grandes, como os elefantes) vivem tipicamente mais do que animais com uma taxa metabólica alta, como os camundongos e ratos.* Em geral, a regra se sustenta dentro de grandes grupos, como os répteis, mamíferos e ave*s*, mas não se sustenta tão bem entre esses grupos; daí a ideia vir sendo um pouco desacreditada ou pelo menos ignorada. Mas, de fato, existe uma explicação simples, que nós já observamos – o vazamento de radicais livres.

---

* Parece contradição – espécies maiores tipicamente possuem uma taxa metabólica mais baixa, grama por grama, mas eu mesmo falei de mamíferos machos sendo maiores e tendo uma taxa metabólica mais alta, o oposto. Dentro de uma espécie, as diferenças de massa são triviais se comparadas com as muitas ordens de magnitude traçadas entre as espécies; nessa escala, as taxas metabólicas de adultos da mesma espécie são praticamente as mesmas (embora as crianças tenham uma taxa metabólica mais alta do que os adultos). As diferenças sexuais na taxa metabólica de que eu estava falando anteriormente referem-se às diferenças nas taxas de crescimento absoluto em estágios específicos de desenvolvimento. Se Ursula Mittwoch está correta, essas diferenças são tão sutis que podem explicar as diferenças de desenvolvimento do lado direito do corpo contra o lado esquerdo; ver nota da página 338.

Como foi concebida originalmente, a teoria do envelhecimento por radicais livres imaginou os radicais livres como um subproduto inevitável da respiração; cerca de 1% a 5% do oxigênio eram considerados como sendo inevitavelmente convertidos em radicais livres. Mas isso está errado em dois pontos. Primeiro, todas as medições clássicas foram feitas em células ou tecidos expostos aos níveis atmosféricos de oxigênio, muito maiores do que qualquer outra coisa à qual as células são expostas dentro do corpo. As taxas efetivas de vazamento podem ser inferiores em várias ordens de grandeza. Nós simplesmente não sabemos até que ponto é grande a diferença que isso faz em termos de resultados significativos. E, segundo, o vazamento de radicais livres *não* é um subproduto inevitável da respiração – é um sinal deliberado e a taxa de vazamento varia enormemente entre as espécies, tecidos, horas do dia, estado hormonal, ingestão de calorias e exercícios. Quando você se exercita, consome mais oxigênio, então o seu vazamento de radicais livres aumenta, certo? Errado. Permanece igual ou até diminui, porque a proporção do oxigênio liberado em relação ao oxigênio consumido cai consideravelmente. Isso acontece porque o fluxo de elétrons se acelera nas cadeias respiratórias, significando que os complexos respiratórios se tornam menos reduzidos e, então, se tornam menos passíveis de reação direta com o oxigênio (**Figura 36**). Os detalhes não são importantes aqui. A questão é que não existe uma simples relação entre a taxa de vida e o vazamento de radicais livres. Nós notamos que as aves vivem muito mais do que realmente "deveriam" com base nas suas taxas metabólicas. Elas têm uma taxa metabólica mais acelerada, mas liberam relativamente poucos radicais livres e vivem por muito tempo. A correlação subjacente é entre o vazamento de radicais livres e a longevidade. Correlações são notoriamente um guia para afinidades causais, mas essa é impressionante. Poderia ser causal?

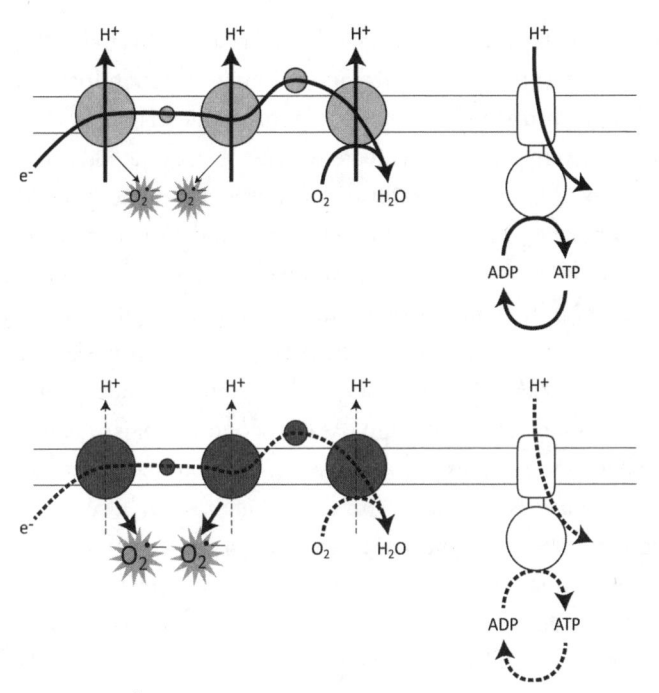

Figura 36 **Por que descansar é ruim para você**
A visão tradicional da teoria do envelhecimento por radicais livres é que uma quantidade pequena de elétrons "vaza" da cadeia respiratória durante a respiração para reagir diretamente com o oxigênio e formar radicais livres, como o radical superóxido ($O_2^{.-}$). Como os elétrons fluem mais rápido e nós consumimos mais oxigênio em atividades físicas, a suposição trata que o vazamento de radicais livres aumente durante os exercícios, mesmo se a proporção de elétrons vazando permanecer constante. Não é o que acontece. O painel acima indica a verdadeira situação durante os exercícios: o fluxo de elétrons pela cadeia respiratória é veloz porque o ATP é consumido rapidamente. Isso permite que os prótons fluam através da sintase de ATP, que diminui o potencial da membrana, o que permite que a cadeia respiratória bombeie mais prótons, que atraem os elétrons pela cadeia respiratória até o oxigênio. Isso impede o acúmulo de elétrons em complexos respiratórios, baixando o seu estado de redução (representado em cinza-claro). Isso significa que o vazamento de radicais livres é modesto durante exercícios. O oposto é verdade quando em repouso (painel de baixo), significando que pode haver taxas mais altas de vazamento de radicais livres durante a *inatividade*. Baixo consumo de ATP significa que existe um alto potencial de membrana, fica difícil bombear prótons, então os complexos respiratórios gradualmente se enchem de elétrons (tons de cinza-claro) e vazam mais radicais livres. Melhor sair para uma corrida.

Considere as consequências de sinalizar radicais livres nas mitocôndrias: otimizar a respiração e eliminar mitocôndrias disfuncionais. As mitocôndrias que vazam mais radicais livres farão mais cópias de si mesmas, exatamente porque os sinais de radicais livres corrigem o déficit respiratório que aumenta a capacidade. Mas e se o déficit respiratório não refletir uma mudança em suprimento e demanda, mas uma incompatibilidade com o núcleo? Algumas mutações mitocondriais ocorrem com o envelhecimento, dando origem a uma mistura de diferentes tipos de mitocôndrias, alguns deles funcionando melhor que outros com os genes no núcleo. Reflita sobre o problema aqui. As mitocôndrias mais *incompatíveis* tenderão a vazar mais radicais livres e, portanto, fazer mais cópias de si mesmas. Isso pode ter um de dois efeitos. Ou a célula morre por apoptose, removendo a sua carga de mutações mitocondriais, ou não. Vamos considerar o que acontece se a célula morrer primeiro. Ou ela é substituída, ou não é. Se for substituída, está tudo bem. Mas se não for, por exemplo, no cérebro ou na musculatura cardíaca, então o tecido irá perder massa lentamente. Restam menos células para realizar a mesma tarefa, então sofrem uma pressão maior. Elas ficam fisiologicamente estressadas, com a atividade de milhares de genes mudando, como nos testículos daquelas moscas das frutas com incompatibilidades mitonucleares. Em nenhum estágio desse processo, o vazamento de radicais livres danificou necessariamente proteínas ou causou uma erro-catástrofe. Tudo é conduzido por sinais sutis de radicais livres dentro das mitocôndrias, mas o resultado é perda de tecidos, estresse fisiológico e mudanças na regulação genética – todas mudanças associadas ao envelhecimento.

O que acontece quando a célula não morre por apoptose? Se as necessidades de energia são baixas, podem ser atendidas por mitocôndrias deficientes ou fermentação para produzir ácido láctico (o que é, erroneamente, chamado de respiração anaeróbica). Aqui, podemos ver o acúmulo de mutações mitocondriais em células que se tornam "senescentes". Estas não crescem mais, mas podem ser uma presença irada nos tecidos, estando elas mesmas estressadas e, com frequência, provocam inflamações crônicas e a desregulação dos fatores de crescimento. Isso estimula as células que gostam de crescer de qualquer forma, células-tronco, células vasculares e por aí afora, incitando-as a crescer quando não deveriam. Se você não tiver sorte, elas se desenvolverão em um câncer, uma doença relacionada ao envelhecimento na maioria dos casos.

Vale a pena enfatizar mais uma vez que todo esse processo é movido por deficiências energéticas que derivam de sinais de radicais livres dentro das mitocôndrias. Incompatibilidades que se acumulam com a idade minam o desempenho mitocondrial. Isso é totalmente diferente da teoria convencional dos radicais livres, uma vez que não invocam dano oxidativo nas mitocôndrias ou em qualquer outro lugar (embora, é claro, não o descarte; simplesmente não é necessário). Como temos observado, porque radicais livres agem como sinais que aumentam a síntese de ATP, a *previsão* é que antioxidantes não deverão funcionar: não irão prolongar a expectativa de vida nem proteger contra doenças, porque minariam a disponibilidade de energia se tivessem acesso às mitocôndrias. Esse ponto de vista pode também responder pelo aumento exponencial em doenças e mortalidade com o envelhecimento: a função dos tecidos pode declinar suavemente ao longo de muitas décadas, eventualmente caindo abaixo do limiar necessário para o funcionamento normal. Nós nos tornamos cada vez menos capazes de suportar esforços e, no final, nem uma existência passiva. Esse processo é recapitulado em todo mundo, ao longo das nossas décadas finais, gerando o declínio exponencial nos gráficos de mortalidade.

Então, o que podemos fazer em relação ao envelhecimento? Eu disse que Raymond Pearl estava errado: os preguiçosos não vivem mais – o exercício é benéfico. Assim como, dentro de certos limites, a restrição de calorias e dietas de baixos carboidratos. Todos promovem uma reação de estresse fisiológico (como os pró-oxidantes fazem) que tende a eliminar as células defeituosas e mitocôndrias ruins, promovendo a sobrevivência no curto prazo, mas, tipicamente, com o custo da redução da fertilidade.* De novo, vemos a ligação entre capacidade aeróbica, fertilidade e longevidade. Mas existe inevitavelmente um limite para o que se pode obter modulando a nossa própria fisiologia. Nós temos um máximo de longevidade definida pela nossa própria história evolutiva, que no fim das contas depende da complexidade das conexões sinápticas em nossos cérebros e do tamanho das populações de células-tronco em outros tecidos. Dizem que Henry Ford visitou um depósito de sucata para estabelecer que peças dos Fords abandonadas ainda funcionavam, insistindo em seguida que, nos novos modelos, essas peças de alta durabilidade vã fossem substituídas por versões mais baratas para poupar dinheiro. Da mesma forma, na evolução, não faz sentido manter uma população grande e dinâmica de células-tronco no revestimento estomacal se nunca são utilizadas, porque nossos cérebros se desgastam primeiro. Afinal, nós somos otimizados pela evolução para a nossa expectativa de

---

* E pior. A melhor forma de eliminar as más mitocôndrias é forçar o corpo a usá-las, aumentando a taxa de renovação. Por exemplo, uma dieta rica em gorduras tende a forçar o uso de mitocôndrias, ao passo que uma dieta alta em carboidratos nos permite fornecer mais energia através da fermentação, sem utilizar tanto as nossas mitocôndrias. Mas, se você tiver uma doença mitocondrial (e todos nós desenvolvemos mitocôndrias defeituosas com a idade), então a substituição pode ser demais. Alguns pacientes com doenças mitocondriais que adotaram uma "dieta cetogênica" entraram em coma porque as suas mitocôndrias danificadas não podem fornecer a energia necessária para a vida normal sem ajuda da fermentação.

vida. Duvido que um dia descobriremos um jeito de passar dos 120 anos simplesmente fazendo um ajuste fino na nossa fisiologia. Mas evolução é outra coisa. Pense mais uma vez no limiar variável para a morte. Espécies com grandes necessidades aeróbicas, como morcegos e aves, possuem um limiar baixo: até um vazamento modesto de radicais livres irá desencadear a apoptose durante o desenvolvimento embrionário e somente a prole com baixo vazamento se desenvolverá completamente. Essa taxa baixa de vazamento de radicais livres corresponde a uma longa expectativa de vida, pelas razões que nós já discutimos. Inversamente, animais com baixas necessidades aeróbicas – camundongos, ratos, entre outros – possuem um limiar para a morte mais alto, toleram níveis mais altos de vazamento de radicais livres e no fim das contas, basicamente, vivem menos. Existe uma predição direta aqui: a seleção para maior capacidade aeróbica, ao longo de gerações, deveria prolongar a expectativa de vida. E prolonga. Ratos, por exemplo, podem ser selecionados por sua capacidade de correr em uma esteira. Se os corredores de maior capacidade a cada geração acasalarem entre si e o mesmo for feito com os de baixa capacidade, a expectativa de vida aumenta no grupo de alta capacidade e diminui no grupo de baixa capacidade. Ao longo de dez gerações, os corredores de alta capacidade aumentam a sua capacidade aeróbica em 350% em relação aos corredores de baixa capacidade e vivem quase um ano a mais (uma grande diferença, visto que os ratos em geral vivem cerca de três anos). Eu diria que uma seleção similar ocorreu durante a evolução de morcegos e aves, e, de fato, os endotérmicos (animais de sangue quente), de forma mais geral, acabaram aumentando a sua vida útil em uma ordem de magnitude.*

---

* Discuto a interação entre a capacidade aeróbica e a evolução de endotermia em detalhes em *Power, Sex, Suicide* e em *Life Ascending*. Só posso recomendá-los sem nenhuma vergonha, caso você queira saber mais sobre isso.

Talvez não queiramos nos selecionar nessa base; isso cheira demais a eugenia. Mesmo se funcionasse, essa engenharia social produziria mais problemas que soluções. Mas, de fato, nós podemos já ter feito isso. Nós realmente temos uma capacidade aeróbica maior em relação aos outros grandes primatas. Nós realmente vivemos mais que eles – vivemos praticamente o dobro do que vivem os chimpanzés e gorilas, que possuem taxa metabólica similar. Talvez devamos isso aos nossos anos de formação como uma espécie, caçando gazelas pelas savanas africanas. Você pode não sentir um enorme prazer praticando corrida de resistência, mas isso nos esculpiu como uma espécie. Não existe ganho sem dor. A partir de uma simples consideração sobre as necessidades de dois genomas, podemos arriscar que nossos ancestrais aumentaram a capacidade aeróbica deles, reduziram o seu vazamento de radicais livres, deram a si mesmos um problema relacionado à fertilidade e aumentaram o seu tempo de vida. Quanto de verdade existe em tudo isso? Essa é uma hipótese testável que talvez venha a se demonstrar que está errada. Mas ela emerge, surge inexoravelmente da exigência do mosaico mitocondrial, previsão que por sua vez se apoia na origem da célula eucariótica, que em uma única ocasião, há quase 2 bilhões de anos, superou as restrições energéticas que conservavam as bactérias em sua condição bacteriana. Não admira que o sol se pondo sobre as planícies da África ainda tenha uma ressonância emocional tão forte. Ele nos liga por meio de uma maravilhosa, ainda que sinuosa, cadeia de causalidade de volta à própria origem da vida no nosso planeta.

Epílogo
Das profundezas

A mais de 1.200 metros de profundidade no oceano Pacífico, ao longo da costa do Japão, encontra-se um vulcão chamado Myojin Knoll. Uma equipe de biólogos japoneses faz buscas nessas águas há mais de uma década, procurando formas de vida interessantes. Segundo os seus próprios relatos, eles não acharam nada realmente surpreendente até maio de 2010, quando coletaram alguns vermes poliquetas presos a uma fonte hidrotermal. O interessante não eram os vermes, mas os micróbios que estavam associados a eles. Bem, na verdade um dos micróbios – uma célula que parecia ser muito semelhante a um eucarionte, até ser observada mais de perto (**Figura 37**). Isso acabou se tornando um dos mais intrigantes enigmas.

Eucarionte significa "núcleo verdadeiro" e essa célula tem uma estrutura que, à primeira vista, parece ser um núcleo normal. Ela também possui outras membranas internas convolutas e alguns endossimbiontes que poderiam ser hidrogenossomos derivados de mitocôndrias. Como os fungos e algas eucarióticos, ela tem uma parede celular, e, não surpreendentemente, por ser um espécime das profundezas escuras do oceano, não possui cloroplastos. A célula é relativamente grande, com cerca de 10 micrômetros de comprimento e 3 micrômetros de diâmetro, totalizando um volume aproximadamente cem vezes maior que o de uma bactéria típica, como a *E. coli*. O núcleo é grande, ocupando quase metade do

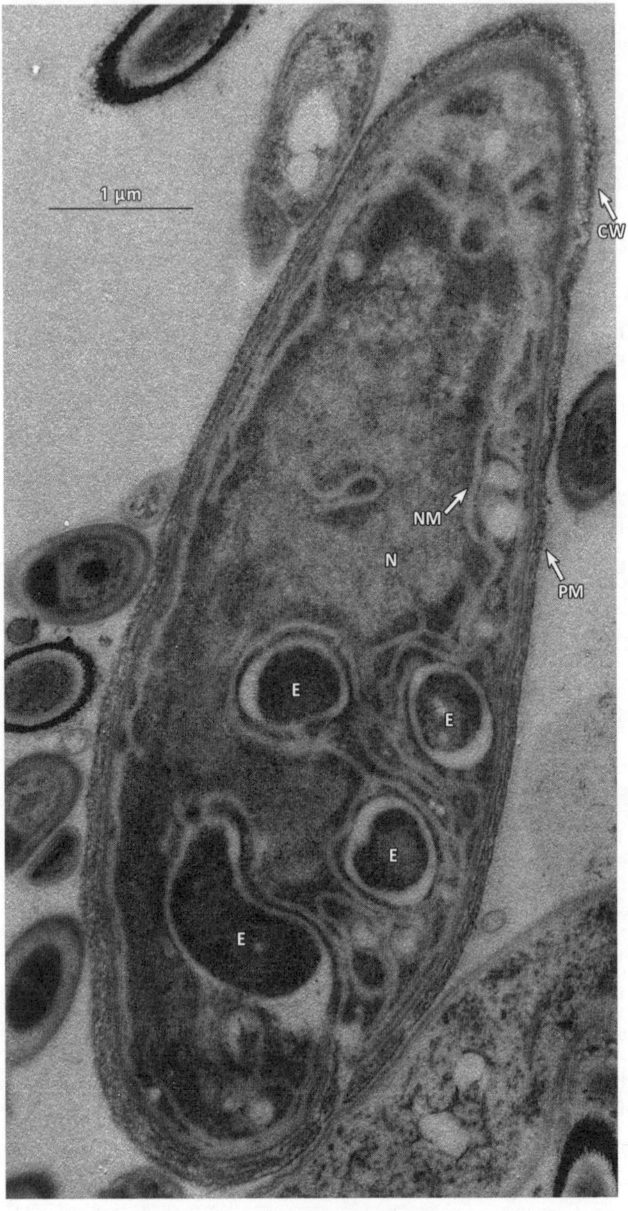
1 µm
CW
NM
N
PM
E
E
E
E

volume da célula. Olhando de relance, então, essa célula não é fácil de classificar num grupo conhecido, mas é nitidamente eucariótica. É apenas uma questão de tempo e sequenciamento de genes, você poderia pensar, até ela ser designada com segurança para o seu devido local na árvore da vida.

Ah, mas olhe de novo! Todos os eucariontes têm um núcleo, é verdade, mas em todos os casos conhecidos esse núcleo é semelhante na sua estrutura. Possui uma membrana dupla, contínua com outras membranas celulares, um nucléolo, onde o RNA ribossômico é sintetizado, elaborado complexo poro nuclear e uma lâmina elástica; e o DNA é cuidadosamente envolto em proteínas, formando cromossomos – fibras de cromatina relativamente espessas, com 30 nanômetros de diâmetro. Como nós vimos no capítulo 6, a síntese proteica ocorre em ribossomos que estão sempre excluídos do núcleo. É a base da distinção entre o núcleo e o citoplasma. Mas e a célula de Myojin Knoll? Ela possui uma única membrana celular, com poucas fendas. Nenhum poro nuclear. O DNA é composto de fibras finas como nas bactérias, com cerca

Figura 37 **Um micro-organismo singular das profundezas do mar**
É um procarionte ou um eucarionte? Ele possui parede celular (PC), membrana plasmática (MP) e um núcleo (N) envolvido por uma membrana nuclear (MN). Também tem vários endossimbiontes (E) que são ligeiramente semelhantes a hidrogenossomos. É bem grande, com cerca de 10 micrômetros de comprimento, e o núcleo é amplo, ocupando cerca de 40% do volume da célula. Nitidamente, um eucarionte, portanto. Mas não! A membrana nuclear é uma camada única, não uma membrana dupla. Não existe qualquer complexo poro nuclear, apenas fendas ocasionais. Existem ribossomos dentro do núcleo (regiões com sombras acinzentadas) e fora dele. A membrana nuclear é contínua com outras membranas, inclusive com a membrana plasmática. O DNA tem forma de filamentos finos, de 2 nanômetros de diâmetro como nas bactérias, e não cromossomos eucarióticos. Nitidamente não é um eucarionte, então. Eu suspeito que esse enigma é, na verdade, um procarionte que adquiriu endossimbiontes bacterianos e, agora, está recapitulando a evolução eucariótica, tornando-se maior, distendendo o seu genoma, acumulando matéria-prima para a complexidade. Mas essa é a única amostra, e sem a sequência genômica, nós jamais saberemos.

de 2 nanômetros de diâmetro, e não cromossomos eucarióticos espessos. Existem ribossomos no núcleo. Ribossomos no núcleo! E ribossomos fora do núcleo também. A membrana nuclear é contínua com a membrana celular em vários lugares. Os endossimbiontes poderiam ser hidrogenossomos, mas alguns deles possuem uma morfologia bacteriana espiralada na reconstrução em 3D. Assemelham-se mais a aquisições bacterianas relativamente recentes. Embora tenha membranas internas, não há nada semelhante a um retículo endoplasmático, ou com complexo de Golgi, ou com um citoesqueleto, todos traços eucarióticos. Em outras palavras, essa célula, de fato, não é em nada parecida com um eucarionte moderno. Apenas apresenta uma semelhança superficial.

O que é isso, então? Os autores não sabem. Eles chamaram a besta de *Parakaryon myojinensis*, o novo termo *"parakaryote"* significando a sua morfologia intermediária. O estudo deles, publicado no *Journal of Electron Microscopy*, tinha um dos títulos mais perturbadores que eu já vi: "Procarionte ou eucarionte? Um micro-organismo singular das profundezas do mar." Tendo estabelecido harmoniosamente a questão, o estudo não chega a lugar algum no sentido de respondê-la. Uma sequência genômica, ou até mesmo uma assinatura de RNA ribossômico, daria alguma ideia sobre a verdadeira identidade da célula, tornando essa nota de pé de página, em grande parte ignorada, num artigo de grande impacto da *Nature*. Mas eles seccionaram a sua única amostra. A única coisa que eles podem afirmar com certeza é que em 15 anos e 10 mil secções no microscópio eletrônico nunca tinham visto nada remotamente similar. Desde então eles não viram nada semelhante também. Nem ninguém mais viu.

O que é isso, então? Os traços incomuns poderiam ser um artefato de preparação – uma possibilidade que não pode ser descartada, dada a conturbada história da microscopia eletrônica. Por outro lado, se os traços incomuns são apenas um artefato, por que essa amostra é um acontecimento singular? E por que as estruturas aparentam ser tão razoáveis? Eu arriscaria dizer que não é um artefato. Isso deixa três alternativas concebíveis. Poderia ser um eucarionte altamente derivado, que mudou as suas estruturas normais ao se adaptar a um estilo de vida fora do comum, preso nas costas de um verme das profundezas do mar em uma fonte hidrotermal. Mas isso parece improvável. Muitas outras células vivem em circunstâncias semelhantes e não seguiram o padrão. Em geral, eucariontes altamente derivados perdem os traços eucarióticos arquetípicos, mas os traços que permanecem ainda podem ser reconhecidos como eucarióticos. Isso é verdade para todos os archezoas, por exemplo, esses supostos fósseis vivos que já foram considerados intermediários primitivos, mas, afinal, acabaram se revelando derivações de eucariontes totalmente formados. Se o *Parakaryon myojinensis* é realmente um eucarionte altamente derivado, então é radicalmente diferente no seu plano básico de qualquer coisa que já vimos antes. Eu não penso que seja esse o caso.

Ou pode ser um fóssil vivo de verdade, um "autêntico archezoano" que de alguma forma se agarrou à existência, falhando na evolução de um conjunto de acessórios eucarióticos modernos nas profundezas imutáveis dos oceanos. Essa explicação é a favorita dos autores do estudo, mas também não acredito nisso. Não vive num ambiente imutável: está preso às costas de um verme poliqueta, um eucarionte multicelular complexo que obviamente não existia no início da evolução eucariótica. A baixa densidade populacional – apenas uma única célula descoberta após muitos anos de buscas – também me leva a duvidar que ele poderia ter sobrevivido inalterado por quase 2 bilhões de anos. Pequenas populações são altamente propensas à extinção. Se a população se expande, ótimo; mas, caso contrário, é apenas uma questão de tempo até que um acaso estatístico aleatório a leve ao esquecimento. Dois bilhões de anos é muito tempo – cerca de trinta vezes mais longo do que o período em que se estima que os celacantos sobreviveram como fósseis vivos nas profundezas do oceano. Qualquer grupo de sobreviventes genuínos dos primórdios dos eucariontes precisaria ser ao menos tão populoso quanto os archezoas verdadeiros para sobreviver tanto tempo.

Isso nos deixa a última possibilidade. Como Sherlock Holmes observou: "Quando você tiver eliminado tudo o que for impossível, então o que sobrar, não importa o quão improvável, deverá ser verdade." Mesmo as outras duas opções não sendo de todo impossíveis, a terceira é de longe a mais interessante: é um procarionte, que adquiriu endossimbiontes e está se transformando em uma célula que se parece com um eucarionte, em algum tipo de recapitulação evolutiva. Na minha cabeça, isso faz muito mais sentido. Imediatamente, explica por que a densidade populacional é baixa; como vimos, endossimbiontes entre procariontes são raros e são cercados de dificuldades logísticas.* Não é nada fácil reconciliar a seleção atuando no nível da célula hospedeira e do endossimbionte em uma endossimbiose "virgem" entre procariontes. O destino

---

* Os endossimbiontes em *Parakaryon myojinensis* foram encontrados no que os autores descrevem como fagossomas (vacúolos dentro das células), apesar da presença de uma parede celular intacta. Eles concluem que a célula hospedeira, um dia, deve ter sido um fagócito, porém, mais tarde, perdeu essa capacidade. Esse não é necessariamente o caso. Observe novamente a **Figura 25**. Essas bactérias intracelulares estão contidas em "vacúolos" bem similares, mas, nesse caso, a célula hospedeira é reconhecidamente uma cianobactéria e, por conseguinte, não fagocitária. Dan Wujek atribui estes vacúolos em torno dos endossimbiontes ao encolhimento durante a preparação para a microscopia eletrônica e eu arriscaria que os "fagossomas" na *Parakaryon myojinensis* também são um artefato de encolhimento, além de não ter nada a ver com a fagocitose. Sendo assim, não há nenhuma razão para se pensar que a célula hospedeira ancestral era um fagócito mais complexo.

mais provável para essa célula é a extinção. Uma endossimbiose entre procariontes também explica por que a célula tem vários traços que parecem eucarióticos, mas, observando melhor, não são. Ela é relativamente grande, com um genoma que aparenta ser substancialmente maior que o dos outros procariontes, hospedado em um "núcleo" contínuo com membranas internas e por aí afora. Todos estes são traços que nós previmos que evoluiriam, a partir dos primeiros elementos, em procariontes com endossimbiontes.

Eu poderia apostar que esses endossimbiontes já tinham perdido grande parte do seu genoma, uma vez que tenho argumentado que o processo de perda de genes endossimbióticos pode ajudar a expansão do genoma da célula hospedeira para níveis eucarióticos. Isso parece estar acontecendo aqui: uma extrema assimetria genômica equivalente está sustentando uma origem independente para a complexidade morfológica. Certamente, o genoma da célula hospedeira é grande, ocupando mais de um terço da célula que já é cem vezes maior que a *E. coli*. Esse genoma está hospedado em uma estrutura que parece superficialmente muito semelhante a um núcleo. Singularmente, apenas alguns dos ribossomos estão excluídos dessa estrutura. Isso significa que a hipótese do íntron está errada? É difícil dizer, uma vez que a célula hospedeira aqui poderia ser uma bactéria, não um arqueia e, portanto, seria menos vulnerável à transferência de íntrons móveis bacterianos. O fato de um compartimento nuclear ter evoluído de forma independente tenderia a sugerir que forças similares estão agindo aqui e, pela mesma lógica, provando o que digo, tenderia a agir da mesma forma em células grandes com endossimbiontes. E quanto aos outros traços eucarióticos, tais como o sexo e os tipos conjugantes? Sem uma sequência genômica, nós simplesmente não podemos dizer. Conforme observei, esse, realmente, é um dos mais intrigantes enigmas. Só podemos esperar para ver; isto faz parte da eterna incerteza da ciência.

Todo este livro é uma tentativa de prever por que a vida é do jeito que é. À primeira vista, é como se a *Parakaryon myojinensis* estivesse recapitulando um caminho paralelo em direção à vida complexa, a partir de ancestrais bacterianos. Se esse mesmo caminho foi seguido em outras partes do universo depende do ponto de partida – a origem da vida em si mesma. Tenho argumentado que esse ponto de partida poderia muito bem ser recapitulado também.

Toda a vida na Terra é quimiosmótica, dependendo de gradientes de prótons nas membranas para acionar o metabolismo de carbono e energia. Nós exploramos as possíveis origens e consequências dessa característica peculiar. Vimos que a vida requer uma força motriz contínua, uma incessante reação química que produz intermediários reativos, incluindo moléculas como o ATP, como subprodutos. Essas moléculas provocam as reações dependentes de energia que compõem as células. Esse fluxo de carbono e energia deve ter sido ainda maior na origem da vida, antes da evolução de catalisadores biológicos, que forçavam o fluxo de metabolismo dentro de canais estreitos. Muito poucos ambientes naturais atendem aos requisitos da vida – um alto fluxo contínuo de carbono e energia utilizável ao longo de catalisadores minerais, constrangidos por um sistema naturalmente microcompartimentado, capaz de concentrar produtos e descartar resíduos. Embora possam existir outros ambientes que atendam a esses critérios, as fontes hidrotermais alcalinas certamente os satisfazem e é provável que essas fontes sejam comuns em planetas rochosos úmidos em todo o universo. Os itens necessários para a vida nessas fontes consistem apenas de rocha (olivina), água e CO_2, três das substâncias mais presentes no universo. Condições adequadas para a origem da vida podem estar presentes, nesse exato momento, em uns 40 bilhões de planetas somente na Via Láctea.*

Fontes alcalinas hidrotermais vêm com um problema e uma solução: são ricas em H_2, mas esse gás não reage prontamente com o CO_2. Temos visto que gradientes naturais de prótons através de barreiras semicondutoras minerais finas poderiam teoricamente levar à formação de orgânicos e, em último caso, ao surgimento de células nos poros das fontes. Sendo isso verdade, a vida dependeria desde os seus primórdios de gradientes de prótons (e de minerais ferro-enxofre) para romper as barreiras cinéticas à reação de H_2 e CO_2. Para se desenvolver em gradientes de prótons naturais, essas células primitivas precisavam de membranas permeáveis, capazes de reter as moléculas necessárias para a vida sem se isolarem do fluxo energizante de prótons. Isso, por sua vez, impedia o seu escape das fontes, exceto pelos portões estreitos de uma rígida sucessão de eventos (exigindo um trocador [antiporter]), o que permitiu a coevolução de bombas ativas de íons e membranas fosfolipídicas modernas. Só, então, as células puderam deixar as fontes e colonizar os oceanos e rochas da Terra primitiva. Vimos que essa sucessão rigorosa de eventos poderia explicar as propriedades paradoxais de LUCA, o último ancestral universal comum da vida, assim como a profunda divergência entre bactérias e arqueas. Não menos importante, esses rigorosos requisitos podem explicar por que toda a vida na Terra é quimiosmótica – por que essa estranha característica é tão universal quanto o próprio código genético.

---

* Dados obtidos com o telescópio espacial Kepler indicam que uma em cada cinco estrelas semelhantes ao Sol na galáxia possuem um planeta do tamanho da Terra na zona habitável, dando a essa projeção o total de 40 bilhões de planetas adequados na Via Láctea.

Esse cenário – um ambiente que é comum em termos cósmicos, mas com um rigoroso conjunto de restrições regendo os resultados – faz com que seja provável que a vida em outros lugares do universo também seja quimiosmótica e que, portanto, enfrentará oportunidades e restrições paralelas. O acoplamento quimiosmótico dá à vida ilimitada versatilidade metabólica, permitindo que as células "comam" e "respirem" praticamente qualquer coisa. Assim como os genes podem ser transmitidos por transferência lateral de genes, porque o código genético é universal, também o kit de ferramentas para a adaptação metabólica aos mais diversos ambientes pode ser transmitido, uma vez que todas as células usam um sistema operacional comum. Eu ficaria surpreso se não encontrássemos bactérias em todo o universo, inclusive no nosso próprio sistema solar, funcionando exatamente da mesma maneira, alimentadas por reações redox e gradientes de prótons através das membranas. É previsível a partir dos primeiros elementos.

Mas, se isso for verdade, então a vida complexa em qualquer outro ponto do universo vai se deparar com as mesmas restrições dos eucariontes na Terra – alienígenas devem ter mitocôndrias também. Vimos que todos os eucariontes compartilham um ancestral comum, que surgiu apenas uma vez, por meio de uma rara endossimbiose entre procariontes. Nós sabemos de duas dessas endossimbioses entre bactérias (**Figura 25**) – três se incluirmos a *Parakaryon myojinensis* – portanto, sabemos que é possível bactérias entrarem dentro de bactérias sem fagocitose. Presumivelmente, devem existir milhares, talvez milhões, de casos ao longo dos 4 bilhões de anos de evolução. É um gargalo, mas não dos mais rigorosos. Em cada um dos casos, esperaríamos ver perda de genes dos endossimbiontes e uma tendência a um tamanho maior e mais complexidade genômica na célula hospedeira – exatamente o que nós vemos na *Parakaryon myojinensis*. Mas nós também esperamos conflitos íntimos entre hospedeira e endossimbionte – esta é a segunda parte do gargalo, um duplo golpe que torna a evolução da vida complexa genuinamente difícil. Vimos que é provável que os primeiros eucariontes tenham evoluído rapidamente em pequenas populações; o próprio fato de o ancestral comum dos eucariontes compartilhar tantos traços, nenhum deles encontrados em bactérias, sugere uma pequena, instável população sexuada. Se a *Parakaryon myojinensis* está recapitulando a evolução eucariótica, como eu suspeito, a sua densidade populacional extremamente baixa (apenas um espécime em 15 anos de busca) é previsível. O seu destino mais provável é a extinção. Talvez morrerá porque não excluiu com sucesso todos os seus ribossomos do seu compartimento nuclear ou porque ainda não "inventou" o sexo. Ou, talvez, uma possibilidade em 1 milhão, terá sucesso e semeará um segundo advento de eucariontes na Terra.

Penso que podemos razoavelmente concluir que a vida complexa será rara no universo – não há qualquer tendência inata na seleção natural para dar origem a humanos ou a qualquer outra forma de vida complexa. É bem mais provável ficar emperrado no nível bacteriano de complexidade. Eu não posso estabelecer uma probabilidade estatística para isso. A existência da *Parakaryon myojinensis* pode ser encorajadora para alguns – múltiplas origens de complexidade na Terra significa que a vida complexa poderia ser mais comum em outras partes do universo. Talvez. O que eu argumentaria com mais convicção é que, por motivos energéticos, a evolução de vida complexa requer uma endossimbiose entre dois procariontes e esse é um raro evento aleatório, inquietantemente próximo de um acidente inesperado, que se torna ainda mais difícil pelo conflito íntimo subsequente entre células. Depois disso, estamos de volta à seleção natural padrão. Vimos que muitas propriedades compartilhadas pelos eucariontes, desde o núcleo até o sexo, são previsíveis com base nos primeiros elementos. Podemos ir bem mais além. A evolução de dois sexos, a distinção entre linha germinativa e soma, a morte celular programada, o mosaico mitocondrial e a negociação entre aptidão aeróbica e fertilidade, adaptabilidade e doença, envelhecimento e morte, todos esses traços emergem, previsivelmente, do ponto de partida que é uma célula dentro de outra célula. Tudo isso aconteceria de novo? Acredito que boa parte poderia. Incorporar energia na evolução há muito era esperado e começa a estabelecer uma base mais previsível para a seleção natural.

A energia é muito menos magnânima do que os genes. Olhe à sua volta. Este mundo maravilhoso reflete o poder das mutações e da recombinação, mudanças genéticas – a base para a seleção natural. Você compartilha alguns dos seus genes com a árvore que vê da sua janela, mas você e essa árvore se separaram desde muito cedo na evolução eucariótica, há 1,5 bilhões de anos, cada um seguindo um caminho diferente possibilitado por genes diferentes, o produto de mutações, recombinações e seleção natural. Você corre ao redor e espero que ainda suba em árvores uma vez ou outra; elas se curvam gentilmente com a brisa e transformam o ar em mais árvores, o passe de mágica para acabar com todas elas. Todas essas diferenças estão escritas nos genes, genes que derivam do seu ancestral comum, mas agora tão diferenciados que se tornaram irreconhecíveis. Todas essas alterações foram permitidas, selecionadas, na longa trajetória da evolução. Os genes são de uma permissividade quase infinita: tudo que pode acontecer vai acontecer.

Mas essa árvore também possui mitocôndrias, que funcionam de um modo muito semelhante à dos seus cloroplastos, incessantemente transferindo elétrons por seus trilhões e trilhões de cadeias respiratórias, bombeando prótons através de membranas

QUESTÃO VITAL

como sempre fizeram. Como você sempre fez. Esses mesmos elétrons e prótons indo e vindo têm sustentado você desde o ventre materno: você bombeia 10^{21} prótons por segundo, todos os segundos, sem parar. Suas mitocôndrias foram transmitidas por sua mãe, no seu óvulo, a sua dádiva mais preciosa, o dom da vida que segue ininterruptamente, sem cessar, geração após geração, desde os primeiros sinais de vida nas fontes hidrotermais, há 4 bilhões de anos. Interfira nessa reação por sua conta e risco. O cianeto irá se opor ao fluxo de elétrons e prótons e levará a sua vida a um fim abrupto. O envelhecimento fará o mesmo, mas devagar, gentilmente. A morte é o cessar do fluxo de prótons e elétrons, a liquidação do potencial da membrana, a extinção da chama perene. Se a vida nada mais é do que um elétron procurando um lugar para repousar, a morte não é nada além de um elétron encontrando o repouso.

Este fluxo de energia é surpreendente e implacável. Qualquer alteração em segundos ou minutos pode acabar com todo o experimento. Esporos podem prescindir dele, caindo em uma dormência metabólica da qual terão sorte de retornar. Mas para o resto de nós... somos mantidos pelos mesmos processos que alimentavam as primeiras células vivas. Esses processos nunca mudaram fundamentalmente; como poderiam? A vida é para os vivos. Viver requer um fluxo incessante de energia. Não é de surpreender que o fluxo de energia coloque grandes limitações no caminho da evolução, definindo o que é possível. Não é de surpreender que as bactérias continuem a fazer o que fazem, incapazes de improvisar de verdade com a chama que as mantém crescendo, se dividindo, conquistando. Não é de surpreender que o único acidente que funcionou, aquela endossimbiose singular entre procariontes, não tenha improvisado com a chama, mas a acendido em muitas cópias em todas as células eucarióticas, dando finalmente origem a toda vida complexa. Não é de surpreender que manter essa chama viva é imprescindível para a nossa fisiologia e evolução, esclarecendo várias peculiaridades do nosso passado e das nossas vidas atualmente. Que sorte as nossas mentes, as mais improváveis máquinas biológicas do universo, serem agora uma via para este fluxo incansável de energia e possamos refletir sobre por que a vida é como é. Que a força próton-motriz esteja com você!

GLOSSÁRIO

Ácido graxo – hidrocarboneto de cadeia longa, tipicamente com 15 a 20 átomos do tipo carbono encadeados, utilizado nas membranas gordurosas (lipídicas) de bactérias e eucariontes. Possui sempre um grupo ácido em uma extremidade.

Acoplamento quimiosmótico – é a forma na qual a energia proveniente da respiração é utilizada para bombear prótons através de uma membrana. O fluxo de prótons retorna através das turbinas de proteína na membrana (ATP sintase) e em seguida aciona a formação de ATP. Assim, a respiração é "acoplada" à ATP sintase através de um gradiente de prótons.

Alelo – forma particular de um gene em uma população.

Aminoácido – um dos vinte blocos construtores moleculares únicos, que se encadeiam para formar uma proteína (que contém, com frequência, centenas de aminoácidos).

Ångström (Å) – unidade de distância com a escala aproximada de um átomo. Tecnicamente um décimo de bilionésimo de um metro (10^{-10}m). Um nanômetro é um bilionésimo de metro (10^{-9}m), dez vezes esse comprimento.

Apoptose – morte "programada" de uma célula. Processo de consumo de energia codificado por genes, no qual a célula se desfaz por si mesma.

Archezoa – não confundir com arquea! Os archezoa são eucariontes unicelulares simples, equivocadamente considerados "elos perdidos" evolutivos entre as bactérias e as células eucarióticas mais complexas.

Arquea – um dos três grandes domínios da vida, os outros dois são as bactérias e os eucariontes (onde nos encontramos). As arqueas são procariontes que não possuem núcleo para armazenar o seu DNA e várias outras estruturas elaboradas encontradas nos eucariontes complexos.

ATP – adenosina trifosfato, a "moeda corrente" energética biológica utilizada por todas as células conhecidas. A ADP (adenosina difosfato) é o produto de sua quebra, quando a ATP é "gasta". A energia da respiração é usada para juntar um fosfato (PO_4^{3-}) de volta com um ADP e reconstruir uma ATP. **Acetilfosfato** é uma "moeda corrente" biológica de energia simples (de dois carbonos) que funciona de forma semelhante à ATP, e que pode ter sido formada através de processos geológicos na Terra primitiva.

ATP sintase – impressionante motor proteico rotativo. Essa nanoturbina alojada na membrana utiliza o fluxo de prótons para energizar a síntese de ATP.

Bactérias – um dos três grandes domínios da vida, os outros dois são as arqueas e os eucariontes (onde nos encontramos). As bactérias são procariontes que não possuem núcleo para armazenar o seu DNA e várias outras estruturas elaboradas encontradas nos eucariontes.

Citoplasma – substância em gel das células, excluindo o núcleo. O **citosol** é a solução aquosa ao redor de compartimentos internos, como as mitocôndrias. O **citoesqueleto** é a estrutura dinâmica de proteína no interior das células que pode formar e reformar conforme as células mudam de forma.

Cloroplasto – compartimento especializado em células de plantas e algas onde a fotossíntese ocorre. Deriva-se originariamente de uma bactéria fotossintética chamada cianobactéria.

QUESTÃO VITAL

Conflito egoísta – confronto metafórico entre os interesses de duas entidades distintas. Entre endossimbiontes ou plasmídeos e uma célula hospedeira, por exemplo.

Cromossomo – estrutura tubular composta de DNA firmemente envolta em proteínas, visível durante a divisão celular. Humanos possuem 23 pares de cromossomos distintos, contendo duas cópias de todos os nossos genes. Um **cromossomo fluido** sofre recombinações, dando diferentes combinações de genes (alelos).

Desequilíbrio – estado potencialmente reativo, no qual as moléculas que "querem" reagir umas com as outras têm de entrar. A matéria orgânica e o oxigênio estão em desequilíbrio – dada a oportunidade (riscar um fósforo), a matéria orgânica será queimada.

Determinação de sexo – processo que controla o desenvolvimento masculino ou feminino.

DNA – ácido desoxirribonucleico. Material hereditário que assume a forma de uma dupla hélice. O **DNA parasitário** é o DNA que pode replicar a si mesmo de forma egoísta, à custa de um organismo individual.

Elétron – partícula subatômica que carrega carga elétrica negativa. Um átomo ou molécula que ganha um ou mais elétrons é chamado de **aceptor de elétrons**. Um **doador de elétrons** perde elétrons.

Endergônica – reação que requer entrada de energia livre (trabalho, não calor) para prosseguir. Uma reação **endotérmica** requer uma entrada de calor para prosseguir.

Endossimbiose – relação mútua (geralmente um intercâmbio de substâncias metabólicas) entre duas células, que ocorre quando um dos parceiros vive fisicamente no interior do outro.

Energia livre – energia que está livre para energizar trabalho (não é calor).

Entropia – estado de desordem molecular que tende a levar ao caos.

Enzima – proteína que catalisa uma reação química específica, frequentemente aumentando a sua taxa milhões de vezes em relação à não catalisada.

Estrutura dissipativa – estrutura física estável que assume uma forma característica, como um redemoinho, furacão ou corrente de jato, sustentado por um fluxo contínuo de energia.

Eucarionte – qualquer organismo composto por uma ou mais células que contenham núcleo e outras estruturas especializadas, como as mitocôndrias. Todas as formas de vida complexas, incluindo as plantas, animais, fungos, algas e protistas, como a ameba, são feitas de células eucarióticas. Eucarionte é um dos três principais domínios da vida, os outros dois são bactéria e arquea, domínios dos procariontes mais simples.

Exergônica - reação que libera energia livre, que pode energizar trabalho. Uma reação **exotérmica** libera calor.

Fagocitose – englobamento físico de uma célula por outra, engolindo-a para dentro de um vacúolo alimentício para que ela seja digerida. **Osmotrofia** é a digestão de alimento realizada externamente, seguida pela absorção de compostos menores, como a realizada pelos fungos.

Fermentação – isto *não* é respiração anaeróbica. A fermentação é apenas um processo químico de geração de ATP, que não envolve um fluxo de prótons através das membranas ou a ATP sintase. Diferentes organismos possuem vias ligeiramente diferentes. Nós produzimos ácido lático como produto residual, as leveduras formam álcool.

Fixação – quando uma forma particular de gene (alelo) é encontrada em todos os indivíduos de uma população.

Fonte hidrotermal alcalina – tipo de fonte encontrada normalmente no fundo do mar, que emite fluidos alcalinos quentes ricos em gás hidrogênio. Provavelmente um dos mais importantes agentes na origem da vida.

Fotossíntese – conversão de dióxido de carbono em matéria orgânica, usando energia solar para extrair elétrons da água (ou outras substâncias) e posteriormente combiná-los com dióxido de carbono.

Gene – sequência de DNA que codifica uma proteína (ou outro produto, tal como o RNA regulador). O **genoma** é o compêndio total de genes em um organismo.

Gradiente de prótons – diferença na concentração de prótons nos lados opostos de uma membrana. A **força próton-motriz** é a força eletroquímica resultante da diferença da carga elétrica combinada com concentração de H+ através de uma membrana.

Grupamento FeS – grupamento de ferro-enxofre. Um pequeno cristal com características minerais, composto por uma estrutura de átomos de ferro e enxofre (geralmente o composto Fe_2S_2 ou Fe_4S_4) encontrados no âmago de várias proteínas importantes, incluindo algumas das que são utilizadas na respiração.

Herança uniparental – o legado sistemático de mitocôndrias de apenas um dos dois progenitores, normalmente a partir do óvulo, mas não do espermatozoide. A **herança biparental** é a herança de mitocôndrias de ambos os progenitores.

Íntron – sequência "espaçadora" em um gene, que não codifica para uma proteína e é usualmente removida do script do código antes de a proteína ser fabricada. **Íntrons móveis** são parasitas genéticos que conseguem copiar a si mesmos repetidamente ao longo de um genoma. Os íntrons eucarióticos aparentemente são derivados de uma proliferação de íntrons móveis bacterianos no começo da evolução eucarionte, seguida por decadência mutacional.

Linha germinativa ou linha germinal – as células sexuais especializadas nos animais (como o espermatozoide e o óvulo), que sozinhas transmitem os genes que dão origem a novos indivíduos a cada geração.

LUCA – último ancestral comum universal (*last universal common ancestor*, em inglês) de todas as células vivas atuais. As suas hipotéticas propriedades podem ser reconstituídas comparando-se com as células modernas.

Meiose – processo de divisão celular redutivo no sexo para formar gametas que possuam um conjunto de cromossomos completos único (criando um haploide) em vez dos dois conjuntos encontrados nas células parentais (diploides). A **mitose** é o método normal de divisão celular nos eucariontes, na qual os cromossomos são duplicados, e então separados em duas células filhas em um eixo microtubular.

Membrana – camada lipídica muito fina que envolve a célula (também encontrada no seu interior). Composta por uma "camada dupla lipídica" com um interior hidrofóbico (que tem aversão à água) e grupos cabeça hidrófilos (que têm afinidade com a água) nos dois lados. O **potencial de membrana** é a carga elétrica (diferença de potencial) entre os lados opostos da membrana.

Metabolismo – conjunto de reações químicas de sustentação da vida em células vivas.

Mitocôndrias – "casas de força" distintas nas células eucarióticas, que são derivadas de uma α-proteobactéria e que mantêm um pequeno, mas extremamente importante genoma dela mesma.

Os **genes mitocondriais** são aqueles que estão fisicamente localizados dentro da mitocôndria. A **biogênese mitocondrial** é a replicação, ou crescimento, de novas mitocôndrias, o que também requer que existam genes no nucléolo.

Mundo de RNA – estágio primitivo hipotético da evolução onde o RNA atuava simultaneamente como um gabarito para a sua própria replicação (no lugar do DNA) e como catalisador que acelera reações (no lugar das proteínas).

Mutação – normalmente se refere a uma mudança em uma sequência específica de um gene, mas também pode incluir outras mudanças genéticas, como as deleções aleatórias ou duplicações de DNA.

Núcleo – "centro de controle" das células complexas (eucarióticas), que contém a maior parte dos genes da célula (alguns são encontrados nas mitocôndrias).

Nucleotídeo – um dos blocos construtores conectados uns aos outros em uma cadeia para formar RNA e DNA. Existem dezenas de nucleotídeos relacionados que atuam como cofatores em enzimas, catalisando reações específicas.

Ortólogo – um mesmo gene com mesma função encontrado em espécies diferentes, que o herdaram a partir de um ancestral comum.

Oxidação – remoção de um ou mais elétrons de uma substância, tornando-a **oxidada**.

Parálogo – membro de uma família de genes formado por duplicações de genes dentro do mesmo genoma. Famílias de genes equivalentes também podem ser encontradas em diferentes espécies, herdadas de um ancestral comum.

pH – medida da acidez, especificamente a concentração de prótons. Os ácidos têm uma elevada concentração de prótons, conferindo a eles um pH baixo (abaixo de 7); os álcalis têm uma baixa concentração de prótons, conferindo a elas um pH alto (7-14); a água pura tem um pH neutro (7).

Plasmídeo – pequeno anel de DNA parasitário que se transmite de forma egoísta de uma célula para outra. Os plasmídeos também podem fornecer genes úteis para a célula hospedeira (como os genes que proporcionam resistência a antibióticos).

Procarionte – termo genérico que se refere às células simples que não possuem núcleo (literalmente, "anteriores ao núcleo") e que inclui tanto as bactérias como as arqueas, dois dos três domínios da vida.

Proteína – cadeia de aminoácidos conectados em uma ordem específica, definida pela sequência das letras do DNA em um gene. Um **polipeptídio** é uma cadeia mais curta de aminoácidos, cuja ordem não precisa ser definida.

Protista – qualquer eucarionte unicelular, alguns dos quais podem ser bastante complexos, com mais de 40 mil genes e tamanho médio pelo menos 15 mil vezes maior que o de uma bactéria. **Protozoário** é um termo comum, embora em desuso (significando "primeiros animais"), que se refere a protistas, como as amebas, que se comportam como animais.

Próton – partícula subatômica com carga positiva; um átomo de hidrogênio é composto por um único próton e um único elétron. A perda do elétron faz com que o núcleo do hidrogênio se torne um próton de carga positiva, denominado H^+.

Radiação monofilética – a divergência evolutiva de múltiplas espécies a partir de um ancestral comum (ou de um único filo), como os raios de uma roda que irradiam a partir de um eixo central.

Radiação polifilética – divergência de múltiplas espécies a partir de um grupo de ancestrais evolutivamente distintos (diferentes filos), como os raios de várias rodas irradiados a partir de diferentes eixos.

Radical livre – átomo ou molécula com elétrons não pareados (que tendem a torná-la instável e reativa). Radicais livres de oxigênio que escapam da respiração podem desempenhar um papel importante no envelhecimento e nas doenças.

Recombinação – troca de um segmento de DNA por um equivalente de outra fonte, dando origem a diferentes combinações de genes (especificamente alelos) em cromossomos "fluidos".

Redox – processo combinado de redução e oxidação que equivale a uma transferência de elétrons de um doador para um aceptor. Um **par redox** é um doador de elétrons específico com um aceptor específico. Um **centro redox** recebe um elétron antes de cedê-lo, o que faz dele tanto um doador como um aceptor.

Redução – adição de um ou mais elétrons a uma substância, fazendo com que ela fique **reduzida**.

Replicação – duplicação de uma célula ou molécula (tipicamente DNA) para gerar duas cópias filhas.

Respiração – processo pelo qual nutrientes são "queimados" (oxidados) para gerar energia em forma de ATP. Elétrons são extraídos dos alimentos, ou de outros doadores de elétrons (como o hidrogênio) e entregues ao oxigênio ou a outros oxidantes (como o nitrato) através de uma série de etapas chamadas de **cadeia respiratória**. A energia liberada é utilizada para bombear prótons através da membrana, gerando uma força próton-motriz, que por sua vez leva à síntese de ATP. Veja também *respiração anaeróbica* e *respiração aeróbica*.

Respiração aeróbica – é a nossa forma de respiração, através da qual a energia gerada pela reação entre alimentos e oxigênio é extraída para gerar força de trabalho. Bactérias também podem "queimar" minerais e gases com oxigênio. Veja também *respiração anaeróbica* e *respiração*.

Respiração anaeróbica – comum no reino bactéria, é uma entre as várias formas de respiração. Nela, moléculas que não são de oxigênio (como nitrato ou sulfato) são utilizadas para "queimar" (oxidar) alimento, minerais ou gases. Os organismos que vivem sem oxigênio são considerados **anaeróbicos**. Veja também *respiração aeróbica* e *respiração*.

Ribossomo – "fábricas" de construção de proteínas encontradas em todas as células, que convertem o roteiro de código do RNA (copiado do DNA) em proteínas com a sequência correta de blocos construtores aminoácidos.

RNA – ácido ribonucleico. Primo próximo do DNA, mas com duas pequenas alterações químicas que transformam a sua estrutura e propriedades. O RNA é encontrado em três formas básicas: o RNA mensageiro (uma sequência de código copiada a partir do DNA), o RNA transportador (que entrega aminoácidos de acordo com o código genético) e o RNA ribossômico (que atua como as "partes mecânicas" dos ribossomos).

Serpentinização – reação química entre certos tipos de rocha (minerais ricos em magnésio e ferro, como a olivina) e água, dando origem a fluidos altamente alcalinos saturados com gás hidrogênio.

Sexo – ciclo reprodutivo envolvendo a divisão de células por meiose para formar gametas, cada um com a metade da cota normal de cromossomos, com posterior fusão de gametas para a produção de um óvulo fertilizado (ovo).

Substrato – substâncias necessárias para o desenvolvimento celular, convertidas em moléculas biológicas por enzimas.

Termodinâmica – ramo da física que lida com calor, energia e trabalho; a termodinâmica rege as reações que podem ocorrer sob um particular conjunto de condições; a **cinética** define a taxa na qual estas reações ocorrem.

Termoforese – concentração de compostos orgânicos através de gradientes térmicos ou correntes de convecção.

Terra bola de neve – congelamento global, com geleiras invadindo o nível do mar no equador, conforme se supõe ter ocorrido em diversos momentos da história da Terra.

Tradução – montagem física de uma nova proteína (em um ribossomo) na qual uma sequência específica de aminoácidos é definida por uma sequência de código RNA (RNA mensageiro).

Transcrição – formação de uma sequência de código de RNA curto (chamado RNA mensageiro) a partir do DNA, como primeiro passo na produção de uma nova proteína.

Transferência lateral (ou horizontal) de genes – transferência de um número (usualmente) pequeno de genes de uma célula para outra, ou a absorção de DNA solto do meio ambiente. A transferência lateral de genes é uma troca de genes na mesma geração. Na **herança vertical**, o genoma inteiro é copiado e transmitido para as células filhas na divisão celular.

Trocador (*antiporter*) – proteína "catraca", que tipicamente troca um átomo com carga (íon) por outro através de uma membrana. Um próton (H^+) por um íon de sódio (Na^+), por exemplo.

Variação – medida de propagação em um conjunto de números. Se a variação é igual a zero, todos os valores são idênticos. Se a variação é pequena, todos os valores ficam próximos da média. Se for elevada, a variação indica uma ampla gama de valores.

Varredura seletiva – poderosa seleção de uma variante genética em particular (alelo), podendo substituir todas as outras variantes de uma população.

AGRADECIMENTOS

Este livro marca o fim de uma longa jornada pessoal e o início de uma nova. A primeira começou quando eu estava escrevendo um livro anterior, *Power, Sex, Suicide: Mitochondria and the Meaning of Life*, publicado pela OUP, em 2005. Foi quando eu comecei a lidar com as questões abordadas aqui – as origens da vida complexa. Fui fortemente influenciado pelo extraordinário trabalho de Bill Martin sobre as origens da célula eucariótica, e o seu trabalho igualmente radical com o pioneiro geoquímico Mike Russell sobre a origem da vida e a divergência primitiva de arqueas e bactérias. Tudo naquele (e neste) livro está fundamentado no contexto apresentado por esses dois colossos da biologia evolutiva. Mas muitas das ideias desenvolvidas aqui são originais. Escrever livros cria uma finalidade para o pensamento, para mim é um prazer incomparável escrever para o público geral. Tenho de pensar de forma clara, tentando me expressar de um modo que, antes de tudo, eu consiga compreender a mim mesmo. O que me leva a enfrentar coisas que eu mesmo não entendo, algumas das quais assustadoramente acabam por refletir uma ignorância universal. Dessa forma, *Power, Sex, Suicide* tinha a obrigação de apresentar alguns pensamentos originais, com os quais eu tenho convivido desde então.

Eu apresentei essas ideias em conferências e universidades ao redor do mundo, e acabei me acostumando a lidar com críticas perspicazes. Minhas ideias tornaram-se mais refinadas, assim como o meu conceito geral sobre a importância da energia na evolução – e algumas reflexões muito estimadas foram descartadas por estarem erradas. Não importando o quanto uma ideia parece ser boa, ela só se torna ciência de fato quando é enquadrada e testada na forma de uma hipótese rigorosa. Tudo isso parecia um sonho remoto até 2008, quando a University College London anunciou um novo prêmio para "pensadores ambiciosos" explorarem ideias que quebrassem paradigmas. O Provost's Venture Research Prize foi uma criação do professor Don Braben, um homem dinâmico, que lutou durante muito tempo pela "liberdade científica". A ciência é fundamentalmente imprevisível, argumenta Braben, e não pode ser restringida por regras – por mais que a sociedade queira racionalizar o gasto do dinheiro do contribuinte. Ideias genuinamente transformadoras quase sempre têm origem em recantos inusitados e só dessa forma podem ser consideradas confiáveis. Tais ideias são transformadoras não apenas para a ciência, mas também para a economia em geral, que é impulsionada pelos avanços científicos. É então de interesse da sociedade financiar cientistas pela força das suas ideias em si, independentemente do quão intangíveis elas pareçam, em vez de tentar focar nos benefícios perceptíveis para a humanidade. Isso raramente funciona, pois *insights* radicalmente novos em geral têm origem fora de seu campo típico; a natureza não tem qualquer respeito pelas fronteiras humanas.*

Por sorte, eu podia me candidatar para o projeto da UCL. Eu tinha um livro cheio de ideias que precisavam desesperadamente serem testadas e, felizmente, Don Braben acabou convencido. Ao

---

* Se você quiser se aprofundar, Braben agrupou os seus argumentos em diversos livros arrebatadores, o último dos quais é intitulado *Promoting the Planck Club: How Defiant Youth, Irreverent Researchers and Liberated Universities Can Foster Prosperity Indefinitely* (Wiley, 2014).

mesmo tempo que a motivação nos bastidores do prêmio veio de Don, a quem sou imensamente grato, eu devo tanto à generosidade e visão científica do professor David Prince, vice-reitor de Pesquisa na UCL, quanto à do então reitor, professor Malcolm Grant, por terem dado suporte ao projeto e a mim pessoalmente. Sou extremamente grato ao professor Steve Jones pelo seu apoio, ao me acolher no departamento que ele comandava na época: Genetics, Evolution and Environment, residência natural para a pesquisa que eu estava para iniciar.

Isso há seis anos. Desde então venho atacando tantas questões, e de tantos ângulos, tanto quanto me é possível. O fundo Venture Research durou três anos em si, o suficiente para definir o meu caminho e indicar oportunidades combativas de busca de financiamento em outras fontes para que eu continuasse. Nisso eu sou muito grato à Fundação Leverhulme, que patrocinou o meu trabalho sobre a origem da vida durante os últimos três anos. Não são muitas organizações que se interessam em apoiar uma abordagem nova e genuinamente experimental, com todos os problemas iniciais decorrentes. Felizmente, a nossa bancada com o pequeno reator de origem da vida já está começando a produzir resultados animadores, nenhum dos quais seria possível sem o seu apoio. Este livro é uma depuração dos primeiros conceitos desses estudos, o início de uma nova jornada.

É claro que nenhuma etapa desse trabalho foi realizada de forma solitária. Oscilei entre muitas ideias com Bill Martin, professor de evolução molecular da Universidade de Düsseldorf, que sempre foi generoso com o seu tempo, energia e pensamentos, sem nunca hesitar em demolir raciocínios medíocres, ou ignorância. Tem sido um verdadeiro privilégio escrever diversos artigos com Bill, que acredito serem notáveis contribuições para a área. Certamente poucas experiências na vida se equiparam em intensidade e prazer com escrever um artigo com Bill. Aprendi outra grande lição com Bill – nunca sobrecarregar um problema com possibilidades que podem ser vislumbradas, mas que não estão adequadas ao mundo real. Foque sempre em como a vida tal qual a conhecemos procede, e então pergunte por quê.

Sou igualmente grato a Andrew Pomiankowski, professor de genética na UCL, mais conhecido como POM. Um geneticista evolutivo imerso nas tradições intelectuais da área, que trabalhou com personalidades legendárias, como John Maynard Smith e Bill Hamilton, POM combina o seu rigor a uma atenção especial com os problemas ainda sem solução da biologia. Se eu consegui convencê-lo de que a origem das células complexas é justamente um desses problemas, ele me introduziu ao mundo abstrato, mas poderoso, da genética populacional. Abordar a origem da vida complexa a partir de pontos de vista tão contrastantes tem sido uma curva de aprendizado íngreme, e muito divertida.

Outro bom amigo na UCL, com ilimitadas ideias, entusiasmo e experiência para tocar projetos como esse para a frente, é o professor Finn Werner. Ele trouxe um *background* novo, contrastante e perspicaz, para as mesmas questões da biologia estrutural, em específico a estrutura molecular da enzima RNA polimerase, uma das mais antigas e magníficas máquinas moleculares, que por si só fornece *insights* sobre a evolução da vida primitiva. Cada conversa e cada almoço com Finn são revigorantes, fazendo-me retornar pronto para novos desafios.

Também tive o privilégio de trabalhar com vários estudantes talentosos de PhD e pós-doutorado, que impulsionaram grande parte desse trabalho para a frente. Eles pertencem a dois grupos, aqueles que trabalham no "chão de fábrica" da química real do reator, e os que trouxeram os seus talentos matemáticos para dar suporte às peculiaridades da evolução eucariótica. Eu agradeço especificamente ao dr. Barry Herschy, a Alexandra Whicher e Eloi Camprubi por seus talentos para fazer a química complicada acontecer de fato no laboratório, e pela sua visão compartilhada; e ao dr. Lewis Dartnell, que no início ajudou a construir o protótipo do reator e a colocar esses experimentos em ação. Neste empreendimento, também sou grato a Julian Evans e John Ward, respectivamente professor de química de materiais e professor de microbiologia, que têm oferecido graciosamente seu tempo, habilidades e recursos de laboratório para o projeto do reator e para a supervisão conjunta dos alunos. Eles têm sido os meus colegas de batalha nesta aventura.

O segundo grupo de estudantes e pós-doutorandos, trabalhando na modelagem matemática, foi selecionado a partir de um programa de formação doutoral incomparável na UCL, financiado até recentemente pelo Engineering and Physical Sciences Research Council. Esse programa é referido de forma perspicaz como CoMPLEX, acrônimo improvável criado a partir de Centre for Mathematics and Physics in the Life Sciences and Experimental Biology. Entre os estudantes CoMPLEX que trabalharam com POM e comigo estão a dr. Zena Hadjivasiliou, Victor Sojo, Arunas Radzvilavicius, Jez Owen e recentemente os doutores Bram Kuijper e Laurel Fogarty. Todos partiram de ideias bem vagas e as tornaram modelos matemáticos rigorosos que forneceram notáveis *insights* sobre como a biologia realmente opera. Tem sido uma jornada realmente excitante, e eu já desisti de tentar prever o que está por vir. Esse trabalho começou com o inspirador professor Rob Seymour, que tinha mais conhecimento sobre biologia que muitos biólogos, sendo ao mesmo tempo um matemático formidável. Tragicamente, Rob morreu de câncer, em 2012, aos 67 anos. Ele foi amado por gerações de estudantes.

Embora este livro esteja fundamentado nos trabalhos que publiquei durante os últimos seis anos com vasto conjunto de pesquisadores (cerca de 25 artigos ao todo; ver Bibliografia), reflete um período muito mais longo de leituras e discussões em conferências e seminários, por e-mail e no bar, todos tendo contribuído para dar forma às minhas visões. Em particular, devo agradecer ao professor Mike Russell, cujas ideias revolucionárias sobre a origem da vida inspiraram uma nova geração e cuja tenacidade sob adversidades é um modelo para todos nós. Da mesma forma, agradeço ao professor John Allen, cuja hipótese sobre bioquímica evolutiva iluminou o caminho. John também foi um franco defensor da liberdade acadêmica, o que recentemente lhe custou caro. Agradeço ao professor Frank Harold, cuja síntese da bioenergética, estrutura celular e evolução está presente em diversos livros maravilhosos e cujo ceticismo de mente aberta tem me desafiado a ir sempre um pouco mais longe; ao professor Doug Wallace, cuja concepção da energética mitocondrial como o principal motivador para o envelhecimento e doenças é visionária e inspiradora; e ao professor Gustavo Barja, que enxerga tão claramente através do denso matagal dos mal-entendidos relacionados aos radicais livres e envelhecimento que eu sempre recorro primeiro à sua opinião. Não menos importante, tenho de agradecer ao dr. Graham Goddard, cujo encorajamento e franqueza há muitos anos mudaram o rumo da minha vida.

É claro que esses amigos e colegas são apenas a ponta do iceberg. Impossível agradecer a todos aqueles que formaram o meu pensamento em detalhes, mas devo muito a todos eles. Em ordem aleatória: Christophe Dessimoz, Peter Rich, Amandine Marechal, Sir Salvador Moncada, Mary Collins, Buzz Baum, Ursula Mittwoch, Michael Duchen, Gyuri Szabadkai, Graham Shields, Dominic Papineau, Jo Santini, Jürg Bähler, Dan Jaffares, Peter Coveney, Matt Powner, Ian Scott, Anjali Goswami, Astrid Wingler, Mark Thomas, Razan Jawdat e Sioban Sen Gupta, todos da UCL; Sir John Walker, Mike Murphy e Guy Brown (Cambridge); Erich Gnaiger (Innsbruck); Filipa Sousa, Tal Dagan e Fritz Boege (Düsseldorf); Paul Falkowski (Rutgers); Eugene Koonin (NIH); Dianne Newman e John Doyle (Caltech); James McInerney (Maynooth); Ford Doolittle e John Archibald (Dalhousie); Wolfgang Nitschke (Marselha); Martin Embley (Newcastle); Mark van der Giezen e Tom Richards (Exeter); Neil Blackstone (Northern Illinois); Ron Burton (Scripps); Rolf Thauer (Marburg); Dieter Braun (Munique); Tonio Enríquez (Madri); Terry Kee (Leeds); Masashi Tanaka (Tóquio); Masashi Yamaguchi, Chiba; Geoff Hill (Auburn); Ken Nealson e Jan Amend (Califórnia); Tom McCollom (Colorado); Chris Leaver e Lee Sweetlove (Oxford); Markus Schwarzländer (Bonn); John Ellis (Warwick); Dan Mishmar (Ben Gurion); Matthew Cobb e Brian Cox (Manchester); Roberto e Roberta Motterlini (Paris); e Steve Iscoe (Queens, Kingston). Obrigado a todos vocês.

 Sou também muito grato a um punhado de amigos e familiares que leram e comentaram partes (ou o todo) deste livro. Em particular, meu pai, Thomas Lane, que sacrificou um tempo em que poderia estar escrevendo o seu próprio livro sobre história para ler boa parte deste, enquanto depurava o meu uso da linguagem; Jon Turney, que foi igualmente generoso em relação ao seu tempo e comentários, especialmente em campo, quando estava envolvido nos seus próprios projetos literários; Markus Schwarzländer, cujo entusiasmo me incentivou nos períodos mais difíceis; e Mike Carter, que foi o único dos meus amigos que leu e comentou com sagacidade mordaz cada capítulo de cada um dos livros que eu escrevi, às vezes até me convencendo a mudar de rumo.

Mesmo que nenhum deles tenha lido este livro (ainda), tenho de agradecer a Ian Ackland-Snow, Adam Rutherford e Kevin Fong pelos almoços e boas conversas no bar. Eles sabem muito bem como isso é importante para a sanidade.

Não preciso dizer que este livro se beneficiou muito com a experiência de meu agente e dos meus editores. Sou muito agradecido a Caroline Dawnay, da United Agents, por acreditar nesse projeto desde o início; a Andrew Franklin, da Profile, cujos comentários editoriais diretos e sucintos foram direto ao ponto; a Brendon Curry, da Norton, que indicou astutamente as passagens que estavam menos claras; e a Eddie Mizzi, cujo sensível copidesque refletiu mais uma vez o seu bom julgamento e sua formação eclética. As suas intervenções me pouparam de mais situações embaraçosas do que eu gostaria de admitir. Muitos agradecimentos também a Penny Daniel, Sarah Hull, Valentina Zanca e à equipe da Profile, por conduzir este livro para impressão e além.

E, finalmente, dirijo-me à minha família. Minha esposa, doutora Ana Hidalgo, que viveu e respirou este livro comigo, lendo cada capítulo ao menos duas vezes, sempre iluminando o caminho à frente. Confio mais no seu julgamento e conhecimento do que nos meus, e o que existe de bom no meu texto evoluiu sob o seu natural discernimento. Não consigo imaginar uma forma melhor de viver a vida do que tentando compreendê-la, mas já cheguei à conclusão de que o significado e a alegria da minha vida emanam de Ana, dos nossos maravilhosos filhos, Eneko e Hugo, e da nossa grande família na Espanha, Inglaterra e Itália. Este livro foi escrito nos mais felizes dos tempos.

BIBLIOGRAFIA

Esta seleção está longe de ser uma bibliografia completa, ela está mais para um *aperitivo* para essa literatura. Estes são livros e estudos que influenciaram de forma particular as minhas reflexões na última década. Nem sempre concordo com todos, mas eles sempre foram estimulantes e merecem ser lidos. Eu incluí diversos dos meus estudos em cada capítulo, que fornecem bases revisadas por pares detalhadas para os argumentos apresentados mais amplamente neste livro. Estes estudos contêm listas de referência abrangentes. Se você estiver ávido para mergulhar nas minhas fontes mais detalhadas, eles são o local para procurá-las. Para o leitor ocasional, existem diversas opções entre os livros e artigos listados aqui. Agrupei as referências por tema em cada um dos capítulos em ordem alfabética. Alguns trabalhos importantes são citados mais de uma vez, pois são relevantes para mais de uma seção.

Introdução
Leeuwenhoek e os primórdios do desenvolvimento da microbiologia
Dobell C. *Antony van Leeuwenhoek and his Little Animals*. Russell and Russell, Nova York (1958).
Kluyver AJ. Three decades of progress in microbiology. *Antonie van Leeuwenhoek* **13**: 1-20 (1947).
Lane N. Concerning little animals: Reflections on Leeuwenhoek's 1677 paper. *Philosophical Transactions Royal Society B*. No prelo (2015).
Leeuwenhoek A. Observation, communicated to the publisher by Mr. Antony van Leeuwenhoek, in a Dutch letter of the 9 Octob. 1676 here En-

glish'd: concerning little animals by him observed in rain-well-sea and snow water; as also in water wherein pepper had lain infused. *Philosophical Transactions Royal Society B* **12**: 821-31 (1677).

Stanier RY, van Niel CB. The concept of a bacterium. *Archiv fur Microbiologie* **42**: 17-35 (1961).

Lynn Margulis e a teoria da endossimbiose sequencial

Archibald J. *One Plus One Equals One*. Oxford University Press, Oxford (2014).

Margulis L, Chapman M, Guerrero R, Hall J. The last eukaryotic common ancestor (LECA): Acquisition of cytoskeletal motility from aerotolerant spirochetes in the Proterozoic Eon. *Proceedings National Academy Sciences USA* **103**, 13080-85 (2006).

Sagan L. On the origin of mitosing cells. *Journal of Theoretical Biology* **14**: 225-74 (1967).

Sapp J. *Evolution by Association: A History of Symbiosis*. Oxford University Press, Nova York (1994).

Carl Woese e os três domínios da vida

Crick FHC. The biological replication of macromolecules. *Symposia of the Society of Experimental Biology* **12**: 138-63 (1958).

Morell V. Microbiology's scarred revolutionary. *Science* **276**: 699-702 (1997).

Woese C, Kandler O, Wheelis ML. Towards a natural system of organisms: Proposal for the domains Archaea, Bacteria, and Eucarya. *Proceedings National Academy Sciences USA* **87**: 4.576-79 (1990).

Woese CR, Fox GE. Phylogenetic structure of the prokaryotic domain: The primary kingdoms. *Proceedings National Academy Sciences USA* **74**: 5.088-90 (1977).

Woese CR. A new biology for a new century. *Microbiology and Molecular Biology Reviews* **68**: 173-86 (2004).

Bill Martin e a origem quimérica dos eucariontes
Martin W, Müller M. The hydrogen hypothesis for the first eukaryote. *Nature* **392**: 37-41 (1998).

Martin W. Mosaic bacterial chromosomes: a challenge en route to a tree of genomes. *BioEssays* **21**: 99-104 (1999).

Pisani D, Cotton JA, McInerney JO. Supertrees disentangle the chimeric origin of eukaryotic genomes. *Molecular Biology and Evolution* **24**: 1.752-60 (2007).

Rivera MC, Lake JA. The ring of life provides evidence for a genome fusion origin of eukaryotes. *Nature* **431**: 152-55 (2004).

Williams TA, Foster PG, Cox CJ, Embley TM. An archaeal origin of eukaryotes supports only two primary domains of life. *Nature* **504**: 231-36 (2013).

Peter Mitchell e o acoplamento quimiosmótico
Lane N. Why are cells powered by proton gradients? *Nature Education* **3**: 18 (2010).

Mitchell P. Coupling of phosphorylation to electron and hydrogen transfer by a chemiosmotic type of mechanism. *Nature* **191**: 144-48 (1961).

Orgell LE. Are you serious, Dr Mitchell? *Nature* **402**: 17 (1999).

Capítulo 1: O que é a vida?
Probabilidade e propriedades da vida
Conway-Morris SJ. *Life's Solution: Inevitable Humans in a Lonely Universe*. Cambridge University Press, Cambridge (2003).

De Duve C. *Life Evolving: Molecules, Mind, and Meaning*. Oxford University Press, Oxford (2002).

De Duve. *Singularities: Landmarks on the Pathways of Life*. Cambridge University Press, Cambridge (2005).

Gould SJ. *Wonderful Life. The Burgess Shale and the Nature of History*. WW Norton, Nova York (1989).

Maynard Smith J, Szathmary E. *The Major Transitions in Evolution*. Oxford University Press, Oxford (1995).

Monod J. *Chance and Necessity*. Alfred A. Knopf, Nova York (1971).

Primórdios da biologia molecular

Cobb M. 1953: When genes became information. *Cell* **153**: 503-06 (2013).

Cobb M. *Life's Greatest Secret: The Story of the Race to Crack the Genetic Code*. Profile, Londres (2015).

Schrödinger E. *What is Life?* Cambridge University Press, Cambridge (1944). [Ed. bras.: *O que é vida? – O aspecto físico da célula viva seguido de mente e matéria e fragmentos autobiográficos*. Fundação da Editora UNESP, São Paulo (1997).]

Watson JD, Crick FHC. Genetical implications of the structure of deoxyribonucleic acid. *Nature* **171**: 964-67 (1953).

Tamanho e estrutura do genoma

Doolittle WF. Is junk DNA bunk? A critique of ENCODE. *Proceedings National Academy Sciences USA* **110**: 5.294-5.300 (2013).

Grauer D, Zheng Y, Price N, Azevedo RBR, Zufall RA, Elhaik E. On the immortality of television sets: "functions" in the human genome according to the evolution-free gospel of ENCODE. *Genome Biology and Evolution* **5**: 578-90 (2013).

Gregory TR. Synergy between sequence and size in large-scale genomics. *Nature Reviews Genetics* **6**: 699-708 (2005).

Os primeiros 2 bilhões de anos de vida na Terra

Arndt N, Nisbet E. Processes on the young earth and the habitats of early life. *Annual Reviews Earth and Planetary Sciences* **40**: 521-49 (2012).

Hazen R. *The Story of Earth: The First 4.5 Billion Years, from Stardust to Living Planet*. Viking, Nova York (2014).

Knoll A. *Life on a Young Planet: The First Three Billion Years of Evolution on Earth*. Princeton University Press, Princeton (2003).

Rutherford A. *Creation: The Origin of Life/The Future of Life.* Viking Press, Londres (2013).

Zahnle K, Arndt N, Cockell C, Halliday A, Nisbet E, Selsis F, Sleep NH. Emergence of a habitable planet. *Space Science Reviews* **129**: 35-78 (2007).

O surgimento do oxigênio

Butterfield NJ. Oxygen, animals and oceanic ventilation: an alternative view. *Geobiology* **7**: 1-7 (2009).

Canfield DE. *Oxygen: A Four Billion Year History.* Princeton University Press, Princeton (2014).

Catling DC, Glein CR, Zahnle KJ, Mckay CP. Why O_2 is required by complex life on habitable planets and the concept of planetary "oxygenation time". *Astrobiology* **5**: 415-38 (2005).

Holland HD. The oxygenation of the atmosphere and oceans. *Philosophical Transactions Royal Society B* **361**: 903-15 (2006).

Lane N. Life's a gas. *New Scientist* **2.746**: 36-39 (2010).

Lane N. *Oxygen: The Molecule that Made the World.* Oxford University Press, Oxford (2002).

Shields-Zhou G, Och L. The case for a Neoproterozoic oxygenation event: Geochemical evidence and biological consequences. *GSA Today* **21**: 4-11 (2011).

Previsões da hipótese de endossimbiose sequencial

Archibald JM. Origin of eukaryotic cells: 40 years on. *Symbiosis* **54**: 69-86 (2011).

Margulis L. Genetic and evolutionary consequences of symbiosis. *Experimental Parasitology* **39**: 277-349 (1976).

O'Malley M. The first eukaryote cell: an unfinished history of contestation. *Studies in History and Philosophy of Biological and Biomedical Sciences* **41**: 212-24 (2010).

A ascensão e queda dos Archezoa

Cavalier-Smith T. Archaebacteria and archezoa. *Nature* **339**: 100-101 (1989).

Cavalier-Smith T. Predation and eukaryotic origins: A coevolutionary perspective. *International Journal of Biochemistry and Cell Biology* **41**: 307-32 (2009).

Henze K, Martin W. Essence of mitochondria. *Nature* **426**: 127-28 (2003).

Martin WF, Müller M. *Origin of Mitochondria and Hydrogenosomes*. Springer, Heidelberg (2007).

Tielens AGM, Rotte C, Hellemond JJ, Martin W. Mitochondria as we don't know them. *Trends in Biochemical Sciences* **27**: 564-72 (2002).

van der Giezen M. Hydrogenosomes and mitosomes: Conservation and evolution of functions. *Journal of Eukaryotic Microbiology* **56**: 221-31 (2009).

Yong E. The unique merger that made you (and ewe and yew). *Nautilus* **17**: 4 de setembro (2014).

Supergrupos de eucariontes

Baldauf SL, Roger AJ, Wenk-Siefert I, Doolittle WF. A kingdom-level phylogeny of eukaryotes based on combined protein data. *Science* **290**: 972-77 (2000).

Hampl V, Huga L, Leigh JW, Dacks JB, Lang BF, Simpson AGB, Roger AJ. Phylogenomic analyses support the monophyly of Excavata and resolve relationships among eukaryotic "supergroups". *Proceedings National Academy Sciences USA* **106**: 3.859-64 (2009).

Keeling PJ, Burger G, Durnford DG, Lang BF, Lee RW, Pearlman RE, Roger AJ, Grey MW. The Tree of eukaryotes. *Trends in Ecology and Evolution* **20**: 670-76 (2005).

O último ancestral comum eucarionte

Embley TM, Martin W. Eukaryotic evolution, changes and challenges. *Nature* **440**: 623-30 (2006).

Harold F. *In Search of Cell History: The Evolution of Life's Building Blocks*. Chicago University Press, Chicago (2014).

Koonin EV. The origin and early evolution of eukaryotes in the light of phylogenomics. *Genome Biology* **11**: 209 (2010).

McInerney JO, Martin WF, Koonin EV, Allen JF, Galperin MY, Lane N, Archibald JM, Embley TM. Planctomycetes and eukaryotes: a case of analogy not homology. *BioEssays* **33**: 810-17 (2011).

O paradoxo das pequenas etapas para a complexidade

Darwin C. *On the Origin of Species by Means of Natural Selection, or the Preservation of Favoured Races in the Struggle for Life* (1ª edição). John Murray, Londres (1859).

Land MF, Nilsson D-E. *Animal Eyes*. Oxford University Press, Oxford (2002).

Lane N. Bioenergetic constraints on the evolution of complex life. *Cold Spring Harbor Perspectives in Biology*. doi: 10.1101/cshperspect.a015982 (2014).

Lane N. Energetics and genetics across the prokaryote-eukaryote divide. *Biology Direct* **6**: 35 (2011).

Müller M, Mentel M, Van Hellemond JJ, Henze K, Woehle C, Gould SB, Yu RY, Van der Giezen M, Tielens AG, Martin WF. Biochemistry and evolution of anaerobic energy metabolism in eukaryotes. *Microbiology and Molecular Biology Reviews* **76**: 444-95 (2012).

Capítulo 2: O que é viver?
Energia, entropia e estrutura

Amend JP, LaRowe DE, McCollom TM, Shock EL. The energetics of organic synthesis inside and outside the cell. *Philosophical Transactions Royal Society B*. **368**: 20120255 (2013).

Battley EH. *Energetics of Microbial Growth*. Wiley Interscience, Nova York (1987).

Hansen LD, Criddle RS, Battley EH. Biological calorimetry and the thermodynamics of the origination and evolution of life. *Pure and Applied Chemistry* **81**: 1.843-55 (2009).

McCollom T, Amend JP. A thermodynamic assessment of energy requirements for biomass synthesis by chemolithoautotrophic micro-organisms in oxic and micro-oxic environments. *Geobiology* **3**: 135-44 (2005).

Minsky A, Shimoni E, Frenkiel-Krispin D. Stress, order and survival. *Nature Reviews in Molecular Cell Biology* **3**: 50-60 (2002).

Taxas de síntese de ATP

Fenchel T, Finlay BJ. Respiration rates in heterotrophic, free-living protozoa. *Microbial Ecology* **9**: 99-122 (1983).

Makarieva AM, Gorshkov VG, Li BL. Energetics of the smallest: do bacteria breathe at the same rate as whales? *Proceedings Royal Society B* **272**: 2.219-24 (2005).

Phillips R, Kondev J, Theriot J, Garcia H. *Physical Biology of the Cell*. Garland Science, Nova York (2012).

Rich PR. The cost of living. *Nature* **421**: 583 (2003).

Schatz G. The tragic matter. *FEBS Letters* **536**: 1-2 (2003).

Mecanismos de respiração e síntese de ATP

Abrahams JP, Leslie AG, Lutter R, Walker JE. Structure at 2.8 A resolution of F1-ATPase from bovine heart mitochondria. *Nature* **370**: 621-28 (1994).

Baradaran R, Berrisford JM, Minhas SG, Sazanov LA. Crystal structure of the entire respiratory complex I. *Nature* **494**: 443-48 (2013).

Hayashi T, Stuchebrukhov AA. Quantum electron tunneling in respiratory complex I. *Journal of Physical Chemistry B* **115**: 5.354-64 (2011).

Moser CC, Page CC, Dutton PL. Darwin at the molecular scale: selection and variance in electron tunnelling proteins including cytochrome c oxidase. *Philosophical Transactions Royal Society B* **361**: 1.295-1.305 (2006).

Murata T, Yamato I, Kakinuma Y, Leslie AGW, Walker JE. Structure of the rotor of the V-type Na^+-ATPase from *Enterococcus hirae*. *Science* **308**: 654-59 (2005).

Nicholls DG, Ferguson SJ. *Bioenergetics*. 4ª edição. Academic Press, Londres (2013).

Stewart AG, Sobti M, Harvey RP, Stock D. Rotary ATPases: Models, machine elements and technical specifications. *BioArchitecture* **3**: 2-12 (2013).

Vinothkumar KR, Zhu J, Hirst J. Architecture of the mammalian respiratory complex I. *Nature* **515**: 80-84 (2014).

Peter Mitchell e o acoplamento quimiosmótico

Harold FM. *The Way of the Cell: Molecules, Organisms, and the Order of Life*. Oxford University Press, Nova York (2003).

Lane N. *Power, Sex, Suicide: Mitochondria and the Meaning of Life*. Oxford University Press, Oxford (2005).

Mitchell P. Coupling of phosphorylation to electron and hydrogen transfer by a chemiosmotic type of mechanism. *Nature* **191**: 144-48 (1961).

Mitchell P. Keilin's respiratory chain concept and its chemiosmotic consequences. *Science* **206**: 1.148-59 (1979).

Mitchell P. The origin of life and the formation and organising functions of natural membranes. In *Proceedings of the first international symposium on the origin of life on the Earth* (eds AI Oparin, AG Pasynski, AE Braunstein, TE Pavlovskaya). Moscow Academy of Sciences, URSS (1957).

Prebble J, Weber B. *Wandering in the Gardens of the Mind*. Oxford University Press, Nova York (2003).

Carbono e a necessidade da química redox

Falkowski P. *Life's Engines: How Microbes made Earth Habitable*. Princeton University Press, Princeton (2015).

Kim JD, Senn S, Harel A, Jelen BI, Falkowski PG. Discovering the electronic circuit diagram of life: structural relationships among transition metal binding sites in oxidoreductases. *Philosophical Transactions Royal Society B* **368**: 20120257 (2013).

Morton O. *Eating the Sun: How Plants Power the Planet*. Fourth Estate, Londres (2007).

Pace N. The universal nature of biochemistry. *Proceedings National Academy Sciences USA* **98**: 805-808 (2001).

Schoepp-Cothenet B, Van Lis R, Atteia A, Baymann F, Capowiez L, Ducluzeau A-L, Duval S, ten Brink F, Russell MJ, Nitschke W. On the universal core of bioenergetics. *Biochimica Biophysica Acta Bioenergetics* **1.827**: 79-93 (2013).

Diferenças fundamentais entre bactérias e arqueias
Edgell DR, Doolittle WF. Archaea and the origin(s) of DNA replication proteins. *Cell* **89**: 995-98 (1997).
Koga Y, Kyuragi T, Nishihara M, Sone N. Did archaeal and bacterial cells arise independently from noncellular precursors? A hypothesis stating that the advent of membrane phospholipid with enantiomeric glycerophosphate backbones caused the separation of the two lines of descent. *Journal of Molecular Evolution* **46**: 54-63 (1998).
Leipe DD, Aravind L, Koonin EV. Did DNA replication evolve twice independently? *Nucleic Acids Research* **27**: 3.389-3.401 (1999).
Lombard J, López-García P, Moreira D. The early evolution of lipid membranes and the three domains of life. *Nature Reviews Microbiology* **10**: 507-15 (2012).
Martin W, Russell MJ. On the origins of cells: a hypothesis for the evolutionary transitions from abiotic geochemistry to chemoautotrophic prokaryotes, and from prokaryotes to nucleated cells. *Philosophical Transactions Royal Society B* **358**: 59-83 (2003).
Sousa FL, Thiergart T, Landan G, Nelson-Sathi S, Pereira IAC, Allen JF, Lane N, Martin WF. Early bioenergetic evolution. *Philosophical Transactions Royal Society B* **368**: 20130088 (2013).

Capítulo 3: Energia na origem da vida
Requisitos energéticos para a origem da vida
Lane N, Allen JF, Martin W. How did LUCA make a living? Chemiosmosis in the origin of life. *BioEssays* **32**: 271-80 (2010).
Lane N, Martin W. The origin of membrane bioenergetics. *Cell* 151: 1.406-16 (2012).

Martin W, Sousa FL, Lane N. Energy at life's origin. *Science* **344**: 1.092-93 (2014).

Martin WF. Hydrogen, metals, bifurcating electrons, and proton gradients: The early evolution of biological energy conservation. *FEBS Letters* **586**: 485-93 (2012).

Russell M (editor). *Origins: Abiogenesis and the Search for Life*. Cosmology Science Publishers, Cambridge, MA (2011).

O experimento Miller-Urey e o mundo de RNA

Joyce GF. RNA evolution and the origins of life. *Nature* **33**: 217-24 (1989).

Miller SL. A production of amino acids under possible primitive earth conditions. *Science* **117**: 528-29 (1953).

Orgel LE. Prebiotic chemistry and the origin of the RNA world. *Critical Reviews in Biochemistry and Molecular Biology* **39**: 99-123 (2004).

Powner MW, Gerland B, Sutherland JD. Synthesis of activated pyrimidine ribonucleotides in prebiotically plausible conditions. *Nature* **459**: 239-42 (2009).

Termodinâmica em condições distantes do equilíbrio

Morowitz H. *Energy Flow in Biology: Biological Organization as a Problem in Thermal Physics*. Academic Press, Nova York (1968).

Prigogine I. *The End of Certainty: Time, Chaos and the New Laws of Nature*. Free Press, Nova York (1997).

Russell MJ, Nitschke W, Branscomb E. The inevitable journey to being. *Philosophical Transactions Royal Society B* **368**: 20120254 (2013).

Origem da catálise

Cody G. Transition metal sulfides and the origins of metabolism. *Annual Review Earth and Planetary Sciences* **32**: 569-99 (2004).

Russell MJ, Allen JF, Milner-White EJ. Inorganic complexes enabled the onset of life and oxygenic photosynthesis. In Allen JF, Gantt E, Golbeck JH, Osmond B: *Energy from the Sun: 14th International Congress on Photosynthesis*. Springer, Heidelberg (2008).

Russell MJ, Martin W. The rocky roots of the acetyl-CoA pathway. *Trends in Biochemical Sciences* **29**: 358-63 (2004).

Reações de desidratação na água

Benner SA, Kim H-J, Carrigan MA. Asphalt, water, and the prebiotic synthesis of ribose, ribonucleosides, and RNA. *Accounts of Chemical Research* **45**: 2.025-34 (2012).

De Zwart II, Meade SJ, Pratt AJ. Biomimetic phosphoryl transfer catalysed by iron(II)-mineral precipitates. *Geochimica et Cosmochimica Acta* **68**: 4.093-98 (2004).

Pratt AJ. Prebiological evolution and the metabolic origins of life. *Artificial Life* **17**: 203-17 (2011).

Formação das protocélulas

Budin I, Bruckner RJ, Szostak JW. Formation of protocell-like vesicles in a termal diffusion column. *Journal of the American Chemical Society* **131**: 9.628-29 (2009).

Errington J. L-form bacteria, cell walls and the origins of life. *Open Biology* **3**: 120143 (2013).

Hanczyc M, Fujikawa S, Szostak J. Experimental models of primitive cellular compartments: encapsulation, growth, and division. *Science* **302**: 618-22 (2003).

Mauer SE, Monndard PA. Primitive membrane formation, characteristics and roles in the emergent properties of a protocell. *Entropy* **13**: 466-84 (2011).

Szathmáry E, Santos M, Fernando C. Evolutionary potential and requirements for minimal protocells. *Topics in Current Chemistry* **259**: 167-211 (2005).

Origens da replicação

Cairns-Smith G. *Seven Clues to the Origin of Life*. Cambridge University Press, Cambridge (1990).

Costanzo G, Pino S, Ciciriello F, Di Mauro E. Generation of long RNA chains in water. *Journal of Biological Chemistry* **284**: 33206-16 (2009).

Koonin EV, Martin W. On the origin of genomes and cells within inorganic compartments. *Trends in Genetics* **21**: 647-54 (2005).

Mast CB, Schink S, Gerland U & Braun D. Escalation of polymerization in a thermal gradient. *Proceedings of the National Academy of Sciences USA* **110**: 8.030-35 (2013).

Mills DR, Peterson RL, Spiegelman S. An extracellular Darwinian experiment with a self-duplicating nucleic acid molecule. *Proceedings National Academy Sciences USA* **58**: 217-24 (1967).

Descoberta das fontes hidrotermais marinhas profundas

Baross JA, Hoffman SE. Submarine hydrothermal vents and associated gradient environments as sites for the origin and evolution of life. *Origins Life Evolution of the Biosphere* **15**: 327-45 (1985).

Kelley DS, Karson JA, Blackman DK et al. An off-axis hydrothermal vent field near the Mid-Atlantic Ridge at 30 degrees N. *Nature* **412**: 145-49 (2001).

Kelley DS, Karson JA, Früh-Green GL et al. A serpentinite-hosted submarine ecosystem: the Lost City Hydrothermal Field. *Science* **307**: 1.428-34 (2005).

Piritas alavancando o mundo de ferro-enxofre

De Duve C, Miller S. Two-dimensional life? *Proceedings National Academy Sciences USA* **88**: 10.014-17 (1991).

Huber C, Wäctershäuser G. Activated acetic acid by carbon fixation on (Fe,Ni)S under primordial conditions. *Science* **276**: 245-47 (1997).

Miller SL, Bada JL. Submarine hot springs and the origin of life. *Nature* **334**: 609-611 (1988).

Wächtershäuser G. Evolution of the first metabolic cycles. *Proceedings National Academy Sciences USA* **87**: 200-204 (1990).

Wächtershäuser G. From volcanic origins of chemoautotrophic life to Bacteria, Archaea and Eukarya. *Philosophical Transactions Royal Society B* **361**: 1.787-1.806 (2006).

Fontes hidrotermais alcalinas

Martin W, Baross J, Kelley D, Russell MJ. Hydrothermal vents and the origin of life. *Nature Reviews Microbiology* **6**: 805-14 (2008).

Martin W, Russell MJ. On the origins of cells: a hypothesis for the evolutionary transitions from abiotic geochemistry to chemoautotrophic prokaryotes, and from prokaryotes to nucleated cells. *Philosophical Transactions Royal Society B* **358**: 59-83 (2003).

Russell MJ, Daniel RM, Hall AJ, Sherringham J. A hydrothermally precipitated catalytic iron sulphide membrane as a first step toward life. *Journal of Molecular Evolution* **39**: 231-43 (1994).

Russell MJ, Hall AJ, Cairns-Smith AG, Braterman PS. Submarine hot springs and the origin of life. *Nature* **336**: 117 (1988).

Russell MJ, Hall AJ. The emergence of life from iron monosulphide bubbles at a submarine hydrothermal redox and pH front. *Journal Geological Society London* **154**: 377-402 (1997).

Serpentinização

Fyfe WS. The water inventory of the Earth: fluids and tectonics. *Geological Society of London Special Publications* **78**: 1-7 (1994).

Russell MJ, Hall AJ, Martin W. Serpentinization as a source of energy at the origin of life. *Geobiology* **8**: 355-71 (2010).

Sleep NH, Bird DK, Pope EC. Serpentinite and the dawn of life. *Philosophical Transactions Royal Society B* **366**: 2.857-69 (2011).

Química oceânica no hadeano

Arndt N, Nisbet E. Processes on the young earth and the habitats of early life. *Annual Reviews Earth Planetary Sciences* **40**: 521-49 (2012).

Pinti D. The origin and evolution of the oceans. *Lectures Astrobiology* **1**: 83-112 (2005).

Russell MJ, Arndt NT. Geodynamic and metabolic cycles in the Hadean. *Biogeosciences* **2**: 97-111 (2005).

Zahnle K, Arndt N, Cockell C, Halliday A, Nisbet E, Selsis F, Sleep NH. Emergence of a habitable planet. *Space Science Reviews* **129**: 35-78 (2007).

Termoforese

Baaske P, Weinert FM, Duhr S et al. Extreme accumulation of nucleotides in simulated hydrothermal pore systems. *Proceedings National Academy Sciences USA* **104**: 9.346-51 (2007).

Mast CB, Schink S, Gerland U, Braun D. Escalation of polymerization in a thermal gradient. *Proceedings National Academy Sciences USA* **110**: 8.030-35 (2013).

Termodinâmica da síntese orgânica em fontes alcalinas

Amend JP, McCollom TM. Energetics of biomolecule synthesis on early Earth. In Zaikowski L et al. eds. *Chemical Evolution II: From the Origins of Life to Modern Society*. American Chemical Society (2009).

Ducluzeau A-L, Schoepp-Cothenet B, Baymann F, Russell MJ, Nitschke W. Free energy conversion in the LUCA: Quo vadis? *Biochimica et Biophysica Acta Bioenergetics* **1.837**: 982-88 (2014).

Martin W, Russell MJ. On the origin of biochemistry at an alkaline hydrothermal vent. *Philosophical Transactions Royal Society B* **367**: 1.887-1.925 (2007).

Shock E, Canovas P. The potential for abiotic organic synthesis and biosynthesis at seafloor hydrothermal systems. *Geofluids* **10**: 161-92 (2010).

Sousa FL, Thiergart T, Landan G, Nelson-Sathi S, Pereira IAC, Allen JF, Lane N, Martin WF. Early bioenergetic evolution. *Philosophical Transactions Royal Society B* **368**: 20130088 (2013).

Potencial de redução e a barreira cinética para a redução de CO_2

Lane N, Martin W. The origin of membrane bioenergetics. *Cell* **151**: 1.406-16 (2012).

Maden BEH. Tetrahydrofolate and tetrahydromethanopterin compared: functionally distinct carriers in C1 metabolism. *Biochemical Journal* **350**: 609-29 (2000).

Wächtershäuser G. Pyrite formation, the first energy source for life: a hypothesis. *Systematic and Applied Microbiology* **10**: 207-10 (1988).

Poderiam os gradientes naturais de prótons conduzir a redução do CO_2?

Herschy B, Whicher A, Camprubi E, Watson C, Dartnell L, Ward J, Evans JRG, Lane N. An origin-of-life reactor to simulate alkaline hydrothermal vents. *Journal of Molecular Evolution* **79**: 213-27 (2014).

Herschy B. Nature's electrochemical flow reactors: Alkaline hydrothermal vents and the origins of life. *Biochemist* **36**: 4-8 (2014).

Lane N. Bioenergetic constraints on the evolution of complex life. *Cold Spring Harbor Perspectives in Biology* **doi**: 10.1101/cshperspect.a015982 (2014).

Nitschke W, Russell MJ. Hydrothermal focusing of chemical and chemiosmotic energy, supported by delivery of catalytic Fe, Ni, Mo, Co, S and Se forced life to emerge. *Journal of Molecular Evolution* **69**: 481-96 (2009).

Yamaguchi A, Yamamoto M, Takai K, Ishii T, Hashimoto K, Nakamura R. Electrochemical CO_2 reduction by Nicontaining iron sulfides: how is Co_2 electrochemically reduced at bisulfide-bearing deep sea hydrothermal precipitates? *Electrochimica Acta* **141**: 311-18 (2014).

Probabilidade de serpentinização na Via Láctea

De Leeuw NH, Catlow CR, King HE, Putnis A, Muralidharan K, Deymier P, Stimpfl M, Drake MJ. Where on Earth has our water come from? *Chemical Communications* **46**: 8.923-25 (2010).

Petigura EA, Howard AW, Marcy GW. Prevalence of Earth-sized planets orbiting Sunlike stars. *Proceedings National Academy Sciences USA* **110**: 19.273-78 (2013).

Capítulo 4: O surgimento das células
O problema da transferência horizontal de genes e a especiação
Doolittle WF. Phylogenetic classification and the universal tree. *Science* **284**: 2.124-28 (1999).
Lawton G. Why Darwin was wrong about the tree of life. *New Scientist* **2.692**: 34-39 (2009).
Mallet J. Why was Darwin's view of species rejected by twentieth century biologists? *Biology and Philosophy* **25**: 497-527 (2010).
Martin WF. Early evolution without a tree of life. *Biology Direct* **6**: 36 (2011).
Nelson-Sathi S et al. Origins of major archaeal clades correspond to gene acquisitions from bacteria. *Nature* doi: 10.1038/nature13805 (2014).

A "árvore universal da vida" baseada em menos de 1% dos genes
Ciccarelli FD, Doerks T, Von Mering C, Creevey CJ, Snel B et al. Toward automatic reconstruction of a highly resolved tree of life. *Science* **311**: 1.283-87 (2006).
Dagan T, Martin W. The tree of one percent. *Genome Biology* **7**: 118 (2006).

Genes conservados em arqueias e bactérias
Charlebois RL, Doolittle WF. Computing prokaryotic gene ubiquity: Rescuing the core from extinction. *Genome Research* **14**: 2.469-77 (2004).
Koonin EV. Comparative genomics, minimal gene-sets and the last universal common ancestor. *Nature Reviews Microbiology* **1**: 127-36 (2003).
Sousa FL, Thiergart T, Landan G, Nelson-Sathi S, Pereira IAC, Allen JF, Lane N, Martin WF. Early bioenergetic evolution. *Philosophical Transactions of the Royal Society B* **368**: 20130088 (2013).

Propriedades paradoxais de LUCA
Dagan T, Martin W. Ancestral genome sizes specify the minimum rate of lateral gene transfer during prokaryote evolution. *Proceedings National Academy Sciences USA* **104**: 870-75 (2007).
Edgell DR, Doolittle WF. Archaea and the origin(s) of DNA replication proteins. *Cell* **89**: 995-98 (1997).

Koga Y, Kyuragi T, Nishihara M, Sone N. Did archaeal and bacterial cells arise independently from noncellular precursors? A hypothesis stating that the advent of membrane phospholipid with enantiomeric glycerophosphate backbones caused the separation of the two lines of descent. *Journal of Molecular Evolution* **46**: 54-63 (1998).

Leipe DD, Aravind L, Koonin EV. Did DNA replication evolve twice independently? *Nucleic Acids Research* **27**: 3.389-3401 (1999).

Martin W, Russell MJ. On the origins of cells: a hypothesis for the evolutionary transitions from abiotic geochemistry to chemoautotrophic prokaryotes, and from prokaryotes to nucleated cells. *Philosophical Transactions Royal Society B* **358**: 59-83 (2003).

O problema dos lipídios de membrana

Lane N, Martin W. The origin of membrane bioenergetics. *Cell* **151**: 1.406-16 (2012).

Lombard J, López-García P, Moreira D. The early evolution of lipid membranes and the three domains of life. *Nature Reviews in Microbiology* **10**: 507-15 (2012).

Shimada H, Yamagishi A. Stability of heterochiral hybrid membrane made of bacterial sn-G3P lipids and archaeal sn-G1P lipids. *Biochemistry* **50**: 4.114-20 (2011).

Valentine D. Adaptations to energy stress dictate the ecology and evolution of the Archaea. *Nature Reviews Microbiology* **5**: 1.070-77 (2007).

Via acetil-CoA

Fuchs G. Alternative pathways of carbon dioxide fixation: Insights into the early evolution of life? *Annual Review Microbiology* **65**: 631-58 (2011).

Ljungdahl LG. A life with acetogens, thermophiles, and cellulolytic anaerobes. *Annual Review Microbiology* **63**: 1-25 (2009).

Maden BEH. No soup for starters? Autotrophy and the origins of metabolism. *Trends in Biochemical Sciences* **20**: 337-41 (1995).

Ragsdale SW, Pierce E. Acetogenesis and the Wood-Ljungdahl pathway of CO_2 fixation. *Biochimica Biophysica Acta* **1.784**: 1.873-98 (2008).

As raízes sólidas da via acetil-CoA
Nitschke W, McGlynn SE, Milner-White J, Russell MJ. On the antiquity of metalloenzymes and their substrates in bioenergetics. *Biochimica Biophysica Acta* **1.827**: 871-81 (2013).
Russell MJ, Martin W. The rocky roots of the acetyl-CoA pathway. *Trends in Biochemical Sciences* **29**: 358-63 (2004).

Síntese abiótica de acetil tioésteres e acetil-fosfato
De Duve C. Did God make RNA? *Nature* **336**: 209-10 (1988).
Heinen W, Lauwers AM. Sulfur compounds resulting from the interaction of iron sulfide, hydrogen sulfide and carbon dioxide in an anaerobic aqueous environment. *Origins Life Evolution Biosphere* **26**: 131-50 (1996).
Huber C, Wäctershäuser G. Activated acetic acid by carbon fixation on (Fe,Ni)S under primordial conditions. *Science* **276**: 245-47 (1997).
Martin W, Russell MJ. On the origin of biochemistry at an alkaline hydrothermal vent. *Philosophical Transactions of the Royal Society B* **367**: 1.887-1.925 (2007).

Possíveis origens do código genético
Copley SD, Smith E, Morowitz HJ. A mechanism for the association of amino acids with their codons and the origin of the genetic code. *Proceedings National Academy Sciences USA* **102**: 4.442-47 (2005).
Lane N. *Life Ascending: The Ten Great Inventions of Evolution.* WW Norton/Profile, Londres (2009).
Taylor FJ, Coates D. The code within the codons. *Biosystems* **22**: 177-87 (1989).

Coerência entre as fontes hidrotermais alcalinas e a via acetil-CoA
Herschy B, Whicher A, Camprubi E, Watson C, Dartnell L, Ward J, Evans JRG, Lane N. An origin-of-life reactor to simulate alkaline hydrothermal vents. *Journal of Molecular Evolution* **79**: 213-27 (2014).

Lane N. Bioenergetic constraints on the evolution of complex life. *Cold Spring Harbor Perspectives in Biology* **doi**: 10.1101/cshperspect.a015982 (2014).

Martin W, Sousa FL, Lane N. Energy at life's origin. *Science* **344**: 1.092-93 (2014).

Sousa FL, Thiergart T, Landan G, Nelson-Sathi S, Pereira IAC, Allen JF, Lane N, Martin WF. Early bioenergetic evolution. *Philosophical Transactions of the Royal Society B* **368**: 20130088 (2013).

O problema da permeabilidade da membrana

Lane N, Martin W. The origin of membrane bioenergetics. *Cell* 151: 1.406-16 (2012).

Le Page M. Meet your maker. *New Scientist* **2.982**: 30-33 (2014).

Mulkidjanian AY, Bychkov AY, Dibrova D V, Galperin MY, Koonin EV. Origin of first cells at terrestrial, anoxic geothermal fields. *Proceedings National Academy Sciences USA* **109**: E821-E830 (2012).

Sojo V, Pomiankowski A, Lane N. A bioenergetic basis for membrane divergence in archaea and bacteria. *PLoS Biology* **12(8)**: e1001926 (2014).

Yong E. How life emerged from deep-sea rocks. *Nature* **doi**: 10.1038/nature.2012.12109 (2012).

Promiscuidade das proteínas da membrana para H^+ e Na^+

Buckel W, Thauer RK. Energy conservation via electron bifurcating ferredoxin reduction and proton/Na(+) translocating ferredoxin oxidation. *Biochimica Biophysica Acta* **1.827**: 94-113 (2013).

Lane N, Allen JF, Martin W. How did LUCA make a living? Chemiosmosis in the origin of life. *BioEssays* **32**: 271-80 (2010).

Schlegel K, Leone V, Faraldo-Gómez JD, Müller V. Promiscuous archaeal ATP synthase concurrently coupled to Na^+ and H^+ translocation. *Proceedings National Academy Sciences USA* **109**: 947-52 (2012).

Bifurcação de elétrons

Buckel W, Thauer RK. Energy conservation via electron bifurcating ferredoxin reduction and proton/Na(+) translocating ferredoxin oxidation. *Biochimica Biophysica Acta* **1.827**: 94-113 (2013).

Kaster A-K, Moll J, Parey K, Thauer RK. Coupling of ferredoxin and heterodisulfide reduction via electron bifurcation in hydrogenotrophic methanogenic Archaea. *Proceedings National Academy Sciences USA* **108**: 2.981-86 (2011).

Thauer RK. A novel mechanism of energetic coupling in anaerobes. *Environmental Microbiology Reports* **3**: 24-25 (2011).

Capítulo 5: A origem das células complexas

Tamanhos de genomas

Cavalier-Smith T. Economy, speed and size matter: evolutionary forces driving nuclear genome miniaturization and expansion. *Annals of Botany* **95**: 147-75 (2005).

Cavalier-Smith T. Skeletal DNA and the evolution of genome size. *Annual Review of Biophysics and Bioengineering* **11**: 273-301 (1982).

Gregory TR. Synergy between sequence and size in large-scale genomics. *Nature Reviews in Genetics* **6**: 699-708 (2005).

Lynch M. *The Origins of Genome Architecture*. Sinauer Associates, Sunderland MA (2007).

Possíveis restrições para o tamanho do genoma eucarionte

Cavalier-Smith T. Predation and eukaryote cell origins: A coevolutionary perspective. *International Journal Biochemistry Cell Biology* **41**: 307-22 (2009).

De Duve C. The origin of eukaryotes: a reappraisal. *Nature Reviews in Genetics* **8**: 395-403 (2007).

Koonin EV. Evolution of genome architecture. *International Journal Biochemistry Cell Biology* **41**: 298-306 (2009).

Lynch M, Conery JS. The origins of genome complexity. *Science* **302**: 1.401-404 (2003).

Maynard Smith J, Szathmary E. *The Major Transitions in Evolution*. Oxford University Press, Oxford (1995).

Origem quimérica dos eucariontes

Cotton JA, McInerney JO. Eukaryotic genes of archaebacterial origin are more important than the more numerous eubacterial genes, irrespective of function. *Proceedings National Academy Sciences USA* **107**: 17.252-55 (2010).

Esser C, Ahmadinejad N, Wiegand C et al. A genome phylogeny for mitochondria among alpha-proteobacteria and a predominantly eubacterial ancestry of yeast nuclear genes. *Molecular Biology Evolution* **21**: 1.643-60 (2004).

Koonin EV. Darwinian evolution in the light of genomics. *Nucleic Acids Research* **37**: 1.011-34 (2009).

Pisani D, Cotton JA, McInerney JO. Supertrees disentangle the chimeric origin of eukaryotic genomes. *Molecular Biology Evolution* **24**: 1.752-60 (2007).

Rivera MC, Lake JA. The ring of life provides evidence for a genome fusion origin of eukaryotes. *Nature* **431**: 152-55 (2004).

Thiergart T, Landan G, Schrenk M, Dagan T, Martin WF. An evolutionary network of genes present in the eukaryote common ancestor polls genomes on eukaryotic and mitochondrial origin. *Genome Biology and Evolution* **4**: 466-85 (2012).

Williams TA, Foster PG, Cox CJ, Embley TM. An archaeal origin of eukaryotes supports only two primary domains of life. *Nature* **504**: 231-36 (2013).

Origem tardia da fermentação

Say RF, Fuchs G. Fructose 1,6-bisphosphate aldolase/phosphatase may be an ancestral gluconeogenic enzyme. *Nature* **464**: 1.077-81 (2010).

QUESTÃO VITAL

Conservação de energia subestequiométrica

Hoehler TM, Jørgensen BB. Microbial life under extreme energy limitation. *Nature Reviews in Microbiology* **11**: 83-94 (2013).

Lane N. Why are cells powered by proton gradients? *Nature Education* **3**: 18 (2010).

Martin W, Russell MJ. On the origin of biochemistry at an alkaline hydrothermal vent. *Philosophical Transactions of the Royal Society B* **367**: 1.887-1.925 (2007).

Thauer RK, Kaster A-K, Seedorf H, Buckel W, Hedderich R. Methanogenic archaea: ecologically relevant differences in energy conservation. *Nature Reviews Microbiology* **6**: 579-91 (2007).

Infecção viral e morte celular

Bidle KD, Falkowski PG. Cell death in planktonic, photosynthetic microorganisms. *Nature Reviews Microbiology* **2**: 643-55 (2004).

Lane N. Origins of death. *Nature* **453**: 583-85 (2008).

Refardt D, Bergmiller T, Kümmerli R. Altruism can evolve when relatedness is low: evidence from bacteria committing suicide upon phage infection. *Proceedings Royal Society B* **280**: 20123035 (2013).

Vardi A, Formiggini F, Casotti R, De Martino A, Ribalet F, Miralto A, Bowler C. A stress surveillance system based on calcium and nitroc oxide in marine diatoms. *PLoS Biology* **4(3)**: e60 (2006).

Dimensionamento da área da superfície bacteriana e volume

Fenchel T, Finlay BJ. Respiration rates in heterotrophic, free-living protozoa. *Microbial Ecology* **9**: 99-122 (1983).

Harold F. *The Vital Force: a Study of Bioenergetics*. WH Freeman, Nova York (1986).

Lane N, Martin W. The energetics of genome complexity. *Nature* **467**: 929-34 (2010).

Lane N. Energetics and genetics across the prokaryote-eukaryote divide. *Biology Direct* **6**: 35 (2011).

Makarieva AM, Gorshkov VG, Li BL. Energetics of the smallest: do bacteria breathe at the same rate as whales? *Proceedings Royal Society B* **272**: 2.219-24 (2005).

Vellai T, Vida G. The origin of eukaryotes: the difference between prokaryotic and eukaryotic cells. *Proceedings Royal Society B* **266**: 1.571-77 (1999).

Bactérias gigantes

Angert ER. DNA replication and genomic architecture of very large bacteria. *Annual Review Microbiology* **66**: 197-212 (2012).

Mendell JE, Clements KD, Choat JH, Angert ER. Extreme polyploidy in a large bacterium. *Proceedings National Academy Sciences USA* **105**: 6.730-34 (2008).

Schulz HN, Jorgensen BB. Big bacteria. *Annual Review Microbiology* **55**: 105-37 (2001).

Schulz HN. The genus *Thiomargarita*. *Prokaryotes* **6**: 1.156-63 (2006).

Pequenos genomas endossimbiontes e consequências energéticas

Gregory TR, DeSalle R. Comparative genomics in prokaryotes. In *The Evolution of the Genome* ed. Gregory TR. Elsevier, San Diego, pp. 585-75 (2005).

Lane N, Martin W. The energetics of genome complexity. *Nature* **467**: 929-34 (2010).

Lane N. Bioenergetic constraints on the evolution of complex life. *Cold Spring Harbor Perspectives in Biology* doi: 10.1101/cshperspect.a015982 (2014).

Endossimbiontes em bactérias

Von Dohlen CD, Kohler S, Alsop ST, McManus WR. Mealybug beta-proteobacterial symbionts contain gamma-proteobacterial symbionts. *Nature* **412**: 433-36 (2001).

Wujek DE. Intracellular bacteria in the blue-green-alga *Pleurocapsa minor*. *Transactions American Microscopical Society* **98**: 143-45 (1979).

Por que as mitocôndrias retêm genes

Alberts A, Johnson A, Lewis J, Raff M, Roberts K, Walter P. *Molecular Biology of the Cell*, 5ª edição. Garland Science, Nova York (2008).

Allen JF. Control of gene expression by redox potential and the requirement for chloroplast and mitochondrial genomes. *Journal of Theoretical Biology* **165**: 609-31 (1993).

Allen JF. The function of genomes in bioenergetic organelles. *Philosophical Transactions Royal Society B* **358**: 19-37 (2003).

De Grey AD. Forces maintaining organellar genomes: is any as strong as genetic code disparity or hydrophobicity? *BioEssays* **27**: 436-46 (2005).

Gray MW, Burger G, Lang BF. Mitochondrial evolution. *Science* **283**: 1.476-81 (1999).

Poliploidia em cianobactérias

Griese M, Lange C, Soppa J. Ploidy in cyanobacteria. *FEMS Microbiology Letters* **323**: 124-31 (2011).

Por que os plastídios não podem superar as restrições energéticas em bactérias

Lane N. Bioenergetic constraints on the evolution of complex life. *Cold Spring Harbor Perspectives in Biology* **doi:** 10.1101/cshperspect.a015982 (2014).

Lane N. Energetics and genetics across the prokaryote-eukaryote divide. *Biology Direct* **6**: 35 (2011).

Níveis de conflito seletivo e resolução em endossimbioses

Blackstone NW. Why did eukaryotes evolve only once? Genetic and energetic aspects of conflict and conflict mediation. *Philosophical Transactions Royal Society B* **368**: 20120266 (2013).

Martin W, Müller M. The hydrogen hypothesis for the first eukaryote. *Nature* **392**: 37-41 (1998).

Transbordo de energia em bactérias
Russell JB. The energy spilling reactions of bacteria and other organisms. *Journal of Molecular Microbiology and Biotechnology* **13**: 1-11 (2007).

Capítulo 6: Sexo e as origens da morte
A velocidade da evolução
Conway-Morris S. The Cambrian "explosion": Slow-fuse or megatonnage? *Proceedings National Academy Sciences USA* **97**: 4.426-29 (2000).
Gould SJ, Eldredge N. Punctuated equilibria: the tempo and mode of evolution reconsidered. *Paleobiology* **3**: 115-51 (1977).
Nilsson D-E, Pelger S. A pessimistic estimate of the time required for an eye to evolve. *Proceedings Royal Society B* **256**: 53-58 (1994).

Sexo e estrutura populacional
Lahr DJ, Parfrey LW, Mitchell EA, Katz LA, Lara E. The chastity of amoeba: re-evaluating evidence for sex in amoeboid organisms. *Proceedings Royal Society B* **278**: 2.081-90 (2011).
Maynard-Smith J. *The Evolution of Sex.* Cambridge University Press, Cambridge (1978).
Ramesh MA, Malik SB, Logsdon JM. A phylogenomic inventory of meiotic genes: evidence for sex in *Giardia* and an early eukaryotic origin of meiosis. *Current Biology* **15**: 185-91 (2005).
Takeuchi N, Kaneko K, Koonin EV. Horizontal gene transfer can rescue prokaryotes from Muller's ratchet: benefit of DNA from dead cells and population subdivision. *Genes Genomes Genetics* **4**: 325-39 (2014).

A origem dos íntrons
Cavalier-Smith T. Intron phylogeny: A new hypothesis. *Trends in Genetics* **7**: 145-48 (1991).

Doolittle WF. Genes in pieces: were they ever together? *Nature* **272**: 581-82 (1978).

Koonin EV. The origin of introns and their role in eukaryogenesis: a compromise solution to the introns-early versus introns-late debate? *Biology Direct* **1**: 22 (2006).

Lambowitz AM, Zimmerly S. Group II introns: mobile ribozymes that invade DNA. *Cold Spring Harbor Perspectives in Biology* **3**: a003616 (2011).

Íntrons e a origem do núcleo

Koonin E. Intron-dominated genomes of early ancestors of eukaryotes. *Journal of Heredity* **100**: 618-23 (2009).

Martin W, Koonin EV. Introns and the origin of nucleus-cytosol compartmentalization. *Nature* **440**: 41-45 (2006).

Rogozin IB, Wokf YI, Sorokin AV, Mirkin BG, Koonin EV. Remarkable interkingdom conservation of intron positions and massive, lineage-specific intron loss and gain in eukaryotic evolution. *Current Biology* **13**: 1.512-17 (2003).

Sverdlov AV, Csuros M, Rogozin IB, Koonin EV. A glimpse of a putative pre-intron phase of eukaryotic evolution. *Trends in Genetics* **23**: 105-108 (2007).

Numts

Hazkani-Covo E, Zeller RM, Martin W. Molecular poltergeists: mitochondrial DNA copies (numts) in sequenced nuclear genomes. *PLoS Genetics* **6**: e1000834 (2010).

Lane N. Plastids, genomes and the probability of gene transfer. *Genome Biology and Evolution* **3**: 372-74 (2011).

A força da seleção contra íntrons

Lane N. Energetics and genetics across the prokaryote-eukaryote divide. *Biology Direct* **6**: 35 (2011).

Lynch M, Richardson AO. The evolution of spliceosomal introns. *Current Opinion in Genetics and Development* **12**: 701-10 (2002).

Velocidade de excisão (*splicing*) versus tradução
Cavalier-Smith T. Intron phylogeny: A new hypothesis. *Trends in Genetics* **7**: 145-48 (1991).
Martin W, Koonin EV. Introns and the origin of nucleus-cytosol compartmentalization. *Nature* **440**: 41-45 (2006).

Origem da membrana nuclear, dos complexos de poros e nucléolos
Mans BJ, Anantharaman V, Aravind L, Koonin EV. Comparative genomics, evolution and origins of the nuclear envelope and nuclear pore complex. *Cell Cycle* **3**: 1.612-37 (2004).
Martin W. A briefly argued case that mitochondria and plastids are descendants of endosymbionts, but that the nuclear compartment is not. *Proceedings of the Royal Society B* **266**: 1.387-95 (1999).
Martin W. Archaebacteria (Archaea) and the origin of the eukaryotic nucleus. Current Opinion in microbiology **8**: 630-37 (2005).
McInerney JO, Martin WF, Koonin EV, Allen JF, Galperin MY, Lane N, Archibald JM, Embley TM. Planctomycetes and eukaryotes: A case of analogy not homology. *BioEssays* **33**: 810-17 (2011).
Mercier R, Kawai Y, Errington J. Excess membrane synthesis drives a primitive mode of cell proliferation. *Cell* **152**: 997-1.007 (2013).
Staub E, Fiziev P, Rosenthal A, Hinzmann B. Insights into the evolution of the nucleolus by an analysis of its protein domain repertoire. *BioEssays* **26**: 567-81 (2004)

A evolução do sexo
Bell G. *The Masterpiece of Nature: The Evolution and Genetics of Sexuality*. University of California Press, Berkeley (1982).
Felsenstein J. The evolutionary advantage of recombination. *Genetics* **78**: 737-56 (1974).

Hamilton WD. Sex versus non-sex versus parasite. *Oikos* **35**: 282-90 (1980).

Lane N. Why sex is worth losing your head for. *New Scientist* **2.712**: 40-43 (2009).

Otto SP, Barton N. Selection for recombination in small populations. *Evolution* **55**: 1.921-31 (2001).

Partridge L, Hurst LD. Sex and conflict. *Science* **281**: 2.003-08 (1998).

Ridley M. *Mendel's Demon: Gene Justice and the Complexity of Life*. Weidenfeld and Nicholson, Londres (2000).

Ridley M. *The Red Queen: Sex and the Evolution of Human Nature*. Penguin, Londres (1994).

Possíveis origens da fusão celular e da segregação cromossômica

Blackstone NW, Green DR. The evolution of a mechanism of cell suicide. *BioEssays* **21**: 84-88 (1999).

Ebersbach G, Gerdes K. Plasmid segregation mechanisms. *Annual Review Genetics* **39**: 453-79 (2005).

Errington J. L-form bacteria, cell walls and the origins of life. *Open Biology* **3**: 120143 (2013).

Dois sexos

Fisher RA. *The Genetical Theory of Natural Selection*. Clarendon Press, Oxford (1930).

Hoekstra RF. On the asymmetry of sex – evolution of mating types in isogamous populations. *Journal of Theoretical Biology* **98**: 427-51 (1982).

Hurst LD, Hamilton WD. Cytoplasmic fusion and the nature of sexes. *Proceedings of the Royal Society B* **247**: 189-94 (1992).

Hutson V, Law R. Four steps to two sexes. *Proceedings Royal Society B* **253**: 43-51 (1993).

Parker GA, Smith VGF, Baker RR. The origin and evolution of gamete dimorphism and the male-female phenomenon. *Journal of Theoretical Biology* **36**: 529-53 (1972).

Herança uniparental das mitocôndrias
Birky CW. Uniparental inheritance of mitochondrial and chloroplast genes – mechanisms and evolution. *Proceedings National Academy Sciences USA* **92**: 11331-38 (1995).
Cosmides LM, Tooby J. Cytoplasmic inheritance and intragenomic conflict. *Journal of Theoretical Biology* **89**: 83-129 (1981).
Hadjivasiliou Z, Lane N, Seymour R, Pomiankowski A. Dynamics of mitochondrial inheritance in the evolution of binary mating types and two sexes. *Proceedings Royal Society B* **280**: 20131920 (2013).
Hadjivasiliou Z, Pomiankowski A, Seymour R, Lane N. Selection for mitonuclear co-adaptation could favour the evolution of two sexes. *Proceedings Royal Society B* **279**: 1.865-72 (2012).
Lane N. *Power, Sex, Suicide: Mitochondria and the Meaning of Life*. Oxford University Press, Oxford (2005).

Taxas de mutação mitocondrial nos animais, plantas e metazoários basais
Galtier N. The intriguing evolutionary dynamics of plant mitochondrial DNA. *BMC Biology* **9**: 61 (2011).
Huang D, Meier R, Todd PA, Chou LM. Slow mitochondrial *COI* sequence evolution at the base of the metazoan tree and its implications for DNA barcoding. *Journal of Molecular Evolution* **66**: 167-74 (2008).
Lane N. On the origin of barcodes. *Nature* **462**: 272-74 (2009).
Linnane AW, Ozawa T, Marzuki S, Tanaka M. *Lancet* **333**: 642-45 (1989).
Pesole G, Gissi C, De Chirico A, Saccone C. Nucleotide substitution rate of mammalian mitochondrial genomes. *Journal of Molecular Evolution* **48**: 427-34 (1999).

Origem da distinção linha germinativa-linha somática
Allen JF, De Paula WBM. Mitochondrial genome function and maternal inheritance. *Biochemical Society Transactions* **41**: 1.298-304 (2013).

Allen JF. Separate sexes and the mitochondrial theory of ageing. *Journal of Theoretical Biology* **180**: 135-40 (1996).

Buss L. *The Evolution of Individuality*. Princeton University Press, Princeton (1987).

Clark WR. *Sex and the Origins of Death*. Oxford University Press, Nova York (1997).

Radzvilavicius AL, Hadjivasiliou Z, Pomiankowski A, Lane N. Mitochondrial variation drives the evolution of sexes and the germline-soma distinction. MS in preparation (2015).

Capítulo 7: O poder e a glória
A cadeia respiratória em mosaico

Allen JF. The function of genomes in bioenergetic organelles. *Philosophical Transactions Royal Society B* **358**: 19-37 (2003).

Lane N. The costs of breathing. *Science* **334**: 184-85 (2011).

Moser CC, Page CC, Dutton PL. Darwin at the molecular scale: selection and variance in electron tunnelling proteins including cytochrome c oxidase. *Philosophical Transactions Royal Society B* **361**: 1.295-305 (2006).

Schatz G, Mason TL. The biosynthesis of mitochondrial proteins. *Annual Review Biochemistry* **43**: 51-87 (1974).

Vinothkumar KR, Zhu J, Hirst J. Architecture of the mammalian respiratory complex I. *Nature* **515**: 80-84 (2014).

Colapso do híbrido, cíbridos e a origem das espécies

Barrientos A, Kenyon L, Moraes CT. Human xenomitochondrial cybrids. Cellular models of mitochondrial complex I deficiency. *Journal of Biological Chemistry* **273**: 14.210-17 (1998).

Blier PU, Dufresne F, Burton RS. Natural selection and the evolution of mtDNA-encoded peptides: evidence for intergenomic co-adaptation. *Trends in Genetics* **17**: 400-406 (2001).

Burton RS, Barreto FS. A disproportionate role for mtDNA in Dobzhansky-Muller incompatibilities? *Molecular Ecology* **21**: 4.942-57 (2012).

Burton RS, Ellison CK, Harrison JS. The sorry state of F2 hybrids: consequences of rapid mitochondrial DNA evolution in allopatric populations. *American Naturalist* **168** Supplement 6: S14-24 (2006).

Gershoni M, Templeton AR, Mishmar D. Mitochondrial biogenesis as a major motive force of speciation. *Bioessays* **31**: 642-50 (2009).

Lane N. On the origin of barcodes. *Nature* **462**: 272-74 (2009).

Controle mitocondrial da apoptose

Hengartner MO. Death cycle and Swiss army knives. *Nature* **391**: 441-42 (1998).

Koonin EV, Aravind L. Origin and evolution of eukaryotic apoptosis: the bacterial connection. *Cell Death and Differentiation* **9**: 394-404 (2002).

Lane N. Origins of death. *Nature* **453**: 583-85 (2008).

Zamzami N, Kroemer G. The mitochondrion in apoptosis: how pandora's box opens. *Nature Reviews Molecular Cell Biology* **2**: 67-71 (2001).

A rápida evolução dos genes mitocondriais dos animais e a adaptação ambiental

Bazin E, Glémin S, Galtier N. Population size dies not influence mitochondrial genetic diversity in animals. *Science* **312**: 570-72 (2006).

Lane N. On the origin of barcodes. *Nature* **462**: 272-74 (2009).

Nabholz B, Glémin S, Galtier N. The erratic mitochondrial clock: variations of mutation rate, not population size, affect mtDNA diversity across birds and mammals. *BMC Evolutionary Biology* **9**: 54 (2009).

Wallace DC. Bioenergetics in human evolution and disease: implications for the origins of biological compolexity and the missing genetic variation of common diseases. *Philosophical Transactions Royal Society B* **368**: 20120267 (2013).

Seleção da linha germinativa no DNA mitocondrial

Fan W, Waymire KG, Narula N et al. A mouse model of mitochondrial disease reveals germline selection against severe mtDNA mutations. *Science* **319**: 958-62 (2008).

Stewart JB, Freyer C, Elson JL, Wredenberg A, Cansu Z, Trifunovic A, Larsson N-G. Strong purifying selection in transmission of mammalian mitochondrial DNA. *PLoS Biology* **6**: e10 (2008).

Regra de Haldane
Coyne JA, Orr HA. Speciation. Sinauer Associates, Sunderland MA (2004).
Haldane JBS. Sex ratio and unisexual sterility in hybrid animals. *Journal of Genetics* **12**: 101-109 (1922).
Johnson NA. Haldane's rule: the heterogametic sex. *Nature Education* **1**: 58 (2008).

As mitocôndrias e a taxa metabólica na determinação do sexo
Bogani D, Siggers P, Brixet R *et al.* Loss of mitogen-activated protein kinase kinase kinase 4 (MAP3K4) reveals a requirement for MAPK signalling in mouse sex determination. *PLoS Biology* **7**: e1000196 (2009).
Mittwoch U. Sex determination. *EMBO Reports* **14**: 588-92 (2013).
Mittwoch U. The elusive action of sex-determining genes: mitochondria to the rescue? *Journal of Theoretical Biology* **228**: 359-65 (2004).

Temperatura e taxa metabólica
Clarke A, Pörtner H-A. Termperature, metabolic power and the evolution of endothermy. *Biological Reviews* **85**: 703-27 (2010).

Doenças mitocondriais
Lane N. Powerhouse of disease. *Nature* **440**: 600-602 (2006).
Schon EA, DiMauro S, Hirano M. Human mitochondrial DNA: roles of inherited and somatic mutations. *Nature Reviews Genetics* **13**: 878-90 (2012).
Wallace DC. A mitochondrial bioenergetic etiology of disease. *Journal of Clinical Investigation* **123**: 1.405-12 (2013).
Zeviani M, Carelli V. Mitochondrial disorders. *Current Opinion in Neurology* **20**: 564-71 (2007).

Macho-esterilidade citoplasmática
Chen L, Liu YG. Male sterility and fertility restoration in crops. *Annual Review Plant Biology* **65**: 579-606 (2014).
Innocenti P, Morrow EH, Dowling DK. Experimental evidence supports a sex-specific selective sieve in mitochondrial genome evolution. *Science* **332**: 845-48 (2011).
Sabar M, Gagliardi D, Balk J, Leaver CJ. ORFB is a subunit of F_1F_0-ATP synthase: insight into the basis of cytoplasmic male sterility in sunflower. *EMBO Reports* **4**: 381-86 (2003).

Regra de Haldane em aves
Hill GE, Johnson JD. The mitonuclear compatibility hypothesis of sexual selection. *Proceedings Royal Society B* **280**: 20131314 (2013).
Mittwoch U. Phenotypic manifestations during the development of the dominant and default gonads in mammals and birds. *Journal of Experimental Zoology* **281**: 466-71 (1998).

Requisitos para voar
Suarez RK. Oxygen and the upper limits to animal design and performance. *Journal of Experimental Biology* **201**: 1.065-72 (1998).

O limiar de morte apoptótica
Lane N. Bioenergetic constraints on the evolution of complex life. *Cold Spring Harbor Perspectives in Biology.* **doi:** 10.1101/cshperspect.a015982 (2014).
Lane N. The costs of breathing. *Science* **334**: 184-85 (2011).

Incidência de aborto oculto precoce em humanos
Van Blerkom J, Davis PW, Lee J. ATP content of human oocytes and developmental potential and outcome after in-vitro fertilization and embryo transfer. *Human Reproduction* **10**: 415-24 (1995).

Zinaman MJ, O'Connor J, Clegg ED, Selevan SG, Brown CC. Estimates of human fertility and pregnancy loss. *Fertility and Sterility* **65**: 503-509 (1996).

Teoria do envelhecimento por radicais livres

Barja G. Updating the mitochondrial free-radical theory of aging: an integrated view, key aspects, and confounding concepts. *Antioxidants and Redox Signalling* **19**: 1.420-45 (2013).

Gerschman R, Gilbert DL, Nye SW, Dwyer P, Fenn WO. Oxygen poisoning and X irradiation: a mechanism in common. *Science* **119**: 623-26 (1954).

Harmann D. Aging – a theory based on free-radical and radiation chemistry. *Journal of Gerontology* **11**: 298-300 (1956).

Murphy MP. How mitochondria produce reactive oxygen species. *Biochemical Journal* **417**: 1-13 (2009).

Problemas da teoria do envelhecimento por radicais livres

Bjelakovic G, Nikolova D, Gluud LL, Simonetti RG, Gluud C. Antioxidant supplements for prevention of mortality in healthy participants and patients with various diseases. *Cochrane Database of Systematic Reviews* doi: 10.1002/14651858.CD007176 (2008).

Gutteridge JMC, Halliwell B. Antioxidants: Molecules, medicines, and myths. *Biochemical Biophysical Research Communications* **393**: 561-64 (2010).

Gnaiger E, Mendez G, Hand SC. High phosphorylation efficiency and depression of uncoupled respiration in mitochondria under hypoxia. *Proceedings National Academy Sciences* **97**: 11.080-85 (2000)

Moyer MW. The myth of antioxidants. *Scientific American* **308**: 62-67 (2013).

Sinalização de radicais livres no envelhecimento

Lane N. Mitonuclear match: optimizing fitness and fertility over generations drives ageing within generations. *BioEssays* **33**: 860-69 (2011).

Moreno-Loshuertos R, Acin-Perez R, Fernandez-Silva P, Movilla N, Perez-Martos A, de Cordoba SR, Gallardo ME, Enriquez JA. Differences in reactive oxygen species production explain the phenotypes associated with common mouse mitochondrial DNA variants. *Nature Genetics* **38**: 1.261-68 (2006).

Sobek S, Rosa ID, Pommier Y, *et al*. Negative regulation of mitochondrial transcrioption by mitochondrial topoisomerase I. *Nucleic Acids Research* **41**: 9.848-57 (2013).

Radicais livres e a sua relação com a teoria da taxa de sobrevivência

Barja G. Mitochondrial oxygen consumption and reactive oxygen species production are independently modulated: implications for aging studies. *Rejuvenation Research* **10**: 215-24 (2007).

Boveris A, Chance B. Mitochondrial generation of hydrogen peroxide – general properties and effect of hyperbaric oxygen. *Biochemical Journal* **134**: 707-16 (1973).

Pearl R. *The Rate of Living. Being an Account of some Experimental Studies on the Biology of Life Duration*. University of London Press, Londres (1928).

Radicais livres e as doenças da velhice

Desler C, Marcker ML, Singh KK, Rasmussen LJ. The importance of mitochondrial DNA in aging and cancer. *Journal of Aging Research* **2011**: 407536 (2011).

Halliwell B, Gutteridge JMC. *Free Radicals in Biology and Medicine*. 4ª edição. Oxford University Press, Oxford (2007).

He Y, Wu J, Dressman DC et al. Heteroplasmic mitochondrial DNA mutations in normal and tumour cells. *Nature* **464**: 610-14 (2010).

Lagouge M, Larsson N-G. The role of mitochondrial DNA mutations and free radicals in disease and ageing. *Journal of Internal Medicine* **273**: 529-43 (2013).

Lane N. A unifying view of aging and disease: the double agent theory. *Journal of Theoretical Biology* **225**: 531-40 (2003).

Moncada S, Higgs AE, Colombo SL. Fulfilling the metabolic requirements for cell proliferation. *Biochemical Journal* **446**: 1-7 (2012).

Capacidade aeróbica e longevidade

Bennett AF, Ruben JA. Endothermy and activity in vertebrates. *Science* **206**: 649-654 (1979).

Bramble DM, Lieberman DE. Endurance running and the evolution of Homo. *Nature* **432**: 345-52 (2004).

Koch LG Kemi OJ, Qi N et al. Intrinsic aerobic capacity sets a divide for aging and longevity. *Circulation Research* **109**: 1.162-72 (2011).

Wisløff U, Najjar SM, Ellingsen O, *et al.* Cardiovascular risk factors emerge after artificial selection for low aerobic capacity. *Science* **307**: 418-420 (2005).

Epílogo: Vindos das profundezas
Procarionte ou eucarionte?

Wujek DE. Intracellular bacteria in the blue-green-alga *Pleurocapsa minor*. *Transactions American Microscopical Society* **98**: 143-45 (1979).

Yamaguchi M, Mori Y, Kozuka Y et al. Prokaryote or eukaryote? A unique organism from the deep sea. *Journal of Electron Microscopy* **61**: 423-31 (2012).

LISTA DE ILUSTRAÇÕES

Figura 1: Árvore da vida apresentando a origem quimérica das células complexas. Reproduzida com a permissão de: Martin W. Mosaic bacterial chromosomes: a challenge en route to a tree of genomes. *BioEssays* **21:** 99-104 (1999). 24

Figura 2: Linha do tempo da vida. 42

Figura 3: A complexidade dos eucariontes. Reproduzida com a permissão de: (A) Fawcett D. *The Cell*. WB Saunders, Filadélfia (1981). (B) cortesia de Mark Farmer, University of Georgia. (C) cortesia de Newcastle University Biomedicine Scientific Facilities. (D) cortesia de Peter Letcher, University of Alabama. 55

Figura 4: Os archezoa – o lendário (mas falso) elo perdido. Reproduzida com a permissão de: (A) Katz LA. Changing perspectives on the origin of eukaryotes. *Trends in Ecology and Evolution* **13:** 493-97 (1998). (B) Adam RD, Biology of *Giardia lamblia*. *Clinical Reviews in Microbiology* **14:** 447-75 (2001). 58

Figura 5: Os "supergrupos" de eucariontes. Reproduzida com a permissão de: Koonin EV. The incredible expanding ancestor of eukaryotes. *Cell* **140:** 606-08 (2010). 41. 61

Figura 6: O buraco negro no coração da biologia. Microfilme reproduzido com a permissão de: Soh EY, Shin HJ, Im K. The protective effects of monoclonal antibodies in mice from *Naegleria fowleri* infection. *Korean Journal of Parasitology* **30:** 113-23 (1992). 66

Figura 7: Estrutura de uma membrana lipídica. Reproduzida com a permissão de: Singer SJ, Nicolson GL. The fluid mosaic model of the structure of cell membranes. *Science* **175:** 720-31 (1972). 83

Figura 8: Complexo I da cadeia respiratória. Reproduzida com a permissão de: (A) Sazanov LA, Hinchliffe P. Structure of the hydrophilic domain of respiratory complex I from *Thermus thermophiles*. *Science* **311**: 1.430-36 (2006). (B) Baradaran R, Berrisford, JM, Minhas GS, Sazanov LA. Crystal structure of the entire respiratory complex I. *Nature* **494**: 443-48 (2013). (C). Vinothkumar KR, Zhu J, Hirst J. Architecture of mammalian respiratory complex I. *Nature* **515**: 80-84 (2014). **94/95**

Figura 9: Como funcionam as mitocôndrias. Microfilme reproduzido com a permissão de: Fawcett D. *The Cell.* WB Saunders, Filadélfia (1981). **100**

Figura 10: Estrutura da ATP sintase. Reproduzida com a permissão de: David S Goodsell. *The Machinery of Life.* Springer, Nova York (2009). **103**

Figura 11: Minerais ferro-enxofre e grupamentos ferro-enxofre. Modificada com a permissão de: Russell MJ, Martin W. The rocky roots of the acetyl CoA pathway. *Trends in Biochemical Sciences* **29**: 358063 (2004). **144**

Figura 12: Fontes hidrotermais no mar de águas profundas. Fotografias reproduzidas com a permissão de: Deborah S Kelley and the Oceanography Society; from *Oceanography* **18**: setembro de 2005. **147**

Figura 13: Extrema concentração de elementos orgânicos por termoforese. Reproduzida com a permissão de: (a-c) Baaske P, Weinert FM, Duhr S et al. Extreme accumulation of nucleotides in simulated hydrothermal pore systems. *Proceedings National Academy Sciences USA* **104**: 9.346-51 (2007). (d) Herschy B, Whicher A, Camprubi E, Watson C, Dartnell L, Ward J, Evans JRG, Lane N. An origin-of-life reactor to simulate alkaline hydrothermal vents. *Journal of Molecular Evolution* **79**: 213-27 (2014). **151**

Figura 14: Como fazer elementos orgânicos a partir de H_2 e CO_2. Reproduzida com a permissão de: Herschy B, Whicher A, Camprubi E, Watson C, Dartnell L, Ward J, Evans JRG, Lane N. An origin-of-life reactor to simulate alkaline hydrothermal vents. *Journal of Molecular Evolution* **79**: 213-27 (2014). **161**

Figura 15: A famosa, mas enganosa, árvore da vida de três domínios. Modificada com a permissão de: Woese CR, Kandler O, Wheelis ML. Towards a natural system of organisms: proposal for the domains Archaea, Bacteria, and Eucarya. *Proceedings National Academy Sciences USA* **87:** 4.576-79 (1990). 168

Figura 16: A "incrível árvore do desaparecimento". Reproduzida com a permissão de Sousa FL, Thiergart T, Landan G, Nelson-Sathi S, Pereira IAC, Allen JF, Lane N, Martin WF. Early bioenergetic evolution. *Philosophical Transactions Royal Society B* **368:** 20130088 (2013). 171

Figura 17: Uma célula energizada por um gradiente natural de prótons. Modificada com a permissão de: Sojo V, Pomiankowski A, Lane N. A bioenergetic basis for membrane divergence in archaea and bacteria. *PLOS Biology* **12**(8): e1001926 (2014). 187

Figura 18: Gerar energia fazendo metano. 190

Figura 19: A origem de bactérias e arqueas. Modificada com a permissão de: Sojo V, Pomiankowski A, Lane N. A bioenergetic basis for membrane divergence in archaea and bacteria. *PLOS Biology* **12**(8): e1001926 (2014). 199

Figura 20: Possível evolução do bombeamento ativo. 205

Figura 21: O notável quimerismo dos eucariontes. Reproduzida com a permissão de: Thiergart T, Landan G, Schrenk M, Dagan T, Martin WF. An evolutionary network of genes present in the eukaryote common ancestor polls genomes on eukaryotic and mitochondrial origin. *Genome Biology and Evolution* **4:** 466-85 (2012). 221

Figura 22: Dois, e não três, domínios primários da vida. Reproduzida com a permissão de: Williams TA, Foster PG, Cox CJ, Embley TM. An archaeal origin of eukaryotes supports only two primary domains of life. *Nature* **504:** 231-36 (2013). 224

Figura 23: Bactérias gigantes com "extrema poliploidia". (A) e (B) reproduzidas com a permissão de Esther Angert, Cornell University; (C) e (D) por cortesia de Heide Schulz-Vogt, Leibnitz Institute for

Baltic Sea Research, Rostock. In: Lane N, Martin W. The energetics
of genome complexity. *Nature* **467**: 929-34 (2010); and Schulz HN.
The genus Thiomargarita. *Prokaryotes* **6**: 1.156-63 (2006). 237

Figura 24: Energia por gene em bactérias e eucariontes. Dados originais
de Lane N, Martin W. The energetics of genome complexity. *Nature* **467**:
929-34 (2010); modificada em Lane N. Bioenergetic constraints on the
evolution of complex life. *Cold Spring Harbor Perspectives in Biology* doi:
10.1101/cshperspect.a015982 CSHP (2014). 239

Figura 25: Bactérias vivendo dentro de outras bactérias. Reproduzida
com a permissão de: (Em cima) Wujek DE. Intracellular bacteria in the
blue-green-alga *Pleurocapsa minor*. *Transactions of the American Microscopical
Society* **98**: 143-45 (1979). (Embaixo) Gatehouse LN, Sutherland P, Forgie
SA, Kaji R, Christellera JT. Molecular and histological characterization of
primary (*beta-proteobacteria*) and secondary (*gammaproteobacteria*)
endosymbionts of three mealybug species. *Applied Environmental
Microbiology* **78**: 1.187 (2012). 243

Figura 26: Poros nucleares. Reproduzida com a permissão de:
Fawcett D. *The Cell*. WB Saunders, Filadélfia (1981). 261

Figura 27: Íntros autocatalíticos móveis e o spliceossomo. Modificada
com a permissão de: Alberts B, Bray D, Lewis J, et al. *Molecular Biology
of the Cell*. 4ª edição. Garland Science, Nova York (2002). 272

Figura 28: Sexo e recombinação em eucariontes. 283

Figura 29: O "vazamento" de benefícios de aptidão na herança
mitocondrial. Reproduzida com a permissão de: Hadjivasiliou Z, Lane N,
Seymour R, Pomiankowski A. Dynamics of mitochondrial inheritance in
the evolution of binary mating types and two sexes. *Proceedings Royal
Society B* **280**: 20131920 (2013). 300

Figura 30: A segregação aleatória aumenta a variação
entre células. 305

Figura 31: A cadeia respiratória em mosaico. Reproduzida com
a permissão de: Schindeldecker M, Stark M, Behl C, Moosmann B.

Differential cysteine depletion in respiratory chain complexes enables the distinction of longevity from aerobicity. *Mechanisms of Ageing and Development* **132**: 171-97 (2011). 318

Figura 32: Mitocôndrias na morte celular. 327

Figura 33: O destino depende da capacidade de atender a demandas. 340

Figura 34: O limiar da morte. In: Lane N. Bioenergetic constraints on the evolution of complex life. *Cold Spring Harbor Perspectives in Biology* doi: 10.1101/cshperspect.a015982 CSHP (2014). 354

Figura 35: Antioxidantes podem ser perigosos. Baseada nos dados de: Moreno-Loshuertos R, Acin-Perez R, Fernandez-Silva P, Movilla N, Perez-Martos A, Rodriguez de Cordoba S, Gallardo ME, Enríquez JA. Differences in reactive oxygen species production explain the phenotypes associated with common mouse mitochondrial DNA variants. *Nature Genetics* **38**: 1.261-68 (2006). 361

Figura 36: Por que descansar é ruim para você. 365

Figura 37: Um micro-organismo singular das profundezas do mar. Reproduzida com a permissão de: Yamaguchi M, Mori Y, Kozuka Y et al. Prokaryote or eukaryote? A unique organism from the deep sea. *Journal of Electron Microscopy* **61**: 423-31 (2012). 372/73

Impressão e Acabamento:
INTERGRAF IND. GRÁFICA EIRELI